攻台戰紀

《日清戰史・台灣篇》

許佩賢 譯著
吳密察 導讀

遠流出版公司

目次

附册《攻台戰紀》戰鬥地圖集

〈出版緣起〉

　　婆娑之洋，美麗之島，台灣之謂也。台灣地處東亞樞紐，懷抱海洋富源，自十六世紀以來，葡萄牙、西班牙、荷蘭、英國、日本等東西洋各國人士相繼在此一海域中出沒競逐，隨船隊而來的探險家、旅行者、傳教士乃至官員、學者，分別以不同的文字為這塊島嶼留下多采多姿的記錄。這些記錄無一不是我們藉以瞭解台灣歷史面貌的重要依據，相對於中文文獻，更可說是提供另一個角度與視野，讓我們能夠由外而內，觀看台灣社會、經濟、文化的變遷過程。

　　所可惜的是，受限於外文能力，面對這一卷帙浩繁，雜然多樣，包含多國文字與古今文體的歷史文獻，莫說一般讀者，便是從事專業研究者也常有力實未逮，憾難傾讀的感覺。此種遺憾的彌補無過於譯事的講求，集合精通各國文字，熟諳文獻背景的專家學者，匯聚眾人之力，將之一一翻譯成中文，當是刻不容緩，也是確立「台灣研究」的最基本工作之一。早在廿餘年前，周憲文先生所主持的台灣銀行經濟研究室即曾秉此識見，戮力從事，並且耕耘出相當的一片園地，後進者至今蒙惠不斷。然而受限於人力、財力，當時譯書頗多節譯或轉譯者，且此一工作也早已無以為繼，形同中止；成書舊稿，花果飄零，欲於市面求購一書，歎竟杳不可得……。

　　為此，我們乃有《台灣譯叢》的出版計劃。

　　此一叢書，在內容上，我們的篩選原則是「寬廣的」，只要是與台灣相關的外文文獻都可以是我們翻譯出版的對象。可以說，

這套叢書所要觀照的，除掉嚴謹論述的「學術台灣」之外，尚有平易淺顯的「通俗台灣」。因爲我們相信，不單是專家學者的精奧論著足以讓我們深入理解台灣這片土地；就算是傳教士、旅行者的隨筆遊記，只要是心存敬意的，由於異文化者的好奇，同樣也可以爲我們記錄下生活於其中的我們所習焉不察的形形色色事物，而這些事物也正是我們對這片土地的諸多溫情根源之一。

在作法上，我們的翻譯原則是「平實的」。除非情況特殊，我們儘量做到每一部書都是由原文直譯、全譯，而不是轉譯、節譯的──值得新譯者固然不可不譯，既有譯本不佳者當然也要整輯添補，甚至不惜重譯；我們的編輯原則則是「周到的」，總期望結合多年來台灣研究的成績，在校勘、在註解上更盡一分心力，使譯本能較原本更切合時代需要，讓讀者彷如站在巨人肩上遠眺，能看得更高、更遠一些。此外無論就版型、編排、裝幀，我們也無不全力以赴，務求圓滿，以使讀者感覺舒適可觀，樂於展讀。我們認爲這樣的態度，不過是製作這樣一套叢書時所應達到的最基本標準，所以敢要求，也勉勵自己做到！

中國古代著名翻譯家鳩摩羅什大師曾經說過，翻譯乃是「嚼飯哺人」的工作。我們期望，「寬廣的」《台灣譯叢》所羅列的諸多菜色，無論珍饈玉饌或點心小吃，都可以喚起讀者食慾，引發進食衝動；「平實的」、「周到的」《台灣譯叢》則能夠慢烹細燉，多咀久嚼，以使哺食的讀者容易吸收，獲得更多的知識養分，更深刻認識、用心疼惜台灣這一片婆娑之洋，這一塊美麗之島！

〈導讀一〉
《攻台戰紀》與台灣攻防戰

台大歷史系副教授　吳密察

前言

　　本書原爲日本參謀本部編《明治廿七八年日淸戰史》（以下簡稱《日淸戰史》）第八編第三十五章，及第十篇第三十九章～四十二章的翻譯。爲了便於讀者閱讀，及掌握各種背景，特撰寫這篇導讀。這篇導讀主要在說明：

　　一、甲午戰爭（日淸戰爭）及其意義。

　　二、《日淸戰史》的性質及內容分析。

　　三、相關史料的介紹。

　　四、台灣的防衛準備與實力。

　　五、反抗軍及其戰術分析。

　　六、台灣攻防戰中的劉永福。

一、甲午戰爭（日淸戰爭）及其意義

　　1894～95年的甲午戰爭（日本史上稱爲「日淸戰爭」），是近代東亞史上意義重大的戰爭，其影響之旣深且廣，大概只有太平洋戰爭（當時日本稱爲「大東亞戰爭」），可以比擬。《日淸戰史》一書即是日本參謀本部於戰爭結束後，匯集大量人力、物力，爲這次戰爭經過所編纂，一部極爲詳盡的戰史。

　　甲午戰爭的爆發要追溯到1894年3月朝鮮南部的東學黨之亂。朝鮮政府無法鎮壓東學黨，於是向淸國請兵平亂，日本政府隨即

根據天津條約，也派兵前往朝鮮。其後東學黨的叛亂大致被平定，日本的軍隊卻仍駐留在漢城、仁川一帶。且提出日清共同改革朝鮮內政的建議，企圖強硬介入朝鮮。為此，雙方不斷增兵朝鮮，情勢非常緊張。7月25日雙方終於在豐島海面爆發海戰，為甲午戰爭揭開序幕。

8月1日，清、日兩國宣戰，陸續抵達朝鮮半島的日軍，決定在清軍尚未完全部署妥當之前，向北方挺進並對在平壤的清軍發動包圍攻擊。9月15日拂曉，日軍向平壤的清軍發動攻擊，經過24小時的戰鬥，日軍順利佔領平壤。另一方面，雙方艦隊在黃海遭遇，展開大海戰，戰爭的結果，清軍同樣遭到慘敗，日方從此掌握了黃海的制海權。

平壤陸戰及黃海海戰的勝利，使日本國內的戰爭狂熱達到空前高潮。此後，日軍更以很短時間攻進中國境內，佔領遼東半島的旅順港，軍部且計劃直撲山海關，發動華北平原作戰，攻佔北京。然而當時的日本總理大臣伊藤博文卻有不同的看法。

伊藤博文一方面不敢對華北平原的冬季作戰抱有太樂觀的估算，而且他也惟恐戰爭逼近清國京城，可能使列強有出面干涉的藉口，甚至即使完全屈服了清國，也恐會造成清國大亂，終至沒有談判對手。也就是說，伊藤博文希望將戰事限定為局部性的戰爭，並開始為和談作出準備，即以外交政略指導軍事戰略。12月4日，伊藤博文在大本營提出了「衝威海衛、略台灣方略」，正式介入大本營的作戰指導。這個戰略使得一直不在戰爭範圍內的台灣，被納入到未來的戰場構想當中了。根據伊藤的構想，此時已進入中國境內的日軍宜按兵不動，就地進行佔領，而別組一軍攻略山東半島上的威海衛，盡殲清國北洋艦隊，以根絕後患。此外，伊藤博文在此一方略中還特別指出：

……，應同時略取台灣。雖有說佔領台灣無非復招列國物議之虞者，然此不過是一己之臆斷。列國中雖有偶而垂涎台灣，欲乘機染指者，或視我軍佔領而抱不快者，而我非敢妨害其通商，我亦非敢藉辭不保護其商民。此與我軍逼迫席捲直隸，使彼陷於無政府境遇之餘，列國前來干涉，固不可同日而論。況且，主張以台灣諸島為戰爭之結果，必須歸我有者，輓近朝野不益加多耶？苟以台灣之讓與為和平條約之一要件，則非先我以兵力佔領之，奈何彼無割讓之根胚。故余確信控渤海鎖鑰之切要，及南獲台灣之長計。

在伊藤博文提出這種兼具外交政略的戰略構想後，其中的山東作戰，很快便被付諸實行。1895年1月20日，日軍在聯合艦隊的協助下，登陸山東半島榮城灣，隨即攻擊威海衛後背。2月3日，日本聯合艦隊封鎖港外，並由水雷艦潛入軍港，以水雷攻擊「定遠」等艦。14日，清軍投降，伊藤博文威海衛攻擊構想順利達成，至於南方作戰，即攻略台灣，初步行動即本書的第一章「佔領澎湖島」。其後情勢發展果然如伊藤所料，清日雙方迅速達成停戰協定，跟著又簽訂馬關和約，台灣、澎湖正式割讓給日本。到了5月底，當時已進抵遼東的近衛師團被派來台灣接收，結果在台灣進行了另一場戰爭，即是本書第二、三、四、五章內容。

甲午戰爭的結果，顯示日本在明治維新以後採行西化主義政策，追求富國強兵的國家目標，已達到一定程度的成功（十年之後的日俄戰爭再勝西方的俄國，日本便被視為足以與歐美列強並肩的新興帝國了）。中國雖在此之前已多次受挫於西方列強，但仍是東亞的大國，如今卻敗於一向被中國視為「蕞爾小國」的日本。因此，甲午戰爭對於中國來說，是其在東亞之威望破滅的決

定性戰爭。在這個意義上來說，甲午戰爭就是古老的中華帝國與新興的近代國家日本，在東亞的國際威望呈現完全相反走勢之決定分歧點上的戰爭。此後，日本一路往大國方向邁進，甚至成爲東亞的新興帝國，而中國則在各種振衰起敝的努力中顛躓前進。

甲午戰爭造成中日國際威望逆轉，當然連帶地造成東亞國際局勢的地殼變動與新的歷史展開。由於甲午戰爭的失敗，大清帝國窘境畢露，列強瓜分的危機立刻出現。日本則不但與西方列強一樣，利用不平等條約將其勢力伸入中國大陸內地，而且自中國獲得台灣這塊殖民地；在朝鮮半島方面，由於排除了中國對朝鮮的宗主權，其勢力得以在朝鮮更加肆無忌憚的進出，逐漸剝奪韓國的外交權與內政權，甚至於1910年「併合」韓國，成爲名實俱足的帝國，直到1945年「太平洋戰爭」失敗爲止。因此，從整個東亞史的廣度來看，自1895年至1945年的五十年間，這個地區最大的歷史節目是日本帝國主義的出現、成長與挫折。其起點便是百年前的「甲午戰爭」，而爲這個歷史節目劃下句點的則是「太平洋戰爭」。

甲午戰爭的結果，台灣成爲日本帝國的殖民地，一直到1945年日本帝國崩潰爲止，這使此後台灣的歷史發展與中國出現決定性的訣別。也就是說，在上述日本帝國主義出現、成長、挫折的全部過程，台灣不論在政治上或經濟上，甚至部分的在文化上，都被編組在日本帝國的結構當中。被編組在日本帝國的五十年間，台灣經歷了與前此之中華帝國時代不同的統治，這種統治是更有效率、貫徹的近代統治，而且台灣也在這期間達成了「殖民地式的近代化」，台灣在這五十年間有了決定性的改變，在這個意義上來說，甲午戰爭可謂是台灣近代史的開端。

二、《日清戰史》的性質及內容分析

《日清戰史》是日本參謀本部編纂出版的正式官方戰史。另外，在海戰部分則有軍令部編纂的《明治廿七八年海戰史》。《日清戰史》8卷，分裝六巨冊〔第一、第二卷分別成冊，以下二卷合成一冊，另有地圖成為別卷（附圖）一冊，1904～1907年發行〕，其內容包括了軍隊編制、戰鬥行動、後備施設等各方面，是一部包羅甚廣的戰史。本書翻譯出版的部分是第八篇第三十五章「佔領澎湖島」與第十篇「台灣的討伐」（包括第三十九至四十二章）。

《日清戰史》這種官方正式公刊的戰史，到底其立場、可信度如何？應該是閱讀者所關心的事。關於這樣的問題，我們可以透過其編纂目的、方法及程序加以瞭解。《日清戰史》是以何種方法，經過何種過程編纂、公刊的呢？至今仍未完全被研究者所解明。但最近研究者透過史料的發掘及對其他戰史之編纂規定的瞭解，已有一些線索。

甲午戰爭後十年，日本再度有一場對外的重大戰爭，即日露戰爭（日俄戰爭）。關於這場戰爭，參謀本部也編纂有《明治卅七八年日露戰史》（全10卷，1912～1914年，東京偕行社。以下簡稱《日露戰史》），關於編纂《日露戰史》的規定，有幾種文件，那就是：〈日露戰史編纂綱領〉、〈日露戰史編纂規定〉、〈日露戰史編纂ニ關スル注意〉、〈日露戰史史稿審查ニ關シ注意スベキ事項〉、〈日露戰史整理ニ關スル規定〉等。根據這些規定，我們可以大致瞭解《日露戰史》的編纂目的、方法和過程，《日清戰史》的情況應該也大致相同。

根據〈日露戰史編纂綱領〉，編纂戰史的目的，在於「叙述陸戰之經過，資用兵之研究，兼傳戰爭事蹟於後世。」對於戰史編

纂的手續規定，則是將編纂事業分爲二期。其第一期在於史稿的編纂，第二期則爲戰史之修訂。「史稿爲戰史之草案，在精確地敘述事實的眞相，使具備戰史的體裁；史稿完成後進入第二期作業，對整體做分合增刪，而且削除機密事項，以修訂本然之戰史，公刊之。」也就是說，第一期作業在「選擇大本營、各部團隊之機密作戰日誌、陣中日誌、戰鬥詳報、報告及其他公文書」作成史稿（即草案），第二期作業則在審查史稿、削除機密事項，公刊戰史。

上述〈日露戰史編纂綱領〉所提示的編纂戰史的手續與方法，似乎也可適用於編纂《日清戰史》之際。目前，日本防衛廳防衛研究所藏有《明治廿七八年戰史編纂準備書類》史料群，這可能就是上述第一期作業中將原始檔案做初步檢選的成果。另外，防衛研究所也藏有《征淸海戰史稿》，則可能就是類似上述第一期作業中所稱的撰作史稿（草案）者。最近研究者更在福島縣立圖書館佐藤文庫中發現殘缺不全的《日清戰爭第一草案》、《日清戰爭第二草案》、《日清戰爭第三草案》、《明治廿七八年日清戰史決定草案》，則顯示史稿（草案）還經過多次的審查、增刪，數易其稿。而且，經過研究者比對，即使《決定草案》也未必與最後公刊的戰史內容完全一致，顯示其間經過非常愼重的審查。到底如此縝密之審查程序的審查標準爲何？上述〈日露戰史史稿審查ニ關シ注意スベキ事項〉，列舉了十五條注意事項：

一、避免明記動員或新編組完結之日期
二、各部、團、隊意志衝突之類，主要記述其最後付諸實行之事
　　蹟；然與作戰關係重大，非記述則經過不明者，唯止於輕易
　　地記述意見齟齬之理由。

三、軍隊或個人之怯懦、失策之類者，不明記；但因此而招來對
　　戰鬥不利之結果者，則潤飾其為情況不得已或賦予相當之理
　　由，而不應暴露其真相。

四、關於兵站直接的守備隊及輸送力，不應詳細記述。

五、特設部隊的詳細編制，不應記述。

六、我軍之前進或追擊，未神速且無充分之理由，盡力省略，必
　　不得已時，應作漠然記述。

七、追送彈藥及其影響戰鬥之事實，不應記述。

八、給養欠乏之記述，盡力概略。

九、人馬、彈藥和材料之補充，及新部隊編組之景況，不應記
　　述。

十、有研究價值之特種戰鬥法，或其材料尚未為世間注意者，應
　　盡力不記述。

十一、違反國際法或恐對外交有影響之記事，不應記述。

十二、關於高等司令部幕僚之執務真相，不應記述。

十三、對將來之作戰有虞者，不應詳述。

十四、添附地圖，應僅記載戰鬥地域之必要部分，其他全部省略
　　　或極力概略。

十五、記事中有關海軍者，必須事先徵詢海軍當局者之意見，得
　　　其承諾後始公刊。

　　也就是說，編纂戰史時所忌諱的是洩漏機密與暴露其短，另
外就是如第十一項所指出的，不能記載有損國家外交的事實，這
與我們所能想像的相去不遠。而這也是我們閱讀《日清戰史》時
應該有的「心理準備」，即不時意識到它的官方戰史性格。另外，
由於它是狹義的戰史，因此主要是以部隊的戰鬥行動為敘述重

點，不免讓人有枯燥沉悶之感。但這種官方戰史也有其他著作所難以匹敵的優點。例如，時日、數字記載的精確，和對戰役描寫的全面性。

三、相關史料的介紹

官方戰史的諸多限制，必須由其他的史料和著作來克服。

首先，撰寫戰史的原始檔案（即《作戰日誌》、《陣中日誌》、《戰鬥詳報》等）當然是最具有權威性的史料，這些軍部檔案還有不少藏於日本防衛廳防衛研究所，等待大家去發掘。這些部隊的戰鬥記錄，也有一些已經出版〔例如，《近衛師團戰鬥詳報》（1895年）〕，這種已經出版的部隊戰鬥記錄，當然也可能經過剪裁、潤飾，但可以用來與《日清戰史》的叙述相比對，而且由於只以較小的部隊單位為叙述範圍，因此可能比較詳細。有一些部隊甚至有部隊史〔例如，伊東祐雅編《第二師團征清錄》（千葉出版所，1895年）；松本正純編《近衛師團台灣征討史》（1896年）；桦本乙吉《近衛師團南國征討史》（1925年）〕。

當時從軍之軍人、軍伕或從征人員的記錄（包括回顧錄、日記、家書等）則提供了私人觀點的戰地描寫，尤其是日記與家書，由於一般並未預想有公開的閱讀者，常能未經修飾地顯示出真實的情況（當然，其視見的範圍也較小）。這樣的資料，經過研究者的草根發掘，已略有成果。例如，野澤武三郎《明治廿七八年戰役從軍記》（羽島啓一，野島出版，1974年）、佐藤七太郎《廿七八年役日記‧台灣征討陣中日記》（佐藤三郎，1988年）、鈴木今治《日清戰爭日記‧明治廿七八年征台從軍日記》（《山形市史編集資料》27，1972年）、角田平太郎《日清戰爭從軍日記》、宗方小太郎《澎湖島從軍日記》及《台灣從軍日記》、《小林平治

從軍日記》等,甚至有名的文學家森鷗外當時以軍醫身分從征,都留有《徂征日記》,可惜詳於朝鮮半島與遼東,而台灣部分甚爲簡略。這類的日記、家書有些已經被發現出版,有些應該還藏在民間。下列引述一封家書所描寫的澳底登陸情形:

昨夜中,橫濱丸離開淡水方面,航向鷄籠。此爲昨夜之參謀會議上,決定近衛兵由位在鷄籠港背部之三貂角前進,直衝鷄籠。又一方面自被命令赴三貂角海外與搭載之運漕船會同。此日雲雨混沌,白霧瀰漫角內,眼前不辨咫尺。時而驟雨碎擊甲板,一霽一陰。軍艦「松島」、「浪速」護持橫濱丸隨從而來。午後二時許,運漕船十一隻來集,旗艦「松島」奏軍樂繞艦船一週。午後三時,旗艦命令豐橋丸上之近衛兵依次登陸。各船以小旗爲種種信號,光景甚奇。午後四時,上陸地點分二處,以日本之小船一船搭載約三十人,航向上陸點。最初我艦隊將進入角口時,當地之土民,三三五五成隊來沿岸之砂原,恰如何物自天外墜落之感,四方奔走,跂跂而走者有之,如急事而疾走者有之,恰如散亂之蟻軍,不堪抱腹。午後四時,每隊近衛兵各裝塡無煙火藥於最新之連發槍,肅肅上陸,不,急速進軍。余等自甲板上以望遠鏡瞭望陸上,有數次的槍聲響自右方林中,如豆鐵彈之槍聲,自槍身吐出二、三硝藥之煙。我兵見敵人在前路之深林,放槍應戰。自船上無法特別詳悉,然敵人迅即被擊退,我兵佔領敵人陣地。而自各運漕船,各士官、兵士陸續登陸,至夜間人馬均大抵登陸。夜間各船以小汽船及小艇往來繁忙,舉火尖爲信號之光景映於海波,快絕。〔樺山資英家書(1895年5月29日),原件藏國會圖書館憲政資料室。曾收入《樺山資英傳》。〕

以回顧錄的形式出現的史料更多,其中石光眞淸《城下之人》

（中公新書），是廣為人知的名著。但這些回顧錄，因大多係經年之後才撰就，除非有日記、家書、筆記等做基礎，不免會有記憶錯誤，甚至有誇大渲染的危險。

重建戰況的另一種重要史料，為當時從軍記者的戰紀描寫。甲午戰爭時，日本各新聞社及重要的雜誌社都派出戰地記者，戰事報導成為當時報刊的最重要內容，甚至出現專門報導戰爭的專刊雜誌，《日清戰爭實記》（博文館），《風俗畫報·台灣征討圖繪》（東陽堂）便是最著名的兩種。這種出於記者手筆的戰爭報導，不似官方戰史那麼單調枯燥，也不似家書、日記那麼簡略樸素，總是熱鬧精彩，但其中可能為了增加趣味而誇大，則不可不留意。相對於日本記者具有當事者（日本人）的身份，第三國之記者的現場觀察記錄，則是另一種可能比較中肯公允的記錄。The North China Hearld（《華北捷報》）的記者 J. W. Davidson 的戰場描寫，便是最有名的第三國目擊者所留下來的資料。以後 J. W. Davidson 以其在 The North China Hearld 的記述為底，配合其他資料所寫的台灣攻防戰，便佔了其名著 The Island of Formosa 的大半篇幅，被認為是瞭解台灣攻防戰所必讀的資料。至於像《萬國公報》、《申報》之類的中文報紙，也有一些戰況的報導，但都甚為簡略。

最後，當然必須提到最重要的，即戰爭的另一方，台灣方面的資料。這方面的資料，截至目前，研究者所能掌握的，具有相當信憑性的資料並不多。主要的有：

◎思痛子《台海思慟錄》

思痛子，不知何許人。但自稱「生於台，長於台」，應該是台灣人，此書對於不論是台灣防務或各地區的抗戰情形描寫極為詳

細周到，可能是當時曾相當程度關涉高層事務的上層士紳（1896年時似已人在清國）。此書寫於割台後不久（「自序」寫於1896年），自謂「身受之創鉅痛深，親見台之同遭蹂躪而痛定思痛也」。

本書分為五篇，分別是「台防篇」、「台北篇」、「台灣篇」、「台南篇」、「澎湖篇」，記述相當平實完整，是相當難得的史料。「自序」的開頭即批評「摭拾浮詞、舖張揚屬」的寫作方式，立意撰作「實錄」，並且表明「無褒譏，無隱諱，無飾詞而阿好」，每篇之後附有簡單評論，細讀其評論，的確史筆存焉！

◎洪棄生《瀛海偕亡記》

洪棄生，鹿港人，原名攀桂，學名一枝，字月樵，台灣淪日後多以「棄生」行世。

本書「自序」云：「自古國之將亡，必先棄民。棄民者民亦棄之。棄民斯棄地，雖以祖宗經營二百年疆土，煦育數百萬生靈，而不惜輕斷於一旦，以偷目前一息之安，任天下洶洶而不顧，如割台灣是已。」這是受過儒家教化，被中國王朝編入其統治體系、當時台灣知識人的普遍心情，即台灣是中國王朝的棄地，台灣人是棄民。這也是洪月樵改名「棄生」的原因。本書不只記述1895年的台灣攻防戰，而是分上、下兩卷，上卷記1895年的抗日，下卷則記迄至1902年的土匪蜂起反抗。

◎吳德功《讓台記》

吳德功為彰化士紳，1895年時曾在彰化籌防戰守，但不久便因時局困難而作罷，因此書中對於彰化地區記述較詳，而且多是親歷，是瞭解中部地區戰守的重要史料，尤其彰化八卦山之役的描寫，非其他中文史料可以望其項背，「台南之事多係吳汝端、

吳汝祥兩茂才所述，而台北則出岳裔先生所言」，並且曾參考日方著作，自謂：「帝國兵將戰跡，取諸中尉修嗎灰愈所著《台灣戰役》一書」，書中記事，始於1895年5月8日清帝與日本換約，終於11月13日日本北白川宮能久親王運柩返日。

◎連橫《台灣通史》

連橫《台灣通史》為台灣人最初的台灣史著作，是眾知之事。但台灣人史家連橫如何記述這件他親歷的台灣史上的重大事件，則似乎被輕易地忽視了。《台灣通史》卷四〈獨立記〉與卷三十六〈列傳八〉對丘逢甲、吳湯興、徐驤、姜紹祖、林崑岡、吳彭年、唐景崧、劉永福諸人的描寫，也值得細細咀嚼。

◎俞明震《台灣八日記》

俞明震係1895年時唐景崧之側近，於5月19日受命總理全臺營務，接著在5月24日接掌布政司，更於31日奉命赴前敵督帥兼理餉械、電報事宜，故所述皆親歷之事，是極少數當事人的記錄。此書記述始自1895年5月28日日本艦隊出現台灣北部海面，終於6月4日唐景崧自台北脫走，是瞭解「台灣民主國」成立至唐景崧離台這段期間，台北城內及北部海岸地區戰鬥最重要的資料。

另外，因俞明震當時兼理電報事宜，因此其書後所附唐景崧的39件電報稿（自3月24日至5月25日），是瞭解割台前後唐景崧動向及「台灣民主國」成立經過，最重要的文獻。

◎陳昌基《台島劫灰》

陳昌基，甲午戰爭時期任台灣軍械局委員。本書為手寫草稿，現藏日本「東洋文庫」，記載1894～95年台灣的辦防情形，關於軍事部署、餉械裝備頗詳（附有「全台各砲台砲位單」、全台各

營名目單」、「全台各項行砲及各項槍名單」)。又附有唐景崧電稿7篇（自3月1日至4月17日），於李文揆事件及唐景崧潛逃，也有極詳細的描寫，與俞明震《台灣八日記》同爲北部唐景崧主導時期的最重要史料。結尾的一段話「計台省辦防一年，大小各官無不利市三倍，即昌基亦復稍沾餘潤云」，頗耐尋味。

◎丘琳（輯）《丘逢甲信稿》

這是丘逢甲關於1895年台灣戰爭最具有信憑性的史料，共有21封信稿（其中，12封寄唐景崧，3封寄俞同甫〔明震〕。另外，寄孫萼參、鄧季垂、顧緝庭、吳霽翁各1封），時間在1895年3月28日至4月21日，是瞭解當時他在後壟一帶辦防的最直接史料。另外，江山淵《丘逢甲傳》（刊於《小說月報》第6卷第3號），是比較早期的丘逢甲簡傳。但這篇簡傳乃事後爲丘逢甲辯護的作品，不能直視爲信史。

◎黃海安（撰）、羅香林（輯）《劉永福歷史草》

劉永福晚年在家鄉生活，黃海安爲其兒孫塾師，後來由劉永福口述黑旗軍事蹟，黃海安記錄，但頗駁雜，後由羅香林輯校出版。此書屬回憶錄性質，爲自己飾過或記憶錯誤之處不少，黃海安、羅香林大致以鄉賢看待劉永福，因此論斷頗有溢美之嫌。但劉永福自述逃出台南一節，不但他人無法代筆，而且其生動逼眞絕非他書可比。

◎吳質卿《台灣戰爭記》、《今生自述》

吳質卿即劉永福的文案吳桐林，1895年時在台南佐劉永福幕。《台灣戰爭記》記其於1895年8月3日抵台至當年12月18日的事蹟，尤詳於其在台南佐劉永福幕時的親歷、親見事跡。《今生

自述》的部分曾被收錄在《劉永福歷史草》，但相當簡略，而且與《台灣戰爭記》相對照，有些誤記，可能是事後記憶有誤，或是有意造誣。

◎易順鼎《魂南記》、《盾墨拾遺》

易順鼎，1895年時爲河南侯補道，正值丁憂。馬關條約簽定後，不但積極主戰，鼓吹推翻和約，而且於6月、9月兩度來台襄助劉永福籌畫戰守，其間奉劉永福命赴中國大陸籌餉，並且爲聯繫北部抗日勢力，企圖反攻台北。

《魂南記》及《盾墨拾遺》爲我們提供了劉永福在台南籌畫戰守之實況的珍貴見證，而且也使我們瞭解當時淸國主戰派的封疆大吏（如張之洞、譚鍾麟）對劉永福在台南抗日的態度。因此，易順鼎《魂南記》、《盾墨拾遺》，吳桐林《今生自述》、《台灣戰爭記》，做爲瞭解劉永福在台灣南部「抗戰」的史料，與北部的俞明震《台灣八日記》、陳昌基《台島劫灰》，正好南北輝映。

◎姚錫光《東方兵事紀略》

此書成於光緒丁酉（1897），通記甲午戰爭（自日本啓釁迄台灣淪陷）。姚錫光自謂：「錫光曾于役天津，復佐山東戎幕，自甲午（1894）夏，迄乙未（1895）春，往來遼碣，南歷登萊，於前敵勝負之數，粗有見聞，凡公文、軍電、僚友私函，及更番將吏、被兵城邑、內渡紳民口述戰狀，彙錄成册，積之盈篋。茲本所見聞，證其異同，並參以中外人士紀載諸書，釐而輯之。」關於台灣戰役的記載，顯然並非親歷或親見。但因此書是淸末記述甲午戰爭全貌的極少數書籍之一，所以廣被流傳，甚至有嫌其部帙過大（其實僅六卷），而爲之節略者，羅惇曧即是其一。

四、台灣的防衛準備與實力

　　根據馬關條約的規定，清國將台灣割讓給日本，只要經過一個交接的手續，台灣便算是易手了。但是，在日本前來接收之前，台灣已經出現了一個抗拒日本領有的「台灣民主國」，使得日本必須使用武力，以「實力行使」來領有台灣。這個台灣接收戰爭，從1895年5月29日日本自台灣東北部澳底登陸開始，一直延續到10月21日日軍進台南城為止，前後持續了五個月之久。這場戰爭將整個台灣西部從南到北都涵蓋在內，其激烈之情況被認為不下於日清兩國在北方遼東半島的交鋒。從戰爭的規模、激烈的程度來看，這場戰爭稱得上是台灣史上最大的戰爭（太平洋戰爭的受害雖大，但主要戰場在台灣之外）。

　　台灣攻防戰如何展開，是本書的主要內容，故在此不另贅言敘述，只就幾項主題提供一些閱讀本書時候的參考。

　　甲午戰爭時台灣到底有多少兵備？這個問題因為當時在台灣辦理防務的台灣行省軍械局委員陳昌基留下的一份資料《台島劫灰》而有可靠的答案。根據《台島劫灰》，台灣設省（1885年）之後，防軍的定額是36營，各海口砲台共11座。因為開墾山地，尚有隘勇2營（這兩營隘勇，在甲午戰爭爆發後改為勁勇前後營，一駐紮於大料崁，一於南崁海口）。其他，與防務有關的還有軍械局、籌防局、製造局。其職責及配置、能力，分別為：

- 軍械局：專管軍械火藥，幷兼核基隆、滬尾水雷局。
- 籌防局：專管各路防營事務，並有「飛捷」兵輪聽候差遣。
- 製造局：連火藥廠局員司事工役約有千餘人，製造局能製黎意
  、毛瑟，林明敦各槍子彈，每月可造十餘萬。其子彈
  十顆有約四、五顆不能合腔；砲彈能製十二徑口起至

五寸徑口止，每月可造成數十顆。火藥廠能製細槍藥、石子藥，每月可造二萬有零磅。

　　朝鮮勢緊張之後，清廷下令台灣辦防。當時的台灣巡撫邵友濂隨即展開增補兵員、添購餉械、移防部署等工作。《台島劫灰》對於各項辦防工作有很詳細的記載，條列如下（日期爲舊曆）：

◎甲午（1894年）之五月杪

- 奉旨辦防。
- 台撫邵友濂奏派上海道聶緝椝設轉運局於上海，以爲後路接濟。
- 奏派台灣布政使唐景崧爲全台總營務處。
- 奏請南洋兵輪防台。
- 派員赴長江及浙江溫台等處招募新兵。
- 此時，基隆口統領爲提督張兆連；

　　　　滬尾口統領爲知府朱上泮；

　　　　台中統領爲已革提督李定明及候選道林朝棟；

　　　　台東統領爲台東州胡傳；

　　　　兼統台南統領爲台灣鎮萬國本；

　　　　澎湖統領爲澎湖鎮周振邦；

　　　　兼統蘇澳統領爲總兵沈炳珊。

◎六月上旬

- 南洋派「南琛」兵輪防台，載到各防營所用軍裝一船（該船奉餉駐基隆口）
- 由上海製造局撥到水雷匠四名、砲教習四名。
- 所有各防營應用軍械等件均由「斯美」、「駕時」、「飛捷」三船逐日由上海陸續運台。

- 調台中統領李定明赴滬尾，以朱上泮所統七營撥四營歸李統帶。

◎七月上旬
- 廈門水師提督楊歧珍奉旨會辦台灣軍務，南澳鎮劉永福、台灣布政使唐景崧均幫辦防務。
- 楊歧珍督帶提標數營、乘「福清」、「深航」兩輪抵台，到台後另添募十營分駐基、滬、台北三處。
- 調台中紳士道員林朝棟所統棟軍各營移紮獅球嶺。
- 派陳尚志駐紮新竹。

◎七月下旬
- 派「南琛」駕駛二副李德林管帶滬尾砲台。
- 撤滬尾統領李定明，以前署澎湖鎮王號蘭亭總統滬尾各軍約十營（八月上旬，王總統在營身故，派改革提督綦高會為統領，所統僅有八營。）

◎八月初
- 添租「愛而勃」輪船運兵、運餉，每月租價銀三千兩。

◎九月
- 九月初六日，幫辦防務南澳鎮劉永福由粵乘「駕時」船到台，並帶舊部黑旗兩營駐暫台北，九月中旬，添募五營移駐台南，分紮旗後一帶。
- 撤滬尾統領綦高會，派提督廖得勝總統滬尾各軍。
- 上海轉運局會辦徐士愷購到瑞士洋行不知名目大小前膛鏽砲十八尊。砲架零件均無，計價銀六萬兩。據說這是從前英國攻打廣東時所用之廢砲。
- 分建火藥庫一所于南城外板寮（橋）地方，估價銀八千餘兩。

- 租用「公平」輪船裝兵渡台，觸礁沈於浙江洋面。

1894年10月，台灣巡撫邵友濂調署湖南巡撫，由福建台灣布政使唐景崧署理台灣巡撫，並辦理防務。10月23日唐景崧接事後，調台南道顧肇熙署台灣藩司（布政使），調台中府陳文騄署台南道。隨即積極展開各項辦防措施。以下仍然根據《台島劫灰》依次臚列（日期為舊曆）

◎十月

- 派中軍黃義德赴粵招勇。
- 以武巡捕參將方良元署中軍事。
- 派已革候補府羅建祥、知府程祖福辦營務處。
- 由羅建祥經手添購得忌利士之「新福建」輪船，船價銀十二萬兩，以作運兵、運餉之需。
- 「斯美」、「駕時」兩船均改德國旗號，由上海殼件洋行保護。
- 派機器局陳委員赴東洋偵探。
- 派朱上泮帶二營添募三營，會同澎湖鎮周振邦扼守澎湖各口。
- 派楊汝翼統翼字營駐紮台中。
- 派遊擊李文忠統關渡砲台各營。
- 派軍械局委員莊惠，往基、滬兩口開掘地營。
- 將「愛而勃」輪船退租。

◎十一月

- 退道員徐士愷前購不知名目鏽壞砲十八尊，陸續運滬，貼賠該行運台之費二萬兩。
- 派知府茅延年赴上海購辦軍裝。
- 由已革知府羅建祥購到挖金砂機器，價銀十萬餘兩。

◎十二月

- 由知府茅延年及上海轉運局購定哈吃開司砲十生的三十三磅三寸九分四口徑、四十二倍身長新式後膛鋼快砲六尊，連砲彈、砲架等件又石子砲藥二十萬磅、芝麻槍藥四萬磅，共計價銀運費十二萬五千兩。
- 派候選道賴鶴年接辦聶緝槼上海轉運局事務。
- 此時防務稍鬆，唐署撫通飭全台各營，每營裁減二成隊伍。

◎乙未（1895年）正月上旬

- 撤「南琛」管駕袁，派已革都司康長慶管帶。
- 嗣因防務又緊，添設多營，餉需支絀，通飭各縣與台地紳商息借商款，以裕餉源。
- 奏派統領全台義勇丘逢甲，趕募仁、禮、智、信四項義勇二十營，分紮台北之南崁及新竹後壠、大甲沿海一帶。

◎二月

- 黃義德由粵招募四營回台。內有營官胡大海舊係廣東大盜。
- 前台灣鎮吳光亮帶飛虎五營，由粵來台，駐紮新、苗一帶。
- 李文忠招募粵勇忠字兩營，仍紮關渡一帶。
- 獅球嶺本有棟軍及屯軍五營，續添募棟軍五營。
- 基隆張提督原統銘軍定海及各砲台共十三營，又添連勝軍五營
- 金包里本有籌防前左兩營，歸知縣謝謙所統，謝謙因病請假，派陳尚志接統，添募一營，改曰尚字營。
- 滬尾廖總統所統十七營，嗣添募陳得勝勝字兩營。
- 黃宗河原統隘勇三營，陸續添募兩營。
- 是月，旗後砲台失慎傷斃兵丁一百八十餘名，砲位、砲台俱燬盡。台南軍械分局，因裝配後膛槍子彈，失慎傷斃四十餘人。

- 由滬聘到洋人五名，到台即派往基隆管理砲台水雷敎習事務。
- 由南洋解到新槍萬桿。
- 製造局總辦由香港購到雜槍數千桿，槍子均不能配用。

　　從上面引述的資料來看，邵友濂、唐景崧的辦防不可不說非常積極，不但添增兵勇甚多（思痛子《台海思慟錄》云：「自十月初招募，迄歲晚，全台報成軍者約五、六十營。次年春，編入伍者號百四十營之多。一時湘、淮、閩、粵、土、客諸軍，風聚雲屯，號三百數十營」），餉械也很充足（思痛子《台海思慟錄》云：「全台歲入正雜各款三百數十萬兩。至是，諸款雖減，應納丁糧除外，屬留募防勇外，亦可解十之六。庫儲銀約六十餘萬兩，奉部撥接濟款五十萬兩；南洋大臣張之洞密爲代陳餉絀情形，荷蒙濟餉百萬兩。……此外息備民款，全台約二十餘萬兩。有此數款，可無餉缺之虞矣。」即使在台北失守後府庫內軍械充足的情形，《台島劫灰》也有說明：「前、後膛槍約十餘萬桿，其中前膛來福槍最多，約有四萬，次則毛瑟約三萬左右。毛瑟子彈一項，除發出各營外，庫存二百八十餘萬，大小砲位約三、四百尊，全台各口每砲一響，計需火藥八千四百餘磅，各口砲台及行營備用大小砲藥，每砲約存五、六十。」）所以，《台海思慟錄》云：「在台將士皆曰，此次兵力雄厚，餉械充盈，較甲申法防之役，嚴整不啻倍蓰，頗恃以爲無恐焉。」

　　但是，這個「厚集勁旅，勢甚張也」的唐景崧抗日部署，卻存在著不少問題。

　　首先，在大量耗費錢財募兵辦防的名目下，虛報浮濫的情況便十分嚴重。例如，《台島劫灰》便說：「大小各營不下三百，

坐核計實，數不及百營。」《台海思慟錄》也說：「數月之間，（丘）逢甲領去官餉銀十餘萬兩，僅有報成軍之一稟而已。」不斷補充的兵員，素質水準不一，不但戰鬥能力堪虞，如何號令都成問題。J. W. Davidson曾經描寫台北街上的募兵情形：

> 　　政府發出佈告，向人民宣傳，倘使日本人得勝，則將有如何可怕的禍害。無法逃往大陸去的人，必定有許多見了這些佈告而來當兵，台灣的流氓地痞都爭先報名；無業的游民，甚至於乞丐，也踴躍來做衛國的戰士。有許多招兵站設在市街熱鬧之處，祇須是身體強壯的男子都可報名，錄取後就可以有一枝槍。我數次親自見過這種應募登記的情形。招兵站通常有一張桌子和兩把椅子，一個招兵官坐在中央，兩旁各有一名書記。招兵官首先對民眾演講，宣傳當兵的好處，例如當兵是光榮的，工作輕易，餉銀優厚，制服漂亮，常常可得重賞等等，時時雜以詼諧，使群眾哈哈大笑，很像在街頭賣藥的人。偶然也有為他的話所感動的人想去報名，而將信將疑，又恐為群眾所嘲笑，因此惶惑躊躇。他們如下了決心而走近桌子時，招兵官就問他幾個問題，如認為妥當就給他們一塊木牌，叫他們到招兵站後面去，等以後分送於各處的軍隊。

　　在上面引述的《台島劫灰》關於辦防的記載中，也可見從大陸募來的軍隊，龍蛇雜然，甚至有江洋大盜者流。

　　這種臨時招募的軍隊也談不上什麼有系統的訓練，丘逢甲就一再強調他所募的義軍「其間不無人才，皆未練習。勇丁善槍者雖多，將來止能使之人自為戰，未能云節制之師」。這段話也透露了不但軍隊兵員缺乏訓練，軍隊中的號令統率也大有問題。一般來說，除非成軍歷有年所，或已有作戰經驗，這種臨時集合而成

的與其說是軍隊，毋寧說是帶有武器（槍枝、子彈）的群眾，戰鬥時也只能「人自為戰」，因此丘逢甲說「未可云節制之師」。

相較之下，比較上軌道有組織的軍隊要算劉永福所率的黑旗軍和林朝棟所率的棟軍，但這兩支軍隊在1895年並未充分發揮組織性的戰力。這與唐景崧的領導風格及其戰略部署有關。唐景崧被批評「號為知兵」，也就是自以為很懂軍事，但不能與人共事，雖然他努力籌防戰守，但從上引《台島劫灰》的記載可以看出唐景崧的積極籌防戰守不外數端：增募兵員，擴充營伍，尋找財源補助；大量購買軍械，另外，就是頻繁調防換將。他將劉永福、林朝棟分防於南路、中路，自己直接號令重要戰區，所有的籌防工作及軍械、人員都集中在澎湖、基隆、淡水地區。例如，《台海思慟錄》云：「（澎湖）恐臨敵倉皇，接濟不易，特給以半年之餉、新利之槍，子藥加倍給足」，《台島劫灰》也說：「澎湖失守時，該處各營尚餘六個月糧餉及洋槍六千桿」。唐景崧之認定澎湖、基隆、淡水為重要防區，顯然是由中法戰爭的經驗得來的印象。中法戰爭時法國對台灣的攻擊集中在這三處，而淡水、基隆為進入省都台北的兩個入口。但是，這樣的部署一方面疏遠了劉永福、林朝棟，甚至自認為是他的門生的丘逢甲都有所抱怨。唐景崧獨攬防務部署之權，又特重自己身邊的作風，不但使諸統帥各自畫地自守，即使在台北防務告急時，中南部的軍力也不願積極北援。

唐景崧以重兵並賦予充足餉械的澎湖、基隆、淡水的戰爭表現及軍紀如何呢？《台島劫灰》對澎湖之役有一段描寫：

二月廿四日（陽曆3月20日）倭船到澎湖，電達台北，廿五日（21日）仍泊澎湖口，廿六日（22日）進攻大城北，右砲台還擊，

倭船退出，旋接來電報捷，唐署撫隨即發電奏捷，並保朱上泮以道員用加二品銜，周振邦賞穿黃馬褂。廿七日（23日），電已斷，信不通，隨電詢台南。復電云：是日聞澎湖砲聲徹夜，亦不得其詳。後悉倭由良文港登陸，僅二百餘人，周、朱所統廿餘營隨即潰退，各軍均附商船，或由安平或由鹿港或由廈門內渡。朱上泮詐傷掩飾，澎湖鎮周振邦逃回廈門，往見廈門提督；黃少春當即電達，唐署撫電復飭令速來台，有要事相詢，周振邦抵台謁見後，即飭府監禁，請旨定奪，旋奉旨絞監候而解閩省。

顯示唐景崧所恃以防守台澎的重兵，徒有充足的兵員、器械，不但毫無鬥志戰意，統率者也多貪功怕死之輩。唐景崧在接到假傳的捷報後，不加証實便立刻上報，顯示唐景崧對於自己接掌防務後的第一仗便能奏功，非常得意，這也反映了唐景崧的確希望有所作爲的心情與他的氣度修養。思痛子評他「客氣盛而將才疏，用非其人」，可謂中肯。

至於台北的軍紀及唐景崧的膽識，則可以「李文揆事件」來看出一斑。《台島劫灰》關於此的記載是：

廿八日（5月22日）下午二點鐘，有唐署撫之妹婿俞同甫內渡，由撫署搬出箱籠數件，行至撫署大街，突遇游勇李文揆等四、五人持刀攔住，劈開箱籠，見衣物等件，隨即飭黨羽扛往關帝廟中，押抬箱件各勇均逃回撫署。李文揆等亦追進撫署，至頭門內徑，方中軍出謂李曰：「爾欲造反耶？」李迎面一刀劈來，方抱頭遁進儀門，李等隨亦追上，將方連砍十八刀，登時斃命。其時內外已亂，中軍幫帶趕將營門緊閉，知營內各兵均與李同黨，營內各兵朝天放槍，以此爲號，喚李之黨羽，李以黃布纏頭；持刀直入大堂，欲殺唐署撫，適唐撫衣冠由內而出，遇文

揆，文揆驚懼，未刺，隨即請安曰：「不要緊，請大人放心。」唐撫詢問旁人：「此人向在何營？」回云：「前在中軍處充當什長，現已革去云。」唐撫諭云：「爾頗有膽識，速往外間與我彈壓，明日來轅，另有差遣。」

當鬧事之初，台北府管（元善）即往楊會辦（歧珍）行轅請發兵救護，楊堅不肯行，管請之再三，楊始帶隊至撫署，時頭門已閉，楊命開門，內不答，楊命開砲攻打，頭門方開，其圍始解。黃義德已帶廣勇圍城，聞撫署之圍已解，隨即撤回防所，計槍斃兵十九人。次日，每名給卹銀乙百兩，飭李文揆招募緝捕一營，即命其為管帶。

查李文揆係直隸保定府人，由劉省三（銘傳）宮保派作親兵，前在撫署派看大堂，後因不法被武巡捕方良元斥革，李文揆即在中軍處充當什長。後方接中軍時，見李在營，又即責革。李被革後，交接游勇，勾連本地土棍，本約三月廿五日（4月19日）先搶藩庫，後因風雨交加，未能動手，李砍斃方中軍乃挾兩次責革之仇。唐撫明知方係李所殺，未敢以軍法處之。後出示捕拏凶手，就此含糊了事。自此人心惶惶，各營均有不聽號令之勢。

至於唐景崧到底是如何逃離台灣的，唐景崧的親信俞明震在其《台灣八日記》中說：「事太不堪」，「不忍詳記」。如今，新發現的《台島劫灰》也為我們提供了很真實生動的描寫，原來與李文揆也有關：

斯時兵不聽令，將各思逃。唐總統至此亦無計可施，十二（6月4日）晚九點鐘，改裝微服出署，適是時有滬尾砲台李德林營帶，因領餉至省，便往撫署探聽情形，行至大堂，不見一人，隨即進內，一直撞至上房，見地上有箱籠等物，均已用刀劈開，隨

即退出，外間已亂，游勇、土匪劫搶藩庫，藩庫存銀約有二十四萬餘兩，守藩庫者有廣勇乙百名，開槍攻擊，傷斃該匪不少。復有游勇、土棍，由藩庫後牆而進，擊斃守庫廣勇，紛紛搶集（劫）一空，計彼此傷斃約五六百人，該匪又搶軍械廳及火藥庫，因持火入庫，被轟傷乙百餘人。

唐總統出署後，乘小火輪至滬尾，登「駕時」船。李文揆由基隆回郡，聞唐總統已行，即至該船搜查，未著，隨至砲台，適「駕時」出口，李文揆在砲台開砲轟擊，「駕時」當即駛回港內停泊。有海關稅務司馬士，至砲台與李商說，願付銀三千元，即放「駕時」出口，李允諾，馬即回海關取洋照付，隨將砲台各砲之砲門，盡行撤下帶去。李收銀後，分給砲台管帶李德林洋二百元。迨「駕時」將欲出口，觀音山之砲壘，又開砲轟擊（此砲係格魯森快砲）中該船大餐間，傷斃二人，有德國兵船回擊兩砲，均係開花，砲壘隨被轟壞，「駕時」始得駛出。

唐景崧離台後，不但「台灣民主國」瓦解，自從1894年7月以來的「辦防」也宣告失敗。林朝棟、丘逢甲隨後也倉皇走避中國大陸。但是，日軍並沒有這樣就使台灣屈服了，反而在6月中旬向淡水河以南前進之後，便受到嚴重的打擊，甚至必須在7月間向本國要求大軍增援，直到10月底方始真正地將台灣納入手中，其間的戰鬥情詳本書各章（但如欲較清楚掌握總體的情況及台灣人方面的情形，建議不妨先閱讀第五章〈台灣賊徒的對抗行動〉），在此僅補充一些其他史料，以便讀者更明瞭其背景與脈絡。

五、反抗軍及其戰術的分析

從淡水河以南一直到八卦山之役，到底是那些人在抵抗日

軍，如果仔細閱讀本書第五章，便會發現有好幾種勢力。首先，是唐景崧離台之後，自北部南下的敗殘清兵。這些軍隊在主帥走避之後，紛紛散成小股，由於已無人能管束號令，多有轉成暴徒者，早在台北城內便已搶劫財富，毫無軍紀可言，待日軍控制北部後，除非內渡中國大陸，便只有向桃園，新竹地區逃竄蔓延。因此，桃園、新竹的居民，和台北人一樣，在未嚐到「倭奴」的苦頭之前，便先遭到敗殘的清軍肆虐，有些地區是至演成白刃相向的對立局面。但是也有部分敗殘清軍以後為義民軍所吸收，成為這個地區抗日集團的組成份子。

這些義民軍即為第二種勢力，也就是唐景崧辦防時期所招募組成的義軍。在1895年初唐景崧以丘逢甲為「全台義軍統領」，由丘逢甲號召鄉間子弟組成保衛家鄉的義民軍，這些義民軍的數目到底有多少？有各種不同的記載。據《台島劫灰》記載是仁字義勇5營、禮字義勇5營、智字義勇5營、信字義勇5營，即共有20營；但從1895年4月間丘逢甲給唐景崧、俞明震等人的書信來看，上述的20營似乎只是名目上的編制，其實際的兵員數目仍然大有疑問。丘逢甲奉命募勇辦防，在受領餉銀後，到底成軍多少，頗受質疑。例如，思痛子《台海思慟錄》便語帶責備地說：「奏派在籍兵部主事丘逢甲廣募民兵，以輔官兵不逮，稱為義勇統領，體制在諸將上，與撫軍往來文牒悉用照會。營制與淮、湘諸軍異，與土勇亦相逕庭。營官不領薪水，逢甲月支公費數百金，兵則食數軍之半餉。器皆取給於官，或聽民自捐。不立營壘，無事安居，有事候徵調。數月之間，逢甲領去官餉銀十餘萬兩，僅有報成軍之一稟而已。」洪棄生《瀛海偕亡記》也說：「丘逢甲者，台灣粵籍進士也，未第時，受知巡道唐景崧，唐為巡撫，思保舉之，奏章稱其領義勇百二十營，實不滿十營。」

丘逢甲招募的義勇軍，當時主要駐防於南崁、後壠、中港一帶。但丘逢甲並沒有率領他的義民勇軍抗日，而是在台北情勢緊急，唐景崧電請支援時，與林朝棟一樣，「及是亦不應，赴梧棲港舟先遁。」（《瀛海偕亡記》）。對於丘逢甲的募勇籌防，卻又不戰而走，連雅堂《台灣通史》的記載是「當是時，義軍特起，所部或數百人、數千人，各建旗鼓，據抗一方。而逢甲任團練使，總其事，率所部駐台北，號稱二萬，月給餉糈十萬兩。十三日（6月5日），日軍迫獅球嶺，景崧未戰而走，文武多逃，逢甲亦挾款以去，或言近十萬云。」《台灣通史》對於丘逢甲有一段極為自制的批評：「連橫曰：逢甲既去，居於嘉應，自號倉海君，慨然有報秦之志，觀其為詩，辭多激越，似不忍以書生老也。成敗論人，吾所不喜，獨惜其為吳湯興、徐驤所笑爾。」

連雅堂謂丘逢甲將為吳湯興、徐驤所笑，是因為丘逢甲「糜帑十餘萬僅報一軍之成」（《台海思慟錄》），而且他以「統領全台義軍」的身分卻不戰而走，獨留吳湯興、徐驤這些原以他為馬首的義軍首領們浴血抗戰，終至殉死。

林朝棟、丘逢甲逃走後，其部下的傳德生（星）、謝天德、邱國霖、吳湯興等仍繼續領導義軍抗日。日軍押收的文件當中有幾份與吳湯興有關的資料，這些資料提供了我們瞭解當時抗日勢力的線索：

統領台灣義民各軍五品銜生員吳。竊生員所招之義民先鋒辦勇二千名，編為五營。除衛隊中營一營，隨身差遣外；其餘徐驤一營，扼紮北埔，會同傳德生、姜詔祖防守枋寮沿山一帶。邱國霖一營，扼守尖筆山沿一帶。張兆麟一營，分守三環水流東；陳超亮一營，駐防深井；黃景嶽一營，仍守苗栗，俱係扼要臨口。

至憲臺撥來之新楚勁勇等營，均由楊統領分撥南嵌、頭份各處。其陳澄波一營，係固守中港，此外別無成營之勇，可以調遣。雖義民尚有數萬，然草野農夫，散則為民，聚則為兵，只可應敵，未能調防。現查大湖口、關子河、後壠、通霄、香山各處，尚多咽喉重地，無營駐守，未免空虛，應請憲臺再撥精勇二、三營，星夜拔隊前來，以資守禦。當此軍情喫緊，瞬息千變，務乞俯准派撥，庶免疏虞。又陳澄波一營所守中港一帶，更為扼要三隘。該營早既成軍，其按月應領之薪朴，係由臺灣縣分局答應籌撥，並請諭飭該局，速籌解用，源源接濟。仍飭多備一營餉糧，俾陳澄波添募數百名，厚其兵力，壯其聲威，禦侮折衝，斯無將寡兵微之虞。該處委係通衢要道，非仗雄兵鎮守，難期有備無虞。除飭陳澄波認真防守，聽候調撥外，理合具文稟請。如此具稟，伏乞憲臺察核，恩准施行。須至呈者。

右呈

臺灣府正堂兼中路營務處黎

光緒廿一年閏五月二十日（7月12日）

（《日清戰爭實記》第三拾九編，頁一三～四。）

　　資料當中的傅德生是林朝棟舊部，邱國霖是丘逢甲誠字營長官。姜詔（紹）祖則是北埔土豪（金廣福墾號姜秀鑾後人），徐驤也是頭份土豪，兩人當時都在家鄉組織義軍民團。從這個資料可以看出，吳湯興在此時大致整合了林朝棟、丘逢甲的殘部及新竹、苗栗一帶的義民軍。

　　另一種抗日勢力，是大料崁溪流域及桃園地區的江國輝、呂建邦、蘇力、蘇俊、王振輝、蔡國樑、黃細霧、簡玉和、黃尖頭、劉大用、黃藐二、王阿火、陳小埤、陳戀番、簡生才、胡嘉

猷、李蓄發、詹清地、夏阿賢、鍾統等人所領導的小股集團或鄉民。《日清戰史》中說，這些地方性的「賊徒首腦」「到處蔓延，不遑一一列舉」，其兵力多在一千至二千人之間，甚至有多則二三百人，少則數十人者。這些人的號召力，在清代官府的治安警察能力不足的情況下，他們經常便是地方治安的維持者（這包括他們可能便是當地的惡霸，以強制的手段控制地方）。

吳湯興、徐驤、姜紹祖等人所率的義民軍，因尚屬稍具組織之集團，還可能與日軍作正面的衝突戰或攻防戰，但正如吳湯興在上列文件所說的，「然草野農夫，散則為民，聚則為兵，只可應敵，未能調防」，其能真正與日軍對陣的實力，畢竟有限。至於由土豪、鄉紳所率領的抗日勢力不論就組織或裝備來說，便更不足以與日軍對決了。但是，這些土豪、鄉紳所率領的勢力，卻可以利用地理條件，對日軍進行游擊性的攻擊。甚至經常在日軍大隊到來時，舉白旗表示歡迎，但對零星的日軍卻加以襲擊。這種游擊性的抵抗，使日軍無法確實分辨敵我，而且杯弓蛇影，疲於奔命。《日清戰史》對日軍的這種窘態和苦惱及台灣人方面的抗戰模式並未細述，但隨軍記者的報導卻有很生動的描寫。例如：

新竹以北，大湖口以東之地，人民皆土兵，其數不知凡幾，破壞鐵路，切斷電線，皆是這些土兵的傑作。他們只要一看到我軍人少可欺，就會發動攻擊，若我軍人數佔優勢，他們就逃到森林山間……，盤據安平鎮的敵兵約有二百名，他們所盤據的房屋是以耐火磚瓦建成，周圍有濃密的竹叢，牆壁四周皆有被遮蔽起來的銃眼，甚至設二段或三段，然而敵火中最具威力的是來自牆壁的最上邊，可以越過外部圍牆頂點向外俯射，使我軍無法靠近圍牆。此外，他們的第一道防禦線就是竹林，約一米高的竹子縱

橫交錯，互相糾結，在其後方堆有同樣高度的耐火磚瓦，或直徑一公尺左右的土包，作為堡壘。敵兵的防備如此牢固，加上他們有防範蕃人的習慣，視死如歸，敵兵可據此孤壘支持數日。（《風俗畫報‧台灣征討圖繪》）

我們從潛伏處暗中窺伺敵人的動靜。只見每二十人或每三十人成群，集在這處，集在那處，其中還有婦女執槍者，宛然如見美國十三州獨立時之情景……，當我們且戰且走時，敵人卻出現於我們的前後左右，依然對我們狙擊。最令人驚訝的，就是婦女執槍在追趕我們。因此，可以說這個地方不管草木山川莫非敵人。（大谷城夫《台灣征討記》）

當時 The North China Hearld 的記者 J. W. Davidson 對於這些土著、鄉民的戰鬥，也有很生動的描寫和分析：

日軍在臺灣所遭遇的最大障礙是面帶笑容的村民，他們站在懸掛白旗的家門口，眼看著日軍隊伍走過去。日軍起初還親切微笑與之交談。然而，當村民感覺日軍兵力較少，本身安全無虞時，日軍行列還沒走完，槍彈便從同一個門口朝這支不幸的隊伍飛過來了。隊伍回身時，但見四肢不全的同袍倒臥在街道中；而附近民房的門窗裡，魔鬼還是同樣露齒而笑，象徵和平的白旗也同樣迎風飄揚在這些分明有罪的人們頭頂上。

……，（遠征軍指揮官）的交通線一次又一次地被截斷；曾經宣誓忠誠，手搖白旗要求保護的村民，如今反叛他，將他手下的輜重兵、傳達兵以及斥堠一一殺害，四肢不全。……在白旗之下殺害日軍的村民並沒有遭到懲罰。大多數漢人因此認為，日軍之所以會如此，只有一個理由可解釋，那就是日軍怕他們。於是，他們更加以為很容易便可以把日軍趕出此島，反抗日軍的新

組織紛紛成立。

……。抗日統領所發佈的文告傳播四方，宣稱日軍要求所有的人都必須捐獻，不但豬、犬、貓、鵝、鷄都無法倖免於稅；而且漢人必須門戶洞開，聽憑征服者取所欲取，就連婦女也要讓日本兵士為所欲為。民眾毫不遲疑的相信文告所說的一切，這也驅使民眾急速的動員起來，於是，連日軍平日據守佔領的區域，不時都會遭到襲擊，也就不算是什麼稀奇古怪的事了。

一名軍官與二名軍曹帶隊前進打聽抗日份子可能潛伏的地點卻無人能提供消息，他們只好沿河向大料崁而行。前進四英里後，他們看到約有四十名男女在採茶；這些人看不出來有任何敵意，馬隊便又繼續其行程。不久，出到一片阡陌縱橫的稻田。他們成一路縱隊行走其間，走到稻田中央時，約三百步之遠處，三聲槍響傳出，讓人為之吃驚。幸而無人受傷，指揮官下令即刻下馬作戰。……。抗日民軍突然從四面八方湧現，日軍瞬間便被射倒數人，座騎也奔竄稻田之中。在此情況之下，根本無法作有效的抵抗，指揮官乃下令退卻，各自分頭儘力求生。部隊隨即散開，四向逃奔，……，沿途房舍、樹木以及叢林似乎都有敵人，就連婦女也加入戰鬥行列了。

台灣的村落經常環繞著幾乎無法貫穿的竹林，堅厚的竹籬與無數有刺的樹木交織圍繞著房屋的四周。緊接在竹籬後的土屋，差不多完全都被竹籬所掩蔽住；土屋通常是以泥土及稻草混合築成，這類小屋同時開有無數小孔，隨時可化為小型堡壘，非用砲火不易攻取。

這些描述使我們得以深層地瞭解當時抗日者的組織型態、行動模式、心態、戰鬥方式，甚至當時候之社會狀況和地理景觀。

就如上面所說的，土豪、鄉民原來只是地方性的存在，對於這些地方性的人來說，日本之前來佔領台灣，最重要的意義是它代表「外來者」（日本人）的侵入，而對於「外來者」侵入所抱持的不安應該是影響他們行動最大的原因。1894年甲午戰爭爆發後台灣辦防以來，官府所做的以日本人之橫暴為內容的抗日宣傳，應也造成相當效果。但是，由於土豪、鄉民的組織鬆散，抗戰意志紛歧（最大的原動力是不安），更談不上有整齊的軍械。因此，其戰鬥方式，便只能是利用地形、地物的游擊戰或巷戰。當然，桃園、新竹地區係十九世紀才大規模開發的新墾地區，而且開墾丘陵、淺山地區時，為了防範原住民的攻擊而形成的自衛武力及具有防禦功能之家屋、村落形式，都在這次的抗日戰爭中發揮了作用。

桃園、新竹地區這種草木皆兵、敵友難分，而且以游擊作戰為主要方式的抗日，使日軍窮於應付。日本政府終於認識到按照國際條約應該已得手的台灣，實際上必須再以一場戰爭才能將之納入版圖。於是，樺山資紀總督向本國要求增派軍隊來台投入戰爭，日本政府也決定暫緩在台灣實施民政，將台灣總督府改組為軍事官衙，台灣總督府的官員視同外征人員。7月中下旬，日軍在大料崁流域進行了兩次無差別的「掃蕩」，《日清戰史》中對於這兩次「掃蕩」雖未特別強調，但從其「平靜」的敘述當中，我們仍然會發現「完全殲滅」、「沿途燒燬許多聚落」、「砲轟各聚落，放火燒屋」、「沿途放火焚燒聚落」的字眼。而且《日清戰史》中還記載了耗費砲彈的數目。也就是說，日軍用大砲轟擊這些具有防衛機能的聚落。如果我們注意到掃蕩期間耗費的子彈、砲彈數目之龐大，便能想像這個地區被日軍殺戮、燒夷之慘。《台灣總督府警察沿革誌》裡記載第一次掃蕩的結果為「此大掃蕩延續

四日，沿途之村落悉被彼我之銃聲、砲煙所籠罩，各村落喊聲不絕，三角湧附近數里不復人影」。

苗栗一帶至彰化地區的抗戰勢力，主要是吳湯興等從新竹、苗栗之交退敗下來的義民軍，和由台灣府知府黎景嵩籌防組成的新楚軍。

唐景崧辦防時期，台灣的防戍佈置，大致是北、中、南三區分防的態勢。唐景崧親自督率台北的軍隊，南部則由黑旗軍名將劉永福負責，中部原由林朝棟、丘逢甲主持，但林朝棟、丘逢甲，甚至台灣府知府孫傳袞，在6月初便離台赴中國大陸，中部的防務乃由接任的知府黎景嵩主持。

此時中部地區的防務動態是：台中（灣）縣葉意深已無心在台而內渡；彰化知縣丁燮雖在此之前曾會彰人紳士吳德功、吳景韓、周紹祖主持保甲局，招募練勇，巡捕盜賊，但也在6月底內渡，改由防軍營管帶羅樹勳接任；雲林縣知縣呂兆璜也引退，由羅樹勳之子羅汝澤代之；苗栗縣知縣則爲李烇。其中，李烇爲廣東人，與縣民頗相得，在日軍越過淡水河南下之際，曾召集吳湯興、徐驤、舉人謝維岳、富戶黃南球商議籌防事宜，並且將該縣錢糧發放供作勇餉。6月底，黎景嵩受大料崁、桃園一帶抗戰之激勵，頗思有所作爲，甚至還想反攻台北。因此在台中地區設籌防局，招募軍隊備戰，其態度甚至比地方紳士還積極。吳德功《讓台記》對於黎景嵩籌備戰防的記載是：「黎（景嵩）差人探知日軍止千餘人，又聞大料崁及桃仔園、大湖口一帶台民旋歸順旋即截殺，於是議籌餉械，欲圖恢復。台中各紳亦言府庫一空，洋銀無幾，內地如無接濟，難以維持；雖台中錢糧抄封，可以籌收，奈富戶多逃漳、泉等處，不如暫守以待救援。黎府空空妙手，勃勃欲試，議派富戶軍需及飭各保分局徵收錢糧，按期分收。隨令

前在台之武弁及楚員招募游勇，一時勢急，無暇選擇，凡有應募者一概收入，務使速於成軍。並電請台南派兵撥餉赴援。即於白沙書院設籌防總局，請林文欽、施仁恩、莊士哲、許肇清、林朝選、吳源藻、王學潛等台灣紳士輪值常川辦事，議抽米厘並什稅充餉。」

黎景嵩所編組的新楚軍，是收編林朝棟渡清後所留下的棟軍散勇，再就地招募土勇組成的14營軍隊，由楊載雲統領，多次被派往新竹地區與吳湯興所率的義民軍配合作戰。6月底與7月初，義軍與新楚軍在新竹、後壟一帶與日軍的戰鬥，互有勝負，使黎景嵩的信心大增，甚至過度自大。此時，北、中、南分區守備的劃地自守，不相支援的情況也趨於嚴重。原來與吳湯興義氣相投的苗栗知縣李烇，也不再支應吳湯興軍餉，抗日陣營中的矛盾逐漸表面化。

吳湯興與李烇之間的齟齬，彰化士紳吳德功《讓台記》的說法是這樣的：

前黎府准苗栗錢糧收作軍餉，吳湯興所部之勇每人月餉洋銀十二元，開銷頗巨，疊向縣中索取，不給其用，即將糧串自行徵收。李烇厭之，備文詳府，以吳湯興徒博虛名，全無實際，所收餉多為中飽，前各軍攻打勝仗，皆徐驤之力，而興冒為己功，詳報上憲。另保舉苗人富戶黃南球其洽眾望，可為諸軍統領，請收興統領關防。吳湯興亦備文指李短處，請派員代換。

當抗日陣營無法和衷共濟，連成一氣時，日軍卻已南下至中部地方。8月13日，日軍攻陷苗栗，李烇內渡福州。8月28日，日軍與抗日陣營在八卦山激戰，吳湯興、吳彭年都死在死役，中部的防禦完全崩潰。

八卦山以南至台南一帶的抗戰主力，是劉永福麾下的各地駐軍和各地應募的土勇、義民。在這義民、土勇中，又以雲林、嘉義一帶的簡義和台南縣的林崑崗等人爲較大勢力。簡義原爲土豪，其所率領之隊伍有不少「土匪」，林崑崗所率領的則多爲聯庄庄民。至於下淡水溪一帶的抵抗勢力的資料較少，《日清戰史》第四十二章（即本書第五章）可謂是爲這幾個地方性的抵抗集團，留下最多記載了。不論是土豪簡義所率的「土匪」，或林崑崗所率的聯庄庄民，或南部客家的六堆組織，都是清代台灣社會的產物。清朝政府在台灣的警察力量有限，治安必靠民間自己維持，因此發展出數個村莊聯合守禦的「聯庄」辦法，或如南部客家的六堆組織；即使土豪擁有私兵，或像林崑崗者流，亦有警衛和維持地方安靖的機能。這些平日在地方上發揮警察、自衛機能的組織，到了1895年便自然轉而成爲抗日的組織了。

　　中、南部的抗戰情況，中文資料甚少。但近年日本方面卻發現了一些軍人或軍伕的從軍日記，以下摘錄一段描述茄冬腳之役的文字於下，供作參考：

　　第四聯隊之第二中隊登陸後立刻向此方面前進，接著，第三中隊及第十二中隊出發往另一方面。第二中隊到達茄冬腳，村內靜謐不聞一音，進至約二百米左右，竹柵胸牆背後突然出現無數敵兵，急忙射擊。遇此不意，於是兵各分散，但周圍盡爲水田、稻穗及腰，伏則不見敵，直立則必正爲敵之鵠的，加之田多充水，泥濘妨礙進退。至此只知有進不知有退，進則利，退則不利。……隊長下令急射擊，接著吶喊猛進。我軍大聲快速趨近敵壘，但前面俄然出現深濠不能越渡。於此無可如何，乃先退取，改而破壞其側方門戶。午後一時半，門口漸被破壞，敵兵壅塞門

口，不易急射猛烈前進，而且甚爲暑熱，又是空腹，雖數時勞動又有多數負傷，亦不能停戰，極爲憤慨。此時恰好十二中隊聞此槍聲，自村落側面來援，以時不可失，吶喊猛奮，遂突入村內。賊徒何所支耶？右往左走，東奔西驅，進入各民室倚窗射擊，故我軍負傷增加，敵之頑抗連十二、三歲之小孩亦起而抵抗，遂採取燒卻之不得已手段，於村內各處放火，有出者即斬之或射殺，斃者二百六十餘，負傷者無數，我兵即死者十三名，負傷將校一，下士以下六十餘名，可知苦戰之狀。

六、台灣攻防戰中的劉永福

相對於唐景崧在6月4日潛逃，劉永福一直在台南待到日軍進城前兩天的10月19日，因此便有人認爲唐景崧沒有抗戰，而劉永福是抗戰到最後一刻。到底劉永福的「抗戰」實態如何，以下試以當時人的記錄來加以檢視。

1894年7月，中、日在朝鮮半島的情勢緊張之後，清廷便命中法戰爭時的名將劉永福（1894年時爲廣東南澳鎮總兵）帶領兵勇來台，隨同邵友濂辦理防務。9月初，劉永福率領六營精兵到台，駐台南。邵友濂離任改由唐景崧署理台灣巡撫並兼督軍務，唐景崧將防衛力量投注於基隆、淡水及澎湖，南部台灣則專由劉永福防守，這是1894年底、1895年初時候的台灣佈防情形，這種防衛部署大致是基於十九世紀中葉以來的歷史經驗，尤其是中法戰爭法國攻打台灣時的經驗更成爲此時佈防的最重要參考材料。但是，後來又有了一些增補，那是鑑於1874年日本征台時曾由瑯璚登陸，因此唐景崧又命劉永福分兵駐防恆春、東港一帶。

劉永福曾北上與唐景崧會商防務部署，但其意見不爲唐所接受，據說唐甚至明言要劉永福專防台南，對台北防務無庸置喙，

即：「老兄在台南獨當一面，節制南方各統領，任便行事，已成專閫；弟（景崧）雖督辦之名，亦不爲遙制，且鞭長莫及。」唐景崧的意思是要與劉永福劃地分防台灣南北，但從唐景崧自繼邵友濂辦理防務後，「殊洽素願，毅然以保障全台爲己任」來看，唐景崧是排擠劉永福欲獨攬大權。唐景崧排擠劉永福於台南之後，甚至還一度將劉永福調戍恆春。而自己則大權獨攬地將重兵集於台北附近（基隆、淡水一帶）及澎湖，連南崁、新竹、後壠一帶都要靠丘逢甲募勇填充防衛上的空虛。唐景崧這種排擠同僚大權獨攬的作風，使台灣防務呈現南北分防的情勢，而且造成各使意氣、不相支援的後果。

1895年5月底，唐景崧試圖以成立「台灣民主國」的方式引入列強干涉台灣問題。「台灣民主國」只是個「商結外援」的形式設計，因此唐景崧不會眞正嚴肅地考慮將劉永福納入整個設計當中，而且唐、劉之間的不和也使劉永福不願積極回應唐景崧的「台灣民主國」運動。這從具有劉永福回憶錄質的《劉永福歷史草》的記載，可以窺知一二。

過數天，唐自出銀鑄造大總統印，製黃旗兩枝，寫民主國字樣，概轉旗號，不用龍旗。唐又遣人鑄造大將軍鐵印，派新放臺南道進士區鴻基往赴新任，順道賫印送與公（劉永福）。區送到彰化，因聞臺北大敗消息，連印帶回，不到臺南。時間五月也。

……，其送大將軍印時，先拍一電與公云：「景崧被百姓強立爲民主大總統，已送印民國旗等件；崧爲萬民付託，迫得權理。現送大將軍印與公，希收啓用。公即爲臺灣民國大將軍，統轄水陸諸軍務。至大總統一職，崧暫時權篆，事平當讓公」云云。此電最末發，唐雖飾詞爲民所強，其實自爲之事。蓋唐心專

制帝王已非一日，其前在越南屢勸公篡越王位，彼之意思亦料公可為大將，其文才不及他，將來一定為其所得耳。

唐景崧所全力佈防的澎湖於3月間、台北於5月底6月初，在全無抗戰意志的情況下潰散了，即使在南崁、新竹、後壠的丘逢甲、林朝棟也不戰而走。7、8月間在桃、竹、苗地區的抗戰，是由吳湯興、徐驤率領的義民軍及地方土豪的武力所進行的，此已在前文略有介紹。另外，此時接掌台灣府的黎景嵩以棟軍殘部及苗栗、雲林等縣募勇組成的新楚軍也適時發揮了一些作用。這個在唐景崧離台後比較沒有秩序形成的中部抗戰體制，反而對日軍造成了重大的打擊，也拉長了台灣抗戰的時間與空間的縱深，這是劉永福能夠在台南「堅持」到10月下旬的最重要原因。

吳湯興、徐驤所率領的義民軍及地方土豪的武力，配合新楚軍在新竹一帶的戰果，使台灣府黎景嵩「恃勝而驕」。直到日軍逼近，餉械均缺時，才積極向劉永福求援。劉永福對台中地方的請援，直到7月中旬才派吳彭年、李惟義率4營往援。而此時劉永福麾下的軍隊到底有多少？各種文獻有不同的記載，據《劉永福歷史草》則謂有「百數十營」（按：這個數字或嫌誇大，但具體有營號者便有32營，而且據說還有「民團二十餘處，分駐各要塞地方」）因此，劉永福事實上是貫徹了「畫地自守」的原則。

《台海思慟錄》對此的評論是：

是時扼守台南的劉永福，因外路梗塞，永福坐擁厚兵重餉，恃中路之戰勝而安享承平，亦不給一兵、發一粟。當景嵩始至台中，曾貽書永福，請其至台中坐鎮，保全大局。而永福復書，請畫地自守，台中屬景嵩，台南屬永福。坐觀台中之成敗，漠不相顧。

當初唐景崧潛逃之後，台南地方的士紳曾經要求劉永福繼而出面籌防戰守，但劉永福並不熱衷，直到6月21日劉永福接到如下的一封密函後態度始轉趨積極：

駐廈辦理臺灣轉運局務、前委臺灣府知府蔡嘉穀爲遵電轉呈事。現奉上海轉運局賴道鶴年轉奉江督憲張轉准駐俄許公使電開：「俄國已認臺自主，問黑旗尚在否？究竟能支持兩月否？」似此外援已結，速宜將此事遍諭軍民，死守勿去；不日救兵即至。仰即派人將此電告知劉幫辦並中路林、邱、吳三統領遵照等因。奉此，合即鈔電轉呈。爲此備具緘文，密縫衣內，派差弁五品軍功林廷輝賫送前來，申乞憲臺察奪！並乞將五月十二日以後至近日全臺軍情戰狀詳賜覆文，以憑轉電南洋大臣酌奪。望切！盼切！須至申者。

仔細閱讀這封密函便會發現，發信者（蔡嘉穀）對於時局的掌握並不正確，例如他似不知當時林朝棟、丘逢甲俱已離台內渡。但此密函對劉永福卻有不同的意義，劉永福似乎更重視其中的「外援已結」、「不日救兵即至」。因此，6月29日劉永福在台南白龍庵與台南士紳歃血同盟，誓言「萬死不辭」、「縱使片土之剩，一線之延，亦應保全，不令倭得」（此〈盟約〉被收錄在《日清戰爭實記》第46編）。也就是說，外援將到使劉永福有「固守」的意志，當時參加其白龍庵盟誓典禮的易順鼎說，「劉（永福）見俄國認臺自主、湘帥（張之洞）又許發救兵，志氣益壯。」《劉永福歷史草》也說：「時雖奉旨將全臺割與日本，但接兩江總督張（之洞）密函，囑請仍相機扼守，餉項後定匯接濟，幸勿爲慮；拜密兩廣總督譚（鍾麟）函屬，與張（之洞）函大致相同。公（劉永福）見有此兩處援應，亦可扼守，在臺一日，惟有竭盡

一日之心，其他事之成敗利鈍，有所不計也。」「堅守待援」才真正是劉永福留下來的心情，而中部地區的抗戰也使日軍無法一舉南下，劉永福便得在台南「堅守待援」、「畫地自守」。

劉永福在台南堅守待援的時期，台南出現了台灣民主國的南部版，一時之間「設議院於府學以舉人許獻琛為議長，廩生謝鵬翀、陳鳳昌等為議員，郎中陳鳴鏘為籌防局長」。劉永福為了籌集餉銀，甚至發行官銀票及郵票。關於發行銀票，《永福歷史草》中有一段說明：

六、七月交界之期，正是青黃不接，……接濟音信杳然。……迫得印造銀票，聲明全臺軍事救平，一元連本還五元；且發銀票不過千數百元。時因各財主佬被英、法諸國恫嚇渡過廈門，所有全臺資本家幾去一空，是以財政萬分困難，杯水車薪，無從救濟。六月後，初則千兩（按：餉銀）發四百現銀、六百銀票，旬間則千銀發現二百、票八百，又旬間現銀一百、票九百，又旬日全發銀票。初時，全使銀票，臺南城內外鄰近各處尚覺通行，到九月中城內外亦無人肯用了。

《劉永福歷史草》的這一段說明透露了劉永福在台南堅守待援時最大的苦處，那就是軍餉無著。因此，在6月初奉劉坤一之命來台為抗戰打氣的易順鼎，此時又被劉永福畀以重任，回中國內地尋求餉械的支援。易順鼎的《魂南記》及《盾墨拾遺》為我們留下這個時期最珍貴的史料。根據這兩份易順鼎的日記體記錄可以看出當7月易順鼎回到中國內地要求械餉幫助時，情況已非劉永福所預期的樂觀，甚至可以說已完全沒有指望了。7月21日，易順鼎在南京求見張之洞，其結果是：

晚間一見，（張）即云：「子來太遲！若早來，則有益矣。不聞有人劾南洋接濟台灣，阻撓和局乎？不聞有旨查禁海口乎？」乃出總署來電示余云：「奉旨：『現在和約既定，而台民不服，據為島國，自已無從過問。惟近據英、德使臣言：上海、廣東均有軍械解往，並有勇丁由粵往台，疑為暗中接濟，登之洋報；或係台人自行私運，亦未可知。而此等謠傳，實於和約大有妨礙。著張之洞、奎俊、譚鍾麟、馬丕瑤飭查各海口究竟有無私運軍械、勇丁之事？設法禁止，免滋口實。欽此』」

易順鼎特別指明張之洞所提示的總理衙門電報是7月2日發出的，而慨嘆：「閏五月朔日（6月23日）湘帥（張之洞）尚未奉此電，故其寄台南電信尚有『堅守一月，救兵即至』之語，不謂甫距十日，即有大變遷。」清廷深恐台灣的抗戰將使已經成立的中日和局再生波折，因此下令各邊帥不准支援台灣。這使原本在台南「堅守待援」的劉永福之抗戰決心，受到嚴酷的考驗張之洞甚至說：

此時實無救台法；劉當奮力自為，不必拘文牽義。台灣已非中國地，劉若能割據此土為中國作屏藩，勝於倭人萬倍。至餉械垂盡，則惟有用「草船借箭」之法，果能得手，敵之餉械皆我之餉械也。劉固奇男子，成則為鄭延平，不成則為田橫耳。

張之洞的這一番說辭，其實已表示完全放棄台灣也放棄劉永福，甚至還揶揄了劉永福一番。易順鼎對於張之洞寄望劉永福為鄭延平、田橫的說法深有感觸，於是有一番對劉永福的分析，這是很中肯的分析，特錄於後：

嗟乎！余在台南與共處十餘日，豈尚不知劉之為人何如哉？

蓋其人有所長，亦有所短；不貪財、不好色、忠勇樸厚，與士卒同甘苦，是其長也；不能用財，有恩無威、多疑少斷，是其短也；老謀深算，持重養威，是其所長者也；大略雄才，赴湯蹈火，是其所短者也。今日之事，非有雄才大略而又能赴湯蹈火者必不勝任。劉本非能死之人，其富貴功名之願已遂，室家妻子之戀難忘，則先有不欲死之心；台灣為奉旨交割之地、幫辦（劉永福）為奉旨內渡之員，則又處不必死之地；余窺見隱衷久矣。

也就是說，易順鼎所觀察得見的劉永福「實無鄭成功之才，亦無田橫之志」，因此他斷言：「倭不攻台南則已，一攻台南，劉必不肯死戰」。

果然，不出易順鼎所料，日軍在八卦山之役後暫事休息整頓，10月初編組南進軍，三路進逼台南後，劉永福並無抗戰的意志，劉永福的黑旗軍比較激烈的抗戰，大概始於10月9日的嘉義之役，但同時劉永福也在10月8日起便開始與日方交涉投降事宜（詳細情形見本書第四章，不贅述）。據《劉永福歷史草》，此時劉永福與其子成良即已在密謀潛逃。因此，說劉永福抗戰也不過旬日耳，與唐景崧之「台灣民主國」不旬日而潰，實不相讓。但與唐景崧默默潛逃不同，劉永福的潛逃在其回憶錄性質的《劉永福歷史草》中卻有極詳盡而且略帶得意口氣的描寫（因文字甚長，不具體引述），顯示劉永福草莽英雄主義的一面。

後語

此次為了撰寫這個導讀，重讀1895年乙未之役的史料，距當年初次閱讀這些史料時間上相距將近20年。這20年間個人的成長、社會的變遷，甚至對史學的反省，都使得雖然是相同的史

料，卻讓人有更深也更複雜的體會。

《日清戰史》、《風俗畫報‧台灣征討圖繪》（遠流版譯名《攻台見聞——風俗畫報‧台灣征討圖繪》）、《日清戰爭實記》這種以日本人角度所寫的戰史、戰爭報導，雖然無處不讓人感覺到它的片面性，但卻也令人不知不覺間受到感動。仔細推究其原因，應該是在於它們把台灣史上的一個大事件如此具體、仔細地描寫了出來。

自十九世紀中葉以來逐漸學院化、學科化的結果，歷史逐漸失去了它令人感動的質素，觀念化、抽象化、強調分析，取代了原本以敘述具體事象為主的傳統，歷史變得索然無味，甚至成為抽象的觀念文字遊戲。另一個現象是，在歷史學科化的過程中，「國家」成為歷史之敘述、分析單位的情形也定著化了。當「地域」或「個人」的一切經驗、記憶都被收納、整理在「國家」這樣的框架當中時，雜然多樣而且生動豐富的個人、地域像貌便消失了。

但是，當閱讀《日清戰史》、《風俗畫報‧台灣征討圖繪》時，逐漸被觀念化成為符號的台灣，卻有了豐富的具體內容，不但讓我們看到在一個重大的歷史事件裡多數台灣人的行動〔《日清戰史》第四十二章（本書第五章）更具體出現了多數的人名〕，而且詳細看到整個歷史事件的舞台（這些書中出現的台灣地名，數量超過600個）；我們終於在「歷史」中看到在台灣這個舞台上展開的一個歷史事件，而且其中人物、場景、「劇情」具體清晰。戰爭就在我們熟悉的地方展開，那麼的靠近。當故鄉附近熟悉的地名在書中出現時，那種「難以相信」卻又那麼真實的感覺，想必是閱讀上很特殊的經驗。原來，歷史就在我們的身邊！

讀1895年乙未之役史料的另一個感想，則是充分意識到我們

的歷史教育與歷史知識竟然如此偏差，甚至黑白顛倒。

1895年被清朝割讓給日本，對當時的台灣士紳來說是個重大的衝擊，他們普遍有被遺棄的感覺，台灣是「棄地」，台灣人是「棄民」、對普通的台灣人來說，則被捲入了台灣有史以來最大的一場戰爭。這場戰爭始於被清朝官員、台灣上層士紳動員，終於保衛家鄉、逃避不可信任的新統治者。多數人死於戰鬥，甚至死於屠殺，多數家屋燬於天外而來的戰火，但是他們在歷史中卻無名無姓……。

1895年的乙未之役對台灣人來說，畢竟是太大的事件了。在此之前甚少（幾乎屈指可數）描述自己生息之地之歷史的台灣讀書人，終於在不能自已的激動中，提筆為這個重大的歷史事件留下血淚的記錄。最深刻表現這種「不能自已的激動」的是洪棄生《瀛海偕亡記》的自序：

自古國之將亡，必先棄民。棄民者民亦棄之。棄民斯棄地，雖以祖宗經營二百年疆土，煦育數百萬生靈，而不惜輕斷於一旦，以偷目前一息之安，任天下洶洶而不顧；如割臺灣是已。

當鄭氏之開拓臺灣也，北不踰諸羅，南不踰鳳山，其地不及今五之一；兵二、三萬，番二、三十萬，其眾不及今十之一；而西驅荷蘭，東敵倭人，南控呂宋，北犯大清而有餘。而今負之以大清之大，重之以本島之庶，而不能有為，反舉而畀之島國；天下孰有痛於此者乎！

在悲痛於既割之後，洪棄生對於他所以撰作《瀛海偕亡記》，有一段令人動容的文字：

自和約換，敵軍來，臺灣沈沈無聲，天下皆以蕞爾一島，俯

首帖耳，屈服外國淫威之下矣；而烏知民主唐景崧一去，散軍、民軍血戰者六閱月；提督劉永福再去，民眾、土匪血戰者五越年，糜無盡英毅之軀於砲火刀戚之中而無名無功。此吾人所當汲汲表襮者也。

「民主唐景崧一去，散軍、民軍血戰者六閱月；提督劉永福再去，民眾、土匪血戰者五越年，糜無盡英毅之軀於砲火刀戚之中而無名無功。此吾人所當汲汲表襮者也。」充分表白了洪棄生必欲將「歷史」寫下來的「不可自已的激動」。洪棄生這種必欲將歷史寫下來的心情，充滿了怨懟和不平，尤其是對「孰抗戰，孰不抗戰」這樣的主題，是他所必欲「表襮」的。

這種撰作的動機，在思痛子也是一樣存在的。思痛子《台海思慟錄》的自序：

當日者，倭釁初開，台之文武官吏不為不多矣。其間部署之疏密，用人之得失，兵力之厚薄，餉糈之盈絀，有知難而退者，有誓同台地存亡而置百萬生靈於不顧者，有夙負威名而一籌莫展，致樹白旗以降者；或糜帑十餘萬僅報一軍之成焉，或甫與交綏而佯敗遠遁焉，或心存規避而沿途延緩焉，或藉口割台而私倖內渡焉。孰為勇敢殺賊而軍中威怖如許瘝虎之奮不顧身？孰為自擁雄兵而劃界分疆如賀蘭進明之坐觀成敗？孰為餉援俱絕而抵死拒戰如張睢陽之困守孤城？其見敵輒靡也則如彼，其有進無退也則如此。

甚至二十年後連雅堂《台灣通史》中將丘逢甲、吳湯興、徐驤、姜紹祖、林崑岡、吳彭年、唐景崧、劉永福分別列傳，並在其各列傳中以「連橫曰」的形式所作的論贊：

逢甲既去，居於嘉應，自號倉海君，慨然有報秦之志，觀其為詩，辭多激越，似不忍以書生老也。成敗論人，吾所不喜。<u>獨惜其為吳湯興、徐驤所笑爾</u>。〈丘逢甲列傳〉

乙未之役，蒼頭特起，執戈制梃，授命疆場，不知其幾何人，而<u>姓氏無聞，談者傷之</u>。……夫史者，天下之公器，筆削之權，雖操自我；而褒貶之者，必本於公。是篇所載，<u>特存其事，死者有知，亦可無憾</u>，後之君子，可以觀焉。〈吳徐姜林列傳〉

……夫彭年一書生爾。唐、劉之革，苟能如其所為，則彭年死可無憾，<u>而彭年乃獨死也</u>……。〈吳彭年列傳〉

……夫以景崧之文，永福之武，並肩而立，若萃一身，乃不能協守台灣，人多訾之。……<u>蒼莒難呼，魯陽莫返，空拳隻手，義憤填膺，終亦無可如何而已</u>……。〈唐、劉列傳〉

無一不深寓褒貶之意，「史筆存焉」。

但是近百年來，到底我們是不是讀取了先人所欲「汲汲表襮」的多數「無名無功」的「英毅之軀」，而不是去紀念將為「吳湯興、徐驤所笑」、「糜帑十餘萬僅報一軍之成」、「夙負盛名而一籌莫展，致樹白旗以降者」。答案顯然是否定的！丘逢甲、劉永福之名俱載教科書中，而頭份人識徐驤否？苗栗人識吳湯興否？更遑論林崑岡，甚至多數無名者矣！

1895年乙未之役，
應該是我們重新認識
台灣歷史的開始。

1995年暮秋
於東京客寓

《攻台戰紀》地圖、地名的初步解說

中研院台史所籌備處 **翁佳音**

一、史料的多元功用

本書爲《明治廿七八年日清戰史》台灣相關部分，其本身在「政治、事件史」研究上的重要性，已無需再加說明。不過，有關戰爭時期的史册、或此期間所留下的文獻，事實上，若從「非政治、事件史」的廣義社會史角度來看，它們也是研究社會、鄉土歷史等的豐富材料。譬如，我曾經從《府城教會報》抄譯出幾則有關乙未之戰時台灣社會圖像的資料，並指出所謂的「台灣武裝抗日史」的研究，假使能擺脫傳統的「國家、民族」史觀來審視史料，一定會有出人意表的發現。此中例證，有興趣的讀者，不妨參考一下我所發表的前述文章❶。

從這個觀點出發，讀者很快就可發現到，本書除了是研究「台灣人戰役史」的貴重材料外，彷彿還存有另一番值得探索的天地。讀者在初見本書中似懂非懂的眾多戰役地點、戰鬥地圖、地名時，難免會忍禁不住地要去翻查台灣古今地名沿革的書籍，以求瞭解百年前的老地名，究竟是指今天的那裡。聰慧的讀者，也許會更進一步從本書所記載的老地名，去探尋其所代表的意義。另一方面，關心鄉土歷史的讀者，當然會從本書中翻查1895（日本明治廿八）年時，他們父祖輩是否曾經在本鄉、本庄內與日本

---

❶ 拙著，〈《府城教會報》所見日本領台前後歷史像〉，《台灣風物》41（3）：83-100。

人壯烈地交鋒過，藉以證明鄉土抵禦外來政權的精神傳統。

因此，本書的出版，就史料而言，它具備了多項功能可供利用。由於我不是專門研究古地圖（Historical maps）的，以下只能就個人在閱讀本書時的一愚之見，就地圖、地名有關符號方面略做解說，以供讀者參考。有些地方的說明與舉證不一定完全正確，還盼先進的指正。

二、有關本書的地圖

本書所隨附的軍事配置、戰鬥地圖，大部分為比例二萬分之一的地形圖。很明顯的，它與我們一般所熟悉的，亦即1904年由台灣總督府臨時台灣土地調查局調製完成的「堡圖」，是有所不同的。似乎它所根據的資料，應該是來自陸軍測量部系統所調製的地形圖❷。大概也因為這樣，本書所隨附的戰鬥地圖相當詳細，甚至連聚落規模都描繪出來。據地理學者施添福教授告訴我，此地圖中，斜線部分裡的黑點記號，是用來標示聚落中的房屋數，以及標示房舍為「一條龍」或「三合院」的結構，參考價值甚大。

儘管如此，如下文所指出的，當時地理知識與製圖技術仍不是很完備。因此地圖錯誤在所難免。姑舉一例，如圖㉘的〈曾文溪之戰鬥圖〉中，「東勢宅」與「六分寮庄」地理位置就不是很正確。此類錯誤處，敬請讀者在使用時小心求證，以免有貽誤。

三、有關本書的地名

為了讓讀者在閱讀本書時，不致有被老地名弄得昏頭轉向的

---

❷有關日治時代臺灣地形圖的調製，請參見：施添福，〈臺灣聚落研究及其史料分析——以日治時期的地形圖為例〉，收於吳三連臺灣史料基金會編，《臺灣史與臺灣史料》，自立晚報社文化出版部，1993，pp.131-180；並見：臺灣省文獻委員會編印，《臺灣堡圖集》，1969。

苦惱，本書書後〈附錄十五〉編有「古今地名對照索引」，以供檢索之用。然而，由於此一比定工作異常繁瑣複雜，在參考資料有限的情形下，實在不容易做得好。因此嚴格說起來，除了尚有一些地名未比定出來之外，已比定出來的古今對照地名，有問題的地方仍舊不少，正待有心的讀者進一步來探研、修正。

　　古今地名比定不容易的原因，當然最主要在於台灣的地名，由於政權遞嬗頻繁、記錄不全，以及常遭恣意更改之故❸。就是到了日本領台之初，就如本書第三章〈戡定台灣北部〉第六節中「彰化佔領後的狀況」所指出的：

　　當時所使用的地圖將北斗的位置記成斗六門，因為地圖不完整，故騎兵大隊長以為此地在社斗街南方。

　　換句話說，日治初期的地圖、地名依然是不完全正確的。因此，我初讀本書時，隨手可發現其中錯、假、漏與有問題的地方。這些地方，讀者得轉動一下腦筋，方才有辦法判明原來的地名。例如：

◎錯字部分
- 中腸庄，應為台北縣新莊市「中港厝庄」之誤（第三章）。
- 王爺官＝王爺宮（台南縣六甲鄉，第四章）。
- 淤厝＝游厝（嘉義縣溪口鄉，第四章）。

◎借音部分
- 占山＝尖山（台北縣鶯歌鎮，第三章）。
- 「牛調」仔庄＝「牛稠」仔庄（圖⑮）。

---

❸拙著，〈舊地名考證與歷史研究——兼論臺北舊興直、海山堡的地名起源〉，《臺北文獻直字》，96：99-110。1991。

- 潭斗寮庄＝潭肚寮庄（嘉義縣溪口鄉，第四章）。
- 邦埤＝崩坡（桃園縣楊梅鎮，第五章）。

◎**漏字部分**

- 圓潭庄＝員潭仔坑（台北縣新店市）或山員潭仔庄（台北縣三峽鎮）。
- 箕窩庄＝糞箕窩庄（新竹縣湖口鄉）。

此外，地名已佚失或變化值得進一步研究的地方，有如：

- 樹林鎮的無水田（？）；赤崁頭（或赤土崎之誤？新竹市，第三章）
- 彰化市西門口之南，有「豬圍庄」（或竹圍庄之誤？圖⑮）是否為「豬灶」？
- 彰化市大埔之北，番社之南，有「大岸頭庄」（圖⑮），1904年的堡圖作「岸頭」何故？

再者，為何會有「吳來昌」、「北兜庄」、「廣背庄」（圖⑥）等的地名？這些都是有待識者加以研究與說明的。

四、戰鬥地圖的解讀

至於戰鬥地圖上的西文字母縮寫與數目字，是用來表示日軍軍種配置、部隊番號以及行軍路線等。這些符號由於一時找不到相關的統一說明，根據個人判斷應該是：

◎**西文字母縮寫（德文）**

- GI=Garnison Infanterie 步兵
- GA=Garnison Artillerie 砲兵
- GK=Garnison Kavalier 騎兵

- GP=Garnison Patrouille 偵察（？）
- S=Sanitäts 衛生兵

◎**數目字**

- Ⅱ/12=第十二聯隊第二大隊
- 5.6.7./17=第十七聯隊第五、六、七中隊
- 1/1=第一聯隊第一中隊
- $\frac{1}{3}$ 7/1=第一聯隊第七中隊的三分之一兵力

五、歷史地名的進一步研究

　　要而言之，歷史的研究，我向來強調歷史事件與地理、地點有不可分割的關係。歷史事件如果不把它放在地理舞台的脈絡中來考察，難免失之膚淺與表象。要瞭解1895年的抗日事件，當然得瞭解事件到底在那裡發生？否則不免天馬行空，與鄉土歷史的研究有隔靴之癢的感覺。雖然，本書在這方面解說並不完整，但這正好顯示著今後歷史地名研究，仍然是有它的重要所在。

　　進一步，從本書的多采多姿與奇怪難解之地名來看，我們難免也會想到以學術立場來進行台灣地名起源研究（Onomastics；Namenkunde），是有其迫切性。就我所知，歐美與日本方面都有「地名研究所」之類的學術機構，國內卻缺乏。雖然以往及現在，不是沒有個人從事這方面的研究，但不乏是業餘與牽強附會者，殊為憾事。這是我在為這本書做地圖、地名的初步解說與比定之餘，忍不住的一點感嘆！

〈譯序〉

今年正逢乙未割台一百週年，本書的出版，對於回顧過去、展望未來，應該是極有意義的吧！我很高興能有機會參與這樣的工作。

其實，最初開始接觸日文翻譯，是出於老師們在課堂上的要求。讀碩士班時，老師們咸認爲我們閱讀日文史料、論文的能力有待加強，尤其有志於研究日據時期台灣史的研究者，此項能力更是不可或缺。因此曹教授永和、李教授永熾及吳教授密察等諸位先生經常在課堂內外「陪公子讀書」，加強我們的閱讀能力。吳密察老師更在課餘費心修改我們因練習閱讀、繳交作業或準備考試而翻譯出來的日文研究作品。我就這樣慢慢培養出閱讀、翻譯日文的習慣與興趣。

關於這本書，我想也不用我多作介紹，吳老師與翁佳音先生有十分精闢的導讀。在此僅略述翻譯本書的過程中，所碰到的一些問題及感想。整個台灣攻防戰中，日本軍隊其實是兵分多路，同時並進的；日軍大本營的戰紀記載也是話分多頭。因此，若不是拿著地圖，一面筆記一面畫圖，實在很難弄清楚整個軍隊推進的情形。軍隊調度及行進情形的難以釐清，也使得文字的處理上頗費思量，這是翻譯的過程中最令我感到困擾的問題。再者，本書原本就是日軍大本營的戰爭實錄，內容及記錄方式均十分單調，有時不免讓人覺得無趣；但是，我常常在一面閱讀，一面在電腦上敲下血淚斑斑的文字時，對於一百年前台灣人爲了保護自己家園所作的努力，產生莫名的感動，這種感動是我的翻譯工作

得以繼續的原動力之一。因此，我希望本書的中譯，不只能提供研究者作爲研究的素材，也能讓一般的讀者，對於先人爲這塊土地所做的努力有所認識。

翻譯是一門藝術，如何將原作的精神、語氣無誤、流暢的表達出來，眞是一門大學問。在這個領域，我還只是個練習生，距離這個境界尙十分遙遠。但無論如何，我還是必須在此表達我衷心的感謝。首先要謝謝給我這個機會的吳密察老師及遠流出版公司的黃盛璘小姐。其次要感謝出版過程中最勞苦功高的台灣館編輯群，他們費心校正我初稿中的錯誤，並對文稿加以潤飾，使得我稍嫌生硬的譯稿得以成形出版。當然書中必然還是會有一些翻譯或文句上的疏失，這是我個人的問題，也希望讀者不吝指正。最後，我要謝謝一直支持我的劉喜臨先生及我親愛的家人。

許佩賢謹識
1995年初秋

〈編序〉

本書原名《明治廿七八年日清戰史》，由日軍參謀本部編纂，東京印刷株式會社於明治四十年（1907）發行。全書卷帙浩繁，共分八卷十二篇，為百萬言以上之堂皇鉅著。由於原書體例繁複，格式眾多，加上古今地名對照、中外人名迻譯等，在在使得全書編輯工作充滿困難與挑戰。為便於讀者深入瞭解，特別說明如下：

一、原書敘事脈絡大致依照「先我後敵」的原則進行：本書第一章譯自原書第八篇第三十五章，自成一獨立段落，故前三節敘述日方進攻經過，第四節則反過來敘述清軍的對抗行動。本書第二、三、四、五章分別譯自原書第十篇〈台灣的討伐〉的第三十九、四十、四十一、四十二等章，同樣自成一完整段落，故第二、三、四章詳述日軍進攻台灣本島始末，第五章則回過頭來，敘說台灣反抗勢力相對的因應行動。

二、書中〔〕、（ ）內文字為原書所加之註解，隨文譯註則為編者所加，譯註除各相關史籍外，主要參考：

● 新村出編，《廣辭苑》（東京，岩波書店，1994年四版）。

● 諸橋轍次編，《大漢和辭典》（東京，大修館書店，昭和五十一年）。

三、古今地名對照依下列原則處理：

（1）古今地名對照於首見時附加，但全書所有古今地名對照索引列為〈附錄十五〉，以供讀者查閱。

（2）新地名以〈 〉表之，如：海山口〈台北縣新莊市〉；如係重

要地物，則指出其位置所在，如：頂石閣砲台〈位於基隆市中正區旭丘山上〉；地名用字如與通稱有異者，則另加說明，如：中壢〈即中壢，桃園縣中壢市〉。

（3）地名查對主要根據：

- 聯勤測量署測繪，內政部地政司所發行之中華民國台灣地區二萬五千分之一及五萬分之一地形圖
- 洪敏麟，《台灣舊地名之沿革》（台中，台灣省文獻委員會，民國七十二年）
- 洪敏麟、陳漢光編，《台灣堡圖集》（台北，台灣省文獻委員會，民國五十八年）

（4）若存有疑問或無法查出者則保持原狀，不予處理。

（5）由於社會變遷，許多老舊或俗地名，今已文獻無徵，僅存於老輩口傳之中。因此切盼讀者於此部分可堪指正、補漏者，不吝一一告知。

四、外語名詞若可查得原文者，於首見時附加原文，如毛瑟〈Mauser〉；若無法查得原文者，則附加原日文片假名，如福利士〈フーリス〉號。

五、原書地圖爲隨文附加，爲方便讀者對照查閱，特別將之抽離，製成單張，另成一冊。

六、〈附錄〉中有關劉永福與日方來往信函部分，其迻譯主要參考陳澤編，《台灣前期武裝抗日運動有關檔案》（台中，台灣省文獻委員會，民國六十六年）。

　　本書編輯過程中，承蒙諸多友人協助，吳密察教授除慨予撰寫〈導讀〉外，並對全書體例、譯註乃至譯稿細心審閱；翁佳音先生於百忙之中特別撥冗爲本書地圖、地名作一解讀，兩人盛情格外可感。此外，小秋、雅玲協助古今地名對照；秋芬、義東、

式恕、弈龍、佳穎、穗錚參與校對工作，同使本書更臻圓滿，均於此深表謝忱。然全書疏漏之處，相信仍所在多有，其責任理由編者自負，同時並請讀者不吝予以指正，無任感企。

台灣館謹識
1995年秋

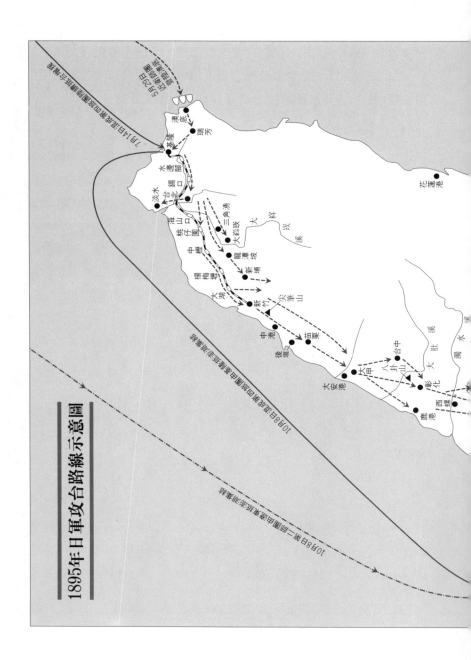

1895年日軍攻台路線示意圖

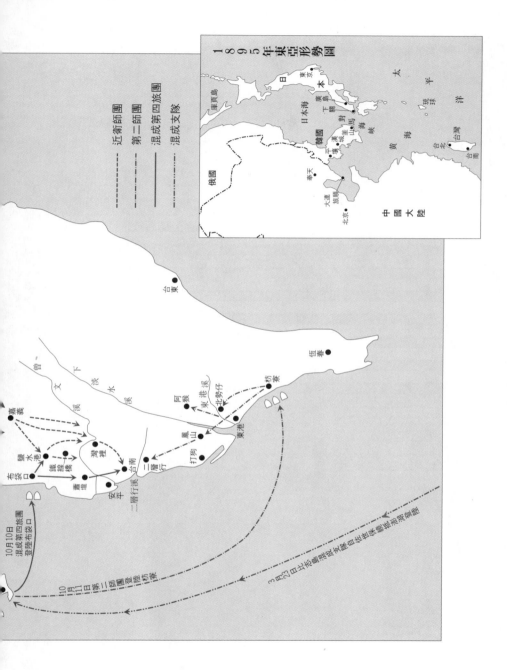

第一章　佔領澎湖島

第一節
佔領澎湖島
的準備

大本營❶久有南方作戰之議，並曾於明治二十七年〈一八九四〉八月擬定冬季作戰方針，決定派遣一部分兵力於冬季時佔領台灣。然而當時清國北洋水師雖然已敗戰於黃海，殘餘艦隻則仍停泊在威海衛軍港內，勢力未可輕侮，大本營因此不敢分散我方艦隊的力量；再者，當時也有冬季將在直隸平原進行決戰的說法，這一作戰計劃因此沒有機會展開。十一月下旬，第二軍❷攻陷旅順後，渤海灣冬季不易登陸的考量，加上威海衛港內敵艦動向難料，大本營因此決定於十二月攻擊威海衛，殲滅敵軍殘艦。大本營惟恐敵艦會事前向南逃脫，故而提議派遣聯合艦隊部分艦隻往南方部署，以防止敵艦南逃，因顧慮聯合艦隊有否餘力堪任，故而事先還曾徵求伊東〈祐亨〉司令長官的意見，不過這個計劃最後也沒有實行。

其後，對威海衛的攻擊準備工作逐步進行，等到二十八年一月十三日，山東作戰軍開始在龍睡澳登陸時，大本營才又決議，要在威海衛陷落後，另外編組一支艦隊，配予一陸軍支隊，攻陷澎湖島，並佔領該島為海軍根據地，負責殲滅中國南方的殘餘敵艦，同時緝捕暗中運送戰時違禁品的船舶——佔領澎湖島之事至此始告確定。但是，到底應該投入多少的陸軍兵力來進行此一佔領行動呢？大本營根據當時調查所得，澎湖群島上清國軍隊的兵力〔步兵十二營、砲兵二營、海軍一營〕加以估算，隔天，即十四日時

---

❶日本於明治二十六年（1893）制訂「戰時大本營條例」，大本營為直屬於天皇的戰時最高統帥部。其後日清、日俄戰爭以至於二次大戰的發動與進行，均由大本營主導掌控，直到1945年日本戰敗後，方被廢止。

❷1894年，中日甲午戰爭爆發。陸上作戰方面，日軍以第三、第五兩個師團所編成的「第一軍」由朝鮮內陸，經平壤，往中國遼東進軍。其後，為攻打遼東（即金州）半島，又由陸軍大將大山巖伯爵出任司令官，組成以第一師團為主幹的「第二軍」，十月二十四日於花園口登陸，以攻克大連、旅順為主要目標。

，決定此次作戰所需的兵力編組大致如下：

一、支隊以三個步兵大隊〔由後備步兵第一聯隊（當時擔任東京灣守備任務，駐屯於東京）與第十二聯隊第二大隊（當時負責守備下關海峽，駐屯於小倉）充之〕爲主幹，並配屬五騎騎兵、一個山砲中隊〔由野戰砲兵第四聯隊中調取所需要的砲兵特別編組而成〕。

二、支隊其它配屬有：步、砲彈藥各半縱列❸〔彈藥以每枝槍三百五十發，每門砲四百三十二發的比例配備〕及糧食一縱列〔具有搬運支隊一日份糧食的能力，也負責搬運縱列員糧食〕。

三、步兵、騎兵均配備村田式單發步槍。

四、所有馱馬停止使用，改以軍伕代之。

五、糧食準備四個月份。

六、爲後送負傷者，配備後備軍伕一百名。

七、支隊長之下設參謀尉官、二等軍醫正、監督補、軍吏、書記各一名。

八、支隊受艦隊司令長官指揮。司令長官之下附設陸軍參謀佐、尉官各一名。

九、艦隊編制如下〔此編制後來有若干變更〕：

- 「松島」、「橋立」、「嚴島」、「千代田」、「吉野」、「浪速」、「高千穗」、「秋津洲」、「和泉」
- 配屬補給艦西京丸〔兼情報船〕、近江丸〔兼水雷艇母艦，並預組佈設水雷隊〕
- 配屬醫療船兼補給船神戶丸
- 配屬補給船相模丸、萬國丸

---

❸後勤單位名稱，屬於輜重隊，一般擔任彈藥、糧秣裝備的搬運。

於是確定了混成支隊臨時編制〔參見附錄一〕〔糧食縱列人員配置於司令部中，非獨立編制。後備步兵第十二聯隊第二大隊僅就原有編制稍作變動，並未發佈新編制。附錄所見的混成支隊編制人馬數，在實施之際亦有若干變更。又，隸屬司令部及彈藥縱列的兵卒大部分改為備役伕。支隊成立時總人數共有五千五百零八名（含備役伕一千五百七十二名）、馬匹三十頭〕。留守第一師團長〔中將男爵野崎貞澄〕及第四師團長〔能久親王〕於一月二十一日、留守第六師團長〔少將大沼涉〕於二十四日受到指示，開始著手編組工作〔支隊司令部由留守第一師團長；臨時❹山砲兵中隊與彈藥縱列則由第四師團長編組而成〕。後備步兵第一聯隊長比志島義輝大佐於三十一日受命擔任混成支隊司令官兼後備步兵第一聯隊長。截至二月一日為止，編組幾已完全就緒〔臨時彈藥縱列於二月六日完成編組〕。大本營乃於三日下令留守第一師團長及第四師團長將這些部隊運送至廣島，留守第六師團長所率後備步兵第十二聯隊第二大隊則於門司港接受混成支隊司令官指揮。支隊司令部及後備步兵第一聯隊於九日〔七日從東京出發〕，臨時山砲兵中隊及彈藥縱列於十日〔九、十兩日從大阪出發〕分別抵達廣島。這段時間內，大本營一直等待著攻擊威海衛的成果報告，及至十三日由龍睡澳運輸通信支部辦事處傳來消息指出，十二日一艘掛有白旗的敵艦，帶著丁汝昌投降的訊息來到陰山口❺，大本營始知攻擊威海衛的目的已經達成。隔天，也就是十四日，大本營下達訓令給混成支隊司令官比志島大佐，其要旨如下：

一、我陸、海軍攻陷威海衛，擊潰敵方北洋艦隊，北中國海已完全在我方掌握之中。

---

❹此地的「臨時」指因任務編組，而暫時配屬於混成支隊的意思。
❺根據史實，北洋水師雖告覆滅，但提督丁汝昌始終堅持不降，最後服毒自盡。丁死後，洋人顧問浩威等盜用丁汝昌名義，致書日方乞降，因此有此消息傳出。

二、今分遣部分聯合艦隊艦隻隸屬混成支隊，派至南中國海，以控制該一海面。

三、支隊之戰鬥序列如附件〔附件略，參照附錄二〕，後備步兵第十二聯隊第二大隊於門司港登艦後，其它部隊於廣島接受貴司令官指揮。

四、謹請貴司令官與運輸通信長官部參謀兒玉德太郎協議，指揮在廣島的部隊登艦，並於門司港與後備步兵第十二聯隊第二大隊會合後，同於該港接受聯合艦隊司令長官指揮。

五、關於所核可攜帶之糧秣，由野戰監督長官直接向其支隊監督下達訓令。

與此同時，大本營也訓令聯合艦隊司令長官伊東祐亨中將，我方攻擊威海衛目的達成後，應儘速將聯合艦隊之主力〔本隊、第一游擊隊及西京丸、近江丸、相模丸〕派遣到清國南方，若確認這些船艦有必要返回船塢修理保養，可權宜行事，開返本國，務使出征任務沒有任何障礙。

等到十七日我軍將清國北洋水師全部殲滅後，二十日大本營再度下令給伊東司令長官：

一、今已殲滅敵國海軍主力，控制北洋海面，因此派遣我軍部分兵力進抵南洋，以便完全領有其海上主權。

二、貴司令長官率領聯合艦隊主力，即「松島」、「橋立」、「嚴島」、「千代田」、「吉野」、「浪速」、「高千穗」、「秋津洲」諸艦及西京丸、近江丸、相模丸等返回佐世保軍港，以進行出征之準備。

三、貴司令長官完成出征準備後，即率聯合艦隊主力及陸軍混成支隊，先期佔領澎湖島，並以該島為根據地，控制馬鞍群島〔

揚子江口東南方〕以南海面。

四、陸軍混成支隊抵達門司港後，接受貴司令長官指揮。

五、聯合艦隊其它船艦及配屬船艦、水雷艇隊自貴司令長官返航
　　本國之日起，暫時接受西海艦隊司令長官之指揮，直隸大本
　　營。

　　前此，二月初於陰山口時，伊東司令長官便從大本營海軍參
謀樺山〈資紀〉中將處得知，我軍已佔領威海衛，並預定派遣艦隊
主力到南方作戰的內部消息。因此在接到大本營十四日發出的訓
令後，便於十七日將北洋水師投降事宜處理完畢，隨即下令「吉
野」、「浪速」、「秋津洲」等軍艦開往長崎；「高千穗」艦則
開往吳港。接著，又收到大本營二十日發出的命令，「嚴島」艦
於二十二日；「橋立」、「千代田」二艦則於二十六日開往吳港
，整修船身。剩留在威海衛的其它船艦，則改隸西海艦隊司令長
官相浦紀道中將指揮。伊東司令長官於二十七日搭乘旗艦「松島」
向吳港出發，三月三日到達宇品港，隨即轉往廣島大本營，暫留
該地處理南征事務。同時下令：奉派前往南方的船艦必須在三月
十五日之前航抵佐世保軍港集合；混成支隊則應於三月七日黃昏
前抵達門司港進行整備，並轉往佐世保集合；司令長官將在十一
日時搭乘旗艦「松島」向佐世保出發；「千代田」艦因尚未修理
好，無法在預定日期集合，所以命令該艦於修復後，再經由台灣
南方與本隊會合。〔「千代田」艦修理完畢後，暫時改隸北方派遣艦隊
（受西海艦隊司令長官指揮），於四月十三日護衛征清大總督府，開往旅順，
五月十八日再度護衛大總督府凱旋，歸抵宇品港，結果並沒有參與本次作
戰〕。

　　混成支隊接獲前述大本營訓令〔二月十四日發出〕後，就地等待

聯合艦隊自威海衛歸航〔比志島大佐因該支隊沒有衛生隊，便在隸屬司令部的軍伕中選拔一百二十名，駐留期間，臨時施以擔架教育，同時對步兵隊及砲兵隊實施射擊演習〕。三月四日，在廣島的諸部隊收到須於六日登船的通知，乃於當天上午九時由鹿兒島丸等三艘運輸船搭載人馬，從下午一時起陸續自宇品港出發〔運輸船新發田丸因為在門司搭載人馬，五日方才從宇品港出發〕。而於七日早晨陸續抵達門司港，後備步兵第十二聯隊第二大隊同樣於該日該地登艦。是日，比志島大佐接到伊東司令長官指示於佐世保集合之命令，乃於隔天，即八日開拔出發，而於九日抵達佐世保軍港。十二日，伊東司令長官也如期到達。至此，除部分船艦〔「千代田」艦、近江丸、相模丸及元山丸尚在修理中〕之外，南方派遣艦隊全部人員、艦隻都已齊集佐世保軍港。其戰鬥序列如附錄二。◪

第二節 攻佔澎湖島

〔參照圖②〕此時，南方派遣艦隊幾乎已經全部集結在佐世保軍港，並整備完畢，準備出征。三月十三日伊東司令長官於旗艦「松島」上下達關於佔領澎湖島的訓令及命令，其要旨如下：

訓令

一、本官率領下列諸部隊先期佔領澎湖島，並以該島為根據地，控制馬鞍群島以南海面：
- 聯合艦隊主力，即本隊及第一游擊隊
- 第四水雷艇隊
- 陸軍混成支隊（步兵三大隊、山砲一中隊、彈藥縱列）
- 佐世保臨時水雷隊佈設部
- 近江丸（水雷艇隊母艦）、造船武器工作船元山丸、醫療船神戶丸、特務艦西京丸、相模丸
- 陸軍混成支隊搭載運輸船鹿兒島丸、金州丸、小倉丸、新發田丸、豐橋丸

二、本隊（「千代田」艦除外）、第一游擊隊及搭載陸軍混成支隊的運輸船於十四日下午自佐世保軍港出發，先抵位於澎湖島南方的倉島〔指將軍澳嶼〕〈澎湖縣望安鄉將軍村將軍澳嶼〉附近暫泊，並派出一、二艘偵察艦至澎湖島，偵察可讓陸軍登陸的地點。

三、途中若與敵艦遭遇，由本隊及第一游擊隊抵擋，避免運輸船中彈。

四、第四水雷艇隊、臨時水雷隊佈設部及其它諸船先抵船浮港〔位於八重山群島之西表島〕待命。

命令

一、根據情報，澎湖島的敵方守備兵力不超過步兵十二營、砲兵二營、海兵一營。

二、混成支隊先期以佔領馬公城為目的，且需派遣一部隊，就圓頂半島〈澎湖縣馬公市風櫃至井垵的半島〉敵軍加以警戒。

三、艦隊對澎湖島港口諸砲台進行牽制，使圓頂半島的敵軍無法順利行動。

四、預定登陸點為裡正角〈位於澎湖縣湖西鄉龍門村〉西方的灣澳〔指候角灣〈澎湖縣馬公市、湖西鄉南側海灣〉東北的灣澳〕。

然而，當天晚上風雨交加，十四日早晨天候依然惡劣，各船艦直到十五日早晨九時方才由佐世保起錨啟航，繞經台灣南方，於二十日下午三時抵達將軍澳嶼〔十五日以來連日風浪強大，以至於「松島」等艦經常傾斜三十度，運輸船或脫隊或故障，航行極為困難〕。為了偵察登陸地點，東鄉〔平八郎〕司令官所率領的「吉野」、「浪速」二艦〔「浪速」艦上有大本營海軍參謀安原金次少佐、聯合艦隊附屬參謀步兵大尉橋本勝太郎、混成支隊參謀步兵大尉松石安治等人搭乘〕於二十日早晨先行前進，下午二時抵達裡正角附近，由於風浪過大，小艇無法放下，加上陰雲朦朧，籠罩陸地，即使距離海岸近僅二海里之處，也無從探知陸上詳情。因此，只做大略視察，而於五時四十分返抵將軍澳嶼。東鄉司令官報告其偵察結果：裡正角附近為較適當的登陸地點〔指良文港〈澎湖縣湖西鄉龍門漁港〉〕，該地周遭並無砲台之類的防禦；候角灣〔指鎖管港〈澎湖縣馬公市鎖港〉東北方的灣澳〕東北高地上有形似砲台之物；勝知灣內停有三艘法國軍艦，附近陸地上共有大小砲台五座，其中二座大砲台備有四門以上的砲，其它砲數不詳；馬公港內狀況從外面無法看到。

伊東司令長官根據此一報告，意欲於隔天即二十一日登陸。

乃於當天早晨八時對混成支隊司令官比志島大佐及各艦艦長下達關於登陸的訓令，其要旨如下：

一、登陸地點改為裡正角灣〔指良文港南方灣澳〕。

二、第一游擊隊於二十一日上午（確定時間以信號通知）起錨，砲擊候角灣東北形似砲台之物，若確為砲台則摧毀其火砲。

三、前述砲擊結束後，「秋津洲」艦進抵裡正角灣內下錨，以為運輸船之參考目標，並做好登陸時伺機掩護的準備。

四、本隊、西京丸及運輸船跟隨在第一游擊隊後起錨，進抵登陸點東方，等待第一游擊隊砲擊結果報告。

五、若登陸未遭逢阻礙，依旗艦的信號，西京丸引導運輸船進入裡正角灣錨碇〔各船實際的下錨位置以圖表示，此處省略〕，艦隊泊於近海，於放下蒸汽小艇及小艇，且送抵運輸船處後，依臨時信號轉至登陸點的西南方，準備攻擊由內陸前來的敵人。

司令長官同時訓令比志島大佐，為了利用馬公城砲台既有的火砲，用以砲擊漁翁島〈澎湖縣西嶼鄉〉砲台等重要場所，應將海軍派遣的人員〔稱為海軍速射砲隊，由「松島」艦的井上保大尉率領將校❻二名、准士官三名及下士卒三十六名組成〕納入指揮，該部隊得攜帶三門野砲〔四十七公厘速射砲〕，以便攻擊馬公城時統合使用。此外，又訓令聯合陸戰隊〔由槍隊及砲隊組成，槍隊為二中隊（每二十五為一小隊，共計六隊），砲隊每二門砲編成二小隊，並配屬衛生、經理等人員〕指揮官丹治寬雄少佐與混成支隊司令官協調，牽制駐紮圓頂半島的敵軍，使其無法往別處移動。

---

❻指指揮士兵作戰的士官，約略等於今日我國尉級以上的軍官。

比志島大佐接獲此一訓令後，隨即下令鹿兒島丸上的後備步兵第一聯隊第一大隊隊長岩崎之紀少佐率先登陸，佔領登陸點西北側高地，用以掩護支隊登陸，同時往馬公城及圓頂半島方向展開搜索。

當天上午八時二十分，第一游擊隊奉命起錨前進，旗艦「吉野」卻於八時五十一分突然擱淺於將軍澳嶼南方的暗礁之上，伊東司令長官不得不中止當日計劃，並立刻著手拖引該艦，直到日暮方才離礁。「吉野」艦雖然得以回到將軍澳嶼錨碇，但艦底已受到若干損傷，整夜都在進行排水，最後總算能夠與其它船艦一齊行動。然而入夜以後，風浪再起，至二十二日早晨愈益加劇，由於此日已無登陸的希望，故諸船艦只好仍舊停泊在海上。至於擠載在各運輸船上的混成支隊兵員，自佐世保出港以來，受到連日強風巨浪與氣候劇變〔十九日以來氣溫突然升至華氏八十度〕的影響，身體狀況大多不佳，疲勞困憊，與病人無異。特別是運輸船鹿兒島丸，早先即已在佐世保軍港滯留許久，並曾發生可怕的霍亂，啟航以後，因罹患霍亂而死的每天多達四、五人，二十一日晚上以後，更有擴大蔓延的跡象〔該日新、舊患者共達五十四名〕。

二十三日天候逐漸轉穩，伊東司令長官於上午六時首先下令第一游擊隊（缺「吉野」艦）出航，接著親自率領本隊、西京丸以及搭載混成支隊兵員的運輸船航向裡正角。此時，第一游擊隊已接近裡正角南方，九時三十分，「浪速」艦先朝一高地砲台〔即拱北砲台〈位於澎湖縣湖西鄉、馬公市交界拱北山〉，先前偵察已得知〕開砲轟擊〔距離六千米〕，「秋津洲」、「高千穗」艦亦交相轟擊，敵方立刻以三門砲激烈還擊。

與此同時，伊東司令長官以本隊導引運輸船迂迴逼近裡正角，行進中，從「浪速」艦信號得知，該砲台的大砲口徑約十五公

分左右，射程相當的遠。為避免進入裡正角灣內有遭受砲擊的可能，加上早先曾有於澎湖島東方海岸登陸的決定。因此，首先由旗艦「松島」於裡正角西南約二海里處下錨，本隊各艦隨之。此時，「秋津洲」艦也已抵達此地，並進入裡正角灣內向岸上掃射。「浪速」、「高千穗」艦隨後也與本隊會合。於是，司令長官讓運輸船在靠近陸地處下錨，並開始在裡正角西方約一千四百米的海濱登陸，時為十一時三十分。敵方砲台見此情況，遂砲轟登陸點企圖阻止。中午十二時三十分，本隊及「秋津洲」艦從東方、「浪速」及「高千穗」艦從南方開始砲擊，掩護混成支隊上岸。敵火暫時衰歇，逐漸靜了下來，到了二時三十分左右便已停止射擊〔參照圖①〕。

此時，負有掩護登陸任務的後備步兵第一聯隊第一大隊率先開始登陸，登陸點稍微颳起北風，小艇幾乎可直抵海濱，步兵一躍即可上岸。沙灘長僅約二百米，寬超過百米，混成支隊陸續登陸，第一中隊〔隊長為山口正路大尉〕及第二中隊〔隊長為中島行正大尉〕都沒有遭到敵軍抵抗，下午一時左右登陸完畢，同時陸軍技術士也率領技工登陸，立刻著手架設棧橋，暫時完成三座。

第一、第二中隊登陸後，岩崎少佐立刻率領急速前進，佔領登陸點北方約四百米的小高地，並命第一中隊搜索菓葉鄉〈澎湖縣湖西鄉菓葉〉，第二中隊則搜索良文港方向，兩隊都沒有發現敵蹤，只由當地居民處得知馬公城約有敵兵五千人。接著，比志島大佐亦登陸，命岩崎少佐再佔領良文港西北方高地。少佐轉令方才登陸完畢的第三中隊〔隊長為松坂政一大尉〕及第四中隊〔隊長為佐久間金吾大尉〕儘速前進，並以第一、第二中隊為前進第一線，於二時二十分完成佔領任務。後備步兵第一聯隊第二大隊〔隊長為岩元貞英少佐〕隨後登陸，並陸續往良文港東北的田地集結。

岩崎少佐抵達良文港西北高地後，發現高地至太武山〈位於澎湖縣湖西鄉西溪村〉之間並無一樹一丘可供掩蔽，完全敞開無遺。少佐考慮到若是敵方比我軍先行一步佔據太武山，今後支隊前進將有困難，因此在向比志島大佐報告決定立刻佔領該地後，繼續前進。其第一線兩中隊於三時左右在太武山南方高地與少數敵兵首次發生衝突，但很快便驅逐他們。到達山上後，發現有五、六百名敵兵分散在前方三、四百米的田地間〔澎湖島的田地多以岩石疊成低矮障壁，分隔成幾個區域，互不相通〈通稱爲蜂巢田〉。道路一般極爲不良，由良文港至馬公城的道路堪稱全島第一，卻連單獨騎兵都無法快步行走〕。我軍左前方約四百米有一百餘名敵兵出現，並開槍射擊，後方約四百米處也有一百餘名敵兵。岩崎少佐乃命令第四中隊中的一小隊〔隊長爲川上精一特務曹長〕向左側敵兵進攻。不久之後，又發現約有一百五十名敵兵自太武社〈澎湖縣湖西鄉太武〉前進而來，敵方射擊愈發激烈，似乎將轉爲攻勢，第一、第二中隊乃加速射擊以爲因應。少佐加派原爲預備隊的第三中隊，進抵第一、二中隊間；接著又調派第四中隊（缺一小隊）往左方增援，但由於敵兵頑強抵抗，胡亂射擊，一時硝煙彌漫，幾乎無法確知其所在位置。

前此，比志島大佐尙未得到岩崎少佐前述戰情報告之前，便打算由後備步兵第一聯隊第二大隊佔領太武山一帶高地，並於二時三十分時，下達前進命令。在得知第一大隊已前進至該地，並與敵方發生衝突後，三時左右遂命第二大隊支援第一大隊。於是第二大隊加速前進，抵達太武山，進抵其東側。擔任前衛的第六中隊〔隊長爲三宅直利大尉〕接上第一大隊右方，前進至距敵約八百米處，開始射擊。此時，港底社〈澎湖縣湖西鄉港底〉南方高地也出現二、三百名敵兵，且展開猛烈射擊，大隊長岩元少佐命第六中隊變換方向以對應之，並命第五中隊〔隊長爲中村光儀大尉〕朝其左

翼展開，時爲三時五十分左右。

　　由於與第一大隊對峙的敵軍巧妙地利用地物，使得我軍的射擊受阻，岩崎少佐乃決定全力一擊，下令全線上刺刀，吹起攻擊號，攻向敵線。敵兵紛紛逃避，棄屍三十餘具，匆忙往大城北社〈澎湖縣湖西鄉武城（大城北）〉方向退走。大隊乘勢進擊，佔領太武社，猛烈射擊追趕，並就地整頓該隊，時爲四時二十分。此時，原本派遣至左側的第四中隊之一小隊亦已將該方向敵兵驅逐完畢，並奪取一門砲，前來太武社與本隊會合。敵兵退卻時，大城北社西南方的數門砲曾頻頻射擊，但一發也沒有到達我方陣線。在此期間，後備步兵第十二聯隊第二大隊〔隊長爲高橋種生少佐〕於二時三十分登陸完畢，集合於尖山社〈澎湖縣湖西鄉尖山〉東南田地；臨時山砲兵中隊〔隊長爲荒井信雄大尉〕的砲車隊及第一段列也於此時登陸，三時五十分抵達尖山社，於該社東側田地集結，然後與第二段列會合；臨時彈藥縱列〔隊長爲小堀藤太少尉〕則於四時三十分集合在良文港東北田地。

　　至此，混成支隊除大行李❼外，全部都已登陸完畢。敵軍則撤退至大城北社西方高地。因此，比志島大佐於五時三十分下令於太武山宿營，並由步兵第一聯隊第二大隊擔任太武山守備，警戒太武山至北方海岸一線；第一大隊守備太武山南方高地，警戒太武山至南方海岸一線；其餘各部隊則於尖山社及其附近露營〔海軍速射砲隊此時抵達尖山社，大行李於六時上岸完畢〕。於是，第二大隊在太武山東側、第一大隊在太武山南方高地之東側露營〔第三、第七、第八中隊爲前哨中隊〕，向右警戒由西溪社〈澎湖縣湖西鄉西溪〉經

---

❼此處「行李」爲後勤單位名稱，指運送戰鬥部隊宿營裝備、糧秣、彈藥及其它用具的輜重部隊。因爲所運送裝備種類的不同，又區分爲「大行李」與「小行李」，前者指運送食糧及宿營用品者；後者則指運送彈藥及直接戰鬥用品者。

太武社至隘門社〈澎湖縣湖西鄉隘門〉一線的東面高地。是夜，聯合艦隊暫時停泊在白天的位置，警戒海面，各運輸船亦就原處泊碇。

在該日的戰鬥中，後備步兵第一聯隊兵卒一名〔第一大隊〕戰死、下士卒十名〔第一大隊八名、第二大隊二名〕負傷。戰鬥中因發病〔霍亂〕後送的有下士以下共十七、八名。彈藥消耗：第一大隊七千四百八十發；第二大隊二百發。清軍死者約五十四名。

這一天，混成支隊雖然沒有遭受太大抵抗，就佔領了太武山附近要地，但大城北社西方一帶高地還有許多敵兵，因此，比志島大佐決定次日破曉前先行攻擊拱北砲台，並奪取附近高地。晚間八時，大佐於尖山社下達命令：後備步兵第一聯隊預備於凌晨四時之前前進；第十二聯隊第二大隊、臨時山砲兵中隊、海軍速射砲隊依序於凌晨一時自尖山社附近的露營地出發，於步兵第一聯隊第一大隊的陣地集結；尖山社附近各部隊的大行李於六時出發，前進到步兵第一聯隊的露營地；臨時彈藥縱列與大行李會合後，於七時出發；輜重縱列則跟隨其後於七時三十分出發。

二十四日凌晨一時，尖山社附近各部隊開始行動。然而尖山社、太武山間田地與道路如前所述，到處充滿障礙，加上夜色暗淡，咫尺莫辨，各部隊行進起來頗為困難，特別是海軍速射砲隊，費了一番功夫，好不容易才在四時抵達指定地點。四時二十分，比志島大佐於太武山東側下達攻擊命令：步兵第十二聯隊第二大隊攻擊拱北砲台；步兵第一聯隊第二大隊則從大城北社北方，向該社西方高地（即前一天敵方的砲陣地）、特別是港底社方向的敵兵展開攻擊，以掩護支隊右側；臨時山砲兵中隊及海軍速射砲隊散佈於太武山西側，砲擊拱北砲台；步兵第一聯隊第一大隊則擔任預備隊。

五時整，後備步兵第十二聯隊第二大隊以第五中隊〔隊長為木下勝全大尉〕為前衛，第六中隊〔隊長為清水信純大尉〕、第七中隊〔隊長由牛尾忠直中尉代理〕及第八中隊〔隊長由佐澤圓二中尉代理〕為本隊，向拱北砲台前進；第一聯隊第二大隊以第五中隊為前衛，第六、第七〔隊長為坂元重辰大尉〕、第八〔隊長為岡村明之大尉〕中隊為本隊，併列在其右方，向目標高地前進。此時，東方微白，尚未全明，拱北砲台一帶高地濃霧瀰漫，視野模糊，僅能約略辨認形狀。五時五十分，第十二聯隊第二大隊尖兵〔第五中隊之一小隊〕到達距大城北社約二百五十米處，於村內及其西方高地發現敵兵，立刻散開開始射擊，中隊長以其餘二小隊往左翼展開，加強警戒。同時有敵兵約五百名，由大城北社東端前進，對我軍猛烈射擊。於是，大隊長高橋少佐立刻增派第六、第七中隊掩護第五中隊的兩翼，並且猛烈射擊敵軍，向前挺進。敵兵頑強抵抗，幾乎到達肉搏距離時方才退卻，隨即憑藉村落邊緣的牆壁繼續抵抗。於是大隊全力吶喊進攻，乘勢繼續攻向拱北砲台。

第一聯隊第二大隊於五時五十分抵達大城北社東北方，突然受到來自該村西方高地山腰及該村北端敵軍的猛烈射擊。在我軍前方的敵兵約有二百名，左方約一百名。前衛的第五中隊立刻散開，大隊長岩元少佐指揮本隊往太武社西方前進，增派第七中隊以加強散兵線的左翼。此時，第十二聯隊第二大隊也開始向大城北社的敵軍展開猛烈射擊，並向大城北社挺進。該村北端的敵兵先是躲藏起來，不久後便全數退往拱北砲台高地，但大城北社西方山腰的敵兵火力卻更加熾烈，此外，並有數門砲自拱北砲台西北高地展開射擊。因此，岩元少佐決定以第五中隊抵擋前方的敵兵，其餘中隊則全力協助第十二聯隊第二大隊攻擊拱北砲台，第八中隊則往第七中隊左方增援前進。在此期間，臨時山砲兵中隊

及海軍速射砲隊於五時五十分散佈於太武山西側，但因距離過遠，乃變換陣地到達太武社西方田地，並朝拱北砲台附近之敵軍發動砲擊；速射砲隊亦向其西北方的敵砲進行轟擊。比志島大佐率領預備隊，即第一大隊繼續往戰線左翼後方前進，其中第一中隊之一小隊〔隊長爲豐泉半少尉〕向隘門社方向前進，以掩護大隊右側。

此時，敵軍已完全撤退至大城北社西南高地的山腰，在拱北砲台及其西北高地的敵兵則集中火力向我方前進部隊射擊。比志島大佐爲了儘速佔領拱北砲台，遂命預備隊向第一線加速前進。於是，在前線的兩個大隊更加奮勇前進：第十二聯隊第二大隊全力展開，進逼拱北砲台，在槍林彈雨之下加速攀登斜坡，終於突破進入砲台內；第一聯隊第七、第八中隊也幾乎同時闖抵砲台內；第六中隊驅逐附近敵兵；第五中隊亦於此時擊退前方敵軍，完全佔領高地一帶。預備隊也進抵砲台附近，時爲淸晨六時三十分。敵軍在拱北砲台西北方高地遺棄山砲二門，一部分向圓頂半島逃逸，多數則往馬公城方向潰走。比志島大佐命岩崎少佐由預備隊中抽調一中隊追擊逃往圓頂半島的敵軍，佔領烏崁社〈澎湖縣馬公市烏崁〉，等待海軍陸戰隊〈即聯合陸戰隊〉前來交接。如前所述，此時丹治少佐所率領的海軍陸戰隊已在隘門社附近海灘登陸，因此，第四中隊立刻向烏崁社前進，先前派往隘門社方向的一小隊也受命向烏崁社前進。第四中隊追擊敗兵，七時抵達烏崁社北端，敵兵多數據守村落的圍牆屋壁防禦。於是，佐久間大尉命中隊分由東西兩向同時突擊，掃蕩村內敵軍，隨後完全佔領。此時，第一中隊的一小隊也抵達此地，不久〔八時〕，在確認海軍陸戰隊將從拱北砲台附近前來後，遂出發準備復歸本隊。

此間，比志島大佐佔領拱北砲台後，打算繼續攻略敵方根據

地馬公城，遂命各部隊於拱北砲台西北側高地集合；臨時彈藥縱列、大行李及輜重縱列於拱北砲台下集合。七時左右，以步兵第一聯隊第一大隊〈缺一中隊及一小隊〉為前衛向馬公城前進，其餘各隊為本隊〔依序為步兵第一聯隊、臨時山砲兵中隊、步兵第十二聯隊第二大隊、海軍速射砲隊〕陸續前進。於是，前衛大隊便立刻出發，經過東衛社〈澎湖縣馬公市東衛〉南側凹地，八時二十分到達文澳社〈澎湖縣馬公市東文澳及西文澳一帶〉西北高地。此時，為數不少的敵兵據守在火燒坪〈澎湖縣馬公市火燒坪〉南方兵營及附近地物裡凌亂射擊，馬公城東面城牆〔東角砲台〈位於澎湖縣馬公市重慶或啟明里境內〉〕及漁翁島砲台的大口徑砲也猛烈射擊，砲彈不時落在大隊附近。因此，大隊乃移動到高地後方以為掩蔽，同時觀察敵情。位於馬公城至火燒坪間的當地居民紛紛奔逃四散，敵方散兵的攻勢似乎漸漸消減。然而，每當我方士兵在高地現身時，就會受到來自砲台的猛烈砲擊，加上顧慮目前與後方本隊已間隔相當距離，因此，岩崎少佐向比志島大佐報告此一狀況後，便在原地待命。

這時，比志島大佐命第一聯隊第七中隊留守拱北砲台西北高地以警戒北方，而率其餘諸隊繼續朝前衛大隊所在處前進。九時三十分，部隊開進文澳社東方高地後方時接獲岩崎少佐報告，大佐遂派遣第十二聯隊第二大隊增援第一線。並要求少佐在援軍到達前，就原處警戒。接著又命第一聯隊第二大隊〈缺一中隊〉向前衛大隊左翼後方前進；第十二聯隊第二大隊則在前衛大隊右方高地展開；臨時山砲兵中隊及海軍速射砲隊佈列於文澳社東方高地。不久〔十時三十分〕，比志島大佐於文澳社東方高地下令攻擊：步兵第一聯隊第一大隊〔派遣至烏崁社的追擊隊已經歸隊〕由正面攻擊馬公城；第十二聯隊第二大隊則接在第一大隊右翼進行包圍；第一聯隊第二大隊〈缺一中隊〉為預備隊，在第一大隊後方前進。

由於道路狀況惡劣，速射砲隊等部隊的前進極為困難，十一時左右好不容易才到達指定地點，開始向馬公城展開砲擊。於是，第十二聯隊第二大隊以第六、第七中隊為第一線右翼；第一聯隊第一大隊以第一中隊為第一線左翼，一齊前進到高地。是時，敵軍大部分都已退走，殘留的少數稍作抵抗後，便匆忙朝後溷潭社〔澎湖縣馬公市後窟潭〕方向潰走。但是東角砲台及漁翁島西嶼東砲台〔位於澎湖縣西嶼鄉西嶼東台〕砲火仍然相當旺盛，不時發射出巨彈。第一聯隊第一大隊不顧一切，冒著敵彈前進：第一中隊佔領火燒坪南方兵營，其餘三中隊則驅逐盤據在城外房屋中的敵兵。不久，我軍吶喊著由朝陽門〔馬公城東北門〕闖入，掃蕩城內殘兵，佔領東角砲台、水雷營等地，做為預備隊的第二大隊接著進城。第十二聯隊第二大隊接在第一聯隊第一大隊右方追擊敗兵，佔領城外小兵營〔位於朝陽門外西方〕後，一部分由拱辰門〔馬公城西北門〕進入，一部分佔領馬公城西南的砲台〔天南砲台〈位於澎湖縣馬公市新復里〉〕，時為中午十二時整。至此，馬公城已被我軍完全佔領，臨時山砲兵中隊及海軍速射砲隊在步兵進入馬公城後停止砲擊，於中午十二時四十分自陣地撤走，前進至此。

　　此日，在拱北砲台附近，清國軍的兵力為步兵五營三哨、砲兵一營〔實際投入戰線的兵力似乎不到全部〕，在馬公城附近繼續抵抗的兵力不詳，但至少有六、七百名。在第一回合的戰鬥中，敵軍遺棄的死者約五十名。多數敵軍在馬公城陷落以前便已丟棄武器，脫掉軍衣，逃到白沙島、吉貝嶼等地，有五十五名被我軍所俘。而混成支隊在拱北砲台附近的戰鬥中，陣亡兵卒二名〔後備步兵第一聯隊第二大隊一名，後備步兵第十二聯隊第二大隊一名〕，負傷者有將校一名〔後備步兵第一聯隊第二大隊的步兵中尉吉川直七〕、准士官一名〔後備步兵第十二聯隊第二大隊的特務曹長江頭義俠〕、兵卒十五名〔

後備步兵第一聯隊第一大隊一名、第二大隊七名、後備步兵第十二聯隊第二大隊七名〕；消耗子彈一萬三千四百六十四發〔後備步兵第一聯隊第一大隊九百二十發、第二大隊五千六百二十四發、後備步兵第十二聯隊第二大隊六千九百二十發〕。攻擊馬公城時，完全沒有死傷，只消耗子彈四百四十七發〔後備步兵第一聯隊第一大隊一百零二發、後備步兵第十二聯隊第二大隊三百四十五發〕而已。在這二次戰鬥中，臨時山砲兵中隊消耗榴彈十二發、榴霰彈三十六發，海軍速射砲隊消耗榴彈五十五發。但該日因發病〔霍亂〕離開戰線者約二十名。擄獲品與稍後在圓頂半島及漁翁島擄獲者合計有安式十二吋砲及海岸砲十五門、機關砲四門、野戰砲十三門、步槍二千四百六十三挺、海岸砲砲彈一千一百二十二發、野戰砲砲彈八百六十八發、機關砲砲彈六萬八千五百發、子彈九十六萬五千發及許多火藥及裝填藥等。

混成支隊雖已佔領馬公城，但漁翁島仍有敵兵，日暮前仍不斷由西嶼東砲台向城內發射巨彈，由於我方所佔領砲台內的擄獲砲，其閉鎖機的零件已被敵兵拆卸，無法立即使用，因此，各部隊只得各自尋找掩蔽，直到日落後方才開始紮營：步兵第一聯隊第一大隊在火燒坪南方兵營內；同聯隊第二大隊〔第七中隊留上二分隊與部分海軍陸戰隊共同守備拱北砲台，半夜後才歸隊〕、臨時彈藥縱列及輜重縱列在城外練兵場；步兵第十二聯隊第二大隊、臨時山砲兵中隊及海軍速射砲隊在馬公城西南空地露營；支隊司令部則於城內宿營〔當夜的警戒僅由外衛兵負責〕。

也是這一天，丹治少佐所率領的聯合陸戰隊從早晨六時由拱北砲台東南約三千米處海岸開始登陸。六時十分左右，該砲台敵軍向其開砲，因此，伊東司令長官命「浪速」、「高千穗」、「嚴島」三艦迅速起錨，出動轟擊砲台；並於攻陷砲台後，再駛往候角〈位於澎湖縣馬公市山水里東南一角〉東北方海面以牽制圓頂半島

的敵軍。其間，陸戰隊冒著敵方砲火，陸續登陸。八時左右，抵達拱北砲台附近。指揮官丹治少佐爲了佔領鎖管港附近地頸處，以扼阻圓頂半島的敵兵，遂命第一中隊之一小隊留守拱北砲台，其它則繼續前進。途中同時驅逐潛伏於烏崁社的殘敗敵兵，而佔領從雙頭掛社〈澎湖縣馬公市雙頭掛（興仁）〉西南方約八百米處高地往東方一線，據以爲陣地；砲隊則散佈於烏崁社西南約八百米處，且在此築設二座速成的肩牆，以警戒圓頂半島的敵兵。

如前所述，「浪速」、「高千穗」、「嚴島」三艦接獲司令長官命令後立刻起錨，不久，我軍攻陷拱北砲台，因此，「高千穗」號遂於七時十分轉抵候角外海，向聚集在圓頂半島陸上的敵軍砲擊，爲時約三十分鐘。其它兩艦隨後亦駛抵此處。九時，「秋津洲」艦從裡正角起碇，轉到拱北砲台東南方海面下錨，負責陸上與艦隊間的通信，並支援陸戰隊。九時三十分，「橋立」艦奉命偵察澎湖港口附近敵情，也航進到此處。「橋立」艦雖然數度受到漁翁島砲台砲擊，但皆無恙，而於下午三時三十分，回到裡正角錨泊地。其後〔五時〕，「浪速」、「嚴島」二艦亦來此會合，「秋津洲」、「高千穗」艦則仍停泊在候角灣警戒圓頂半島的敵軍。

二十五日凌晨一時，在圓頂半島的定海衛隊營管帶官郭潤馨遣使到達聯合陸戰隊的前哨線請降。丹治少佐接受其請求，約定同日上午八時至兵營接收武器、彈藥及砲台，並特別要求在此之前，對方應派遣軍官到我方辦理相關事宜。陸戰隊雖然在五時三十分自露營地出發到豬母水〈澎湖縣馬公市豬母水（山水）〉，但不知敵方兵營位置，只得折返鎖管港，等待投降者到來。郭潤馨以下軍官十二名，士官兵五百七十六名投降後，少佐派遣第二中隊佔領沙帽山〈澎湖縣馬公市紗帽山〉西南高地砲台；第一中隊之一小

隊護送俘虜返回該砲台，收容於附近民家，加以監視。其它部隊則宿營於鎮管港。

此日，混成支隊駐守原處，搜索後湧潭社附近殘敗敵兵。又因漁翁島西嶼東、西兩砲台〈西嶼西砲台位於澎湖縣西嶼鄉西嶼西台〉自早晨以來都無砲擊情況，因此加以偵察，發現沿岸連一艘小船也沒有。但下午一時，該砲台忽然轟然一聲，白煙高揚。二時，我軍以山砲兵中隊所修復、天南砲台的擄獲砲對之砲轟數次，終無回應。不久，據艦隊偵察結果得知敵兵似乎已經逃走。四時，發現三艘小船，因即派遣海軍速射砲隊人員前往漁翁島偵察，回報敵兵均已逃走，砲台遭受重大破壞，備砲的閉鎖機重要零件都已被拆卸。

原來，伊東司令長官在得知圓頂半島清國軍隊投降消息後，本打算先派遣該投降兵員遞送勸降書給漁翁島敵軍，若其不肯投降，再調派步兵一個半大隊的兵力登陸該島，配合艦隊一起攻擊。所以便在當天早晨，派遣參謀〔島村速雄少佐〕到圓頂半島的陸戰隊處理此事。同時通報比志島大佐由混成支隊抽調一部隊至圓頂半島與陸戰隊交接，守備該半島，監視投降兵員。接著，又下令「浪速」艦前往漁翁島偵察敵情。結果，勸降書還未送去，敵兵已逃離該島。奉命守備圓頂半島的後備步兵第一聯隊第五中隊〔隊長由高坂順吉中尉代理〕於隔天，即二十六日到達金字庵〔井仔按〕〈澎湖縣馬公市井垵〉，陸戰隊將守備工作交接完畢後，隨即歸返艦隊。

二十六日下午，伊東司令長官命西京丸及陸軍運輸船留守裡正角錨泊地，親率諸艦移往漁翁島小智灣〈澎湖縣西嶼鄉內垵灣〉〔在將軍澳嶼的海軍運輸船也前來會合〕，著手搜索澎湖港口海面。司令長官在馬公城設置「澎湖列島行政廳」〔廳長為海軍少將田中綱常〕，公

告周知，於是澎湖群島完全歸日本軍所有。

　　此日，比志島大佐分配諸隊宿營營地：後備步兵第一聯隊第一大隊在火燒坪南方兵營；彈藥縱列在火燒坪；海軍速射砲隊在天南砲台；其餘諸隊在馬公城內宿營。此外，也將原先收容的俘虜釋放掉，設置委員整理戰利品，並著手修理擄獲的海岸砲，以備不時之需。二十七日，由各步兵大隊分別派遣若干部隊搜索澎湖島內。二十八日，伊東司令長官下令，釋放圓頂半島下士以下的俘虜。第五中隊因隔天，即二十九日，要整理戰利品，除留下一部分人員外，其餘均返回馬公城〔混成支隊在佔領澎湖島後，各項整頓略為就緒，正準備休養兵力之際，前述運輸船上所發生的霍亂病，自登陸以後更加嚴重，光是戰鬥中收容的患者就有約四十名。二十四日佔領馬公城後，病勢突然蔓延，在登陸地臨時設立的醫院，一下子湧入二百餘名患者。二十六日另在文澳社西方開設醫院，當天就又客滿，只好在附近搭建七十多個帳篷收容患者，情況極為悲慘。雖然想盡辦法撲滅病源，但沒有什麼效果。截至二十六日左右，新患者達二百名以上〕。

　　澎湖港口的搜海作業於二十七日下午宣告完成，確定附近都沒有佈設水雷。此日，伊東司令長官將裡正角錨泊地的陸軍運輸船全部召來小智灣〔新近由〈日本〉國內抵達此地的工作船元山丸因機器故障，三十一日以前均停在裡正角錨泊地〕。二十一日以來停留在將軍澳嶼的「吉野」艦，已修理完畢，移泊至馬公港。 ◢

第三節
佔領澎湖島
後的狀況

四月一日伊東司令長官得到消息〔是日由淡水港來到勝知灣的英國中國海艦隊司令長官傳瑞曼達爾〈フリーマントル〉所稱〕說，日清兩國已簽訂停戰條約：除台灣附近之外，清國各地停戰二十一天〔當時內地〈日本〉與澎湖島間沒有直接的電信連絡，由大本營發出的電報都是由長崎或佐世保以船傳遞消息，因此司令長官當時尚未接獲公報〕。四日，伊東司令長官命東鄉司令官率領「浪速」、「橋立」兩艦巡航福建省烏坵嶼〔位於湄州浦東方〕及回船島〔位於海壇島東方〕附近〔是日下午五時，由勝知灣出發巡航指定海面，六日上午十一時返回〕。

前此，伊東司令長官發出訓令指示，三月二十四日集合於船浮港的第四水雷艇隊及其母艦近江丸移至裡正角，同時通知其它諸船也到該處集合。但是，發出訓令後很久，一直沒有近江丸等船艦的消息〔相模丸於四月三日抵達〕，因此，七日早晨，司令長官親自率領「松島」、「高千穗」二艦由勝知灣出發，尋覓它們的消息。「松島」等二艦經由台灣北方，十日抵那霸港，並得知近江丸及第四水雷艇隊於本月三日由那霸出發，已開往澎湖群島〔四月一日自大本營發出的停戰條約書（內容是自三月三十一日至四月二十日停戰，停戰範圍僅限於奉天、直隸、山東三省）直到七日夜裡才送達勝知灣的艦隊〕。司令長官因為要視察中城灣及修理「松島」艦的機器，暫時停駐該地，至十三日正午才又出發，經過蘇澳、基隆、淡水各港外海，於十六日歸抵馬公港〔此間，近江丸及水雷艇隊於七日到達此地，「吉野」艦因修理船身，於十二日出發開往長崎〕。其後，東鄉司令官再度率領「浪速」、「秋津洲」、「嚴島」等艦及近江丸及三艘水雷艇〔第二十五號、第十五號、第十六號〕，於十七日下午三時自勝知灣出發，巡航烏坵嶼、回船島附近，而於二十二日歸抵勝知灣。

二十二日這天，伊東司令長官正要親自巡航清國南方沿岸時，看到日清兩國政府間已簽定媾和條約的上海電報〔刊載於該日來到勝知灣的德國東洋艦隊司令官霍夫曼〈ホフマン〉少將所贈的上海英文報紙〕，遂打消出航計畫。但一直至二十四日尚未接獲公報，遂於二十五日率「松島」、「高千穗」二艦出發〔有三艘水雷艇（第十七、第二十、第二十四號）同行，但因風浪太大，中途返航〕，在中途遇到由〈日本〉內地來的運輸船〔奈良丸〕而再次返回勝知灣。至此時始接獲大本營的通報，得知十七日已簽定媾和條約，停戰延長至五月八日午夜。二十七日，司令長官又率領前述諸艦艇往廈門出發，由該夜至二十八日巡航沿岸〔二十八日，第二十號水雷艇因鍋爐故障，整個水雷艇隊乃返回勝知灣〕。二十九日下午一時三十分，在烏坵嶼附近接獲征清大總督彰仁親王〔第二期作戰以後，以新任參謀總長彰仁親王爲征清大總督，四月十三日自宇品港出發，十八日抵達旅順〕的命令：爲了因應俄、法、德三國干涉，南方派遣艦隊只要留下水雷艇隊及其母艦，其它船艦儘速開往佐世保軍港〔此命令於四月二十四日自旅順發出，由「龍田」艦攜帶，於二十八日送達澎湖島，後又由西京丸攜帶，追送至此〕。司令長官收到指示後，立刻返回勝知灣，三十日訓令應留守澎湖島的混成支隊司令官比志島及近江丸艦長協防澎湖島〔水雷佈設隊、醫療船、工作船也留在澎湖島〕，自己則於當日下午起錨，於五月五日歸抵佐世保軍港。

在此期間，從四月三日左右起，混成支隊間的霍亂病勢大爲減退，至十二日幾乎已完全絕跡〔自初發迄今，患者總數約一千七百名，死亡約一千名〕。澎湖島內情況極爲平穩，十五日以來派往附近島嶼的搜索隊也都回報民情平穩。但因伊東司令長官由於三國干涉之事已於三十日率艦隊返回佐世保，混成支隊與第四水雷艇隊遂形同獨立，因而比志島大佐開始策劃群島的防備：任命擄獲武器

調查委員，負責修理岸砲及野戰砲、槍枝等；暫時更動臨時山砲兵中隊的編組，調派一部分人員配置於已修復的天南、拱北砲台及漁翁島西嶼東、西二砲台〔各砲台以將校或曹長為長官，其下配置下士卒及軍伕〕。五月二日更派遣後備步兵第十二聯隊第二大隊一中隊〔第五〕為漁翁島守備隊；武器調查委員則於隔天，即三日整修山砲七門、步槍五百挺。此外，為防禦澎湖島，〔六日〕又選定拱北砲台西北高地建築防禦陣地。十六日下午三時，大佐接獲伊東司令長官〔伊東司令長官五月十一日調任為軍令部長，有地品之允中將自同日起接替其職位，調任為常備艦隊司令長官〕電報〔五月十日發〕，得知媾和條約已批准交換完畢，樺山〈資紀〉大將為台灣總督，不日即將出發。

　　六月一日收到大本營的命令〔五月十七日命令〕，該隊即日起接受台灣總督管轄；同時接獲樺山總督於五月三十一日自台灣三貂角西方灣內所發出的訓令〔總督於五月二十四日自宇品港出發，二十七日在中城灣會合近衛師團第一批運送部隊（近衛師團本來在旅順半島，我軍〈日軍〉攻克旅順半島後，改受台灣總督管轄。為了守備台灣及澎湖島，其中半數兵員於五月二十二日自旅順半島出發，為第一批運送部隊），二十九日抵達三貂灣。近衛師團自此日起開始登陸（詳見以下各章）。當時常備艦隊（由「松島」、「浪速」、「高千穗」、「千代田」、「大島」各艦組成）也在淡水港附近〕，內容大致為：混成支隊即日起為我所直轄，貴官僅留後備步兵第十二聯隊第二大隊（二中隊）守備澎湖島即可，請率其餘諸隊前來基隆。此時，往基隆所需之運輸船〔搭載近衛師團第一批運送部隊的船舶之一部分〕也已到達〔前此混成支隊搭乘到澎湖島的運輸船已返回〈日本〉內地〕。到此，混成支隊南征任務結束，比志島大佐派第十二聯隊第五、第六中隊守備澎湖島，親自率領其餘各部隊〔依台灣總督府特別訓令，為預防惡疫，各隊不健康者及相關人員共計一千一百

零五名、馬匹五頭與守備隊一起留在澎湖〕於六月三日自馬公港出發，隔天，即四日抵達基隆港，向台灣總督報到，九日登陸，負責基隆的守備〔此後該支隊的行動參照下一章〕。

這段時間，近江丸及第四水雷艇隊負責澎湖群島警備任務〔第十六號水雷艇五月十二日在警戒勤務中，受到風浪吹襲，在漁翁島附近沉沒，自艇長大迫市熊大尉以下共十三名溺死〕。五月三十一日，接獲有地常備艦隊司令長官的命令，命醫療船及工作船開到艦隊所在地，水雷艇隊則與水雷佈設隊繼續留在澎湖島。◪

第四節
澎湖島的
清軍狀況

澎湖群島的防備是自明治十七年〈一八八四〉法軍侵略澎湖島之後，於明治二十年至二十二年間才新建的，由彼時的澎湖鎮總兵吳宏洛負責經營，二十七年六月左右完成砲台五座，即拱北砲台〔配置八吋、七吋、六吋安式砲各一門〕，位於澎湖島中部；天南砲台〔配置十二吋、十吋、七吋安式砲各一門〕，位在馬公城西南，有金龜頭〈澎湖縣馬公市金龍頭〉之稱的岬角；東角砲台〔配置五吋安式砲一門〕，位在馬公城牆東部中央；西嶼東砲台〔配置十吋、八吋、七吋安式砲各一門〕及西砲台〔配置安式十二吋一門、十吋二門、六吋一門及舊式砲若干〕，位於漁翁島南端，主要在防禦澎湖港口，兼控制候角東方及漁翁島西方海面〔圓頂半島豬母水及井仔垵附近雖另有舊式砲台，今已不切實用，因此不列入群島的防備設施〕。而負責群島守備的清國軍隊計有澎湖鎮總兵周振邦所統轄的宏字正營、宏字前營、果毅軍練營三營：宏字正營及果毅軍練營駐屯於馬公城內〔一部分正營分駐朝陽門外的小兵營〕，宏字前營駐紮於火燒坪南方的兵營〔除以上三營之外，還有澎湖綠營兵左、右二營，但並非真正的戰鬥部隊，通常稱為「汛兵」，分駐群島各地，負責警察職務，與本次作戰無關，因此不列入兵力計算〕。

但是，當日清兩國的和平即將破裂時，清廷擔心南洋各口岸，特別是台灣的安全，七月二日〈明治二十七年〉北洋大臣李鴻章奉密諭，以電報訓令閩浙總督譚鍾麟及台灣巡撫邵友濂，必須加強台灣島的防備。二十四日，總理衙門奉上諭，令閩浙總督增派內地的兵力至台灣，以加強該島的防備。八月一日，終於公開宣戰，總理衙門訓令加強南方戰防整備計劃。譚鍾麟認為澎湖群島與台灣有唇齒相依的關係，不可疏於防備，即曾與台灣巡撫商議，七月時便在台灣新募二營兵員以增加澎湖島的兵力，但還是擔心澎湖島兵力不足，八月九日電報總署〈即總理衙門〉，請求更

調兵勇協防台、澎。台灣巡撫邵友濂也於此時電報總署，具申澎湖島雖然在原駐防練三營之外新募二營，然該島地形無險阻可守，必須再招募三、四營兵員以加強防備能力。因此，澎湖島兵力陸續增強，至十月時，於廣東新募的二營及福州水雷營三哨也調派至澎湖。台灣巡撫也由台灣島選拔二營兵員歸知府朱上泮指揮，增派至此。及唐景崧代署台灣巡撫後，更注意加強澎湖島的防備，唐與閩浙總督商議，於中國本土及台灣新募兵勇。二十七年十二月下旬，與原駐屯澎湖島的三營合計，共有十三營三哨，人員五千人以上，另有保護糧台❽的親兵一百人〔七月在澎湖島新募〕。各營情形概略如下：

- 果毅軍練營、宏字正營、宏字前營：原駐。
- 宏字副營、宏字左營：在台南附近新募，於七月抵達。
- 宏字右營：在廣東新募，於八月抵達。
- 防軍砲隊營：在廣東新募，於十月抵達。
- 定海衛隊營、定海右營：由台灣四營中選拔組成，於十月抵達。
- 水雷營三哨：由福州調來，十月抵達。
- 防軍左營、防軍右營：在台灣新募，十一月抵達。
- 防軍前營、防軍後營：於湖南新募，十二月抵達。

　　總兵周振邦、知府朱上泮分統以上諸營，分別負責守備各個地區。二十八年三月混成支隊登陸時，清國軍的配置如圖②所示。當時圓頂半島沙帽山西南高地正在營造一座配置有三門砲的砲台，此時尚未完成，因此沒有發揮功用〔當時雖已配置安式八吋砲一

---

❽清制，軍隊行動時，設置用以調發糧餉的機關。

門、三十斤後裝砲一門，但附屬設備等尚未完備〕。

　　此前，二月以來，周振邦、朱上泮等接獲威海衛陷落、北洋水師全軍覆沒的噩耗，同時日軍即將南侵的風聞不斷，十分緊張，因而格外注意加強島內防備。三月十五日接獲台灣巡撫的指示：今日倭艦自九州出發，近日將攻擊澎湖，在澎湖各將弁務須嚴加防禦，不得疏忽。二十二日上午，得到漁民急報說，倭艦已碇泊於將軍澳嶼外海。此時，日軍來襲，迫在且夕，已可確定。隔天，即二十三日，日軍以艦隊砲擊拱北砲台，上午十一時起，陸軍開始於裡正角海岸登陸。

　　是日，分駐隘門社的宏字右營二哨，因上午敵艦❾砲轟拱北砲台時所射擊的流彈墜落該社，而有若干死傷。幫帶梁仕悅看到日軍開始在裡正角登陸，大為訝異，向周振邦提議要在其未完全上岸前先行展開攻擊，並請求援助。周於是與朱上泮商議，欲集中圓頂半島的各營兵力，奮前一擊。朱卻以兵力分開運用，不但可深入敵間，敵兵來犯該半島時也可預先得知這一理由，而予以拒絕。周非常生氣，一面通電台灣巡撫說全島告急，朱卻不肯合作；一面下令在馬公城的防軍左營、宏字左營、果毅軍練營右哨〔有砲四門〕，馳往太武山前線，以擊退敵兵，並親自率領親兵二哨〔果毅軍練營之二哨稱為親兵，平常護衛鎮署〕，隨後跟進。

　　在隘門社的梁仕悅雖請到援兵，卻不是馬上就可以到達的，因此，便以原有的部隊向太武山線前進。一部分的先頭部隊在山上與敵兵發生衝突，卻很快被擊退。此時，防軍左營抵達太武社，見此情況，立刻散開前進，收編敗兵，依著山邊地形地物，與敵兵對抗戰鬥，然而卻遭到敵軍突襲，不支退往大城北社西方高

---

❾原書本節敘事方式有所改變，此處以下稱「敵」者，均指日軍，與前後章節恰好顛倒過來，希讀者注意。

地。梁仕悅也於隘門社北方遭敵兵攻擊，無法守住該地而退至拱北砲台附近。此時果毅軍練營右哨佈列於大城北社西方，對太武山敵兵開砲，以掩護友軍退卻。周振邦於下午三時左右抵達東衛社，為了掩護左翼，派遣分駐於此的宏字右營二哨至港底社南方高地，與太武山北方的敵軍遙相對峙。而宏字左營則因太晚抵達，未能參與此次戰鬥。

這一天，拱北砲台從上午九時三十分左右即受敵艦砲擊，立刻反擊，不久因敵艦往裡正角方向駛去，而停止射擊。敵兵從十一時三十分左右開始在裡正角海岸登陸，又再度展開射擊，此時所有敵艦再度集中火力向砲台猛烈射擊，造成不少傷亡。下午二時，終於沉靜下來，守兵暫時退至砲台後方以避敵鋒。朱上泮也於該日黃昏，率定海右營、防軍前營及防軍砲隊營前往大城北社西方高地〔據說朱上泮先前沒有答應周的提議，後因電報局員私下告知台灣巡撫發給周的回電，才知危難臨頭，終於出兵前進〕。於是，集合在拱北砲台附近的清軍兵力，計有步兵五營三哨、砲兵一營。是夜，清軍撤退至大城北社及其西方一帶高地，朱上泮在雙頭掛社，周振邦與親兵二哨在東衛社，但兵卒士氣已經消沉不振，據說在馬公城內的水雷營士卒一聽到日本軍在裡正角登陸，早就四竄奔逃。

二十四日天還沒亮，朱上泮就派遣定海右營及防軍前營與防軍左營〔據說前夜才回馬公城，今早再度出發至此〕共同守備大城北社，並派防軍砲隊營佈列於該社西方高地。周振邦麾下的宏字左、右兩營及果毅軍練營的一哨也守備該高地。至拂曉時，朱因受日本軍攻擊，憑藉大城北社的家屋及圍牆勉強應戰，不久即負傷，部下士卒死傷亦多，終不能支，退至該社西南高地，會合拱北砲台及其附近高地的諸營繼續抵抗，但不久就被日軍驅散，部分敗

退到圓頂半島，大部分則與周振邦的部隊一起往馬公城方向潰走。而當天早上周振邦在東衛社聽到大城北社方向突然槍砲聲四起，急忙趕去時，接獲友軍已敗退的消息，驚慌失措，倉皇退回鎮署，接著逃往白沙島，朱也從馬公城乘小船逃至該島〔據說周振邦、朱上洋隨後又搭船逃至台灣〕。

　　如今，澎湖島的守兵士氣全失，三三兩兩逃竄各地，日軍從文澳社附近前進時，還有部分士兵留在馬公城牆及火燒坪南方兵營附近防守，但在聽到周、朱兩位統領逃走的消息後，立刻土崩瓦解，脫掉軍服，丟棄武器，全部逃往白沙島或吉貝嶼。在圓頂半島的部隊無路可逃，只得於二十五日時向日軍請降。在此期間，漁翁島的守兵因未受到日本軍的攻擊，二十四日還從東砲台轟擊澎湖島的日本軍，遙相聲援友軍，但在得知馬公城已於該日歸日本軍所有後，感到大勢已去，莫可如何，遂拆下火砲的閉鎖機要件，將槍枝彈藥等悉數丟入海中，第二天早上全數逃往吉貝嶼。據說這些守兵後來逃到廈門等地，而漁翁島守兵離開該島後，島上居民成群結隊進入砲台內搶掠，不小心失火引爆了砲台的火藥庫，死傷十數人。◪

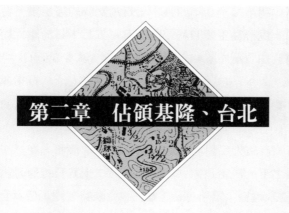

第二章　佔領基隆、台北

第一節
近衛師團
登陸三貂角

明治二十八年四月十七日馬關條約簽定後，台灣及澎湖群島主權歸我帝國所有。五月十日海軍大將子爵樺山資紀〔原爲征淸大總督府海軍首席參謀。四月二十日自旅順召還內地，五月十日昇任大將〕就任台灣總督，十八日指揮近衛師團及常備艦隊〔當時在澎湖島的混成支隊也納入其指揮之下〕，負責接收新領地。

然而，台灣人民對於割讓台灣一事非常憤慨，在二、三位督撫的後援之下，決定建立共和國。五月二十五日推唐景崧爲「大總統」，劉永福爲「軍務總統」❶，照會歐美各國，告示全台，煽動民衆的反抗情緒。

因爲台灣的情勢如此，我軍常備艦隊的偵察艇於淡水港遭暴徒射擊，在三貂角登陸的近衛師團也遭到匪徒抵抗。雖然，樺山台灣總督與淸國全權委員李經方已在三貂角外海會面，並於六月二日完成台灣及澎湖群島的接收手續〔接收條約參照附錄第三〕。但這也僅止於形式而已。實際上，接收台灣一事已經到達非要用征討才能解決的地步。因此本戰役持續進行著，直到翌年三月爲止，大約發動二個半師團的兵力〔參與的兵員總計約五萬人、軍伕二萬六千餘人、馬匹九千四百餘頭（參照附錄第四）〕，大本營也依然存設，繼續指揮作戰。

起初，大本營雖也曾預期接收台灣時將會遭到若干反抗，然而卻無從判斷平定這些反抗所需的兵力〔五月中旬征淸大總督府推算台灣的淸國兵力約有三萬三千餘名（參照附錄第五）〕。惟可確定的是，接收後的防禦計劃約需要一師團兵力方才足夠。因此，四月二十三

---

❶唐景崧全銜爲「台灣民主國總統」，劉永福則爲「台灣民主國大將軍」，惟當時局勢相當混亂，且民主國的成立也僅是一個形式，劉永福本人也不熱衷，因此劉的頭銜有各種說法，但都無關宏旨。

日大本營向在旅順的征清大總督府發出內牒，希望準備選派一個師團作為台灣駐屯軍。

當時，近衛師團〔師團長為能久親王中將〕為了與第四師團共同參加直隸平原的作戰而進駐金州半島〈即遼東半島〉，但因和平攻克，完全沒有參與此次戰役。於是征清大總督府乃選派「近衛師團」——天皇陛下的親兵隊充當台灣駐屯軍。此外，駐在澎湖島的混成支隊〔司令官為步兵大佐比志島義輝〕為惡疫侵襲，戰鬥力大減，且該部隊原本就是以後備隊為主幹編成的，故而原先計劃在與近衛師團交接後，即儘速凱旋返國。但因近衛師團的運送需相當時日，因此，這段期間內，該支隊暫屬台灣總督管轄。

此一「台灣派遣團隊」是在五月七日內定的。六日至十二日間從香港的帝國領事〔中川恆次郎〕陸續傳來報告說：傳聞一名清國將官及數名軍官企圖離開台灣島，卻被清兵所殺害〔以上五月六日電報〕；兩廣總督運送武器、軍隊到台灣，並將解散的士兵留在台灣，要他們在割讓後儘量與日本作對〔以上五月八日電報〕；在台北有英國水兵二十五名、德國水兵三十名。福建號〔屬英國船籍〕已賣讓給清國，數日前載著四百名清兵及武器、彈藥由香港出發，前往淡水〔以上五月十二日電報〕。

根據這些情報，我政府認為必須儘快接收台灣。十二日對清國政府提出照會，約定即日起兩週內，日清兩國委員會同完結台灣及澎湖群島的接收事宜。三天後〔十五日〕，清國政府卻提出，由於台灣省兵勇對民眾騷擾滋甚，巡撫唐景崧不但無交付該省的權力，且此刻正為民眾所脅迫，生命亦有危險，因此希望在協商「放棄奉天省」一事的會議時，由兩國全權委員將此事併入討論，因而有「樺山全權委員延期出發」的提議。

我方當局接到這個建議，更加確定台灣的騷動，加上懷疑清

國政府冀望延遲該島之交接的眞正意圖究竟何在，因此，認爲應該儘速完結接收事宜。乃答覆清國政府，台灣主權已屬於我國，關於此事，今日實無協商之必要。另一方面，則要求征清大總督府督促近衛師團儘速出發，後來決定在五月二十一、二十二兩日先行出發一半兵員〔另一半打算於第一批運送完畢後，再用同一批船舶運送。當時用於運送近衛師團的船舶，相當於陸軍總運輸力的四分之一弱，剩餘的運輸力則負責將集結在金州半島的部隊運送返國〕。

前此，樺山總督在京都大本營曾針對「接收台灣」擬定了如下方針：

一、總督府將來預定地爲台北府，但如要用兵，則以此爲作戰目標。

二、以沖繩縣中城灣爲陸、海軍集合地。

陸軍分二次運送，先發部隊運送至中城灣，後續部隊運送至澎湖島。艦隊派出一、二艘軍艦，偵察台灣狀況。且由於有用兵的可能，須於其西海岸及東北海岸偵察登陸地點。

三、如果可以根據條約和平接收台灣，則由淡水登陸，直接進入台北，並分派守備隊至基隆及淡水〔滬尾街〕。

由澎湖島來的陸軍後續部隊應由〈台灣〉西南岸登陸，進入台南，分派守備隊至安平、打狗〈高雄〉等處。但視情形，也可由淡水方面登陸。

四、一旦用兵時，依偵察結果在淡水或基隆港附近登陸，攻佔其中之一以爲根據地，然後進向台北；或者由登陸地直接攻打台北，端視登陸地點而定。

陸軍後續部隊由南或北登陸，視作戰情況決定。

在這種情況下，一定要儘速派遣守備隊至淡水、基隆、安

平、打狗等既有的通商口岸。

基於前述第二項方針，樺山總督下令近衛師團第一批運送部隊於五月二十八日之前在中城灣集結；常備艦隊也進抵中城灣集合，且派其中兩艦偵察台灣的情況。此時，接獲「清國政府於五月二十日下令台灣巡撫以下文武官員歸返本國」的通報。總督認為，如此一來，該島近乎呈無政府狀態，軍民的騷動無從預測，必須儘速安撫之。因此，決定將原先的陸、海軍集合地〔中城灣〕改為淡水港，並將此令下達近衛師團及常備艦隊。但是，淡水港有海岸防禦設施，以此為陸、海軍集合地，由於該港狀況不明，我軍安全堪虞，因此，二十三日再度改以中城灣為陸、海軍集合地。

征清大總督府於二十二日由旅順歸抵神戶，台灣總督府的編制〔三百多名民政官已準備就緒〕遂自此時此地開始實施〔以陸軍少將大島久直為台灣總督府參謀長，海軍大佐角田秀松為副參謀長〕。樺山總督當晚就從神戶出發，隔天，即二十三日抵達廣島，二十四日率總督府文武官員〔文官中，負責官房事務、台澎接收及稅關等事務者隨行，其餘則留在廣島〕，搭乘橫濱丸自宇品港出發，經中城灣航向淡水港。

常備艦隊〔司令長官為有地品之允中將〕隸屬台灣總督，當時〔五月十八日〕在內地的軍艦有「松島」、「浪速」及「高千穗」三艘〔「松島」艦在神戶準備出發到吳港，其它二艦都在長崎〕，「千代田」、「大島」二艦在威海衛，其它〔西京丸、第四水雷艇隊、水雷母艦近江丸、醫療及補給船神戶丸、造船及武器工作船元山丸〕都在澎湖島。在吳港的常備艦隊司令長官受到樺山總督指示，下令司令官〔東鄉平八郎少將〕率「浪速」、「高千穗」兩艦先到淡水港視察狀況，並在該地附近及三貂角、蘇澳灣以北的東海岸尋找適合陸軍登陸的地

點；其它船艦則於中城灣集合。二十三日之前，因集合地改爲淡水港，有地司令長官遂親自率旗艦「松島」於隔天，即二十四日自吳港出發航向淡水港。

東鄉司令官率「浪速」、「高千穗」兩艦於五月二十二日自長崎港出發，二十五日航抵淡水港外，並派參謀到停泊港內的英國軍艦打聽消息，得知岸上有數目不詳的清兵駐守，前些日子曾開槍騷擾，目前尚稱平靜。該參謀並回報，他看見爲數頗多的清兵在淡水河右岸〔滬尾街附近〕的砲台守備，也有清兵在滬尾街東奔西跑；其汽艇回程途中，還被清兵開了好幾槍；在水雷營附近的棧橋上，水雷罐、沉錘及絡車〔海底電線用〕等散亂一地。「高千穗」艦水雷長爲探知港內是否有佈設水雷而前進，卻受到來自河口叢林的步槍掃射〔槍數約在百挺左右〕，無法達成目的。根據以上訊息，東鄉司令官判斷於淡水港登陸並不容易，於是派遣「高千穗」艦至三貂角附近偵察登陸地點，旗艦「浪速」則停留在原處，繼續偵察淡水港附近的登陸地點。隔天，即二十六日從由淡水港解纜、即將開往廈門的英國汽船〔福爾摩沙號〕處得到如下情報：

- 二十五日我〈指日方〉軍艦抵達後，陸上形勢一變，擾亂殊甚。同日，台北的亂民一致成立共和政府，散佈在全島的清國兵員應有三萬至八萬。
- 清國政府選派的全權委員李經方尚未到達。

過了二天〔二十八日〕，有地司令長官及樺山總督亦陸續到達淡水港外，在得知前述情況後，總督對於和平接收台灣已不抱希望。先前，常備艦隊所偵察的登陸地點有兩處：一是淡水港西南約五海里處；另一個即爲三貂角。當時，有地中將認爲後者優於

前者，他認為前者距台北不遠，雖有方便之處，但是海岸寬廣遼闊，風勢稍強時，大浪簸揚驟起，根本沒有避難之地；反之，後者與台北雖然相距較遠，但可先佔領基隆作為根據地，海岸狀況也較優越。再者，目前正吹著西南季風，對於登陸也較方便，且三貂溪可以行駛舢舨，十分有利。因此，樺山總督遂決定在三貂灣登陸。橫濱丸與「松島」、「浪速」〔「高千穗」艦於二十七日帶著東鄉司令官的報告航往中城灣〕兩艦一起於二十九日拂曉時從淡水外海起錨，向基隆東北方尖閣島〈基隆市中正區花瓶嶼〉以南五海里〔北緯二十五度二十分，東經一百二十二度〕的近衛師團集合地前進。

在此之前，近衛師團第一批運送部隊搭乘十六艘運輸船，由師團長率領，從五月二十一日在大連灣及旅順乘船。自二十二日傍晚至二十三日清晨出發，二十六日下午至二十七日早晨，大部分都已集結至中城灣，其編組如下：

- 師團司令部
- 步兵第一旅團
- 騎兵大隊本部暨第一中隊
- 野戰砲兵聯隊本部暨第一大隊
- 第一至第四機關砲隊
- 工兵大隊（一中隊）及小架橋縱列
- 獨立野戰電信隊
- 彈藥大隊（缺第一、第二步兵彈藥縱列及第二砲兵彈藥縱列）
- 第一糧食縱列
- 衛生隊
- 第一野戰醫院
- 此外還有兵站部❷〔兵站監部、兵站司令部二個、第一兵站糧食縱列、

野戰砲廠的一部分、野戰工兵廠、衛生預備員、衛生預備廠、患者輸送部、第一輜重監護隊〕

但是，來此相會的樺山總督認為此集合地〈離台灣〉太遠，二十日正午，乃命近衛師團長於當日下午六時出發，至尖閣島南方五海里處集合。於是，各運輸船〔膽振丸等三艘尚未抵達，現有十二艘〕遵令自中城灣出發，二十九日上午十時抵達新集合地。此時，橫濱丸及「松島」、「浪速」二艦正好來會，師團長能久親王接到樺山總督命令：在旗艦「松島」的引導下，以敵前登陸為目的，到三貂灣集合，並得知前述淡水港的各項情報。

在「松島」艦〔司令長官的旗艦（艦長為日高狀之丞大佐）〕引導下，運輸船〔「浪速」在運輸船後方、橫濱丸在行列外前進〕於下午一點多抵達三貂灣外海。偵察陸上狀況，發現敵方毫無防備，遂發出信號，在距離丹裡庄〈台北縣貢寮鄉石碇溪溪口一帶〉海岸東方約一千公尺處錨碇，各運輸船在其南方，與海岸平行，排成三線下錨〔參照圖③〕。

師團司令部所在的乘船薩摩丸錨碇後，常備艦隊參謀長〔出羽重遠大佐〕登船前來協議有關登陸事宜。之後，師團長接到樺山總督如下訓令〔要旨〕：

- 我預定駐紮台北府，貴官與常備艦隊司令長官協議，直接登陸，先攻佔基隆，然後佔領台北府，但需警戒蘇澳灣方面。

於是，師團長派運輸通信支部長〔步兵中佐今橋知勝〕及參謀

---

❷相當於我國的「後勤司令部」，負責車輛、馬匹、軍需品的前送與補給、修護等作業。

〔步兵大尉明石元二郎〕等上岸偵察登陸地點，同時命第一批登陸部隊登陸，時為下午二時。

此前，師團長曾考慮過敵前登陸的狀況〔在中城灣時，樺山總督便特別注意此事〕，因此，在中城灣集合時，就預先對登陸相關事宜做出如下規定〔要旨〕：

一、師團將依下列順序登陸。

二、第一批登陸者如下：

● 棧橋隊

　司令官：工兵大隊長小川亮

　工兵第一中隊（缺一小隊）

　步兵第二聯隊第八中隊

● 登陸掩護隊

　司令官：步兵第一旅團長川村景明

　步兵第二聯隊（缺第八中隊）

　騎兵一小隊

　工兵一小隊

　機關砲隊〔四隊〕

三、棧橋隊登陸後立刻構築棧橋。

　　掩護隊登陸後，立刻佔領適當地點，掩護棧橋隊及師團的登陸。

四、其餘戰鬥部隊、小架橋縱列、衛生隊及第一野戰醫院為第二批；獨立野戰電信隊、剩餘的師團輜重部隊〔視狀況而定，彈藥大隊本部暨第三步兵彈藥縱列亦可於第二批登陸〕、兵站部為第三批〔按照實際搭載船隻的名稱分配，而不以上述部隊名稱分配〕；編制外的武器、彈藥等其它裝備則為第四批登陸部隊。

登陸掩護隊司令官川村景明少將〔與師團司令部同船〕在登陸開始之前，於三貂灣決定先佔領三貂大嶺，命須永武義少佐〔步兵第二聯隊第二大隊長〕率所轄二中隊為前衛，朝該嶺前進。

　　登陸掩護隊〔步兵第四中隊、工兵小隊與棧橋隊諸部隊所搭乘的膽振九，和其它三艘（搭載糧食縱列及兵站諸部隊），此時都尚未抵達三貂灣〕諸隊競相登陸，下午二時五十分，第二聯隊第一大隊本部暨第一中隊的一部分先在舊社〈台北縣貢寮鄉舊社（龍門街）〉東方的沙灘登陸，其二分隊〔戶川柳吉少尉率領〕向該村西北高地前進，驅逐散在山腳樹林及附近約百名的賊兵而將之佔領，其它約半小隊人馬〔志岐守治中尉所率領，約四十名〕則佔領登陸點西北的砂丘，監視北方。

　　這時，前衛司令官須永少佐也和第六中隊的一部分一起登陸，在志岐隊附近等待其它部隊集合。此時發現鹽寮仔山〈台北縣貢寮鄉水返港一帶〉附近有若干賊兵，便派志岐隊由側背前往搜索。該隊在鹽寮附近，接獲第一大隊長〔前田喜唯少佐〕「佔領西方高地」的命令，在驅逐少許賊兵後，於日暮時佔領標高二二一的山頭，並於此過夜〔志岐隊於隔日，即三十日朝雞母嶺〈台北縣貢寮鄉雞母嶺〉前進，因迷路走到石笋〈台北縣雙溪鄉燦光寮一帶〉附近山谷，擊退數十名賊兵，翌日到三貂大嶺〈台北縣雙溪鄉、瑞芳鎮交界三貂嶺〉與前衛會合後，復歸所屬部隊〕。

　　這一天，東北風稍強，激浪拍岸，無法使用小艇，上岸十分困難。因此，直到下午四時，前衛部隊都還沒有全部〔第五、第六中隊〕集合完畢。須永少佐欲派遣已抵達的兵員〔第五中隊（缺一小隊）及第六中隊約二小隊（將校尚在船中）〕先佔領鹽寮仔山，乃以第五中隊（缺一小隊）〔隊長為澤崎正信大尉〕為尖兵前進〔當時所使用的是五十萬分之一的地圖，相當不完整。從登陸地點到頂雙溪〈台北縣雙溪鄉

（頂）雙溪〉的道路，只記載了由澳底（地圖上寫成「淺底」）通往的一條；經由長潭庄〈台北縣貢寮鄉長潭〉前往的道路，當天尚未發現〕。六時三十分開始抵達山上，與由後面追趕前來的其它部隊會合。此時，前衛雖然收到川村少將儘速佔領三貂大嶺的命令，卻因為與尖兵失去連絡，天色也已經變暗，而且據當地民眾說，頂雙溪約有二百名敵兵。少佐遂決定隔日天亮前再出發完成任務，因而下令前衛本隊就地露營。

在此期間，做為掩護隊本隊的大部分步兵〔第二聯隊本部暨第一大隊（缺第三中隊的一小隊及搭乘膽振丸的第四中隊）〕也在下午五時四十五分前登陸完畢。川村少將決定讓本隊直接向頂雙溪推進，遂命步兵第二聯隊長阪井重季大佐率領現有部隊經「淺底」〔當時鹽寮、丹裡庄和澳底合稱「淺底」，並不是指實際的「澳底」〕到達該地，警戒南方〔此時，少將盤問當地居民得到的消息是：基隆約有一萬名、下雙溪（當時使用的地圖，下雙溪〈台北縣貢寮鄉下雙溪〉是在頂雙溪的南方）約二百名、淺底約有五百名清國兵駐屯〕。

前田少佐接受阪井大佐的指示後，派遣第一中隊的一小隊〔隊長為古川竹次郎中尉〕，沿著海岸前進；以第二中隊〔隊長為都築直基大尉，其二分隊為了直接護衛登陸地而留守，於三十一日歸隊〕為前衛前進，在丹裡庄及其附近遇到少許賊兵，將之驅逐——古川小隊趕走賊兵佔領澳底西北高地；前衛佔領丹裡庄西北端兵營〔連勝中營駐屯處，堆積了一些軍衣、旌旗〕〔古川小隊入夜後復歸所屬中隊〕，其一小隊〔隊長為川崎虎之進中尉〕則往北方高地追擊賊兵。前田少佐重新任命第三中隊（缺一小隊）〔隊長為大野保宣大尉〕為前衛，向頂雙溪推進，時為日暮時分，又下著濛濛小雨，咫尺莫辨。晚上九點多，抵達土嶺〈台北縣貢寮鄉土地公嶺〉附近後，突然與一群賊兵在五、六十公尺的近距離發生衝突〔一開始，前衛以為是須永隊〕，急忙

射擊，將之擊潰。不久，阪井大佐率領其餘部隊抵達，在附近各處進行搜索，並於此時接到川村少將的命令，指示返回洩底〔指丹裡庄〕宿營。然而當時已超過晚上十點，狀況且如前所述，要返回原出發地可說十分不利，因此便就地露營。當夜，賊軍潰兵四處出沒，終夜槍聲不絕〔是夜，第一中隊下士卒六十五名與旅團司令部一起宿營；第二中隊下士卒二十名（斥候）失去連繫。這些人員在隔日與志岐隊會合，而於三十一日復歸所屬中隊〕。

此時，擔任「登陸掩護隊」的其餘步兵部隊，除了所搭乘船隻尚未抵達者（即步兵第二聯隊第三中隊之一小隊及第七中隊）之外，於下午六時三十分，全部都已登陸完畢。川村少將發覺步兵以外，其它部隊登陸都不甚容易，因此只率領步兵繼先行部隊之後，往頂雙溪出發。通過鹽寮時，已近傍晚，〈前衛〉須永隊對於前面路況所知有限，加上根據各項報告得知前面道路極為險惡，路途尚極遙遠。因此，少將決意孤注一擲，連夜趕往頂雙溪，將前述命令送達丹裡庄傳與阪井隊，並於當地宿營。

如前述，當天由於風浪太大，加上登陸地點的設施尚未完備，所以雖然徹夜登陸，除了前述登陸隊〔掩護隊步兵的大部分〕之外，只有步兵第一聯隊、機關砲四隊及若干屬於掩護隊的騎兵小隊與師團司令部人員登陸。以上登陸部隊的兵力大約是三個步兵大隊又二個中隊、機關砲四隊。當夜的位置如圖③。

搭載棧橋隊的膽振丸和其它三艘船，此日均尚未到達，因此，師團長命小架橋縱列，以其材料構築棧橋。三十日早晨六時許開始，已可以讓馬匹登陸，而且此日海上風浪逐漸平穩，登陸效率也大為增加，騎兵隊、衛生隊及已登陸各部隊的行李、馬匹等全部登陸完畢。砲兵隊〔登陸時改為山砲編制，參照下節〕、獨立野戰電信隊的一部分及彈藥大隊〔獨立野戰電信隊大部分、野戰醫院全部

及彈藥縱列的馬匹、車輛及其監護員則留在船內〕與延遲到當日下午方抵達的船隻所載運的部隊〔糧食縱列的馬匹、車輛、監護員及兵站輜重一部分留在船內〕均於五月三十一日至六月一日在鹽寮附近登陸〔即一混成旅團的兵力，登陸約費時四日〕。兵站監部〔兵站監步兵中佐田部正壯〕於三十一日在登陸地臨時開辦主要戰地業務〔預定在攻佔基隆後，便由海路移往基隆〕。

在土嶺附近及丹裡庄宿營的掩護隊本隊於三十日拂曉分別自其宿營地出發，向頂雙溪前進〔以下至瑞芳間的地形參照圖③〕。阪井大佐的部隊於土嶺西方鞍部等待川村少將的部隊〔此部隊於途中在鷄母嶺附近擊退賊軍敗兵二、三十名〕趕到，與之會合後繼續前進，驅逐四處出沒的敗賊，上午九時三十分，抵達頂雙溪，並於該地紮營。

前夜在鹽寮仔山露營的前衛本隊，於當天天亮時出發，以俘虜爲嚮導，沿著三貂溪〈台北縣雙溪〉抵達頂雙溪，才聽到尖兵〔第五中隊（缺一小隊）本來在船上分配到的任務是經頂雙溪向三貂大嶺前進，因此自登陸地出發後，一路摸索挺進，當夜沒有遇到賊兵，抵達頂雙溪，翌日早晨又繼續前進，於正午前佔領三貂大嶺〕的消息。不久又收到川村少將佔領三貂大嶺的命令，立刻又出發。下午一時三十分，其先頭部隊到達指定地點，會合充當尖兵的第五中隊，佔領該地。其一中隊〔第六中隊（隊長爲伊東兔熊大尉）在山麓休息時，擊退由牡丹坑〈台北縣雙溪鄉定福一帶〉前來約一百五十名賊兵。

屬於登陸掩護隊的騎兵一小隊及機關砲隊於三十日上午自登陸地出發，向頂雙溪前進。丹裡庄、頂雙溪間的道路是連馬匹也幾乎不能通過的惡路〔路面是不規則的石頭，馬蹄行走艱難。溪流處橋樑全無，路面狹隘，往往不到五、六十公分〕，行進極爲困難，機關砲隊不得已只好全部駐紮在中途，原因是川村少將認爲機關砲要與縱

隊繼續同行前進恐有困難，因而決定讓該隊就地停留〔翌日，機關砲兩隊駐紮在頂雙溪；兩隊駐紮在頂雙溪與三差港〈台北縣雙溪鄉三叉港〉之間〕。三十日，少將由師團長處獲得步兵第一聯隊第一大隊的增援；三十一日又增援半隊衛生隊，這些隊伍一起抵達頂雙溪。原先編入的步兵第二聯隊第四中隊及工兵小隊因為遲到，所以不在編制之內。

屬於登陸掩護隊的大小行李於三十日便全部登陸完畢，由於道路不適合馱馬行走，故而以運輸兵擔負一部分裝備及糧食先行，三十一日僅能搬運到達頂雙溪。掩護隊因此必須就地自行覓糧，幸而在頂雙溪找到一百五十石的糙米，軍隊自己舂搗，還送了一日份的糧食給在三貂大嶺的前衛部隊。 ◪

第二節
攻陷基隆

近衛師團長能久親王中將於五月三十日〔開始登陸三貂角的翌日〕接到台灣總督的訓令：當其攻擊基隆時，常備艦隊得從海上砲擊，進行牽制，故應與艦隊協議，訂定對基隆的海陸合擊計畫〔樺山總督在三貂灣〈台北縣貢寮鄉三貂灣〉橫濱丸上，預定在攻略基隆後，由該港登陸〕。「三十一日所需人馬、物件登陸；自六月一日開始前進」這一前提預定後，遂與艦隊協議，決定了作戰計畫，其大要如下：

一、近衛師團六月一日自登陸地出發，三日攻擊基隆。
二、常備艦隊自六月二日下午出發，漸次展開砲擊。三日海陸相應，開始總攻擊。

然而，在遂行此計畫時，並未預想到地形、道路情況如此惡劣，使得各部隊行動受到相當的阻礙，攻擊行動困難重重。

當時並無資料可用以明瞭台灣島內地形，大本營及樺山總督〔明治七年曾參與征番之役❸，為此在前一年時勘查過台灣北部〕雖然認為有必要將近衛師團編制中的「野砲」改為「山砲」，但征清大總督府在斟酌曾到過此地旅行者的說法後，並沒有特別改換編制，只是顧慮萬一，而攜帶一個山砲大隊的裝備。

然而，近衛師團長在登陸當天〔五月二十九日〕就眼前的地形徵候，確定「野砲」是不可能使用的，當晚即更改編制為「山砲」，但對於內陸地形還是無從確知。隔天，即三十日根據道路偵察報告，得知從登陸地點至頂雙溪的南、北兩條小路都無法通行馬匹，其中南方的路況〔經長潭庄者〕稍微好些。遂下令正好於此

---

❸指1874年的「牡丹社事件」。當時日本藉口琉球藩民遇風災飄流到台灣南部海岸，遭「牡丹社」及「高士佛社」原住民殺害，因而出兵台灣，於今屏東恆春登陸。此事件最後由清廷賠償了事，卻為日本併吞琉球，侵佔台灣預埋伏筆。

日抵達的工兵大隊〔隊長爲小川亮中佐〕修繕南路，以便讓馬匹通過。然而，工兵大隊的登陸延誤許久，故直到三十一日下午一時才開始著手修繕。另一方面，師團長爲了探知是否還有其它通路，乃於三十一日早上命騎兵大隊長派遣將校斥候進行偵察，結果不只沒有其它通路，更確定原來已知的道路有多麼惡劣。此外，爲了利用水路運輸，也曾偵察三貂溪，結果亦不甚理想，上游水淺且急，不通舟楫。因此，師團決定只以人力運輸，向基隆前進。

登陸之始，直接戰鬥所不需要的人馬、物件，都依總督府的指示留置船上或登陸地，預備在攻陷基隆後再由海路送達該港。但如今已知前面地形馬匹無法通行，遂將騎兵隊、小架橋縱列及野戰醫院全部及獨立野戰電信隊的大部分〔爲了攻佔基隆電信局，所以需要若干重要人員隨行〕留下，裝備只搬運運輸兵可以負擔的分量〔約全部的四分之一〕，砲兵隊、彈藥大隊及糧食縱列則除馬匹、車輛及監護所需人員外，變更編制如下：

- 砲兵第一大隊編成二中隊，每一中隊四門砲〔附彈藥箱二十、器具箱二〕，由第一砲兵彈藥縱列中，選取下士以下七十四名轉屬之。
- 彈藥大隊取消砲兵彈藥縱列，除二個步兵彈藥縱列人員外，再加上砲兵彈藥縱列一部分人員及兵站部附屬軍伕二百名，暫稱「臨時彈藥縱列」，將之區分爲二梯隊〔第一梯隊彈藥數，每槍約二十發；第二梯隊彈藥數，每槍約七十發〕。
- 第一糧食縱列除舊有人員外，增加兵站部附屬軍伕二百名。

此外，各兵卒攜帶較規定多一日份的糧食，步兵額外攜帶三十發彈藥。

近衛師團長根據前述作戰計畫，於六月一日決定命「前衛前

進至三貂大嶺、本隊前進至頂雙溪」：登陸掩護隊爲前衛，其編制改爲步兵第二聯隊（缺第四、第八中隊）、第一、第二機關砲隊、工兵一小隊〔工兵因爲在後方，到瑞芳時才追上前衛，與本隊一起行動〕、衛生隊半隊；步兵一小隊〔第二聯隊第八中隊的第一小隊，隊長爲中村道明〕及騎兵大隊歸兵站監指揮，負責登陸地的守備；師團長則親自率步兵第一聯隊本部暨第二大隊、第二聯隊第八中隊（缺一小隊）、砲兵隊及衛生隊半隊，於六月一日早晨自登陸地出發，以步兵一中隊〔第二聯隊第四中隊（代理隊長爲佐佐木元綱中尉）〕爲右側衛，派往經三差港的道路，於途中會合工兵大隊〔在長潭庄附近修繕道路〕後前進〔師團長接獲報告得知金山有兵力不詳的賊兵，對照五十萬分之一的地圖，推測金山就是金胶蔣（當時使用的地圖中將瑞芳記爲金胶蔣）〕，而於日暮抵達頂雙溪。砲兵由於變更編制，耽誤了前進的準備，下午一時才開始出發，行進又相當困難，當天一半以上都沒有到達頂雙溪，而在柯子寮〈台北縣貢寮鄉貢寮大橋附近〉及長潭庄之間宿營。

樺山總督命工兵部長等人〔部長工兵大佐兒玉德太郎、參謀砲兵中佐伊藤祐義、軍醫部長軍醫監森林太郎等〕視察沿途狀況，又派遣軍艦「松島」將校以下多人〔外波內藏吉大尉所率領的水雷兵二十名〕負責搜查基隆港內佈設的水雷，這些人因而與師團同行〔大本營參謀砲兵少佐柴五郎也隨行〕。

前此，前衛司令官川村少將接到在三貂大嶺的步兵第二聯隊第二大隊〔隊長爲須永少佐〕的報告，得知該大隊的偵察隊已進入金山〔九份〕，但賊兵已經逃逸；又從赴師團司令部歸來的副官〔千田貞幹大尉〕處預先瞭解師團長的企圖。因此不待師團命令，便於五月三十一日晚上，發出隔天的相關命令：步兵第一聯隊第一大隊〔隊長爲三木一少佐〕留守頂雙溪擔任守備；三貂大嶺方面，除須永

隊〔第二聯隊第二大隊本部暨第五、第六中隊〕外,增援第七中隊〔隊長為上村長治大尉〕以便朝瑞芳推進;其餘步兵〔步兵第二聯隊本部暨第一大隊(缺第四中隊)〕前進至三貂大嶺。騎兵小隊、機關砲四隊及衛生隊半隊則因道路不良,分別停留在其宿營地。

六月一日,根據前述分派,應由頂雙溪前進的前衛各部隊,從上午六時至八時向三貂大嶺出發〔師團命令於此時送達〕。川村少將則駐留原地,待師團長抵達,向之提出機關砲隊及衛生隊全數留下,轉由海路送抵基隆的意見後,再朝三貂大嶺前進。

一如前述,五月三十日下午佔領三貂大嶺的須永少佐從當地居民處得知,我軍登陸前,九份附近有若干清國兵。三十一日,少佐派第五中隊之一小隊〔隊長為久世為次郎少尉〕由西北山麓前進,偵察九份方向的情況〔以下九份、瑞芳附近地形參照圖③、④〕。

偵察小隊經大粗坑〈台北縣瑞芳鎮大粗坑〉及小粗坑〈台北縣瑞芳鎮小粗坑〉前進,看到約三百名賊兵〔威遠軍的一營〕由基隆方向進入瑞芳,因而急忙退出主要道路。卻遭到右後方山上突然出現、約七十名賊兵的俯射,小隊化整為零,分別退往三貂大嶺西北麓東側高地,與已經會合的兩股賊兵,隔著六百公尺距離互相射擊。此日煙雨霏霏,遮蔽視野,無法展望〔此地這段期間晴天極少,須永隊佔領三貂大嶺以來,經常濃霧四起,阻礙視野,一片模糊,僅峰巒重疊,依稀可認〕。須永少佐根據槍聲察知偵察小隊已開戰,遂派遣第六中隊的二分隊前往援助,待賊兵退去後,和小隊一起回到嶺上。

此次偵察得知,賊兵是由舊清國兵勇及當地居民組成〔攜帶的步槍械有毛瑟〈Mauser〉、雷明頓〈Remington〉及斯耐得〈Snider〉等數種〕,在深澳〈台北縣瑞芳鎮深澳〉附近還有約二千名舊清國兵〔久世小隊的兵卒一名戰死,消耗子彈四百五十一發〕。

須永少佐於六月一日早晨接到命令，命前衛部隊首先掃蕩九份方面的敵兵，然後向瑞芳推進，合併來會的步兵第七中隊。行動即將開始時，煙霧漸漸散去，遠遠可見瑞芳方面賊兵兵團似在集結之中，遂等待後續部隊抵達。上午十一時，前衛主力已到達嶺頭，因而派出第六中隊〔隊長爲伊東免熊大尉〕爲左側衛，從主要道路向埤仔頭〈台北縣瑞芳鎮梳榔腳北邊一帶〉南方約八百公尺的聚落前進，並命第五中隊〔隊長爲澤崎大尉，其中半小隊已經由牡丹坑向九份方面前進〕爲前衛，少佐自己則率領第七中隊從三貂大嶺的嶺頭，越過東北走向的山脊，朝九份前進〔時爲正午時分〕。

第五中隊依照指示往大粗坑前進，發現數十名賊兵扼守在大粗坑通往九份的鞍部，遂攀登斜坡由賊兵左翼進攻。爬到快一半時，遭到賊兵射擊，卻不予以還擊，繼續前進，等逼近到約一百公尺距離時方才開始射擊。另一方面，已抵達大粗坑南方山頂的須永少佐看到第五中隊狀況危急，遂派第七中隊之一小隊〔隊長爲河村正彥中尉〕從大粗坑東南險峻的山背逼近賊兵左翼，上去的地方正好就在第五中隊的右方，於是展開急速射擊，賊兵乃朝北方狼狽潰走〔時爲下午三時〕。須永少佐命第五中隊之一個半小隊〔由石川二輔中尉率領〕搜索九份，掃蕩敗兵。賊兵大部分都經由拔死猴〈台北縣瑞芳鎮磅磅子一帶〉，往基隆方向退走〔一部分於下午一時停在基隆山南方約八百公尺的鞍部附近，入夜後也退走〕。因爲已近日暮，須永少佐遂命第五、第七中隊在大粗坑北方的聚落宿營，警戒其北方山背。

這時，阪井大佐觀察主要道路的地形及敵情狀況，爲了要佔領與第六中隊左翼相連接的蛇仔行坑〈台北縣瑞芳鎮蛇子行〉東側高地，再派出第二中隊〔隊長爲都築直基大尉〕前去增援。賊兵〔昨夜在三爪仔庄〈台北縣瑞芳鎮三爪子坑〉附近，田字營〕以蛇仔行坑東側山

頭〔標高一七三‧七〕為右翼，面向東南展開，抵抗我軍。但在兩中隊開始行動後，賊兵倉皇撤離陣地，向瑞芳退走，直過到基隆河左岸。除第六中隊之一小隊〔隊長為稻川三五郎少尉〕外，幾乎不費一槍一彈就將高地佔領了，時為下午二時三十分。於是，第二中隊留駐高地，配置前哨。第六中隊則渡河，復歸到本隊。在此之前，主要道路上的賊兵就已漸次退卻。第六中隊向埤仔頭南方聚落北端前進時，從瑞芳東南方的高地傳來微弱的槍砲聲，由於中隊從今天早晨就失去本隊的消息，且第二中隊駐紮在蛇仔行坑東方高地，因此決定避免戰鬥，就地停留，渡過一夜〔當日步兵第二聯隊第二大隊在大粗坑方面兵卒一名戰死、下士卒五名負傷；主要道路方面兵卒一名戰死（溺死）、下士卒二名負傷，消耗子彈約三千發〕。

川村少將於下午二時自頂雙溪出發，六時抵達三貂大嶺，得知各項情報後，決定在隔天上午八時向賊軍砲兵陣地所在的高地發動攻擊，行動部署如下〔以下參照圖④〕：

- 命阪井大佐所率的第一大隊（缺第四中隊）由主要道路方向攻擊。
- 第二大隊（缺第八中隊）中一個中隊沿著海岸走向的山脈前進到達攻擊點，其它部隊則推進至埤仔頭南方聚落附近，做為預備隊。

六月二日拂曉，阪井大佐率領二個步兵中隊〔步兵第二聯隊第一大隊本部暨第一、第三中隊〕自三貂大嶺出發，抵達山麓地帶。預期中的第二中隊尚未集合，於是大佐命第一中隊〔由前田喜唯少佐率領〕為第一線，自己則率領第三中隊〔隊長為大野保宣大尉〕，繼續前進。川村少將和第六中隊則都駐紮在埤仔頭南方聚落附近，不久之後，便與須永少佐所率領的第五中隊〔須永少佐命第七中隊沿著海

岸邊山脈，進向攻擊點〕會合。

　　第一中隊〔隊長爲有馬純昌大尉〕在主要道路東邊山腹的叢林間潛行，到達埤仔頭後，發現瑞芳東南約三百公尺的高地上有賊軍砲兵及少許步兵。有馬大尉奉前田少佐之命展開攻擊：派出一小隊〔隊長爲志岐守治中尉〕攻向其北方高地，自己則率領中隊其餘兵員往敵方砲兵陣地前進。接著，志岐小隊攀登標高一五一的高地，賊軍的砲兵對之猛烈射擊。此時，中隊剩餘人員披荊斬棘，攀登斜坡，逼近至約一百公尺處，進行急射。而第二中隊（缺一小隊〔此時尚未集合〕）也抵達埤仔頭南方高地的山腳附近。其先頭小隊〔隊長爲高尾茂少尉〕射擊賊軍砲兵，賊兵向西方狼狽潰逃，遺棄山砲二門〔克式〕。於是，第一中隊除一小隊〔隊長爲古川竹次郎中尉〕駐紮於賊軍的砲兵陣地，其它則前往瑞芳北方高地，與先前派出的小隊會合，在此又驅逐若干賊兵。阪井大佐在賊兵退走後，立刻下令第三中隊往瑞芳挺進。

　　第三中隊派出半小隊從瑞芳北側高地前進，主力則沿道路急速前進，驅逐盤據瑞芳東端的賊兵〔二十餘名〕。突破進入市街後，發現約有二百名賊兵盤據在市街西端的家屋〔砂金署〕，一部分則跑出街道來迎擊我軍；同時，還受到盤據市街西北高地的一部分賊兵〔約一百名〕俯射。中隊奮戰不屈，終於擊退市街內的賊兵，佔領其西端，時爲八時三十分。西北高地的賊兵也於此時退卻。

　　賊兵在沿著基隆河的狹路上，四處可見，驚慌敗退。只是受地形限制，第三中隊也無法有效射擊，僅有其二分隊及第二中隊的一小隊〔只有高尾小隊尾接第三中隊進入瑞芳，其餘二小隊在佔領該地前，方逐次抵達〕前進至三爪仔庄附近，加以射擊。

　　於是，前田少佐派第二中隊（缺一小隊）佔領龍潭堵〈台北縣瑞芳鎮龍潭堵〉東南、基隆河左岸高地，其一小隊〔隊長爲川崎虎之進中

尉〕佔領龍潭堵東北高地〔一小隊（隊長為川越友吉特務曹長）負責打掃瑞芳市街，下午二時左右與中隊會合〕。接著〔九時三十分左右〕，川村少將也率領其預備隊抵達瑞芳，此時位在附近的各部隊都集合在瑞芳西端。不久，川崎小隊回報說，賊兵漸次集結在龍潭堵西北高地上，約有一百名賊兵向東方前進。前田少佐乃率領第三中隊前進，其一小隊〔隊長為石光真清中尉〕從主要道路進向龍潭堵，其它則進往川崎小隊所佔領的高地。石光小隊抵達龍潭堵東端附近後，為數約一百名的賊兵接近到前方約四百公尺的距離，雙方在水田中展開，互相射擊。此時川崎小隊朝石光小隊的右側高地前進，與龍潭堵西北高地上的賊兵對峙開火。前田少佐增派第三中隊之一小隊〔隊長為大原亮特務曹長〕馳援川崎小隊。正午左右，我軍已完全擊退賊兵，賊兵往基隆方向退去，前田少佐遂派川崎小隊追擊至龍潭堵西端附近，並率領第三中隊返回瑞芳。

此日，負有從九份經山地進向瑞芳任務的第七中隊，於早晨七時二十分左右從宿營地出發，經九份、土公坪〈台北縣瑞芳鎮台陽合金公司一帶〉，終於出到通往拔死猴的溪谷，且發現有賊兵盤據該地西南高地。我軍從上午十一時到正午左右，由拔死猴東方高地方向發動攻擊，賊兵往大深澳〈台北縣瑞芳鎮深澳〉方向退走，我軍繼續追擊至小深澳〈台北縣瑞芳鎮瑞濱一帶〉附近，然後歸返瑞芳。先前奉川村少將之命，留在頂雙溪的半隊衛生隊，接獲師團長命令，於此日下午二時抵達瑞芳〔衛生隊因種種狀況，出發及行道均有延誤，此時方始到達〕。

在此之前〔六月一日〕，師團長能久親王採納前衛司令官的意見，讓機關砲隊脫離前衛部隊的編制，衛生隊半隊則仍屬前衛〔原先隸屬前衛的騎兵小隊，於六月二日復歸本隊〕。同時下令步兵一中隊〔第二聯隊第八中隊（缺一小隊）〕及機關砲全部〔由步兵大尉小松崎清職

指揮〕留駐在長潭庄附近，面向宜蘭方向，掩護師團的背後。二日上午六時，師團長率本隊自頂雙溪出發，於下午二時抵達瑞芳。各部隊除砲兵之外，在五時以前均已到達，與前衛會合，在瑞芳宿營。而於右起瑞芳西北高地，左至三爪仔庄西方高地一線配佈前哨〔須永少佐以其第五、第六中隊為右翼前哨；前田少佐以其第一、第二中隊為左翼前哨〕。

早先，師團長預定當天命前衛推進至深澳坑〈基隆市信義區深澳坑〉〔參照圖⑤〕附近，並佔領攻擊基隆所需的要地〔川村少將於一日下午九時收到此訓令〕。但當日於途中聽到瑞芳的槍砲聲，並在三貂大嶺遙見二軍交戰情形，赫然發現基隆附近有一、二萬舊清國兵駐屯，我軍如繼續前進，恐有兵力分散的危險，遂命參謀長工兵大佐鮫島重雄趕到瑞芳，視情形阻止前衛主力往瑞芳以西移動，所以前衛才於瑞芳宿營。

前夜留在頂雙溪以東的砲兵，也於該日上午十一時三十分到達頂雙溪。由於兵卒十分疲憊，而且由此地前進須越過險峻的三貂大嶺，聯隊長限元政次中佐因此考慮延後攻擊基隆的時機，遂將中隊縮編二分之一〔砲二門、彈藥箱二十、器具箱一〕，於正午自頂雙溪出發。其先頭隊伍於下午五時三十分抵達三貂大嶺東南麓，又將各中隊彈藥減半，歷經極度的困難〔通過三貂大嶺時，砲身由兩人擔抬，砲架則以十人拖曳〕，隔天，即三日凌晨一時三十分左右，先頭隊伍方始抵達西北麓。在大休息後，凌晨四時又繼續前進〔參與當日戰鬥者計有將校以下一千三百八十餘名。步兵第二聯隊卒三名戰死；負傷者有聯隊副官宇津木岩吉大尉、第三中隊長大野保宣大尉、同隊小隊長佐藤門作少尉、下士卒十三名；消耗子彈六千五百四十二發。另外有一名隸屬本隊的步兵第一聯隊第二大隊的兵卒為流彈所傷〕。

當晚〔七時許〕，師團長接獲前衛派往基隆方向的將校斥候〔步

兵中尉志岐守治〕報告，得知通往基隆的地形及砲台位置。第二天我軍可用的兵力僅有四個步兵大隊及一個工兵中隊〔如前述，砲兵延遲抵達，已打算放棄參與隔天的戰鬥〕，卻要攻擊備有砲兵的敵軍，其困難可想而知。然而，明日與海軍聯合攻擊基隆早經約定，刻不容緩。因此雖然糧食供給有所困難〔有些部隊攜帶的口糧僅剩下一日份〕，師團長還是斷然決定排除萬難，照原定計劃行動，遂下令步兵第二聯隊第一中隊之一小隊〔隊長為戶川柳吉少尉〕留守瑞芳；同聯隊第四中隊〔隊長由佐佐木元綱中尉代理〕佔領通往暖暖街〈基隆市暖暖區暖暖〉的道路上、靠近瑞芳的陣地，以掩護師團的左側；其餘部隊則向基隆推進，其分配如下〔此分配中沒有包括砲兵，乃因當時沒有將之計算在內〕：

● 前衛

　司令官：步兵大佐小島政利

　步兵第一聯隊第二大隊

　工兵第一中隊之一小隊

● 右側支隊

　司令官：步兵少佐須永武義

　步兵第二聯隊第二大隊本部暨第五、第六中隊

● 本隊

　步兵第一旅團（缺八中隊與一小隊）

　工兵大隊本部暨第一中隊（缺一小隊）

　衛生隊

　　前衛於翌日早晨六時、師團本隊則於六時四十分自瑞芳出發，經過深澳坑向基隆前進。右側支隊初期在前衛與本隊間行進，到了深澳坑右轉，向八斗庄〈基隆市中正區八斗子〉方向前進，

負責掩護師團的右側〔以下參照圖⑤〕。

六月三日，各部隊按照預定計劃自瑞芳出發〔因道路狹小，師團成一路縱隊前進〕。前衛在龍潭堵西方約五百公尺的三叉路走錯路，沿著基隆河右岸前進，師團長遂以之為左縱隊〔由川村少將指揮〕，尋找直路向基隆前進。於是左縱隊命原先的前衛本隊〔第五、第六中隊〕受第六中隊長〔曾我千三郎大尉〕指揮，成為新的前衛，由三叉路西方約二百公尺處的橋樑轉進北方。八時左右，其先頭隊伍抵達標高一四三的高地，發現一百名賊兵佔領深澳坑東北約三百米處的高地。於是，前衛便越過通往基隆的街道向該處前進，到達約四百米的近距離時，開始射擊。此時，正朝八斗庄方向前進的右側支隊尖兵〔第二聯隊第六中隊之一小隊（隊長為松田三郎中尉）〕突然出現在賊兵〔由原先一直駐屯於八斗庄的銘字軍後營所派遣的監視部隊〕左側，賊兵朝北方狼狽退卻。

其後，左縱隊的本隊接在前衛之後出到主要道路，師團本隊以步兵第一聯隊第一大隊長〔三木一少佐〕所率領的第一、第二中隊為前衛前進至此。於是，左縱隊之本隊遂與師團本隊會合，尾行其後前進，師團本隊變成左縱隊的前衛。第五、第六中隊則由小島大佐率領，掩護本隊右側，從主要道路北側高地前進。

前衛受到師團長指示，於十時抵達基隆東方約三千公尺處的鞍部後，停止前進，命尖兵〔第二中隊（隊長為落合偉平大尉）〕之一小隊〔隊長為大城高明少尉〕佔領西方約七百公尺處、標高一八二的山頂。此地有少許賊軍步兵，在抵抗二、三十分鐘之後，即向西方退卻。其後，師團長抵達前衛所在位置，師團本隊及小島大佐所率領的部隊也陸續抵達前衛的後方。此地可以看見基隆市街的大部分及獅球嶺〈基隆市仁愛區獅球嶺〉的一部分。基隆東北高地上有瞭望台，附近似為賊兵主要的防禦線，旌旗數面，依稀可辨。

此時〔九時及十時左右〕北方海面傳來砲聲隆隆，隨即停止，蓋為我方艦隊為協助陸軍，對基隆港展開牽制砲擊。

先前，常備艦隊掩護陸軍在三貂灣登陸之後，在三貂灣及淡水港間從事各項任務。六月二日開始進行隔日攻擊基隆的準備。「松島」、「千代田」、「浪速」及「高千穗」四艦〔「大島」艦尚未集合〕於二日下午三時許於基隆外海集合後，以挑戰的姿態逼近基隆港，偵察該港及其附近狀況，但在台灣的舊清國兵因無法確認來者是敵是友，並沒有展開射擊，砲台也未曾發砲。

艦隊〔「大島」艦該日抵達〕直到日落時才遠離海岸泊航，隔天，即三日拂曉再度開始行動，在基隆港與深澳外海之間巡弋。上午八時，聽到陸上槍聲不斷，同時也看到我軍從基隆東方高嶺前進，因此從八時五十一分至九時十三分發射空砲加以聲援。此時，「高千穗」艦所派出的偵察汽艇在八斗庄西北方海面，受到沿著海岸往西退卻的賊兵〔銳字軍二營〕槍擊，「高千穗」艦遂對之發砲。此時社寮砲台〈位於基隆市中正區和平島上〉也開始發砲轟擊，時為十時十五分，仙洞砲台〈位於基隆市中山區仙洞〉也加以援助。我方艦隊奮起應戰，直到十時五十分停止砲擊，航向深澳外海。

十一時二十分，步兵第一聯隊第一大隊（缺第二中隊）〔隊長為三木少佐〕接到師團長的命令，要求其由主要道路北側山背前進，攻擊瞭望台附近的賊兵；其第二中隊則由主要道路及其南側山背前進。

第二中隊（缺一小隊）由主要道路西進後，在標高一八二的山頂與大城小隊會合。又派一小隊〔隊長為三好兵介中尉〕從南側高地前進〔此小隊抵達標高二○八附近時，聽到基隆市街槍聲四起，遂由高地退下，在獅球嶺砲台陷落稍前，與其中隊會合〕。中隊的主力繼續行進，到

達大基隆〈基隆市仁愛區一帶〉東方約一千公尺高地的山腳下〔道路南側〕方才停止。三木少佐於正午左右，率先頭部隊抵達標高一二一附近〔三木少佐於此地，將間距已拉得太長的隊伍加以整頓〕。

　　前一日夜裡排除萬難前進的砲兵第一大隊〔隊長爲小久保善之助少佐〕先頭部隊於下午一時抵達開進地❹，接著向瞭望台東南約一千五百米處高地〔砲兵聯隊長預定的陣地〕前進。

　　師團長原來的企圖是待三木大隊抵達瞭望台附近後，再出動本隊，因此屢次以手旗信號促其前進，但均不得要領。其後〔下午一時許〕，大雨滂沱，視線受阻，師團長惟恐喪失時機，遂下令留下一個步兵中隊〔第一聯隊第六中隊〕爲最後預備隊，將其餘的本隊兵員交由第一旅團長指揮，由主要道路前進，佔領基隆市街。川村少將決定先攻擊基隆東北方高地上的賊兵，然後進向基隆街〈基隆市仁愛區一帶〉，遂以第一聯隊第二大隊（缺第六中隊）、第二聯隊第一大隊（缺第四中隊及戶川小隊）〔同聯隊第七中隊及工兵中隊應該也尾隨在後前進。先頭隊伍出發後，一百餘名戰敗的賊兵突然出現在師團司令部所在位置東北方、標高一〇三附近的高地，被第一聯隊第六中隊擊退，該隊爲警戒後方因而留下〕、衛生隊的順序出動〔川村少將在出動前得知三木大隊（缺一中隊）的前面有大溪谷，不容易前進，因此命三木少佐派一中隊從山背向瞭望台方向前進，其它部隊則離開主要道路。（手旗信號）因下雨無法使用〕。

　　砲兵第一中隊〔隊長爲渡邊壯藏大尉〕於二時就陣地位置，開始向瞭望台附近的賊軍砲兵發砲射擊，賊兵隨刻沉寂下來。此時，第二中隊〔隊長爲門田見陳平大尉〕也已到達。由於步兵友軍已接近基隆街，因此繼續前進。第一中隊也自陣地撤退，尾隨前行。

---

❹軍事用語，指可供部隊展開，由縱隊隊形變換爲橫隊隊形的空曠地帶。

二時左右，川村少將所率、本隊之先頭部隊，雖然已抵達距大基隆五百公尺處，然大雨傾盆而下，落合中隊所在位置又不得而知，因此，少將派遣步兵第一聯隊第八中隊〔隊長為西村貢之助大尉〕前往大基隆東南高地，並下令同聯隊第二大隊長〔中西千馬少佐〕率領其第五〔隊長為藤井養三大尉〕、第七中隊〔隊長為早田滿鄉大尉〕攻擊瞭望台附近高地的賊兵。此時，在先頭前進的第七中隊遭到大基隆東端賊兵的射擊，立刻展開應戰，不久之後將之擊退。於是，中西少佐留下該中隊之一小隊〔隊長為森邦武中尉〕負責掩護左側，其它則往北方高地轉進。

在此之前，右側支隊如前所述在深澳坑附近擊退少許賊兵後，於上午十時抵達八斗庄附近，由於賊兵已經遁逃〔賊兵遺棄山砲二門及若干舊式砲〕，乃取道海岸道路向基隆前進，其先頭隊伍抵達沙元庄〈基隆市中正區安瀾橋一帶〉東北約一千三百公尺處〔鞍部北麓〕時，突然受到來自崖頂的射擊〔時為下午一時二十分〕，前衛乃散開，攀登懸崖前進。賊兵〔銘字軍前營之一部分，步兵一百餘名、山砲二門〕盤據兵營的土壘及附近掩堡，大部分則已經退往沙元庄方向。我軍奮勇向前，奪取兵營。此時，小砲台〈位於基隆市中正公園內〉〔沙元庄南方〕雖然開始對我軍展開砲擊，但只一會兒時間就悄然無聲了。在社寮嶼〈基隆市中正區和平島〉的賊兵〔定海軍前營〕從社寮庄〈基隆市中正區和平島、八尺門一帶〉附近搭乘小船往白米甕〈基隆市中山區白米甕〉方向逃逸。第五中隊（缺一小隊）及第六中隊之一小隊〔隊長為少尉稻川三五郎〕發現後，從兵營西北高地加以有效的射擊〔這些賊兵待日落後，渡到白米甕，往滬尾方向逃逸〕。

此時，三木少佐在瞭望台東方山頂〔標高一二一〕聽到右側支隊方向有槍聲，決定與該支隊互相應合，攻擊頂石閣砲台〈位於基隆市中正區旭丘山上〉。遂命其第一中隊〔隊長為木下寬也大尉〕留守，

警戒瞭望台方向，親自率領第三及第四中隊往沙元庄前進。

　　頂石閣砲台及小砲台的賊兵〔兩砲隊營〕及在沙元庄的賊兵〔銘字軍前營〕看到右側支隊及三木大隊從前後逼近，遂沿著海岸道路向基隆撤退。在瞭望台附近的一部分賊兵〔步兵五、六十名，舊式砲三門〕向三木大隊一陣槍砲亂射後，也朝基隆撤退。因此，三木少佐幾乎沒有受到任何抵抗，手下第四中隊〔隊長習田熊吉大尉〕便佔領沙元庄東方兵營；第三中隊〔隊長本鄉源三郎大尉〕也佔領了頂石閣砲台〔時為二時二十分〕。少佐隨即集合兩中隊，尾隨敗賊向基隆前進。此外，右側支隊企圖佔領社寮砲台，但無法徵集到足夠的渡船，遂也朝基隆推進。

　　一如右側支隊及三木大隊的行動，中西少佐也幾乎沒有受到任何抵抗。少佐派遣第七中隊（缺一小隊）佔領小砲台及瞭望台附近兵營，自己則率領第五中隊（缺一小隊半）朝大基隆前進，並下令停留在高地上的第五中隊的一個半小隊〔由廣瀨金造中尉指揮〕向基隆挺進。

　　停留在瞭望台東方高地的三木大隊之一中隊〔第一〕與中西大隊協同行動後，往基隆出發，會合其所屬大隊。

　　以上是在主要道路以北各部隊的行動。落合中隊（缺一小隊）〔第一聯隊第二中隊〕由於本隊接近其後方，故朝大基隆東南端前進。森小隊〔第一聯隊第七中隊之一小隊〕也於此時經由基隆東北端高地進到主要道路上，共同追擊敗賊。該隊進入大基隆的市街後不久，驅逐了少許賊兵，佔領市街東北端的兵營。從沙元庄方向退走的賊兵退無可退，遂從小基隆〈基隆市中正區一帶〉往火車站方向涉海逃走。森小隊就以所佔據兵營的牆壁為憑藉對之射擊，成效彰著〔這些賊兵的一部分向由後方前道的三木大隊投降，一部分則脫去軍裝，四處奔散〕。落合中隊於市街內擊散約三十小股的賊兵，當其進

到市街西南端時，受到來自獅球嶺上的射擊。

　　獅球嶺是橫斷基隆通往台北鐵路的峻嶺，鐵路的隧道，由北向南方橫亙五百公尺，上面有若干砲台，由步兵胸牆連接起來，這些胸牆都是磚石砌成的，但所配置的火砲，除二、三門山砲外，概皆舊式，並不實用。陣地正面是急峻的斜坡，斷崖處處可見，而且多有榛莽遮蔽〔有大樹錯雜其間，從平地看不到砲台〕。陣地的兩翼往東及西北方遠伸，連為一線，雖有堡壘，然多頹廢。

　　不僅地形如前所述，當天下午還下著傾盆大雨，妨礙瞭望，落合中隊幾乎無法看到賊兵。然而為了確實佔領基隆，還是決定立刻驅逐獅球嶺上的賊兵。在向市街西方高地前進時，中隊突然遭到來自嶺上的猛烈射擊，隊伍大亂。進入高地山麓的死角後，落合大尉好不容易才將中隊大部分集合起來，再度前進〔排除荊棘，攀登懸崖〕，最後終於抵達高地的半山腰，升起日章旗〈即今日本國旗〉，以示佔領。此時，西村中隊〔川村少將從基隆東方派往主要道路南側的第一聯隊第八中隊〕也抵達市街西端，繼續前進，時為下午二時四十分。接著，森小隊及步兵第一聯隊第五中隊的廣瀨隊〔一個半小隊〕，也在聽到槍聲後急行趕來，跋涉水田，繼續前進。賊兵對這些部隊的射擊也愈發熾烈。

　　川村少將率領步兵第二聯隊本部暨第一大隊（缺第一、第三中隊之各一小隊及第四中隊）〔第三中隊之一小隊（隊長為石光真清中尉），正在掃蕩出沒於基隆東北高地的殘餘賊兵，在攻陷獅球嶺稍前，才與其中隊會合〕，於下午三時抵達基隆西南端〔衛生隊受命開設繃帶所，當時還在後方行進中（四時二十分於大基隆南端開設）〕。於此接獲落合大尉的報告得知第一聯隊第二、第八中隊已達獅球嶺隧道東北高地的北麓，即將展開攻擊。少將乃命阪井大佐帶領現有部隊急速前進，與之一起攻擊獅球嶺砲台。阪井大佐隨即於兵營〔位於市街西南約二

百米處〕附近將其部隊展開，同時下令：前田少佐指揮第二及第三（缺石光小隊）中隊，做爲第一線；第一中隊（缺戶川小隊）則留守原來位置，做爲預備隊〔這次前進途中，雖然受到一些賊兵的槍砲射擊，但幾乎看不到賊踪，而且，我軍其它部隊藏匿在榛莽中，林野模糊間，只能根據日章旗辨別其位置所在〕。

　　前田少佐先命第二中隊〔隊長爲都築直基大尉〕向砲台推進。此中隊在水田裡跋涉前進時，敵彈突然急如雨下，一時之間，整個中隊亂成一片。都築大尉好不容易才集合到一部分人員〔川崎中尉及兵卒十名〕〔高地的斜坡雖然有很多死角，但行進甚爲困難，因此中隊不容易集合〕，最後勉強將離散的兵卒集合起來時，與敵兵卻僅隔一百五十公尺了。其中一小隊〔隊長爲高尾茂少尉〕兵力雖然集合到齊，卻迷失了方向，竟朝著西北方前進；川越友吉特務曹長所率的一部分小隊，在兵營西南二百公尺的高地山麓集合〔其人員不滿二十名〕，向賊兵的右翼進攻；另外一部分〔二十七名，由二等軍曹南部彰義指揮〕在兵營南方高地上，正對著砲台。

　　三時三十分，川村少將召來砲兵第二中隊，佈列在基隆西南方〔市街與兵營之間〕，開始向賊軍砲兵展開射擊。此時，旅團副官〔步兵中尉白木音四郎〕偵察得知市街西方高地雖有步兵第一聯隊第二、第八中隊及第五、第七中隊的一部分，但受到地形限制〔該地極爲狹窄，兩側均爲斜坡，到處是懸崖〕，各部隊無從展開，且這方面的賊兵射擊最爲猛烈。

　　砲兵第二中隊開始射擊後，賊兵俯射更加猛烈，我軍砲兵陷入困境。此時，位於第一線的步兵第一聯隊各部隊與高尾小隊已逐漸接近賊兵左翼；川越小隊則正朝著賊兵右翼前進；前田少佐也率領第三中隊〔石光小隊此時已和中隊會合〕向高地山腳下前進。少佐認爲這次攻擊還需增加一個中隊，因此向旅團長請援。當時

〔下午四時三十五分〕，川村少將手中僅剩下預備隊——第一中隊（缺一小隊）而已，而先前脫離其指揮、往其它方面行動的各部隊及師團預備隊此時大部分都已進入基隆市街，或由附近向基隆前進中，少將對於他們的狀況無從掌握。這些部隊的位置大概如下：

- 中西少佐所率的步兵第一聯隊第七中隊（缺森小隊）及第五中隊（廣瀨中尉之一個半小隊）停留在小砲台及大基隆間的高地；三木少佐所率的步兵第一聯隊第一大隊（缺第二中隊）復歸小島大佐指揮，正朝市街前進中。

- 師團長命步兵第一聯隊第六中隊留守，親率步兵第二聯隊第七中隊及工兵大隊本部暨第一中隊從開進地出發，即將抵達基隆。右側支隊為了前進基隆，正從頂石閣砲台附近出發中。

於是，川村少將斷然下令中止攻擊，命砲兵停止射擊〔砲兵第一中隊此時佈列在第二中隊附近〕。由於第一線的各部隊大都還在繼續戰鬥中，故此命令不容易傳達。但到了五時，突然從賊兵右翼傳來「萬歲」呼聲，賊兵全線騷動喧擾，驚慌爭逃。原來是川越小隊奪取賊軍守備空虛的右翼砲台，要向中央砲台前進時所發出的吶喊。此時，接近陣地左翼的各部隊競相攀登胸牆〔附近胸牆的外斜坡極為陡峭，靠著彼此拉引，才得以攀登〕，聚集在鐵路上，追射南竄的賊兵。第二線的各部隊也陸續在獅球嶺上集合。師團長則隨其預備隊與小島大佐所率領的部隊先後抵達基隆西南端，時為五時二十分左右。

當日，擔任左側支隊的步兵第二聯隊第四中隊沿著基隆河右岸前進，上午九時到達位於東南處的四腳亭〈台北縣瑞芳鎮四腳亭〉，在其西方高地上發現約三百名賊兵〔建字營〕。此高地三面環

河，攻擊困難。佐佐木中尉〔代理中隊長〕因此分派一小隊〔隊長爲中野市二郎中尉〕渡過基隆河，從西北處佔領靠近四腳亭的高地，其它部隊則從東南處佔領四腳亭東方高地。兩軍相持至日暮時分，由於賊兵撤退，我軍遂經由龍潭堵西方三叉路，於晚上十時許，到基隆與本隊會合。

在基隆附近參與戰鬥的近衛師團戰鬥人員約有四千名，山砲四門。戰死四名〔步兵第一聯隊兵卒二名、第二聯隊兵卒二名〕；負傷將校一名〔砲兵少尉大久保德二〕，下士卒二十五名〔步兵第一聯隊十五名、第二聯隊十名〕；消耗子彈一萬二千三百九十四發〔步兵第一聯隊八千八百九十六發、第二聯隊三千四百九十八發〕、砲彈十四發。擄獲俘虜一百一十三名。戰利品有：重砲十四門、輕砲二十九門、槍枝一千餘挺及彈藥、米穀等〔砲彈五千發、子彈約六十萬發、火藥一千餘箱、精米一百餘石〕。賊軍兵力約二、三千名，死者不下二百名。

當夜，師團命步兵第一聯隊第六中隊留守基隆東方鞍部，負責背後的連絡與警戒；步兵第二聯隊本部暨第一大隊（缺一小隊）則留守獅球嶺，負責前面警戒；其它則宿營於基隆市街。第二天一早，師團長派遣步兵第一聯隊第一大隊至暖暖街，面向西方，掩護基隆及瑞芳，往台北方向搜索。此外，又派遣一部隊至社寮砲台及基隆港西岸砲台偵察敵情，但賊兵已經撤退得不見蹤影。

臨時糧食縱列及臨時彈藥縱列第一梯隊從三日至四日陸續進入基隆。三日當天，臨時彈藥縱列第二梯隊一半在三貂大嶺與瑞芳間，另一半則在登陸地與頂雙溪之間，直到六日才全部進抵基隆。

師團長於四日下令，兵站監照預定計劃撤掉兵站線，三貂大嶺以東的人馬、材料，全部由三貂灣經海路送達基隆。

常備艦隊於四日下午十二時三十分與陸上連絡後，立刻著手

進行基隆港內外的掃雷行動。至六日下午五時，所有水雷均已拆除完畢。至此，才得以將人馬、材料等由三貂灣運抵基隆上岸。台灣總督府及兵站監部也於當天登陸。總督下令以基隆為陸、海軍根據地。◪

第三節 佔領台北

如前所述，近衛師團長能久親王於攻下基隆的翌日〔六月四日〕，派遣步兵第一聯隊第一大隊〔隊長爲三木一少佐〕至暖暖街，負責向台北警戒，並搜索附近地區。大隊長三木少佐在暖暖街得到前哨報告，得知水邊腳〔即水返腳，台北縣汐止鎮汐止〕附近沒有敵兵，居民非常期盼我軍前進；大隊現在所處位置則過偏〔往來台北、基隆間的民衆全都依靠鐵路，軍用地圖上所標示，穿過暖暖街的主要道路，如今幾乎已消失不見〕，不便於任務執行〔師團參謀騎兵大尉河村秀一偵察暖暖街位置後，決定轉移位置〕。因此遂於六日移防水邊腳。當天，步兵第一聯隊長小島政利大佐奉派擔負「往六肚〔基隆市七堵區六堵〕附近前進，將位於水邊腳的三木大隊併入指揮」的任務，遂率領第二大隊本部暨第五、第六中隊從基隆出發，進駐六肚，自己則於下午四時左右抵達水邊腳〔總督府派遣參謀步兵少佐松川敏胤；近衛師團派參謀步兵大尉明石元二郎同行〕。

此時，派遣至錫口街〔台北市松山〕的將校斥候〔斥候長爲步兵中尉兩角三郎〕回報說，根據當地民衆的說法，台北約有五千名賊兵，放火燒掉台北廳，往淡水方向逃去。消息傳來不久後，數名歐洲人被推爲台北外國人總代表，前來水邊腳請求我軍前進說：「清兵約五千名，已逃往淡水；另一部分往新竹撤退。殘餘的敗兵火燒官廳，引爆火藥庫，到處擄掠，暴亂前所未見。現在有英國水兵三十名、德國水兵二十五名登陸，保護外國人居留地，但力有不足，故請貴軍儘速前進鎮壓，敝人當盡力爲貴軍籌措一千人左右的糧秣，務求供應無缺。」於是小島大佐決定派三木少佐率領半個大隊的人馬前往台北附近偵察實況。少佐遂於晚上七時率領其第一及第四中隊自水邊腳出發〔松川、明石兩參謀同行，外國人一行亦隨之〕。半夜後到達台北城東北的練兵場，當夜不時遭到來自城牆上的射擊，但可以確認城內並無成群結隊的大股賊兵。天亮

後，遂從北面城牆攀爬，開門闖入，在驅逐掉少數殘兵後，完全佔領台北城。時為六月七日上午六時三十分。小島大佐於當日上午九時許，率領三木大隊其餘人馬抵達台北城。

先前，師團長接獲我軍二個中隊已進入台北的消息，遂命步兵第一旅團長川村少將率領其第一聯隊及騎兵第一中隊之一小隊〔騎兵隊此日才開始由基隆登陸〕佔領台北。少將乃於七日早晨率領留在基隆的第一聯隊殘部，即其第七、第八中隊出發，於途中併合駐留六肚的兩個步兵中隊及由基隆追趕而來的騎兵小隊，而於次日早晨抵達台北。由於先前情報顯示在淡水的清兵極其暴虐，市民及外國人處境困難，少將乃派遣步兵第一聯隊第二大隊本部暨第五、第六中隊及騎兵小隊從台北往淡水方向推進，其任務是偵察淡水的狀況，可以的話，就佔領該地。在與海軍連絡過後，騎兵小隊〔隊長為男爵坊城俊延少尉〕率先出發，黃昏時抵達滬尾街，沒有受到任何抵抗就佔領該地砲台。不久，坊城少尉到達停泊在該港外的「浪速」艦上連絡，二個步兵中隊〔由中西千馬少佐率領〕八日在江頭〈台北市北投區關渡〉宿營，九日上午九時三十分進駐滬尾街，並負責該地守備。騎兵小隊則於十一日返回台北。

在此之前，常備艦隊司令官〔東鄉少將〕所擔負的任務是率「浪速」、「高千穗」二艦，牽制淡水的敵兵，因此七日以來都停留在淡水外海。後來雖然接獲台北及淡水的賊軍已經解散的消息，但由於擔心潰散賊兵還在滬尾街留連盤桓，為慎重起見，還是下令陸戰隊上岸。直到接獲前述騎兵的連絡後，才總算能確切掌握陸上狀況。於是開始著手掃除佈設於港口內外的地雷及水雷，直到十日時才可謂安全無虞。

此外，台灣總督派遣負責開設滬尾行政廳的步兵大佐福島安正〔大本營參謀〕率領憲兵、翻譯官等六十餘名搭乘「八重山」

艦，於九日自基隆出發，與近衛師團步兵先後抵達滬尾街，進入舊稅關。當時棄械後聚集在市街內的舊清國兵勇，多達三千人，稍有貲財的，大都租船回國去了，許多無賴匪徒混跡其中，秩序極為紊亂。大佐開始著手實施民政，同時極力處置這些兵勇的善後事宜。至十八日為止，大部分都已被送返清國〔以海軍運輸船載運，送達福建省海壇島解散者有一千七百餘人。其它經搜索逮捕，發給錢穀後，自費搭乘外國船舶，自由渡航至清國各地者有一千餘人。先前為保護外國人而進駐大稻埕及滬尾的英、德兩國水兵，也於六月十日撤走〕。

當時派往新竹方面的各斥候隊，搜索範圍直達桃仔園街〈桃園縣桃園市〉。沿途各地都有殘餘賊兵投降，為數多達二百人。根據這些斥候的報告，有三、四千名賊兵經桃仔園街往西撤退。各處電線都遭到破壞，在海山口〈台北縣新莊市〉、龜崙嶺頂庄〔當時稱為龜崙〕〈桃園縣龜山鄉〉間的鐵路也受到稍許破壞，居民一般都對我軍表現善意。派往枋橋街〈台北縣板橋市〉方向的斥候也回報該地平靜無異狀。於是，川村少將於十一日派遣步兵第一聯隊第三中隊〔隊長為本鄉源三郎大尉〕往桃仔園街西方遠處搜索。

近衛師團長認為在攻佔基隆後應儘速朝台北推進，卻由於道路不良、搬運力不足，無法如願。基隆、台北間的通道全都利用鐵路，到處枕木高露，礫石磊磊，行進頗為困難，尤其是為通行馬匹，許多地方需要進行架設橋樑等各種工程，但車輛還是無法拖曳行進。而且，在三貂灣和基隆間進行的人馬、材料運送作業，順序竟然發生顛倒：輓馬車輛早已到港，拖車的馱馬〔各隊大小行李〕本該第二批送達，卻在三貂灣給留了下來〔運輸順序之所以會如此混亂，是因為台灣總督突然將澎湖島的混成支隊調來基隆所致，參照後文〕。為此，搬運只得完全仰仗人力。因此，師團長一面在水邊腳設置野戰倉庫，儲存糧秣，並命工兵第一中隊〔隊長為上野矩重大

〔尉〕從事前進道路的整修；另一方面，則下令部隊在補給能力許可的情況下，漸次前進。其中一部分，如前所述，已於七日佔領台北，但在基隆的登陸效率及補給能力，卻無法在一、二日內讓整個師團前進。因此，師團長乃下令騎兵大隊本部暨第一中隊（缺三小隊）、工兵第一中隊（缺一小隊）、衛生隊半隊先往台北推進，這些部隊於九日全部抵達台北，接受川村少將指揮。

就這樣，七日以後，兵站部的業務逐漸就緒，糧食搬運能力也漸次增加，加上基隆、台北間的鐵路電信幸未被破壞，所擄獲的火車五輛，客車、貨車各二十餘輛，從九日也開始測試運轉。這條鐵路相當不完備，一輛列車最多僅有六軸，每小時速度也不超過六哩——但是對眼前困難的解除還是大有幫助。此時接獲報告說，經過調查，台北城內的物資除大麥外，均足以供應師團給養，師團至此始能解除給養上的限制。另一方面，登陸行動則無甚進展，部隊還是無法全數前進。戰鬥部隊方面，步兵第二聯隊第八中隊、機關砲隊、騎兵一小隊與各部隊大小行李都還在航運或登陸中；而砲兵聯隊方面，因前面道路似乎可使用馱馬，故正在編組修補中，但所需的人員材料，卻還有部分尚未上岸；師團輜重也多還在船上。狀況如此，師團長也僅能率領已略為做好前進準備的部隊〔步兵第二聯隊（缺第八中隊）、騎兵一小隊、衛生隊半隊〕，於六月十日自基隆出發，隔天，即十一日進入台北城。其餘各部隊則在登陸完畢後陸續由基隆出發。所有戰鬥部隊於六月十四日全部抵達台北及其附近。

樺山總督也於十四日進入台北，在原善後局衙門❺開設總督府，十七日舉行始政式。此時總督聽到劉永福〔南澳總鎮總兵〕竊據台南，煽動台民抵抗皇師的消息。其罪大惡極，萬難饒恕，但總督不但不予追究，還寫信給他，殷情懇切曉諭他撤返清國〔附錄

六〕。然當時劉永福境遇一如往後第五章所述，正處於得意之秋，故而無視總督的好意，竟頑強回斥〔附錄七〕。

起初，樺山總督對於分兩批運輸近衛師團頗有異議。經由常備艦隊的偵察，得知台灣的狀況不穩，自三貂灣登陸後，更加明白如不用兵無法佔領台灣，因此頗感隨行兵力不足，但近衛師團剩餘部隊渡台尚需時日，因此決定召來駐留澎湖島的混成支隊〔隊長為步兵大佐比志島義輝〕。五月三十一日下令大佐留下二個步兵中隊守備澎湖島，率領其餘部隊前來基隆。因此，原先預定搭載近衛師團第一批運送部隊的船舶乃被調派來運送該部隊，再加上如前所述，台灣的道路極為不良，許多工事需要開修，而近衛師團卻僅有一個工兵中隊而已，因此，六月九日，總督向大本營申請增加工兵兵力。

比志島大佐於六月一日接獲命令，遂留置後備步兵第十二聯隊第五、第六中隊守備澎湖島，率領其餘部隊於三日傍晚從馬公港啓航，四日午後到達基隆港外。但在該港的近衛師團登陸作業，如前所述，十分不順利，因此該支隊便留在船上待命，直到九日〔近衛師團長自基隆出發的前一天〕才登陸，與近衛師團交接，負責基隆的守備。

不久，在宜蘭的賊兵散亂，擅自掠奪；在蘇澳附近蠻人出沒，良民大為所苦之類的報告頻頻傳來，樺山總督因此派遣混成支隊所屬後備步兵第一聯隊第一大隊長岩崎之紀少佐所率領的第二、第四中隊，負責宜蘭守備，由「八重山」艦及海軍運輸船送

---

❺即當時的「布政使司衙門」，位於今台北博愛路中山堂一帶。當時樺山資紀居於萬壽廳，其餘人員則分別在籌防局東西兩廂辦公。此後，該衙門即成為臨時總督府，直到1919年總督府（今總統府）建成為止。1932年，日人為興建公會堂（今中山堂）而將之拆毀，僅有籌防局部分建築移至植物園內，至今尚存。

往該地〔宜蘭守將沈棋山（副將）在基隆陷落後不久，即率領手下兵員返回清國，殘兵全部解散〕。此守備隊於二十一日拂曉自基隆出發，同日上午在蘇澳灣登陸，留第二中隊（缺一小隊）〔隊長爲中島行正大尉〕守備該處，其餘則進駐宜蘭，捕捉殘賊及匪徒，專力鎮撫地方〔樺山總督下令，近衛師團及宜蘭守備隊於二十五日分別經石碇街〈台北縣石碇鄉石碇〉、平林尾街〈台北縣坪林鄉坪林〉，從台北通往宜蘭的道路兩端派遣將校斥候前進偵察。各斥候均沒有遇到賊兵，二十七日在虎尾寮潭〈台北縣坪林鄉虎寮潭〉附近相會。一方於二十九日返回台北，另一方則於三十日返回宜蘭〕。◪

第三章　戡定台灣北部

第一節
阪井支隊
佔領新竹

近衛師團完成佔領台北的任務後，台灣總督於六月十二日命其守備台北，派遣一部隊至淡水，且負責往新竹方向搜索。師團長能久親王中將接到命令後，遂派遣步兵第二聯隊第四中隊〔隊長由西川虎次郎中尉代理〕往新竹方向出發，搜索退往新竹一帶的賊兵狀況，並特派師團參謀〔騎兵大尉河村秀一〕同行〔工兵第一中隊（缺一小隊）（隊長爲上野矩重大尉）爲了修繕鐵路，和第四中隊同時出發〕。

當時，奉派前往桃仔園街的步兵第一聯隊第三中隊〔十一日爲了偵察敵情，由台北派出，十三日抵達桃仔園街（隊長爲本鄉源三郎大尉）〕則仍然停留原地，擔任這批偵察隊的後援。十五日，騎兵第一中隊之一小隊〔隊長爲吉田宗吉特務曹長〕爲了與偵察隊連絡，特別配置了遞騎哨〔因爲在大料崁〈桃園縣大溪鎮大溪〉處，爲防備生番，一直都有些許清兵駐屯。其指揮官余清勝致書樺山總督，表明並無敵意，且請求總督將兵士送返清國。因此，師團長於十二日派遣騎兵第一中隊之一小隊（隊長爲田中國重中尉）至該處偵察，該小隊於十五日帶著余清勝回到台北，向師團長報告當地一切平穩。總督遂準備將余及殘兵五十名送至福州。余清勝則爲了接家人，請求先回大料崁一趟〕。

西川偵察隊於十四日抵達大湖口〈新竹縣湖口鄉湖口〉〔此日，河村參謀等十四名由於在中途探查而落後，在楊梅壢〈桃園縣楊梅鎮楊梅〉附近差點受到賊兵包圍，好不容易才逃離，與中隊會合〕，得知北方各聚落有賊徒聚集，於是由西南方的枋寮庄〈新竹縣新埔鎮枋寮〉前進，擊退數十名賊兵。由於四方賊兵都未曾遠離，因此，隔日也駐留於此地，並派出將校斥候到處搜索。其中往新竹方向的斥候，在枋寮庄東北方高地上遭遇到五、六百名賊徒，被追逼而回。十時左右，這些賊徒追近大湖口。此外，大湖口庄及番仔湖〈新竹縣湖口鄉番子湖〉方面也出現數十名至二、三百名的賊徒，屢次向大湖口

攻擊，但都被我軍擊退。接著〔下午五時〕，由枋寮庄方向往箕窩庄前來攻擊、約二百名的賊徒也被擊退，然而賊徒並未遠颺，仍然和我軍對峙〔偵察隊兵卒一名受傷；共消耗彈藥三千五百八十七發〕。此時，偵察隊得到當地居民及間諜的情報，概略掌握新竹的情況〔新竹及其附近有楊某所指揮的賊兵約二千名及前台灣鎮吳光亮指揮的賊兵約五營；而在彰化附近，林朝棟所指揮的五、六營賊兵正要向新竹前進〕，因此，便於半夜時撤離，十六日拂曉抵達頭亭溪〈桃園縣楊梅鎮社子溪上游頭重溪〉，正好遇到由桃仔園街來援的本鄉中隊（缺一小隊）〔本鄉大尉於十五日下午根據受到敵軍襲擊，而由頭亭溪撤退而來的遞步哨的報告，便率領二小隊徹夜逭至頭亭溪，前來救援偵察隊〕，二隊會合後一起返回中壢〈即中壢，桃園縣中壢市〉〔本鄉中隊駐紮於此。偵察隊於十七日抵達桃仔園街，納入剛由台北前來的大隊長前田喜唯少佐指揮〕。

先前，師團長能久親王於十六日早晨，接到本鄉大尉的報告，得知偵察隊有危險，加上為了確保連絡及鎮壓沿途的賊徒，遂派遣前田少佐〔步兵第二聯隊第一大隊長〕率領第一中隊到桃仔園街，統一指揮偵察隊及本鄉中隊〔少佐到了桃仔園街，與偵察隊會合後，停留在該地，遞騎哨小隊從十七日起也歸少佐指揮〕。

師團長根據河村參謀所發、直到此日為止的報告〔十五日由大湖口發出及十六日由中壢發出〕，得知前述大湖口及新竹附近的情況，河村參謀並建議儘速佔領新竹，如此一來，沿途民心自然能平穩下來，而所需兵力只要一個步兵大隊就足夠了。此時，正好接到台灣總督的命令，得知第二批運送部隊將不在基隆集結，而分別在台南、鳳山附近登陸，以鎮壓附近賊徒。第一批運送部隊依現今態勢，務需確保新竹以北鐵路及電信線路暢通無阻。

於是，為了佔領新竹，師團長編組成一個支隊〔步兵第二聯隊第一大隊及第八中隊、騎兵第一中隊之一小隊、砲兵第一中隊（山砲四門）、

第四機關砲隊、衛生隊半隊、第一糧食縱列〕，由步兵大佐阪井重季〔步兵第二聯隊長〕指揮。師團長下令該支隊〔除第一大隊本部暨第一、第四中隊〕於十九日自台北出發，並命步兵第一聯隊第三中隊及遞騎小隊負責該支隊背後連絡及交通的維持。

阪井支隊〔參謀步兵中佐緒方三郎同行〕於途中併合第一大隊本部暨第一、第四中隊，二十一日在楊梅壢以西與數十乃至一百名左右的賊兵有過三次的衝突，將之擊退至西方。上午十一時許，阪井支隊即將開入大湖口時，由楊梅壢先行出發的第一中隊之一小隊〔隊長為古川竹次郎中尉〕獲得騎兵的支援，與騎兵小隊〔隊長為中尉高橋利作〕協同攻擊盤據該村北方家屋的七、八十名賊徒。除了派出第二中隊之一小隊〔由代理中隊長川崎虎之進中尉率領〕赴援外，阪井大佐還增派出一個砲兵小隊〔隊長為木村成自少尉〕。但是由於賊兵據守的屋宅堅固異常，即使用各種器具、炸藥都無法破壞，砲兵也因為周圍樹木的妨礙，無從展現其射擊威力，下午五時遂停止攻擊。大佐命第二中隊〔其中一小隊（隊長為高尾茂少尉）留守在崩坡〈桃園縣楊梅鎮崩坡〉〕留在原地監視賊徒，並將古川小隊及砲兵小隊召還大湖口，支隊也在該地露營〔此日的戰鬥中，有五名步兵隊兵卒受傷，一名戰死；消耗彈藥、子彈約三千發、砲彈九十四發〕。然而，當夜，前述屋宅中的賊徒卻自行撤退；西方的賊徒則佔據枋寮庄東北高地，與我軍相對峙。

二十二日，支隊〔其中第二中隊（缺一小隊）留守大湖口〕往新竹前進。其前衛〔步兵第一大隊代理隊長大野保宣大尉所率領的第四中隊。工兵第一中隊（缺一小隊）因修理鐵路，於前一日抵達大湖口，當日也與前衛同行〕首先擊退佔據枋寮庄東北高地的賊徒，並派遣步兵一小隊〔隊長為中野市二郎中尉〕前去搜索枋寮庄〔小隊曾對盤據於庄內某家屋的賊徒進行攻擊，卻未能奏效。阪井大佐抵達新竹後，決定再次加強掃蕩，

而將該小隊調回本隊）。八時左右，支隊驅逐了集結於安溪庄〈新竹縣竹北市安溪寮〉東方的賊徒〔有砲兵中隊及機關砲隊協助〕，於十一時三十分左右抵達新竹城外。在此期間，從枋寮庄東北方高地被派遣至鐵路線上的右側衛小隊〔第八中隊之一小隊（隊長為湯池藤吉郎中尉）〕在途中與騎兵小隊會合，八時三十分於新竹火車站附近驅逐少許賊兵後，暫停前進，正在偵察城內狀況中，因此便與前衛一起進入城內。城內的賊兵則已向頭份街〈苗栗縣頭份鎮頭份〉方向撤退，其後，我軍幾乎沒有受到任何抵抗便佔領了新竹。不久後，本隊也已到達〔此日戰鬥，有二名下士卒戰死，消耗子彈一千零十一發、機關砲彈三百九十七發、砲彈十八發。在新竹火車站擄獲機關車二輛、貨車四輛〕。

隔天，即二十三日，阪井大佐派遣步兵第二聯隊第四中隊至枋寮庄偵察，結果，賊徒皆已撤離。然而，二十四日，遞騎小隊長因要視察哨所；步兵第八中隊〔隊長為小松崎清職大尉〕為了守備頭亭溪地方〔出於位在頭亭溪的本鄉大尉請求（參照後文）〕；步兵第三中隊〔隊長為大野保宣大尉〕則為了輪替大湖口守備，相繼從新竹出發。賊徒卻在荳埔溪〈頭前溪支流豆子埔溪〉北方鐵路橋附近掩襲我軍騎兵〔遞騎小隊長吉田宗吉特務曹長及一名兵卒戰死〕，並與位在該地附近的獨立下士哨〔由新竹派出擔任「外衛兵」的一個步兵分隊，當時位在荳埔溪南、北鐵路橋中間的聚落〕發生衝突。接著，數百名賊徒在枋寮庄東北高地阻止第三、第八中隊前進，安溪庄附近也有一群賊徒〔為數約三百〕集結。阪井大佐下令第三中隊停止「輪替守備」任務，改為剿滅這批賊徒。但賊徒巧妙地避免戰鬥，在中隊回程途中，一直尾隨騷擾直到鐵路線北方高地。

枋寮庄附近的賊徒出沒無常，行動難測。當時在新竹的我軍步兵僅有三個中隊〔第一、第三、第四〕，新竹以南的賊情狀況也不

清楚，因此，該幫賊徒實在無從剿滅。當晚，根據派至新竹南方的騎兵回報，疑似約有四千名賊兵佔領尖筆山〈苗栗縣竹南鎮尖筆山〉，但阪井大佐決定先將附近賊徒加以掃蕩。二十五日，步兵第一中隊〔隊長為有馬純昌大尉〕帶著二門機關砲，剿討枋寮庄附近的賊徒。此中隊在鐵路線及山頂庄附近擊退賊徒，進而攻擊枋寮庄的賊徒〔盤據在家屋〕，卻遭到頑強抵抗。中隊終究無法攻克，因而停止攻擊〔此次戰鬥，有一名兵卒負傷，消耗子彈一千七百八十九發及機關砲彈七百四十九發〕。此時，中隊聽到新竹方向有砲聲，便急忙收兵歸返〔以下新竹附近地形參照圖⑦〕。

此日上午十時三十分左右，約有三百名賊徒由牛埔山〈新竹市牛埔山〉前來新竹，襲擊前哨線〔此日，第三中隊負責新竹城的內外警備，其一小隊（隊長為石光真清中尉）擔任小哨，在客仔庄〈新竹市客雅〉朝南方警戒（有一下士哨派在崁仔腳庄〈新竹縣竹北市崁子腳〉西南約六百公尺的山上），其餘則服「外衛兵」等衛兵勤務〕設於客仔山〈新竹市枕頭山〉的下士哨，其它小哨前往支援。正在前哨線巡視的阪井大佐急忙趕回到新竹〔十一時許〕，下令各部隊（除了步兵第三中隊及衛生隊半隊之外）〔糧食縱列自二十三日以來全部位在大湖口，直至七月二日方才再度移師新竹〕在西門附近緊急集合〔此時正好從大湖口護送糧食而來的第二中隊之一小隊擔任南門守備〕。

在此期間，賊徒逐漸接近客仔庄，且約有五十名賊徒逼近石光小隊左側背。該隊彈藥將盡，乃向客仔庄東方撤退，由前進到該地南端的機關砲隊（缺二門）〔隊長為砲兵大尉伊藤亮五郎〕加以收容。不久〔十一時四十分左右〕，前田少佐所率領的第四中隊（缺一小隊）〔隊長由西川虎次郎中尉代理〕及砲兵中隊〔隊長為渡邊壯藏大尉〕奉阪井大佐之命，前進至客仔庄〔正午前全部抵達〕。賊徒佔領由牛埔山到客仔山的山上各據點，並未向前進攻。因此，在客仔庄的各

部隊〔石光小隊及機關砲隊（缺二門）〕從下午十二時四十分左右開始發動攻擊，排除若干抵抗之後，其第四中隊（缺一小隊）佔領牛埔山，並往香山坑〈新竹市香山坑〉西方高地方向追擊賊徒。石光小隊及機關砲隊（缺二門）在客仔庄西方水池附近，突然與一百名左右的賊徒，在極近的距離〔約一百公尺〕發生衝突，引起激烈戰鬥。機關砲隊因缺乏放列❶陣地，因而攜帶步槍加入步兵行列。此時正好抵達該地的第三中隊之一小隊（缺一分隊）〔隊長爲貴志彌次郎少尉〕也加入戰鬥。一起將賊徒擊退至西方及南方。接著〔二時〕，前田少佐率領由西門召回的第四中隊之一小隊〔隊長爲戶川柳吉少尉〕及砲兵中隊往牛埔庄〈新竹市牛埔〉東方聚落前進。賊徒已經退遠，只剩一部分集結在香山坑西方高地，我軍乃展開砲擊，將之掃蕩一空〔二時半〕，前哨部隊回到原來位置。

在新竹的阪井大佐下令騎兵小隊〔隊長爲高橋利作中尉〕追擊撤退的賊徒。其它部隊正準備要停止追擊時，突然約有三百名賊徒出現在十八尖山〈新竹市十八尖山〉及其西方高地上。於是，大佐下令砲兵中隊佈列在南門外、機關砲隊佈列在南門城牆上展開射擊；〔四時三十分〕又命砲兵中隊前進〔砲兵中隊前進至約七百公尺處〕。此時，剛結束枋寮庄附近的剿討行動而歸來的有馬大尉之中隊以及二門機關砲正好抵達新竹火車站附近，遂佔領其東南側高地；有馬中隊且繼續向十八尖山推進。此時，賊徒忽然向東南方撤退，時爲下午五時許。之後，各部隊隨即返回新竹〔消耗彈藥計子彈三千八百六十三發、機關砲彈四百五十四發、砲彈九十七發〕。

二十二日上午十時左右，在阪井支隊背後的連絡線上〔步兵第一聯隊第三中隊之一小隊在桃仔園街、半小隊在中櫪、其餘一個半小隊在頭

---

❶軍事用語，又稱「砲列」，指射擊時，將火砲橫排成列，以便形成密集的彈幕。

亭溪；騎兵一小隊則在中壢、頭亭溪、崩坡及大湖口配置遮騎哨。又兵站司令部設在桃仔園街，其支部則位在海山口及中壢〕，有數百名賊徒從四面八方進襲頭亭溪。守備中隊（缺一個半小隊）與之交戰一個多小時後，將賊徒擊退至南方。當日，運送糧食的貨車〔由軍伕駕駛〕在楊梅壢附近，遇到賊徒襲擊。往阪井支隊歸隊的二十名兵卒〔因生病住院，康復後歸隊者〕在廣背庄〈桃園縣平鎮市廣興〉附近與一百名左右賊徒發生衝突後，返回中壢〔二名下士卒戰死〕。其後，數十名賊徒突襲中壢，該地守備隊〔隊長為星英中尉〕將之擊退。隔天，即二十三日，該守備隊的部分人員〔在運送糧秣到頭亭溪回程途中〕，在廣背庄與盤據屋舍的五、六十名賊徒發生衝突。星中尉雖然派出剩餘小隊兵員前往增援，加以攻擊，但還是無法達成克敵目標，只得收兵返回中壢。晚上八時四十分，約三百名賊徒來襲，交戰三小時後，將之擊退至西南方。在此期間，頭亭溪、崩坡間到處都有賊徒出沒，昨日以來中壢以西各處的鐵路、電線均被破壞。又，據當地民眾說，賊徒盤據龍潭坡〈即龍潭陂，桃園縣龍潭鄉龍潭〉附近，似乎將大舉進襲桃仔園街。

阪井支隊背後的狀況如此，第三中隊無法獨力保持連絡暢通，因此，本鄉大尉乃向師團長請求增加兵力；另一方面，也向阪井大佐請求將頭亭溪以西的守備交由支隊負責〔結果已如前所述，第二聯隊第八中隊於二十四日自新竹出發，同日在楊梅壢留守一小隊，其它則於二十五日擔任頭亭溪的守備〕。而於二十四日，將頭亭溪的守備撤回中壢來。

這段時間，中壢方面頻頻向台北告警，反而是阪井支隊自二十日以後就全無消息〔佔領新竹的報告於二十四日半夜首次送達台北〕。因此，近衛師團長於二十三、二十四二日間派遣二個步兵中隊〔第一聯隊第一、第六中隊，與大隊本部一起於十七日從滬尾街返回台

北〕，及一直位於阪井支隊背後連絡線上的各部隊〔步兵第一聯隊第三中隊遞騎小隊、工兵第一中隊（缺一小隊）〕，由騎兵大隊長澀谷在明中佐指揮，負責恢復與該支隊的連絡。

於是，第一聯隊第一中隊（缺一小隊〔二十五日由台北派往宜蘭方向〕）〔隊長木下寬大尉〕於二十三日自台北出發，二十四日在中櫪、楊梅壢間四次擊退賊徒〔每次約一百名左右。我軍有一名兵卒受傷〕，到崩坡與第二聯隊第二中隊之一小隊〔二十一日以來即在此地，此日歸還所屬中隊〕連絡後，留守於此。

澀谷騎兵中佐率領步兵第六中隊〔隊長爲曾我千三郎大尉〕，於二十四日自台北出發，途中擊退少許賊徒。二十五日抵達中櫪，完成守備配置後，繼續前進。途中驅逐了少數賊徒，還攻擊了盤據在廣背庄的三百名賊徒，二小時後將之擊退至西北方〔下士以下二名戰死，七名受傷；消耗彈藥一千九百八十九發〕；進抵大湖口後，中佐命工兵中隊（缺一小隊）〔二十四日自新竹出發，一路修補鐵路，抵達大湖口〕修繕大湖口以東至桃仔園街之間的鐵路；二十六日驅逐少數賊徒後，進入新竹。在此期間〔二十四日〕，師團長下令步兵第一聯隊第一大隊長〔三木一少佐〕所率領的第二中隊〔隊長爲落合偉平大尉〕改隸澀谷中佐指揮。於是，中佐在桃仔園街〔第一聯隊第二中隊〕、中櫪〔第一聯隊第三中隊〕、頭亭溪〔由新竹支隊分派出第二聯隊第八中隊（缺一小隊）〕、楊梅壢〔同上之一小隊〕及崩坡〔第一聯隊第一中隊（缺一小隊）〕配置守備兵力，負責與新竹支隊間的連絡工作。

當時，台北城內外流言四起，甚至有「賊徒襲擊台北，居民紛紛荷擔而起」的說法。因此，對於台北以西的賊徒騷擾，師團長無法分派出足夠的兵力來加以掃蕩。有鑑於形勢如此，樺山總督乃於二十四日下令位在基隆的比志島混成支隊中的一個步兵大隊〔後備步兵第一聯隊第二大隊（隊長爲岩元貞英少佐）〕改隸近衛師團

長指揮，負責維持台北以西的兵站線〔該隊於二十六日抵達台北〕。師團長遂於二十六日解除澀谷中佐任務，將其與步兵第一聯隊第六中隊一起調回台北〔澀谷中佐等於二十七日自新竹出發，途中接獲召還的命令，於二十九日歸抵台北〕，遞騎小隊〔隊長爲獲原恆四郎特務曹長〕則繼續執行原來任務〔此後遞騎哨配置於中壢以西〕，並以一個後備步兵大隊守備台北與頭亭溪之間〔第五、第六中隊於二十七日前進至桃仔園街，接替守備工作〕，又訓令步兵第一聯隊第一大隊長：負責頭亭溪以西至新竹間後方連絡線的守備，並掃蕩殘賊，該部隊則納入步兵第二聯隊長阪井大佐指揮。

二十七日，第一大隊隊長三木少佐基於前述師團訓令，將第一中隊（缺一小隊）〔於現在位置（崩坡）負責兵站線警備任務〕以外的所有大隊全部集合到中壢〔第四中隊於二十六日從台北至桃仔園街集合〕。少佐根據居民消息，得知賊徒根據地在安平鎮庄〈桃園縣平鎮市平鎮〉，決定先行剿討該地〔以下安平鎮庄附近地形參照圖⑥〕。

二十八日黎明前，三木少佐率領第二、第四中隊〔第三中隊留守中壢（中壢本來應該是由後備步兵隊負責守備，但該隊尚未抵達）〕由中壢出發；第二中隊奉派前進至安平鎮庄東方；少佐則親自率領第四中隊〔隊長由三好兵介中尉代理〕推進至該庄西方的吳來昌高地〈桃園縣平鎮市台灣試驗所西南高地〉，驅逐盤據在此地的少數賊徒後，轉向安平鎮庄，時爲上午七時許。

第二中隊〔隊長爲落合偉平大尉〕於六時左右抵達北兜庄〈桃園縣平鎮市南勢橋一帶〉附近，擊退盤據該村南方高地的三、四百名賊徒〔其中約有三分之一的人攜帶槍械〕，並派一小隊〔隊長爲大城高明中尉〕偵察龍潭坡方向〔小隊擊退由龍潭坡方向而來的四、五十名賊徒，並尾隨前進，得知有二百名賊徒盤據在龍潭坡北端後返回〕，其它小隊則在轉進安平鎮庄時，受到來自該村中央家屋東南側林地的賊徒射

擊，先頭小隊將之驅逐。此時，另一小隊〔隊長爲松本茂一郎特務曹長〕在池塘北岸迂迴，佔領北端家屋東側的小山丘。不久，第四中隊在前進途中擊退盤據家屋內的少數賊徒後，也已到達此地，雙方乃由中央家屋的東方及南方分頭夾擊。由於賊徒已預先對房屋〔磚製〕做了防禦措施，而且有竹林圍繞，我軍很難進入，相持了約一個小時後，試著放火燒屋也未成功，遂於十時三十分解除包圍，返回中樞〔有二名兵卒戰死，大隊副官島村勘太郎中尉及三名兵卒負傷，消耗子彈三千四百十四發〕。

三木少佐此日返抵中樞後，與正由新竹返回台北途中的參謀緒方中佐商量，認爲攻擊安平鎮庄需要砲兵，應請求師團長加派；同時商請當時位在桃仔園街的工兵中隊（缺一小隊）前來支援修繕鐵道，會合這些兵員後，再進攻賊徒根據地。三十日，三木少佐派遣第二中隊之一小隊〔隊長爲津野田是重少尉〕偵察安平鎮庄，賊徒狀況依然如舊。先前請求的砲兵第二中隊之一小隊〔由門田見陳平大尉率領〕及工兵中隊（缺一小隊）於此日抵達中樞，負責守備該地的後備步兵也增加爲二個中隊〔後備步兵第五中隊（隊長爲中村光儀大尉）二十八日由桃仔園街移師中樞，第七（隊長爲步兵大尉坂本重辰）、第八（隊長爲步兵大尉岡村明之）中隊則於二十九日由台北抵達桃仔園街。第七中隊於三十日又移師中樞〕。於是，少佐下令第四中隊之一小隊（隊長久米田由松特務曹長）留守中樞；該中隊的主力〔隊長由星英中尉代理〕守備頭亭溪〔在頭亭溪及楊梅壢的步兵第二聯隊第八中隊於二十七日移師大湖口，該地的第二中隊則回到新竹〕，並決定於隔天，即七月一日，由第二中隊配屬工兵第一中隊（缺一小隊）〔中隊長上野大尉與三木少佐同行〕，往安平鎮庄東南方進逼，少佐本身則率領第三中隊及砲兵隊由西方攻擊〔以下參照圖⑥〕。

七月一日凌晨四時，各部隊由中樞出發。三木少佐所率領的

部隊於上午七時許抵達吳來昌高地。濃密的竹林遮蔽了安平鎮庄，只能看到村子北邊房子的屋頂。砲兵沒有找到其它更合適的陣地，因此便在此地佈列，於七時三十分開始展開砲擊，但賊兵並沒有任何反應。部隊因此再度出發。第三中隊（缺一小隊〔擔任砲兵的護衛〕）抵達安平鎮庄南端時，賊徒從村子中央家屋外的短土牆對我軍展開射擊。

前此，第二中隊長落合大尉下令工兵中隊（缺一小隊）及第二中隊之一小隊〔隊長津野田少尉〕隸屬工兵中尉西原茂太郎指揮，從中櫃直接進向安平鎮庄北方。大尉本人則率領其餘二個步兵小隊到北兜庄南方高地，等待砲兵射擊的結果。其後，看到砲兵往前推進，遂留下二個分隊向龍潭坡方向警戒，其它部隊則前進至安平鎮庄東北二、三百公尺處，與西原隊會合。

賊徒所佔據的家屋附近，竹林茂密，將家屋完全遮蔽，砲兵因此始終找不到合適的陣地。直到九時三十分，方才找到一處可瞥見部分中央家屋〔約二公尺〕的陣地〔池塘南岸〕，開始進行砲擊，但賊徒頑然不為所動。於是，三木少佐召來一部分工兵〔森田德太郎少尉所率領的下士以下四名〕，命其破壞屋壁。工兵遂和第三中隊（缺一小隊）一起前進到家屋南面的短土牆〔距屋壁約六公尺。賊徒於二十八日的戰鬥後，在牆上加圍二層堅固的竹柵〕，但賊徒從預先準備的三層槍眼裡展開猛烈射擊，我兵無法接近，雖然二次將炸藥投到壁角，也都沒有用。後來，上等兵橫山利助奮勇衝破竹柵，在牆腳裝置炸藥包，終於炸破一個牆洞〔在壁腳，約一公尺八十公分〕，但賊徒的射擊仍然十分猛烈，步兵還是無法突破進入；砲兵雖然已推近到短土牆附近，卻依然沒有找到合適的陣地〔此時砲彈僅剩十一發〕。

在此期間，位於安平鎮庄東北方的第二中隊及工兵中隊（缺一

小隊）聽到南方的爆破聲，為援助友軍突擊，衝向房屋〔賊徒盤據處〕正門〔在北面〕，卻落入由左右圍壁〔磚製，開有槍眼，高約二公尺〕及房屋內所形成的交叉火網，許多兵員陸續傷亡，無法前進。西原中尉激勵部下，冒著槍林彈雨，嘗試破壞門扉〔由楠木厚板製成〕，未能成功，後來又以炸藥破壞，卻看見門內還有第二道門，只得死心，下令依地形地物，就地掩蔽。部分兵員則佔領了北端家屋〔賊徒似乎於這天早晨放棄此屋，屋內備有約六十石的米糧及可供約二百人使用的床隻〕。正午左右，少數賊徒再度從南方向安平鎮庄南方高地前進，位於該高地的部分第二中隊與部分砲兵護衛小隊合力將之擊退。

三木少佐決定由中櫪補充砲兵彈藥後，再從吳來昌高地展開砲擊。彈藥到達後，四時三十分解除包圍，命北方各部隊放火燒掉北端房屋，暫時撤退至安平鎮庄北方約五百公尺處。其餘部隊則退至吳來昌高地，再度砲轟中央房屋，但僅有少數賊徒由西北面逃出，大部分仍然毫無動靜。因此，少佐於六時撤離陣地，各部隊返回中櫪〔此日步兵隊下士卒六名戰死，七名受傷；工兵隊下士卒六名戰死，十一名受傷；消耗子彈七千五百八十九發、砲彈九十一發、綿火藥十五吉瓦〕。

隔天，即七月二日，三木少佐派遣第四中隊之一小隊〔隊長為久米田由松特務曹長〕至安平鎮庄偵察，發現大部分賊徒都已撤離該地，僅有少數殘賊在附近出沒。少佐乃於七月三日率領第二、第三中隊及砲兵〔砲兵隊從中途返回〕，掃蕩安平鎮庄附近殘賊。之後雖然偵知賊徒盤據龍潭坡，但擔心輕舉妄動可能誤事，遂向師團長請求增加砲兵，等待援軍到來。

另一方面，自從六月二十五日在新竹擊退由南方來襲的賊徒之後，我軍每天都派遣步兵一小隊至鐵路北方高地巡視。在枋寮

庄附近的賊徒一時不見踪跡，直到七月二日方才又再度出現。三日，我軍二個步兵小隊〔派往鐵路線的第四中隊之一小隊（隊長中野市二郎中尉），及前來交接的第三中隊之一小隊（隊長大原亮特務曹長）〕展開攻擊，但賊兵佔據房屋，所以攻擊沒有奏效。四日，又從新竹派來第四中隊（缺一小隊）的砲兵一小隊〔由步兵大尉山本三郎率領，配有騎兵五騎〕對賊徒展開砲擊，將之擊退，並且燒了房舍。二天後，賊徒又在原地出現。隔天，即七月七日，約一百名賊徒向大湖口前進，我軍步兵二小隊〔此二小隊分別是派往鐵路線的第二中隊之一小隊（隊長為高尾茂少尉）以及前來輪替的第一中隊之一小隊（隊長為竹下尚武特務曹長）〕在枋寮庄將之擊退，接著並進攻該庄的賊徒，由於得到在大湖口的第八中隊一小隊的增援，終於擊退賊徒。

在此期間，阪井大佐不斷派遣斥候到各地偵察。往新埔街〈新竹縣新埔鎮新埔〉方向及往水仙嶺〈新竹市、寶山鄉交界水仙崙〉方向前進的斥候，分別於新埔街及金山面庄〈新竹市金山面〉附近與一些賊徒發生衝突，並偵知尖筆山附近到處有防禦工程。因此，三木大隊將安平鎮庄附近的賊徒掃蕩完畢後，調回一部分部隊想要擊退正前方的賊徒。但至七月七日，該大隊奉命脫離阪井大佐指揮而直屬師團長，專任中櫪到新竹間兵站線守備並保護鐵道、電線。因此，第八中隊將守備大湖口的任務交接三木大隊〔第三中隊〕後，於九日回到新竹。到此，支隊長雖然掌握全部步兵〔五個中隊〕，但其兵力卻仍不足以擊退前方的賊徒〔阪井大佐受樺山總督之命，負責偵察登陸地點，並與派至新竹西南海岸的軍艦（參照本章第二節）連絡，遂於七月五日命砲兵一小隊，隸屬於第三中隊，派至頂寮庄〈新竹市頂寮〉附近，但因天候不良，無法通信連絡，只得於次日返回〕。

七月九日，我軍聽到「賊徒即將襲擊新竹」的傳言〔以下參照圖⑦〕。因此，支隊派遣斥候前往各地偵察。十日凌晨四時，由前

哨第二中隊〔此日，第二中隊在客仔庄配置了一小隊的小哨（隊長為高尾茂少尉），警戒該村至客仔山之間（崁仔客庄西南約六百公尺處有一分隊的下士哨），其餘則在城內〕而第一中隊擔任火車站及城門守備〔派出將校斥候〔國司伍七少尉以下八十八名〕前往尖筆山〔這些斥候受到從尖筆山北進的五、六百名賊徒包圍，好不容易才逃脫，於下午五時歸還〕；下士斥候前往金山面庄方向偵察〔下士斥候受到來自十八尖山的賊徒射擊，九時左右返回〕。然而，四時五十分時，賊徒突然從新竹東南方高地朝城內及火車站〔台北、新竹間從九日起開始有火車行駛〕砲擊〔有二門砲，其中一彈命中支隊本部的房舍〕。阪井大佐乃命第四中隊在東門內；其餘戰鬥部隊（缺第一、第二中隊）則在南門內集合，並親自到南門上督戰。然而，賊徒佔領從十八尖山到烏崩崁庄〈新竹市客雅西南〉東方的高地，一面構築防禦工事，一面以槍砲緩緩向火車站射擊。另外，擁有二、三門砲的部分賊徒盤據田密庄〈新竹市交通大學一帶〉及其西北的大厝，與位於火車站東南小山丘、部分的第一中隊〔由古川竹次郎中尉所率領、火車站及東門衛兵二分隊〕相互對峙。因此，大佐決定優先攻擊南面賊徒，下令前田少佐率領第四〔隊長為山本三郎大尉〕、第八〔隊長為小松崎清職大尉〕兩中隊，負責此次攻擊；並命砲兵中隊〔（隊長為渡邊壯藏大尉），由步兵第三中隊之一小隊（隊長為貴志彌次郎少尉）擔任護衛〕及機關砲隊〔隊長為伊藤亮五郎大尉〕從南門外加以支援，為掩護攻擊部隊的右翼，還派遣第三中隊之一小隊〔隊長為石光眞清中尉〕至客仔山方向協助。

　　於是，前田少佐於八時左右自南門出發，以第四中隊為第一線，並憑藉著佈列於南門東南方的砲兵中隊的支援，攻擊盤據在通往水仙嶺道路西側、標高一○八高地的賊徒。但第四中隊的預備隊在賊徒射擊的壓制下，隊伍漸往左方偏移，少佐隨即增派第八中隊之一小隊〔隊長為湯地藤吉郎中尉〕至第一線，與烏崩崁庄東

南山上的賊徒對峙。並派遣另一小隊〔隊長為中村道明中尉〕繼續前進，擊退在標高一○八高地的二百名賊徒，而在其西方高地及十八尖山附近一帶的賊徒往東南方倉皇撤退。第四中隊（缺一小隊）繼續往東方及東南方追擊〔田寮庄的賊徒也於此時退往東南方，參照後文〕。此時，少佐派遣將校斥候至金山面庄方向追蹤賊跡，〔九時四十分〕接獲報告說有一群賊徒由客仔山方向向我軍右方迂迴而來，於是，少佐便派第八中隊（缺一小隊）往客仔山推進，但此處賊徒早已被第三中隊的一小隊〔石光小隊〕擊退了。

此間，少佐正以主力朝水仙嶺推進中，阪井大佐派來的援兵，即第三中隊的一部分〔砲兵護衛小隊（缺二分隊）〕及砲兵中隊（缺一小隊）適時來會，遂對水仙嶺附近及大崎庄〈新竹縣寶山鄉大崎頭〉西南高地的賊徒展開砲擊。然後派遣第四、第八中隊各一小隊往水仙嶺及金山面庄方向；部分第三中隊往金山面庄附近的家屋進行搜索。

十一時左右，前田少佐正要踏上歸途時，看到派往金山面庄的第八中隊之一小隊〔隊長為吉本鶴吉少尉〕與盤據在其東北高地的賊徒發生戰鬥，部隊於是停下來，派遣砲兵前進至東方池塘附近加以援助。正午十二時十分，前田少佐接獲阪井大佐的命令，由於火車站方面的賊徒尚未敗退，要求該隊儘速歸返，因此便中止砲擊，命第四中隊的一半兵員〔由根津重壽少尉率領〕留下警戒，另一半返回新竹南門，自己則率領剩餘部隊趕往火車站方面增援。

另一方面，八時左右，約有五百名賊徒出現在牛埔山，襲擊在該處的前哨第二中隊〔此中隊因派出斥候，再扣掉患病者，僅剩四十六名〕，該中隊等到他們逼近時才突然開槍急行射擊，將之擊退。〔十時左右〕賊徒砲兵〔一門〕由香山坑北方高地射擊客仔庄，另有約一百名敗賊再度集結在牛埔山。在此之間〔九時三十分〕，阪井大

佐眼見該處情況危急，遂派遣步兵第一中隊約一小隊〔由有馬純昌大尉率領〕及砲兵一小隊〔隊長為東乙彥中尉〕往客仔庄增援，此時正好抵達。於是，砲兵立刻展開射擊，將賊徒擊退。完成任務後，來援的步、砲兵遂於下午一時三十分歸抵新竹。但當時盤據火車站方向田密庄西北房舍的賊徒，依然頑強抵抗，不易擊退，阪井大佐遂又增派這支砲兵小隊及第三中隊的一小隊〔隊長為大原亮特務曹長〕往該處支援。

同日，在火車站附近的賊徒，從早晨即佔領其東方約六百公尺的房舍〔磚造大厝〕，在田密庄也有五、六十名賊兵，備有三門砲〔舊式砲〕，轟擊南門及火車站。於是東門的衛兵〔由古川竹次郎中尉所率領的第一中隊之一分隊〕併同擔任火車站衛兵的同中隊之另一分隊，另外再加一分隊，迅速佔領火車站東南側小山丘，與賊徒對峙。另一方面，前田少佐的部隊佔領十八尖山高地後，在田密庄的賊徒雖然往金山面庄及埔仔頂庄〈新竹市埔頂〉方向退卻，但盤據在大厝內的賊徒卻頑抗不退。下午二時三十分，古川中尉得到前述阪井大佐派來增援的步兵一小隊及砲兵一小隊，另外，第八中隊之一小隊〔吉本小隊〕也由雞卵面〈新竹科學工業園區以西一帶〉方向前來，抵達田密庄附近。各部隊隨即分別向火車站東方家屋的賊徒展開攻擊；此時，前田少佐所率領的其它部隊正好也陸續抵達：其砲兵佈列在十八尖山北麓；少佐率領第三中隊之一小隊〔貴志小隊〕則前進至火車站東南小山丘，指揮攻擊，時為四時三十分。不久，第八中隊之一小隊〔由中隊長率領〕也收到阪井大佐的命令，前來增援；阪井大佐亦於五時許抵達火車站東南小山丘。

五時左右，盤據房舍的賊徒火力已漸衰竭，不久〔六時許〕，由於受到我兵突擊，大部分賊徒〔一百一十五名〕都拱手投降，只有少部分還在抵抗，我軍遂放火燒屋，將之殲滅殆盡，各部隊則

分別返回新竹〔此日戰鬥中，步兵第二聯隊下士卒四名戰死；同聯隊兵卒五名、砲兵中隊下士一名負傷；消耗子彈一萬三千三百二十二發、機關砲彈四百六十四發、砲彈一百九十六發〕。

經過這次戰鬥後，賊徒主力仍然盤據尖筆山，其第一線以赤崁頭〈新竹市中坑一帶〉北方約五百公尺處的高地為右翼，佔領橫亙香山坑南方的連綿高地，構築掩堡，設置棚舍，其右翼備有二門砲，另外在水仙嶺及金山面庄也有若干賊徒與我軍對峙。雙方斥候日夜在各處發生衝突，樹杞林〈新竹縣竹東鎮樹杞林〉街道上、二重埔〈新竹縣竹東鎮二重埔〉附近也有賊兵，雙方相持不動，直到二十二日。

此間，在台北的師團長會合新近由金州半島抵達的近衛師團剩餘部隊〔其戰鬥部隊於七月八日集合到台北及其附近〕，從十一日開始著手掃蕩在台北、新竹一帶流竄的賊徒。並特別由阪井大佐指揮步兵第四聯隊第一大隊〔隊長為摺澤靜夫少佐〕，於十一日自海山口出發，途中分派一中隊〔第四〕留守大湖口，其餘兵力則於十四日抵新竹，此後擔任此地守備。七月二十日，阪井大佐再度接獲師團長命令，除第三中隊〔隊長為新妻英馬大尉〕留守外，其餘兵力則派遣至新竹、頭亭溪間的兵站線負責守備任務。此外，十二日由台北派來的第二聯隊第七中隊〔隊長上村長治大尉〕，一直擔任大湖口守備，在與摺澤大隊交接後，二十一日抵新竹，也納入阪井大佐的指揮之下〔第二批運送部隊在台北集合及其掃蕩台北、新竹間賊徒之事，詳見本章第二、三、四節〕。

二十三日拂曉前，新竹支隊再度受到賊徒襲擊〔此時支隊的前哨配置如下：步兵第二聯隊第三中隊擔任右翼前哨：有二小隊分別在客仔庄及客仔山（崁仔客庄西南約六百公尺）擔任小哨，一小隊在新竹城內守備；又第八中隊（缺一小隊）及一門砲擔任左翼前哨：其一小隊在十八尖山南方

通往水仙嶺的街道守備；另一小隊與一門砲位於十八尖山（以下新竹附近地形參照圖⑦）〕。

部分賊徒於深夜時分突襲客仔山頂的下士哨，佔據該地。於是，阪井大佐命各部隊分別於新竹的東、西、南各門集合。第一大隊長前田少佐增派第二中隊（缺一小隊）〔隊長由川崎虎之道中尉代理〕推進到客仔庄的小哨，並由其一小隊〔隊長為高尾茂少尉〕增援客仔山小哨。當晚夜黑風高，咫尺莫辨，客仔山小哨長〔志岐守治中尉〕在高尾小隊抵達後，將小哨的守備任務託付給該小隊，自己則率領一小隊乘拂曉之時反擊賊徒，但是賊徒漸次增加，其數約達百名，頑抗不退。當時，第三中隊長〔大野保宣大尉〕在客仔庄小哨，見此情況，將該地守備託付給川崎中尉，自己則率領小隊馳往客仔山支援，會合高尾小隊，終於將賊徒擊退，並分派部分兵力繼續追擊。賊徒在柑林溝〈新竹市柑林溝〉及香山坑附近高地被收編，以優勢的兵力再次頑抗。阪井大佐於是再度增援第四聯隊第三中隊及砲兵中隊〔三門〕至客仔山，而於七時三十分擊退所有賊徒。

在此期間，牛埔庄附近也有一部分賊徒出現，但不敢迫近，於六時左右退卻。左翼前哨方面在上午七時左右，也有約三百名賊徒進逼而來，被我軍前哨部隊擊退〔此日的戰鬥，步兵第二聯隊的兵卒一名戰死，下士卒六名負傷；消耗子彈八千四百二十六發、砲彈一百一十六發〕。

二十四日上午，金山面庄的賊徒〔約一百五十名，有一門砲〕再度襲擊我軍左翼前哨，遭到擊退。然而，賊徒卻依然佔領金山面庄及水仙嶺。

客仔山南方的賊徒於二十三日以後暫時後退，直到二十七日再度前進，佔領從赤崁頭北方至柑林溝及香山坑南方的綿延高地

〔此日，川村景明少將（第一旅團長）抵達新竹，此後取代阪井大佐指揮整個支隊〕。在二重埔附近也有一部分賊兵，敵我雙方一直相持至八月三日〔二十八日因豪雨來襲，新竹南方的河水暴漲，支隊與前哨部隊的連絡一時中斷。因此，爲了修護鐵路橋樑，在桃仔園街的工兵大隊本部暨第一中隊（缺二小隊）奉師團命令，於三十日抵達新竹，修繕交通路線〕。

在這段期間，近衛師團的主力平定了台北、新竹間蜂湧而起的賊徒，八月三日於新竹及新埔街集合〔參照本章第四節〕，支隊編組至此解散。 ◩

**第二節
近衛師團
剩餘部隊於
台北集合**

原先預定分成二批由金州半島運送至台灣的近衛師團，由於全部以船舶運輸的關係，第二批運送部隊到底要運送至台灣的南部還是北部，遲遲未決〔由於在安平、打狗的外國人有受到賊徒加害之虞，因此在政治策略上，便一直有第二批運送部隊應由南部展開行動的建議〕；再加上第一批運送部隊登陸三貂灣之前，並不認為平定台灣有動用重兵的需要，因此，沒有特別留意第二批運送部隊應如何使用的問題。有人甚至認為，為了迅速平定全島，不必待其抵達，就派遣澎湖島的混成支隊或第一批運送部隊的一部分到南部。但是，其後賊徒的抵抗力量不可輕侮，混成支隊還被調到基隆，此種說法自然消失，而慢慢將希望寄託在第二批運送部隊之上。在此期間，擔任第一次運送的船舶，為了要將混成支隊、滯留在三貂灣登陸地的部隊及輜重、軍需品等送至基隆，因而延誤第二批部隊運送的時間。為此，樺山總督於六月三日向大本營要求由他處增調運輸船，以便加速運送。並下令近衛步兵第二旅團長〔山根信成少將〕立即率領剩餘部隊到基隆。於是一個步兵旅團、四個機關砲隊搭乘另外的船隻，其餘部隊則還是以運送第一批部隊的船舶加以運送。

在這段時間裡，近衛師團由基隆前進，佔領台北，並繼續往新竹方向偵察。賊情雖然不甚穩定，但似乎不需太多兵力便可將之平定。台北附近的住民也普遍表現出恭順之意，北部之平定看來指日可待。反觀南部，先前為偵察登陸地點及賊兵情況而派遣的「秋津洲」及「大島」二艘軍艦，受到來自安平及打狗砲台〈位於高雄市內〉的砲擊，在東港〈屏東縣東港鎮東港〉也有賊兵守備〔根據六月十二日及十五日的報告〕。在滬尾街的福島大佐〔福島大佐被派至滬尾街之事，參照第二章〕也傳來電報說，台南形勢緊迫，外國人有

生命危險〔六月十五日〕。因此，總督認爲必須儘速佔領南部，遂於十七日訓令近衛師團長，派遣第二批運送部隊佔領台南、鳳山附近，並向大本營請求派遣汽船三艘，以做爲南北連絡之用。

不久，英國公使及領事通知我國，劉永福命令安平的外國人離去，形勢危險，敦促我國政府解決〔台灣事務局總裁伊藤博文伯爵將此事通報總督〕。總督乃訓令常備艦隊司令長官〔有地品之允中將〕，命其將第二批運送部隊送往南部，協助其登陸及陸上作戰。

在此之前，第二批運送部隊〔步兵第二旅團、騎兵第二中隊、砲兵第二大隊、第五至第八機關砲隊、大架橋縱列、輜重兵大隊（缺第一糧食縱列）、第一、第二步兵彈藥縱列、第二砲兵彈藥縱列、第二野戰醫院、野戰砲廠（缺一部）、砲廠監護隊、第二兵站糧食縱列、第二輜重監護隊〕之中，步兵第二旅團（缺三中隊）、第五至第八機關砲隊及野戰砲廠（缺一部）、砲廠監護隊，由山根少將率領，於六月十六日自旅順出發〔野戰砲廠及砲廠監護隊在大連灣乘船〕，二十一日抵達基隆港。師團長能久親王基於總督前述十七日的訓令，命山根少將〔山根少將登陸後直接到台北〕即日由海路南進。二十四日編組完成〔第二批運送部隊（缺一部分）增加了若干部隊（編組省略）〕，師團長遂命其在其它船舶抵達後立刻出發〔在台北新編入南進部隊的參謀長鮫島重雄以下師團司令部的一部分、衛生隊半隊於二十七日出發，獨立野戰電信隊半隊於三十日分別出發，到基隆乘船〕。於是，少將與常備艦隊幕僚、近衛師團兵站監〔步兵中佐田部正壯〕及基隆運輸通信支部長〔步兵中佐今橋知勝〕在基隆會合商量訂定南進計劃，並開始展開前置作業。已抵港的各部隊則仍然在船上等待出發日期。但是，這些船舶卻都還沒有做好將兵員運送到新作戰地點的準備〔樺山總督是在十七日決定讓第二批運送部隊在台灣南部登陸的，而大本營則直到二十四日才接獲其報告〕，且無法取得飲用水。至二十八日，迫不得已只好派有明丸

〔炭水補給船〕至沖繩縣中城灣搬運。至七月一日，山根少將方才得知，除糧食縱列之外，其餘第二批運送部隊已於六月二十八日從大連灣或旅順出發，在歸途的有明丸也逐漸追上。山根少將遂決定七月三日從基隆啓航，先到澎湖島，見機決定登陸地點。

這段期間，如前所述，阪井支隊背後的賊勢日益蔓延，台北人心也逐漸動搖。近衛師團用以鎮壓的兵力不足，還調用部分比志島支隊的增援。樺山總督原本認為現在的兵力足以平定賊勢，才決心將第二批運送部隊派遣至南部，但經過安平鎮庄戰鬥〔六月二十八日及七月一日〕的結果後，方知賊徒的實力不可輕侮。在得到其第一次報告後，已深感戡定北部的兵力不足，因此向大本營申請增援混成一旅團，並儘速運送前來。待接獲第二次報告後，形勢更加急迫，幾乎等不及增援部隊抵達。且此時海上風浪逐漸進入險惡時期，因此改變計劃，斷然中止南部作戰，決定將第二批運送部隊迅速調集台北，合全師團之力，由陸路向南推進；至於南部局勢的鎮壓，則等先前申請的混成旅團抵達時再實行。總督遂於七月二日通電大本營，先報告南部作戰計劃暫時中止，然後報告促使下達如此決心的狀況。另一方面，又下令近衛師團，將當時在基隆港集結中的第二批運送部隊調來台北；隔天，即三日，又命師團長先行掃蕩盤據在台北、新竹間的賊徒，以使今後南進無後顧之憂〔樺山總督顧慮將來作戰的需要，五日派遣「秋津洲」艦至新竹西南方海岸，調查有無合適登陸地點，但沒有任何發現〕。

於是，師團長能久親王於七月二日命山根少將解散混成旅團的編組，將其戰鬥部隊及衛生隊半隊、第二野戰醫院及獨立野戰電信隊半隊調來台北，其餘的師團輜重則駐留在基隆、水邊腳附近。

就這樣，第二批運送部隊突然決定不送往南部，而從七月二

日開始在基隆登陸〔第二批運送部隊於五日全部抵達基隆〕，六日登陸完畢〔兵站部隊於八日才登陸完畢〕。其戰鬥部隊登陸後，隨即逐次前進。至八日時已經抵達台北、海山口之間。此時，剛由〈日本〉內地抵達的臨時工兵中隊〔先前，樺山總督申請增加工兵，大本營遂命留守近衛師團長❷編組臨時工兵中隊（隊長為本間資鐵大尉），（六月二十二日完成編組），六月二十六日自宇品港出發，七月一日抵達基隆〕也同時到達台北，隸屬近衛工兵大隊。而當時在台北以西的後備隊人員大量減少〔中隊平均人員不過八十人〕，因此，師團長於五日將其守備區域縮小，僅防備中櫪到桃仔園街間一段至台北一帶，又命三木大隊（包括砲兵）守備該地以西至新竹之間〔各部隊九日以前就位〕，並以之為直轄部隊〔工兵中隊（缺一小隊）六日從楊梅壢歸抵中櫪，駐紮於此。台北、新竹間的火車從九日開始通行〕。其後〔十日〕，又將其屬下的砲兵隊調回台北〔砲兵隊於十二日自中櫪出發，十三日抵達台北。當天接獲新竹遭賊徒襲擊的報告，又命新到的第二批運送部隊以一個步兵大隊（第四聯隊第一大隊）增援阪井支隊，十一日自海山口出發〕。

　　七月十一日，台灣總督指揮下的各部隊位置如圖⑧。 ◪

---

❷此處語意不明，疑指近衛師團出征後，在日本內地統領近衛師團留守人員、師團長的「職位代理人」。惟可確定的是此一留守的近衛師團長絕非指北白川宮親王。

第三節
掃蕩大嵙
崁溪河階地

近衛師團長能久親王將第二批運送部隊集合在台北附近後，基於總督的前述命令，由此部隊中編組一個支隊，掃蕩盤據在台北以西兵站線附近的賊徒，並綏靖大嵙崁溪河階地一帶，以根絕將來禍患，遂命該支隊就南進準備位置。七月十日更訓令山根少將，率領下列部隊於十二日出發，從大嵙崁溪〈大漢溪〉兩岸及兵站線，分三路前進，掃蕩潛伏在新竹以東、大嵙崁、三角湧〈台北縣三峽鎮三峽〉地帶的賊徒，並於出發後第三日在龍潭坡與全支隊會合。再經由通往苗栗的一條道路或數條道路，齊頭並進到達新竹〔當時使用的地圖相當不完整，除了從台北經新竹、彰化通往台南的道路之外，其它的交通路線幾乎沒有記載，因此才有這種說法〕。接著與位在新竹的阪井支隊連絡，並往遠處，向苗栗方向進行偵察。至於其糧食、彈藥的補充，則派遣一個糧食縱列到台北以西的兵站線上負責〔因此，第二糧食縱列（由臨時民伕編成）十三日自海山口出發，在中櫪及大湖口負責其補給〕。爲了從大嵙崁溪兩岸前進的部隊，還特別從台北沿著大嵙崁溪運送二日份的糧食。所派遣部隊如下：〔師團參謀明石元二郎大尉與山根支隊同行〕

- 步兵第二旅團司令部
- 步兵第三聯隊
- 騎兵第二中隊之一小隊
- 砲兵第四中隊〔山砲四門〕
- 臨時工兵中隊
- 衛生隊半隊

同時，爲了佔領大嵙崁後的守備任務，步兵第一聯隊第七中隊也同行〔十一日自海山口出發、正朝新竹前進的步兵第四聯隊第一大隊，在前進至山根支隊的龍潭坡以西時，爲了護送補充的糧食彈藥，十四日

將第四中隊（隊長為多田捨馬大尉）留在大湖口。師團長又於十二日從台北派遣步兵第二聯隊第七中隊（隊長為上村長治大尉）至大湖口，守備該地，而將原守備隊步兵第一聯隊第三中隊調回台北）。

前此，山根少將接獲師團長關於前述任務的指示，從六日到七日派遣將校斥候到大料崁及龍潭坡，偵察前進道路及賊情狀況。得到的報告是：各地狀況頗為平穩，居民各安其堵；但大料崁溪兩岸、特別是右岸的道路極為險惡，馬匹無法通行。台北、新竹間兵站線適於馱馬行進；中壢通往龍潭坡的道路則需要稍加整修。因此，山根少將在受領前述訓令後，便派遣步兵第三聯隊第二大隊〔隊長為少佐坊城俊章伯爵〕，配屬一個工兵小隊，沿著大料崁溪前進〔主力從右岸、一個步兵中隊由左岸前進〕。並親自率領支隊主力由台北、新竹間的兵站線前進，掃蕩沿路的賊徒。各縱隊約定第三日在龍潭坡會合，大小行李都跟著支隊主力前進。

【一】坊城隊的狀況

坊城隊按照前述部署，七月十二日自台北出發，其第七中隊〔隊長為今田亮大尉〕沿大料崁溪左岸前進，特別利用該溪水路運送二日份的糧食〔由第六中隊櫻井茂夫特務曹長以下三十五名護送〕。其主力與負責守備大料崁的第一聯隊第七中隊一起經由枋橋街抵達三角湧，並在此宿營。今田中隊則經過海山口、樹林庄〈台北縣樹林鎮樹林〉抵達二甲九庄〈台北縣鶯歌鎮二甲九〉露營。水路運送隊則將一日份的糧食補給在三角湧宿營的本隊後，也在同地宿營。

十三日凌晨三時許，約有五百名賊徒突然侵入二甲九庄，從四面八方掃射今田中隊的露營地〔在二甲九庄東南農田（附近的地形參照圖⑨）〕〔今田中隊為了警戒，特地避開村落，在田野露營，但周圍僅配置了四個夜哨〕。此時天尚未明，賊狀難辨，因此中隊固守原地。至早晨六時，分辨出大部分賊徒多在西方及北方，大料崁溪右岸也有

若干賊徒出沒。於是，中隊向西方及北方反擊，把賊徒趕出二甲九庄之外，但賊徒不只沒有遠去，還仗著優勢，包圍中隊。此間，中隊陸續有人受傷，情況頗為危急，因此，今田大尉欲與對岸的本隊會合，派員偵察大料崁溪及對岸的情況，得知水深難以徒涉而過，而且右岸的賊徒佔領山腹地帶。大尉乃決定先進據占山〔位於二甲九庄東北端北方約一千公尺處，為標高一六二公尺的獨立山丘，樹木繁茂〕，再慢慢設法平定賊徒，於是率領全隊突破重圍，往北方前進〔以一小隊保護及搬運受傷者〕，下午三時三十分終於攻下占山〔在突圍之際，正好有三名受傷的水路運送隊兵卒來投靠，大尉才知該隊也在當天遭受賊徒襲擊，幾乎全滅。水路運送隊是於十三日早晨五時，在三角湧解纜，往大料崁航行，才前進數百公尺，就遭到來自兩岸二百餘名賊徒的奇襲，在奮戰數小時之後，終因寡不敵眾（賊徒兵力逐漸增加），幾乎全隊覆滅，僅四名兵卒倖免，其中三名（皆受傷）來投靠今田中隊，另一名於第二天早晨抵達海山口〕。賊徒不敢逼近，約在一千公尺之外包圍，雙方相持不下，直到入夜〔下士卒四名戰死，十五名受傷；消耗彈藥五千九百八十一發〕。

至此，大尉察覺任務已難達成，決定乘夜色昏暗，往桃仔園方向突圍，晚上九時，從西北方路徑潛行，脫離賊徒警戒線，於翌日拂曉抵達桃仔園街，該日在此休養，而於十五日抵達龍潭坡，和支隊主力會合。

十二日晚間，坊城隊度過平靜的一夜，於十三日凌晨四時半左右從三角湧出發，分設前衛〔第八中隊及工兵小隊〕及後衛〔第一聯隊第七中隊〕，向大料崁前進〔以下參照圖⑨〕。

七時十分，尖兵快抵達烏泥堀庄〈桃園縣大溪鎮永福（烏塗窟）〉東北鞍部時，前衛中隊〔隊長為深堀順藏大尉〕突然遭到來自前方及側面優勢賊徒的射擊〔瞬時之間，尖兵死傷六名〕。前衛大部分在道路

北側山腹展開，收編尖兵，當時由於道路險惡，整個縱隊前後拉得很長，後衛才抵達福德坑庄〈台北縣三峽鎮福德坑〉附近，就被來自三角湧的一群賊徒〔約三百名〕追及，後衛一面應戰，一面往蔗糖工寮東端前進，最後停在該處。

此時，兩側山上也有賊兵出現，坊城隊全部被包圍在谷地內。於是，坊城少佐等本隊展開〔在蔗糖工寮西南約一千公尺處〕完畢後，派第五中隊〔隊長由宮永計太中尉代理〕往北側山背前進；第六中隊〔隊長由井戶川辰三中尉代理〕往南側山背前進，但不久後就遭到正面的賊徒由兩側逼近。坊城少佐遂下令前衛中隊等到行動有所進展後就轉守為攻，並命後衛中隊〔隊長為早田滿鄉大尉〕仍然負責防範背面的賊徒，而以在前衛的工兵小隊〔隊長為松山隆治少尉〕為預備隊，並負責護衛受傷者。

於是，第五中隊往北方山頂〔標高二九一〕前進，第六中隊則往南方山頂〔標高二五一〕前進，分別擊退賊徒〔八時五十分左右〕，並追擊前進〔第五中隊派一小隊（隊長為平尾熊三特務曹長）往西方山背前進，第六中隊留下二個分隊防備背面的賊徒（此二分隊於半夜後歸還所屬中隊）〕。第八中隊看到第五、第六中隊逐漸逼近鞍部，遂由正面發起攻擊，賊徒力不能支，往西方敗走。

十時五十分左右，第八中隊佔領主要道路的鞍部，第五中隊（缺平尾小隊）佔領其西北約三百公尺的山腹〔標高二五六附近〕〔平尾小隊驅逐敗賊，並前進到烏泥堀庄西北約一千公尺的山頂，標高二七一處才停止〕。第六中隊則繼續追擊，佔領尾寮庄〈桃園縣大溪鎮尾寮〉東北約一千公尺的山頂〔約下午三時〕。敗退的賊徒在尾寮庄北方的高地被其友軍收編後，盤據該地。

在此期間，負責後衛的早田中隊於上午八時左右位在蔗糖工寮，與尾重橋〈台北縣三峽鎮竹園內一帶〉附近的賊徒開火，約三百

名賊徒逐漸聚集到五十份〈台北縣三峽鎮五十分山一帶〉附近，逼近我軍側背。於是，早田大尉只留一小隊於主要道路上，親自率領二小隊前進，擊退賊徒。另外還有三百名賊徒出現在五十份東北方約七百公尺的山頂，收容敗賊，與早田中隊對抗。這段期間，尾重橋附近的賊徒堅持不退，至正午時分，又有約二百名賊徒出現在其南方山背，逐漸前進，向下俯射，攻擊上野小隊的側面。因此，早田大尉又派遣一小隊〔隊長為山下五三郎中尉〕攻擊這些賊徒〔下午三時〕。不久，尾重橋的賊徒也迫近距蔗糖工寮約三百公尺處，上野小隊雖然將之擊退，賊徒卻停留在尾重橋附近，且兵力還在逐漸增加中，早田大尉急忙將此情形向坊城少佐報告〔當時，繃帶所開設在蔗糖工寮西南約一千公尺處，工兵小隊擔心此地仍有危險，乃將傷者再次移往西南約八百公尺之處〕。五時左右，突然下起傾盆大雨，賊徒倉皇收隊，退到三角湧附近〔當日的戰鬥，有第三聯隊第二大隊的二名兵卒戰死，同隊的下士卒九名及第一聯隊第七中隊下士卒七名負傷；消耗彈藥一萬八千七百三十五發〕。

　　當日，坊城少佐於上午十一時以後，一直在烏泥堀庄東北方鞍部遙遙望見敗賊再度集結在尾寮庄高地。下午四時三十分，少佐決定在隔天清晨發動攻擊，並下令派遣岡崎平次郎中尉〔第八中隊小隊長〕偵察地形及賊情狀況；第一線各部隊在原地過夜〔第五、第六及第八中隊大概在前述戰鬥結束時的位置〕，並將早田中隊及工兵小隊調至鞍部。其後由岡崎中尉回報得知，賊徒沿著尾寮庄高地東端構成陣地，遂決定於隔天，即十四日派遣第五及第八中隊，從娘仔坑〈桃園縣大溪鎮娘子坑〉西方高地攻擊賊徒左翼，並留早田中隊及工兵小隊警戒背後的敵兵；第六中隊則在原處射擊，掩護本次攻擊行動。十四日早晨五時，各部隊分別出發，以第五中隊為前衛，在途中驅逐少數賊徒後，沿著娘仔坑北方山背前進

，七時佔領娘仔坑西方高地，開始向賊徒左翼展開射擊；第八中隊則在其左翼後方展開。在此之前，第六中隊已經對賊徒右翼展開射擊，使賊徒將兵力集中專注於此。

七時三十五分，第五、第八中隊越過深谷前進，第六中隊也派出一小隊〔隊長為佐藤安之助少尉〕前進，逼近賊徒正面，其餘部隊則以射擊支援。賊徒看到我軍前進，全線為之動搖，從左翼逐次退卻，盤據大料崁及其附近村落。第五中隊往前追擊，佔領尾寮庄西方高地，第八中隊與佐藤小隊則攻進尾寮庄，與盤據在房舍中、約五十名殘賊展開肉搏戰，但並未成功，遂放火驅逐之，時為九時。

此間〔七時左右〕，約一千名賊徒從三角湧方向往主要道路及其兩側山背前進，向烏泥堀庄東北鞍部逼近。於是，早田大尉命工兵小隊〔有步兵十六人〕負責保護受傷者，並命第七中隊據守鞍部兩側高地的掩堡〔賊徒先前構築的〕加以抵抗；但賊徒知我兵寡弱，毫無屈服之貌。九時左右，又有三百名左右的賊徒經茅埔庄〈台北縣三峽鎮茅埔〉往其右翼增援，其勢頗為猖獗。前此，早田大尉看到本隊進入尾寮庄高地時，先命工兵小隊將傷患搬運至該高地，不久接獲坊城少佐之命令，於十一時撤離鞍部，一面抵禦賊徒追擊，一面逐漸退卻。下午一時，抵達尾寮庄與本隊會合〔因道路險惡，傷患搬運不容易，工兵小隊不得已將背囊等非戰鬥需要的被服裝備燒棄，雖然如此，這麼短的距離還是花了五個小時〕。而賊徒則佔領從娘仔坑西方至烏泥堀庄東方高地一帶，將我軍背後完全遮斷。

自九時以來，坊城少佐一直在尾寮庄附近。賊徒則盤據大料崁東端及附近聚落，搖旗擊鼓，以張聲勢，其前方的射界既寬廣又隱蔽，令人難以接近。且我軍沒有砲兵援助，彈藥糧食也逐漸缺乏。因此，到了下午四時，少佐決定迂迴大料崁，往中櫪方向

突圍而出，遂下令命第五、第六（缺一小隊）中隊驅逐娘仔坑附近的賊徒，佔領山頂，掩護這次突圍行動。兩中隊於是經由尾寮庄東北高地往娘仔坑方向前進，擊退佔領該處附近高地的賊徒，下午六時三十分，兩中隊順利佔領該地北方山頂〔標高三○五附近〕〔當天的戰鬥中，步兵第三聯隊第二大隊兵卒二名戰死、同隊少尉佐藤安之助及下士卒三名、步兵第一聯隊第七中隊下士卒二名負傷；消耗彈藥一萬六千五百八十六發〕。

　　此間，其餘諸部隊仍然在尾寮庄附近等待入夜，五時左右，受到來自山腳庄〔參照圖⑩〕約三百名賊徒奇襲，將之擊退後，六時三十分開始行動，以工兵小隊為前衛、第八中隊為後衛，早田中隊及第六中隊的一小隊〔隊長為山田留太郎少尉〕則為本隊〔傷患（連前一天的共計二十二名）由第六中隊之一小隊及早田中隊之一小隊負責搬運〕。由於太陽已經完全下山，行進十分困難。九時，前衛抵達頂石墩庄〈桃園縣大溪鎮下石屯一帶〉附近，在黑暗中突然受到射擊，隨即加以反擊，附近各聚落一時槍聲大作，彷彿草木皆兵。加上昨日以來各部隊僅以隨身攜帶的口糧進食，跋山涉水後，體力消耗殆盡，幾乎無法行進。因此，坊城少佐集合第五、第六中隊，進入柏篩坑〈桃園縣大溪鎮旭橋一帶〉南方茶圃休息，以期恢復體力。等月亮出來〔凌晨一時許〕，再摸黑往娘仔坑前進。隔天，即十五日拂曉，兩中隊部隊集合後，少佐決定當天停留在此，固守娘仔坑谷地，遂下令早田中隊扼守南方出口；第五中隊配置在東側山背、第六中隊在北側山背、第八中隊在西側山背；並以工兵小隊為預備隊，停留在娘仔坑〔以下參照圖⑩〕。

　　當天一大早賊徒就從四面八方出現，九點多時，已形成包圍線。而大料崁方面的賊徒只是偶爾展開緩慢射擊，似乎不敢有攻擊的企圖。娘仔坑東面及東北面的賊徒從十時左右到下午一時，

先後攻擊第五中隊的左右翼，但沒有達成目的。其後雙方遠遠對峙，直到入夜。

坊城隊根據當晚調查得知，各兵所攜帶的彈藥平均不到五十發；口糧平均只有二餐份，若加上當天早晨在防禦地區內的民家〔五、六戶〕及田地所獲得的物資，勉強可支撐二天。於是，少佐決定與山根支隊主力取得連絡，在原地等其來援。乃由各中隊分別選出一名下士或兵卒〔二等軍曹小賀友左衛門、上等兵橫田安治、步兵一等卒三宅安太郎及白井安藏〕，編成二組斥候，裝扮成土民〔各帶領一名從台北帶來的土民〕，等日落後，分別派往中壢及龍潭坡。

十六日，四方賊情狀況依然不變。上午十時，東面及東北面的賊徒再度攻擊第五中隊，但被擊退。坊城少佐決定如果此日再得不到友軍支援，就要在翌日拂曉向中壢方向突圍，因此派人偵察進出路徑。下午二時許，聽到大料崁方向砲聲四起，砲彈在市街爆裂的狀況歷歷可見，知道是友軍來援，遂派早田中隊之一小隊〔隊長為山下五三郎中尉〕及工兵小隊出到大料崁溪左岸，與友軍連絡。此兩小隊驅逐了頂石墩庄附近的賊徒，涉過大料崁溪，一面驅逐散在左岸各聚落的少數賊徒，一面循砲聲方向前進。

大料崁的戰況雖然愈演愈烈，但包圍坊城隊的賊徒卻依然不動如山。直到五時，西面的賊徒突然開始動搖，部分往西北方、部分往西南方潰走。東面的賊徒也開始逐漸退卻。於是，坊城少佐命第五中隊留守娘仔坑，主力則前進至尾寮庄高地，其中一部分佔領高地西端，射擊從大料崁潰走的賊徒。其後，由於大料崁的槍聲也已經停止，遂在尾寮庄附近露營。當夜，步兵第三聯隊第一中隊之一小隊〔隊長為松崎純一郎中尉〕為了連絡，特由大料崁來此，詳細說明支隊主力已經來援的情形。翌日天尚未明，各部隊便從露營地出發，第五中隊亦從娘仔坑撤守，一起到達大料崁

西方崖地，方才得以和支隊會合。

【二】山根支隊的狀況

另一方面，山根少將率領支隊主力〔步兵第三聯隊（缺第二大隊）、騎兵第二中隊之一小隊、砲兵第四中隊（山砲四門）、臨時工兵中隊（缺一小隊）、衛生隊半隊〕，於十二日從台北出發，經桃仔園街，十三日抵達中壢，得知龍潭坡及銅羅圈庄〈桃園縣龍潭鄉銅鑼圈〉有少數賊徒；十四日早晨，以步兵第四中隊〔隊長為林騳二大尉〕為右側衛，經安平鎮庄往銅羅圈庄方向前進；步兵第三中隊、騎兵小隊、工兵中隊（缺一小隊及一分隊）則為前衛〔司令官及代理第一大隊長藤岡銑次郎大尉同行〕，經北兜庄往龍潭坡前進〔以下參照圖⑪〕。

上午七時許，前衛騎兵小隊抵達龍潭坡東北端，受到來自市街內的射擊，隨後到達的尖兵小隊〔隊長為大野豐四中尉（代理第三中隊長）〕將之驅逐，佔領市街的東北端。為數不少的賊徒固守市街內部的房舍，等待我軍接近。藤岡大尉於七時四十分下令第三中隊發動攻擊。第三中隊雖然嘗試從市街的東北側及道路進行突擊，但賊徒固守不動，等我軍接近時，就從房舍的槍眼朝外猛烈射擊。

此間，山根少將將本隊於烏樹林〈桃園縣龍潭鄉烏樹林〉北端展開，命第一中隊之一小隊〔隊長為松崎純一郎中尉〕從龍潭坡西北端攻擊賊徒左翼，後來又增援第一中隊長〔由人見高經中尉代理〕所率的一小隊〔隊長為渡邊壽少尉〕，但還是無法攻進市街，僅佔領其西北側的土堤。

九時二十分，山根少將接獲步兵攻擊困難的報告，雖然考慮展開砲擊，但該村有茂密的竹林圍繞，並沒有適當陣地。十時二十分，砲兵中隊〔隊長為莊司鎮四郎大尉〕佈列在龍潭坡西北方高地，朝市街進行搜索射擊，第一中隊（缺一小隊）稍稍後退，以避

開其砲火。少將將前衛諸部隊調到砲兵陣地附近〔十一時左右到達〕做為預備隊，又命步兵第二中隊之一小隊〔隊長為西鄉寅太郎中尉〕向龍潭坡西南前進，扼守賊徒退路。接著又派遣第二中隊（缺一小隊）〔隊長由菊池慎之助中尉代理〕進到龍潭坡東北部，以防備賊徒逃脫。然而砲擊未奏效，於正午左右停止射擊；下午在龍潭坡西北約八百公尺的墓地，尋獲可以射擊市街西南部房舍的陣地，砲兵遂於二時二十七分開始砲擊。賊徒很快就一團散亂，由東、南、北三面逃走。於是，第一、第二中隊分別從東、西兩向進入市街，放火燒屋，驅逐殘賊；四時三十分，完全佔領龍潭坡。當夜，各部隊在該村西北高地露營〔此日的戰鬥，步兵第三聯隊第一大隊下士卒四名戰死，八名負傷；消耗子彈二千零九十五發，砲彈一百零一發〕。此間，山根少將接獲林大尉的報告，得知上午九時左右擊退少數賊徒，佔領了銅鑼圈庄，乃下令該隊仍然駐留該地。

如前所述，先前分由大料崁溪兩岸前進的諸部隊預定於此日在龍潭坡會合，因此，山根少將為了佔領龍潭坡後的連絡事宜，先派遣步兵第一中隊之一小隊（缺二分隊）〔隊長為辻七郎特務曹長〕進往大料崁方向。此小隊一無所獲而回。此外，卻出人意表地接獲今田大尉從桃仔園街發出的報告〔十四日發〕，得知該中隊及水路運送隊十三日的情況，且該中隊將於十五日來到龍潭坡。因此，山根少將於隔天，即十五日駐紮在龍潭坡，一大早就派步兵第二中隊往大料崁方向前進，但僅得知大料崁有賊徒出沒，卻沒有坊城隊的消息。第四中隊則傳來報告說，銅鑼圈庄西南高地〔橫崗下〈桃園縣龍潭鄉橫崗下〉的西方高地〕昨夜有四、五百名賊徒集結，正在構築防禦工事。於是，山根少將派遣步兵第三聯隊長中岡祐保大佐及師團參謀步兵大尉明石元二郎等前進偵察，結果發現賊徒構築了十三個掩堡，綿延約三千公尺，頗佔優勢。因此，少將決

定先行對之發動攻擊。隔天，即十六日派遣步兵第七中隊（缺一小隊）〔第七中隊於十五日由桃仔園街抵此，山根少將從他們那裡得知海山口方面情況不穩（參照後文）〕守備龍潭坡〔配置四騎騎兵〕，並命其中一小隊〔隊長為佐藤義健少尉〕駐紮在龍潭坡與銅羅圈庄中間，負責保持連絡〔配置二騎騎兵〕。自己則率領其餘部隊於拂曉時進抵銅羅圈庄，下令：中岡大佐指揮步兵第一大隊（缺第三中隊）配屬四騎騎兵，從南坑門〈桃園縣龍潭鄉南坑〉方向攻擊賊徒左翼；砲兵中隊佈列在銅羅圈庄西端田地，支援其攻擊行動，並在附近設置砲兵陣地，以備不時之需。

賊徒受到我軍攻擊，聲勢頓然為之一挫，在稍事抵抗後，就向咸菜硼街〈新竹縣關西鎮關西〉方向潰走，支隊在上午七時完全佔領高地〔消耗子彈一千三百二十一發、砲彈九發〕。於是，山根少將命步兵第四中隊駐紮在銅羅圈庄，率領其它部隊於十一時許返回龍潭坡。此時正好坊城少佐十五日從娘仔坑派遣的一名連絡斥候抵達〔一等卒白井安藏〕〔斥候於途中屢遭遇賊徒，一名戰死，另二名於此日抵達中樞〕，始得知十二日以來該隊的狀況，山根少將遂決定先行攻擊大料崁，救援坊城隊。因此立刻下令中岡大佐率領其步兵第一大隊本部暨第一、第三、第七中隊、砲兵中隊、工兵中隊（缺一小隊）、衛生隊半隊先行出發；同時調回留守銅羅圈庄的第四中隊，配置騎兵小隊，負責守備龍潭坡；第三中隊則停留龍潭坡、大料崁中間，以保持兩地的連絡〔以下參照圖⑩〕。

下午二時，中岡大佐抵達員樹林庄〈桃園縣大溪鎮員樹林〉東南大料崁溪左岸，山根少將也接踵而至。此時，僅見大料崁方向旗幟飄揚，西南端凸角部有掩堡，還有二、三名賊徒在附近出沒，坊城隊的情況則完全不明。於是，少將命砲兵中隊即刻佈列，以大料崁的中央為目標開始砲擊，賊徒從掩堡及其附近僅以微弱的

槍火回應；於是又下令步兵第一中隊在砲兵的右翼展開，數次加以齊射。此間由偵察得知，大料崁溪在心西埔〈桃園縣大溪鎮順時埔〉西方附近可以涉水而過，遂命第二中隊往該處前進。第二中隊就在砲兵的掩護下，在心西埔的西南方涉水渡溪，經過醮寮埔庄〈桃園縣大溪鎮醮寮埔〉，驅逐少數賊徒，佔領姓廖〈桃園縣大溪鎮姓廖〉附近，時為下午三時左右。不久〔三時四十分左右〕，第七中隊亦受命抵此，一起向大料崁南端發動攻擊，但賊徒頑強抵抗，兩中隊無法進入市街。直到五時左右，砲兵以此為目標，變換射擊。賊徒忽然動搖，兩中隊乘機吶喊攻入市街，放火驅逐殘賊，六時三十分完全佔領。此地的賊徒四分五裂，往北方及東南方潰走，其中五十四名被我軍虜獲〔此日，坊城隊方面有步兵第三聯隊第二大隊的兵卒一名負傷，消耗子彈一萬一千八百八十三發；支隊主力方面有步兵第三聯隊第二大隊兵卒一名戰死，除少尉長渡忠被以外，有兵卒二名負傷；消耗子彈一萬零三百九十三發，砲彈一百四十一發。先前在台北謁見總督，申請回到大料崁接家屬回清國內地的總兵余清勝也於此時被停，送回台北〕。

　　此間〔五時三十分左右〕，坊城少佐所派遣的連絡隊〔步、工兵各一小隊〕得到山根少將的允許，抵達此地，負責連絡。少將派遣第一中隊之一小隊至坊城隊，並命第二、第七中隊負責守備大料崁，其餘諸隊則在左岸陣地露營。

　　此日，大料崁攻擊進行中，山根少將接獲師團長的訓令，告知海山口、桃仔園街之間及三角湧附近賊徒猖獗，命支隊暫時後退，剿滅該地一帶的賊徒，並儘量掩護台北以西的鐵路電線，以維持與阪井支隊間的連絡〔十四日發出，由在桃仔園街的緒方參謀傳送〕。但少將決定先擊破眼前的敵人後再實踐此訓令的指示，此日戰鬥結束後，於次日，即十七日早晨，集合位在右岸的兩中隊及坊城大隊，而於下午派遣一部分部隊〔第一大隊（缺第一中隊）、騎兵

一小隊〕駐守龍潭坡，間接掩護中壢、大湖口間的鐵路電線，自己則率領主力部隊於下午一時往海山口方面出發。◪

第四節 【一】掃蕩前台北附近的狀況

掃蕩台北、新竹之間　七月十二日，山根支隊正在大料崁溪河階地掃蕩賊徒時，在台北以西的賊徒突然蜂湧而起，企圖乘著我軍兵力薄弱之際收復台北，遂在海山口、桃仔園街之間的兵站線附近不斷騷擾我軍〔七月十一日時，各部隊的位置參照圖⑧〕。十三日天還沒亮，海山口市街就呈現不穩狀況，糧食縱列〔由軍伕及本地民眾組成〕在埤角〈台北縣新莊市迴龍一帶〉西方隘路口受到賊徒襲擊，當時在海山口宿營的步兵第四聯隊長內藤大佐派步兵第六中隊〔隊長由粟屋齊中尉代理〕往埤角方向偵察。不久〔十時四十分〕，收到師團長攻擊賊徒的命令，乃親自率領第七中隊〔隊長由新谷德平中尉代理〕經由主要道路西進，並命第二大隊長伊崎良熙少佐帶領第八中隊〔隊長由伊達紀隆中尉代理〕從南方前進〔海山口的守備由步兵第五中隊及後備步兵第一聯隊第七中隊留守〕。

第六中隊派遣吉弘振一郎中尉率領四個分隊〔分二次派遣〕偵察西南方聚落，於十一時抵達桂仔坑〈台北縣泰山鄉貴子坑〉南方的三叉路，而與位在尖山外庄〈桃園縣龜山鄉光啓高中一帶〉北方山頂及埤角附近的賊徒形成對峙〔埤角附近的地形參照圖⑫〕。正午過後，內藤大佐的部隊抵達此地，下令由第七中隊攻擊尖山外庄北方山頂的賊徒，第六中隊則攻擊正面的賊徒，第七中隊之一小隊〔隊長為松本武臣少尉〕負責往龜崙嶺頂庄方向偵察。此時，賊徒雖然還在附近聚落出沒，但天色已晚，天黑之前顯然無法將之驅逐。大佐因此決定第二天再繼續剿討，留下兩中隊在隘路口附近後，自己便率領其它部隊返回海山口。

此日，伊崎少佐所率領的第八中隊在相仔林庄〈台北縣新莊市柏仔林〉與第六中隊的吉弘小隊〔四個分隊〕併合後，於下午一時左右，驅逐了盤據在西盛庄〈台北縣新莊市西盛〉東端的賊徒。但該庄

內的一間大厝中仍存有一百多名賊徒，我軍雖然也嘗試加以攻擊，但他們據守鑿有槍眼的堅固牆壁〔約一百公尺〕，頑強抵抗，我軍死傷頗多，還是無法攻克。就連放火燒屋的行動，也因強風大雨，無法奏效，不得已，只好於下午三時放棄攻擊行動，當夜收兵返回海山口〔此日，步兵第四聯隊有下士卒七名戰死、十九名負傷；消耗彈藥七千二百五十發〕。

在此期間，海山口與台北之間也有賊徒出沒，切斷電線。內藤大佐乃增派第七中隊之松本小隊〔松本小隊因為要報告偵察結果，所以先回到此處〕及和伊崎少佐同行歸來的吉弘小隊守備海山口。

從早晨起，台北也呈現不穩徵兆，到傍晚時騷動更加嚴重，各部隊都徹夜加強警戒。十四日凌晨三時三十分，師團長收到前述海山口附近的戰況報告〔十三日派遣到海山口視察戰況的師團副官步兵中尉坂田虎之助的報告〕，對於人心動亂的原因已有所瞭解，為了加速鎮壓起見，認為海山口方面的部隊有配屬砲兵的必要。於是當天早晨，便增派機關砲合併第四隊〔師團長鑑於機關砲隊人員減少及道路不良，於七月十三日，將第五、第六機關砲隊編成一隊；第七、第八機關砲隊編成一隊（有六門），分別稱為合併第三隊及合併第四隊，並自行負責彈藥及裝備運送〕及擔任護衛的二個步兵分隊到海山口〔參謀緒方中佐為視察情況，也與之同行〕，同時由鐵路運送二門野砲到海山口〔山砲需留著守備台北城，因此運送野砲，由渡部市太郎中尉指揮，並附帶若干彈藥箱，抵達海山口後以人力搬運。大隊長小久保善之助少佐及中隊長門田見陳平大尉也隨行〕。

當天上午九時三十分，內藤大佐下令剛抵達的機關砲隊中的二門砲與步兵第八中隊一起留守海山口；第五中隊〔隊長為今井直治大尉〕攻擊桂仔坑北方高地的賊徒；機關砲隊（缺二門）〔隊長為步兵中尉野津誠吾〕則佈列在海山口西端的田地，準備隨時援助友軍。

第五中隊靠著機關砲隊及此時抵達的野砲小隊〔佈列於機關砲隊旁邊〕的援助，從西北方擊退桂仔坑北方高地的賊徒〔約二百名〕〔時為下午一時左右〕。此時，約有二百名賊徒出現在姜仔寮〈台北縣樹林鎮台北軍人公墓東邊一帶〉及中腸庄附近，但受到埤角附近的第六中隊（缺一小隊）及正好出現在賊徒側背的吉弘小隊〔吉弘小隊是受內藤大佐之命，偵察尖山外庄南方山上的情況，途中經過此地，正好在山上遇到這些賊徒，其後復歸本隊〕加上位於埤角北方鐵路附近的機關砲隊（缺二門）集中火力，自三面射擊，於三時左右，向南方潰走。

在此之前，內藤大佐在野砲小隊抵達時，率領吉弘、松本兩小隊及機關砲隊（缺二門）於一時左右前進到埤角東北方第七中隊的位置，第七中隊的一小隊正在尖山外庄北方山頂與從西北方而來的賊徒對戰，直到黃昏時才將之擊退。此間〔四時左右〕，野砲小隊從鐵路附近開砲轟擊前日來攻賊徒所據守的西盛庄，賊徒奔逃四散。

於是，內藤大佐命第六、第七中隊仍然停留在前夜的位置，第五中隊之一小隊〔隊長為中村重毅特務曹長〕留守在桂仔坑北方高地，自己則率領其它部隊返回海山口。此時，岩元貞英少佐所率領的二個後備步兵中隊也抵達海山口〔此日，步兵第四聯隊有兵卒一名戰死，一名負傷；消耗子彈一萬三千一百一十六發，機關砲彈五百六十七發，砲彈三十三發〕。

前此，龜崙嶺頂庄的守備隊〔由桃仔園街守備隊派出的後備步兵第一聯隊第八中隊的半小隊（隊長為船田和一郎少尉）〕於十三日早晨，接獲前述糧食縱列遇難的報告，遂趕往救援，途中在坑底庄〈台北縣龜山鄉龍壽一帶〉與四、五十名賊徒發生衝突，雖然很快將之擊退，但考慮到背後非常危險，遂又折回。不久，因為覺得該地地

形不適於防守，又往龜崙口街〈桃園縣龜山鄉龜山〉退卻，與從桃仔園街前來增援的第八中隊（缺半小隊）〔隊長爲岡村明之大尉〕會合。在桃仔園街的岩元少佐於十四日拂曉，與前述從二甲九庄退回的今田中隊會合後，察覺情況急迫，亟望能儘速恢復與海山口的連絡，遂將桃仔園街的守備暫時交給今田中隊，自己則率領後備步兵第六中隊〔（隊長爲三宅直利大尉）爲了守備兵站部，留了約一分隊的兵員在桃仔園街〕出發，途中與第八中隊併合，擊退在隘路兩側山上出沒的賊徒，抵達埤角，與內藤大佐會合，當晚在海山口宿營〔此日，後備步兵第一聯隊第二大隊的大隊副官吉田震太郎中尉戰死，下士卒二名負傷；消耗子彈一千零四十七發〕。

十五日，內藤大佐爲了掃蕩埤角及龜崙嶺頂庄之間的賊徒〔第八中隊、機關砲合併第四隊（缺二門）與海山口守備隊一起留在該地，第五中隊之一小隊仍然留在桂仔坑北方高地，第六中隊（缺一小隊）留守埤角〕，命伊崎少佐率領第七中隊從鐵路北側山地前進，岩元少佐率領後備步兵第六、第八中隊及近衛步兵第六中隊的一小隊從其南側山地前進，自己則率領步兵第五中隊（缺一小隊）及機關砲二門取道鐵路前進；如此兵分三路，分別往龜崙嶺頂庄推進〔此日，內藤大佐命砲兵小隊返回台北〕。

根據這個部署，伊崎隊及岩元隊分別在途中擊退約二百名賊徒，從正午至下午三時半，各部隊悉數抵達龜崙嶺頂庄〔岩元少佐的二個後備步兵中隊返回桃仔園街，第五中隊（包括中村小隊）留守龜崙嶺頂庄，第六中隊留守埤角，其它則返回海山口〕。

當晚有各約五十名賊徒分別襲擊桃仔園火車站〔兵站司令部所在地〕及桃仔園市街，岩元少佐的二個後備步兵中隊正好歸抵此地，遂與第一聯隊第三中隊〔隊長爲本鄉源三郎大尉。該隊在與第二聯隊第七中隊交接守備工作後，要從大湖口返回台北，當天早晨正好抵達桃仔

園街，在兵站司令官〔步兵大尉中村康直〕的請求下，暫時駐紮於此〕共同擊退賊徒。緒方參謀看到桃仔園街的守備薄弱〔當時，後備隊只有中隊現有兵員，大約七、八十名〕，遂命本鄉中隊暫留於此，納入岩元少佐指揮。隔天，即十六日上午八時左右，約三百名賊徒再度來襲，守備隊與此時正好來援的中樞守備隊〔第一聯隊第二中隊〕之一小隊〔隊長爲津野田是重少尉〕，再加上在大湖口的第四聯隊第四中隊〔十五日傍晚，接獲桃仔園街的急報，由大湖口搭火車來援（隊長爲多田捨馬大尉）〕一起將賊徒擊退〔第四中隊後來就駐留在桃仔園街〕。

另一方面，大本營爲回應樺山總督在六月二十九日所提出的增援請求，遂將當時位於奉天半島〈即遼東半島〉的第二師團部隊編入混成第四旅團，其中一部分〔步兵第十七聯隊〕於十一日先從大連灣出發，其先頭部隊〔步兵第十七聯隊第三、第四中隊及第二大隊〕於十四日抵達基隆。總督本來想以該聯隊戍守淡水河以東、宜蘭及澎湖島，而把混成支隊調回日本內地，但由於台北附近情況迫切，故急忙將之調至台北〔其第四中隊駐紮水邊腳〕，於十五日上午抵達。

此外，總督認爲近日的騷動乃由於我軍兵力不足所致，加上考慮到將來戡定台灣南部之需要，爲此決定再向大本營請求增加一個半師團的兵力，而派遣參謀砲兵中佐伊藤祐義返回大本營〔派遣的結果留待第四章再詳述〕。

十五日，在海山口西方的賊徒受到我軍攻擊，均已慌亂四散。然而山根支隊卻音訊全無，師團長因而於此日派遣騎兵第二中隊之一小隊〔隊長爲山本好道特務曹長〕往三角湧方向偵察，此小隊在頂埔庄〈台北縣土城鄉頂埔〉附近受到賊徒掩襲，幾乎全被殲滅，僅有三名下士卒逃脫，投奔海山口。又，從當晚到第十六日早晨，桃仔園街守備隊二度受到賊徒襲擊，至十七日才接獲報

告，得知坊城隊陷入重圍，山根支隊之主力正趕往救援當中。

　　總督因此認為此地居民十分狡黠，桀驁不馴，現今若不加以痛懲，將來定然無法綏撫懷柔。十七日遂訓令師團長：從新竹繼續南進之前，必須先以強勢兵力掃蕩戡定台北、新竹間的地區。當時，步兵第十七聯隊的剩餘部隊〔十五、十六兩日抵達基隆〕已經在基隆登陸完畢，總督分配各部隊的守備位置：二個中隊負責守備澎湖島〔第九、第十一中隊；十九日自基隆出發〕；大隊本部及二個中隊守備宜蘭〔由第三大隊本部暨第十、第十二中隊負責；十九日自基隆出發〕；其餘部隊則和近衛步兵第一聯隊本部、第二大隊、騎兵第二中隊之一分隊以及第一機關砲隊共同守備淡水河以東至基隆之間，受近衛師團長指揮。如此一來，我軍方才無後顧之憂，得以主力掃蕩淡水河以西的賊徒。

　　當天傍晚，參謀緒方中佐〔十四日以來就在海山口、桃仔園街之間視察情況〕及明石大尉〔十二日以來配屬山根支隊〕回到台北，師團長從他們那裡得知各方面的狀況，知道賊徒根據地大概在三角湧附近。山根支隊在與坊城隊取得連絡後，留下部分兵力在龍潭坡附近，主力則集合在桃仔園街附近。於是，師團長命山根少將暫停先前訓令的行動，等待後命。不久，台北、新竹間的掃蕩決定分二期進行，第一期行動以賊勢十分猖獗的大料崁溪河階地及其以北地區為目標。

　　十七日下午，為了支援海山口而從大料崁出發的山根支隊迷路，當晚抵達小大湳庄〈桃園縣八德鄉小大湳〉，得知海山口方面已經恢復平靜，便在當地停留一晚，補充糧秣後，即前往桃仔園街，並駐留於該地待命〔為了保持中樞、龍潭坡間的連絡，第一中隊增援龍潭坡附近的守備。第一聯隊第七中隊先前為了守備大料崁，與坊城隊同行，但是因為山根支隊已經轉道而無需前往，遂與支隊一起到桃仔園街，其

後與其所屬部隊一起守備台北〕。

此外，師團長爲了混成支隊歸返內地預作準備，所以於十六日調動各部隊的守備：三木大隊負責桃仔園街的守備；龜崙嶺頂庄及海山口的守備則暫由內藤大佐負責。而一直守備此處的後備步兵第一聯隊第二大隊（缺一中隊）則集合到台北〔十九日集合完畢〕，二十日出發到基隆；在宜蘭、澎湖島及基隆的混成支隊，與步兵第十七聯隊的一部分辦理守備交接手續後，於二十三日在基隆集合完畢。其間，臨時山砲兵中隊〔山砲裝備交付近衛野戰砲廠〕及臨時彈藥縱列已經於二十日自基隆出發，支隊司令部〔司令官步兵大佐比志島義輝受總督之命留在台北〕以下其餘部隊也於二十四日自基隆出發，返回其編成地。

【二】第一期的掃蕩

在第一期掃蕩中，近衛師團長能久親王爲了掃蕩台北到中櫪鐵路以南直至大料崁溪河階地一帶地方，編組了如下三個支隊，分別規定其剿討地區及集合地，於二十日下達此命令〔剿討地區及集合地以略圖表示，在此省略〕。

- 山根支隊
  司令官：山根信成少將。
  所轄部隊：步兵第三聯隊、步兵第四聯隊第四中隊、騎兵第二中隊之一小隊、砲兵第四中隊、臨時工兵中隊、衛生隊半隊。
  集合地：大料崁附近。
  剿討地區：從桃仔園街到三角湧東方的圓潭庄附近一線以西。
- 內藤支隊
  隊長：內藤政明大佐。
  所轄部隊：步兵第四聯隊第二大隊、騎兵第二中隊（缺二小

隊）、砲兵第二大隊本部暨第三中隊、工兵第一中隊之一小隊。

集合地：海山口附近。

剿討地區：桃仔園街至圓潭庄一線以東、大料崁溪左岸。

● 澤崎（後爲松原）支隊

隊長：〔起初由澤崎正信大尉代理大隊長，二十一日起松原晙三郎少佐任

大隊長〕。

所轄部隊：步兵第二聯隊第二大隊本部暨第五、第六中隊。

集合地：台北附近。

剿討地區：桃仔園街至圓潭庄一線以東、大料崁溪右岸。

　　各支隊於二十一日到達指定地點集合，二十二日起開始行動，約定二日內結束剿討行動。之後，各支隊再分別退回初始的集合地將殘餘敗賊完全殲滅，而於原地待命。各支隊的彈藥、糧食由輜重兵少佐增野助三〔輜重兵大隊本部與馬廠半數兵員都於十四日由基隆抵達台北，該大隊本部於十八日再度從台北出發，二十日時已抵中壢〕所指揮的輜重第一梯隊〔第三步兵彈藥縱列、第一砲兵彈藥縱列（由各彈藥縱列的一半兵員臨時編成）及第一、第二糧食縱列〕負責從中壢、桃仔園街、海山口的各兵站地補給，但是，考慮到交通十分不便，也命各支隊儘量自行攜帶彈藥及糧秣〔台北、新竹間的兵站線守備配置，根據十九日的命令有些變動：步兵第一聯隊第一大隊、第三機關砲隊及機關砲合併第四隊擔任從中壢至海山口的守備：其中第一中隊、機關砲合併第四隊在海山口（其中一小隊在坪角）；第二中隊在龜崙嶺頂庄；大隊本部暨第四中隊在中壢；第三中隊及第三機關砲隊在桃仔園街。阪井支隊的步兵第四聯隊第一大隊本部暨第一、第二中隊則守備頭亭溪至新竹之間，二十一日全部配置完畢〕。

　　山根支隊主力從集合地大料崁前進至大料崁溪右岸，林騾二

大尉〔代理第一大隊長〕率領一部分兵員〔步兵第三聯隊第一大隊本部暨第一、第四中隊，騎兵約一分隊，砲兵一小隊，工兵一分隊〕在八塊厝〈桃園縣八德鄉八德〉附近集合，剿討左岸地區。山根少將又命步兵第四聯隊第四中隊〔隊長為多田捨馬大尉〕在小大湳庄集合，負責保持前線與桃仔園街之間以及與林隊間的連絡，必要時，並得加以支援。各部隊於二十一日分別從桃仔園街及龍潭坡附近開始行動，前往各集合地〔以下大嵙崁溪右岸地形參照圖⑨〕。

山根支隊的主力〔第二中隊（附屬二名騎兵）於大嵙崁，第三中隊及騎兵一小隊（缺少約一分隊）、工兵二分隊則駐留在其對岸，以便協助主力，並掩護背後〕以第五中隊〔隊長由宮永計太中尉代理〕及第六中隊〔隊長由井戶川辰三中尉代理〕為左、右側衛；第八中隊之一小隊〔隊長為丸野勝喜少尉〕為前衛，於二十二日早晨出發〔山根少將顧慮前路險惡，大小行李及馬匹全都留在大嵙崁，每人各自攜帶三日份的口糧，步兵至少攜帶一百五十發的彈藥，砲兵及衛生隊的馱馬以軍伕代替〕，抵達尾寮庄高地，擊退盤據烏泥堀庄東北鞍部附近的三、四百名賊徒。步兵第七中隊〔隊長為今田亮大尉〕留在該鞍部，掩護後方。其餘部隊繼續前進，於傍晚時進抵尾重橋，在此遇到約二百名賊徒佔領福德坑庄東南的山背。左、右兩側衛擊退烏泥堀庄東北鞍部的賊徒後繼續往險阻的山頂前進，其第五中隊抵達尾重橋北方山頂〔標高三九七〕，遇到佔領其東北方山頂〔標高四二九〕約二百名賊徒而停止；第六中隊則抵達尾重橋東南山頂〔標高二一〇〕附近，在二鬮〈台北縣三峽鎮二鬮橋一帶〉東方擊退盤據該山頂約二百名的賊徒。於是，山根少將決定第二天全面發動攻擊，下令各部隊就地露營〔駐紮在烏泥堀庄東北鞍部的第七中隊留下一小隊（隊長為元田亨吉中尉），其餘則在晚上十時與本隊會合〕。

二十三日，山根少將下令第五中隊攻擊正前方的敵賊，第八

中隊〔隊長為深堀順藏大尉〕則從主要道路及南側山背攻擊福德坑庄東南高地的賊徒。這兩中隊都由坊城少佐〔代理第三聯隊長〕指揮，於凌晨四時三十分開始行動，第六中隊則留在原地掩護支隊右側。

為了掩護第八中隊前進，砲兵中隊（一小隊）〔隊長為莊司銀四郎大尉〕佈列在主要道路附近，從五時三十分開始砲擊右側山上的賊徒，但因濃霧密佈，遂於六時三十分停止射擊。

此時，第八中隊長深堀大尉命一小隊從主要道路前進，其餘部隊則爬到山上，逼近賊徒左翼。然而，攻擊行動沒有進展，因此，少將又命第六中隊的一部分追上支援，但山路艱險，不易前進。此時濃霧稍散，砲兵再度展開砲擊，但是看到友軍已經靠近賊徒，怕誤傷友軍，只好暫時停止。

九時二十分，少將又命第七中隊之一小隊（缺二分隊）〔隊長為佐藤義健少尉〕增援第八中隊。由於此小隊奮勇向前突擊，終於將賊徒擊潰，退往東南方。第六中隊遂停留在原來位置，負責掩護背後，第八中隊則往東南方追擊敗賊，其餘則繼續前進，於下午二時抵達三角湧。此時，第五中隊已經擊退左側山上的賊徒而佔領該地，各部隊乃在此地宿營。第七中隊（缺一小隊）則被派往枋橋街方向與松原支隊連絡〔二十四日返回〕，另一方面也與當日已經抵達南情厝〈台北縣鶯歌鎮南靖厝〉的林隊所派遣的斥候連絡〔在烏泥堀庄東北鞍部的元田小隊於此日受到山根少將的命令，與從大料崁對岸而來的第三中隊（缺一小隊）交接，於傍晚抵達三角湧〕。

二十四日，支隊進駐三角湧並搜索附近地區，將賊徒的房舍全部燒燬，其砲兵隊則改納入林隊。為了避免回程的困難，又命已抵達占山埔庄的多田中隊返回桃仔園街。隔天，即二十五日部隊自三角湧出發，歸抵大料崁，在此與支隊所有部隊會齊，其後

從事大料崁溪上、下游地方及龍潭坡附近的偵察〔此次掃蕩，步兵第三聯隊兵卒一名戰死，井戶川辰三中尉及兵卒四名受傷；二十三日戰死、受傷兵卒各一名；兩日間共消耗子彈二萬八千一百發，二十三日消耗砲彈五十一發〕。

　　林隊於二十二日早晨在八塊厝附近集合〔從龍潭坡出發的部隊走錯路，無法在預定的二十一日集合〕，命第四中隊〔隊長由中村多磨男中尉代理〕及工兵一分隊爲前衛，向二甲九庄前進，所走的是由缺仔庄〈台北縣大溪鎮缺子〉，經過與中庄〈桃園縣大溪鎮中莊〉通往橋仔頭〈台北縣鶯歌鎮橋頭〉這條道路平行，北方處的另一條高地道路〔參照圖⑨〕，沿途驅逐散據在各聚落的賊徒，抵達二甲九庄宿營〔此日，步兵隊爲永爲三郎特務曹長及下士卒七名受傷；消耗子彈四千七百四十一發、砲彈九十八發〕。隔天二十三日，擊退盤據正面高地及占山的殘賊，沿途燒燬許多聚落，一路前進至南情厝，與山根支隊及內藤支隊中的藏田隊〔參照後文〕取得連絡〔消耗子彈七百發，砲彈三發〕。這兩天，多田中隊與林隊齊頭並進，途中驅逐了少許賊徒，在頂大湳庄〈桃園縣八德鄉大湳村〉及占山埔庄宿營。

　　隔天，即二十四日，林隊駐屯在南情厝，搜索附近地區，與來自三角湧的砲兵中隊（缺一小隊）會合，二十五日經由原路回到大料崁，解散其編組。多田中隊也於二十四日解除任務，二十五日返回桃仔園街。

　　在此期間，內藤支隊於二十一日將其兵力集結在海山口〔騎兵及砲兵大多從台北前來，工兵則從桃仔園街而來。但騎兵包括十五日在頂埔庄附近被殲滅的小隊殘餘兵員，約一分隊，故其兵力爲二小隊又一分隊〕，以主力剿討鐵路南側山地的賊徒。其中一部分〔步兵第七中隊、騎兵中隊（二小隊與約一分隊）、砲兵一小隊及工兵半小隊〕，由砲兵第二大隊長〔藏田虎助少佐〕指揮〔以下稱藏田隊〕，這是爲剿討其東方及南方

大料崁溪左岸平地的賊徒而做的部署。當時,雖然在桅仔寮庄〈台北縣樹林鎮桅仔寮〉西南山頂看到賊徒的掩堡,但其內部情況則不詳〔以下參照圖⑫〕。

二十二日,支隊主力〔步兵第四聯隊第二大隊(缺第七中隊)、砲兵第三中隊(缺一小隊)、工兵第一中隊之半小隊〕從凌晨四時開始行動。首先,為達成佔領西方三角埔〈台北縣樹林鎮三角埔〉南側山頂〔標高二八四〕的目的,以步兵第五中隊〔隊長為今井直治大尉〕由其北麓前進。伊崎少佐則率領其餘部隊從東北麓前進,並在埤角東方田地佈列一門砲〔由中隊長岸田庄藏大尉率領,第八中隊之一小隊及工兵半小隊負責掩護〕,防範桅仔寮庄西南方的賊徒。部隊前進途中並未遭到賊徒抵抗,〔六時左右〕便抵達該山頂附近。第五中隊也於此時佔領標高二八四的山頂,此時濃霧大起,咫尺莫辨,至六時五十分才發現有少數賊徒佔領桅仔寮庄西南高地,而橫坑仔庄〈台北縣樹林鎮橫坑〉西北山頂〔標高四三九〕也有賊徒以掩堡為據點。

於是,埤角的砲兵先向桅仔寮庄西南山頂的賊徒開砲,伊崎少佐也下令所屬步兵及砲兵〔一門,由鹽島金一郎少尉所率領〕與第五中隊一起從山上開火,賊徒很快即退走。此時,第五中隊經山背向西南方前進,伊崎少佐命第六中隊〔隊長由栗屋齊中尉代理〕從標高二八四的山頂向橫坑仔庄西北的賊徒進攻。九時過後,第五中隊佔領大菁坑庄〈台北縣龜山鄉大青坑〉南方山頂〔標高三四〇〕,對盤據在橫坑仔庄西北山頂及大菁坑庄北方山頂附近的賊徒展開射擊。伊崎少佐又命鹽島少尉所率領的砲兵佈列在西側三角埔南方山頂;第八中隊(缺一小隊)〔隊長由伊達紀隆中尉代理〕則推進至大菁坑庄東方標高二七一的山頂,接著,又派其一小隊增援第五中隊。此時,第六中隊從東北方向橫坑仔庄西北山頂前進,排除榛莽,跋涉溪谷,驅逐少數賊徒,從九時三十分至十時三十分間佔

領大菁坑庄西北山頂，與賊徒對戰。

佈列在西部三角埔南方山頂的砲兵，從九時三十分開始，砲轟橫坑仔庄西北山頂的賊壘，但效果有限，遂繼續前進〔前進道路路況惡劣，裝備全部以人力搬運〕，於下午一時四十分好不容易才抵達大菁坑庄東側山頂，開始射擊，然而大部分賊壘都無法看見，只好駐留於此地〔第五中隊所佔領的山頂附近雖然有合適的砲兵陣地，但當時天色已晚。另外，佈列在埤角的砲兵於下午五時許，與護衛隊一起來到三角埔南方山頂〕。

在此期間，一部分賊徒威脅第六中隊的右側背，其勢頗猛，第六中隊一時無法將之擊退。直到五時四十分，第六中隊才和第五中隊長派來的一小隊〔由一等軍曹九山山司率領〕一起突破攻入賊壘，佔領該地。但橫仔坑庄西南山頂的賊徒卻將潰敗賊兵加以收編，毫無退卻之意。因此，內藤大佐決定等隔天再發動攻擊，遂命各部隊就地過夜〔（各隊位置參照圖⑫的第二階段）此日的戰鬥消耗子彈六千二百三十八發，砲彈二十發〕。

二十三日，伊崎少佐命砲兵在大菁坑庄南方山頂〔標高三四○〕附近陣地就位，從早晨六時三十分開始砲擊；第八中隊及工兵半小隊留在砲兵陣地附近做為預備隊；第五及第六中隊則從橫坑仔庄西北山頂攻擊。不久，又派第八中隊之一小隊〔隊長為山田軍太郎少尉〕往山仔腳庄〈台北縣樹林鎮山子腳〉西北山頂〔標高二三五〕方向與藏田隊連絡。

第五中隊於八時三十分在橫坑仔庄西北山頂集合完畢，往敵人左側背逼近，第六中隊則停留原地等待其攻擊結果。但由於第五中隊的行進極為遲緩，直到正午都還沒有消息，伊崎少佐乃下令第八中隊之一小隊及工兵半小隊留守，護衛砲兵；另命第八中隊長〔由伊達紀隆中尉代理〕率領二小隊〔其中一小隊出到山仔腳庄西

北，與山田小隊併合〕攻擊賊徒右翼。此時，第六中隊開始獨力攻擊，其一小隊由樹叢竹林潛行，突然出現在賊徒左側背〔下午一時三十五分〕，加以猛烈射擊；其餘中隊兵員則乘賊勢動搖之際，從正面突擊，終於佔領大高坑庄〈台北縣樹林鎮大高坑〉北方山頂的賊壘，並繼續沿著山背追擊，於三時左右佔領石灰坑庄〈台北縣樹林鎮石灰坑〉北方〔標高三七六〕及西方〔標高三六七〕的山頂。

此時，向山仔腳庄西北山頂前進的第八中隊之一小隊，於下午一時左右擊退山上少數賊徒，佔領山頂，並以信號與藏田隊連絡〔藏田大隊當時在山仔腳庄〕。接著〔三時〕，又與第八中隊長所率領的小隊會合，途經大高坑庄東北山背，於五時左右抵達第六中隊所在位置附近。第五中隊也在跋涉過社後坑庄〈台北縣板橋市社後〉附近崎嶇難行的山地後，於此時到達。於是，內藤大佐結束此日的行動，命各部隊在從大高坑庄北方山頂到石灰坑庄西方山頂間露營〔（各部隊的位置參照圖⑫的第三階段）此日消耗子彈四千四百九十發，砲彈一百八十發〕。

二十四日，內藤大佐從早晨就命第五中隊搜索露營地以北到鐵路之間的地區，第八中隊則負責掃蕩藏匿在該處以南山間的殘賊。此日，各部隊在前晚的露營地附近到橫坑仔庄西北山頂間露營，隔天，即二十五日正午歸抵海山口，與藏田大隊合併，就地待命。賊徒則四處散竄，二十四日以來沒有任何賊蹤。

在此之前，藏田大隊於二十二日早晨從海山口出發，經過相仔林庄南進，在樹林庄擊退約二百名賊徒，一路上且剿且行，驅逐在無水田附近出沒的賊徒，砲轟各聚落，放火燒屋後，即在此地宿營。此地附近的賊徒大多已奔竄到大料崁溪右岸，其中一部分迂迴從北方逃走。第二天，藏田隊驅逐了少數賊徒，抵達山仔腳庄時〔早晨八時〕，發現有賊徒佔據其西南七、八百公尺的聚落，

在山根及松原支隊也接近後，藏田隊方發動攻擊，驅逐了賊徒〔只有五、六十名〕，並在山仔腳庄附近宿營。隔天，即二十四日，踏上歸途，一路搜索沿路各聚落，抵達無水田附近，二十五日歸抵海山口〔步兵第七中隊於二十二日有乃木申造中尉及二名兵卒負傷；此次掃蕩消耗子彈八千八百發（包括騎兵及工兵的一百發），砲彈一百二十六發〕。

另一方面，松原支隊於七月二十二日早晨從台北出發，於途中偵察枋橋街的情況，並以第五中隊之一小隊〔隊長爲石川二輔中尉〕爲右側衛，取道沿大料崁溪右岸前進。其餘部隊在抵達四汴頭〈台北縣板橋市四汴頭〉後，獲得師團長所派砲兵一小隊的增援〔師團長於二十一日下午，得到賊徒聚集在枋橋街南方的情報，不久，又得知該地有不穩的情形，便命砲兵第二中隊長（門田見陳平中尉）攜帶野戰砲廠的裝備（混成支隊在回內地前將山砲裝備交給野戰砲廠），編成山砲一小隊，由門田中尉率領，追上松原支隊（鮫島參謀長同行）。師團長並派遣騎兵大隊長澀谷中佐指揮騎兵第一中隊之二小隊到枋寮街〈台北縣中和市〉，向新店街〈台北縣新店市新店〉方向警戒。樺山總督也考慮到這裡的情況，從台北守備隊中調出近衛步兵第一聯隊第五中隊（隊長爲藤井養三大尉。在與步兵第十七聯隊之一中隊交接了滬尾街的守備後，於二十一日歸抵台北），於二十三日抵達枋橋街，暫時隸屬師團長指揮〕。

此時，松原支隊發現四汴頭東方及南方各聚落似乎都有賊徒聚集，而右側衛也在圓林庄附近受到來自港後庄東側山上的射擊，因此，支隊嚴加警戒，召回右側衛，在四汴頭過夜。但整夜並無異狀，附近聚落也十分寧靜〔當晚，出到大料崁溪左岸的斥候與藏田隊連絡後，得知該處的敗賊多半已逃到右岸〕。

二十三日早晨，支隊從四汴頭出發，沿途放火焚燒聚落〔各村幾乎都有防禦工事，每一家都或多或少貯藏著武器、彈藥〕，六時三十分抵達港後庄，遭到距大平庄及港後庄東南約一千公尺高地上的賊

徒抵抗。於是，松原少佐乃命砲兵佈列在港後庄東側高地展開砲擊，以支援向高地前進的步兵小隊〔左側衛的第五中隊之一小隊（隊長為齋藤常三郎少尉）〕。支隊驅逐高地上的賊徒後，少佐又命第五中隊（缺一小隊）〔隊長為大崎正信大尉〕從高地前進，迂迴到大平庄賊徒的右側背；第六中隊的一小隊〔隊長為稻川三五郎少尉〕留下護衛砲兵；其餘部隊則繼續前進，與在圓林庄南端的一小隊〔右側衛的第六中隊之小隊（隊長為松田三郎中尉）〕合作，於十一時二十分佔領大平庄。

此時，賊徒又盤據大安寮〈台北縣土城市大安寮〉及其東南方山腹。於是，少佐於下午一時二十分，命砲兵前進至大平庄西南端，先掃蕩山腹的賊徒，然後砲擊大安寮。三時左右，步兵完全佔領大安寮，驅逐殘賊。賊徒往深山逃竄，踪影杳然。當晚，支隊遂在大安寮附近宿營〔此日，步兵隊有二名兵卒負傷；消耗子彈三千二百八十發，砲彈四十發〕。

山根支隊的今田中隊也在該晚來會，少佐從他們那裡得知往三角湧的路途上並無賊徒，但其南方山地似有殘賊藏匿，乃決定加以剿討。二十四日，和今田中隊一起出發，沿途搜索各庄及南側山地，於八時抵達馬祖庄〈台北縣土城市媽祖田〉，留派第五中隊搜索附近溪谷。砲兵則由於路況險惡及將來需要性不大，遂在若干步兵護衛之下返回台北。少佐率領第六中隊於正午時分，抵達圓潭庄，搜索橫溪口〈台北縣三峽鎮橫溪溪口〉方向，並與山根支隊取得連絡，當日便在此地宿營，二十五日踏上歸途，與第五中隊會合，於翌日歸抵台北〔在枋寮街的澀谷中佐及其所率領的騎兵以及在枋橋街的藤井中隊也均於此日歸抵台北〕。

以上即為四日之間，各支隊行動的結果，在殺滅數百名賊徒、燒燬數千間房舍後，十三日以來聲勢囂張，兇燄畢露的賊

徒，一時間全部銷聲匿跡。

【三】第二期的掃蕩

　　在第一期掃蕩期間，埤角至桃仔園街之間的鐵路以北，仍然有賊徒出沒〔七月二十四、五日，我軍的將校斥候又在楓樹坑〈桃園縣龜山鄉楓樹坑〉附近及老路坑〈桃園縣龜山鄉舊路坑〉北方與一百乃至二、三百名賊徒遭遇〕，而在鐵路以南，各斥候偵察的結果是：賊徒佔領銅羅圈庄西南方高地〔即十六日山根支隊攻擊賊徒的高地〕、楊梅壢南方高地與三洽水庄〈桃園縣龍潭鄉三洽水〉附近等地，而咸菜硼街及新埔街似乎也有若干賊徒聚集〔阪井支隊自七月十日以來，與尖筆山方面的賊徒對峙之事，已如前述〕。於是，師團長能久親王決定以其手下現有兵力剿討賊徒，一面前進至新竹附近，訂定了第二期的掃蕩計劃，於七月二十七日發出命令，其部署如下：

一、內藤支隊〔兵力與第一期掃蕩時相同〕於二十九日自海山口出發，剿討鐵路北側一帶，並向新竹推進。

二、山根支隊〔兵力與第一期掃蕩時相同，但第四聯隊第四中隊於二十四日脫離山根支隊，二十五日以後，師團長命其在桃仔園街待命，在第二期掃蕩時，才又再度歸屬該支隊〕由一個步兵大隊守備大料崁，駐紮該地，直屬師團長，其餘於三十一日出發，剿討鐵路南側一帶，並朝新埔街前進。

三、在台北的各部隊〔師團司令部、步兵第二聯隊第二大隊本部暨第五、第六中隊、騎兵大隊本部暨第一中隊（缺二小隊），（淡水河以東的守備隊中，除特別需要者外，不留置騎兵分隊）、砲兵聯隊本部、砲兵第一大隊本部暨第二中隊（山砲四門）、機關砲合併第三隊及獨立野戰電信隊〕於二十九日自台北出發，經由兵站線，在途中與機關砲合併第四隊〔第二機關砲隊於二十八日自台北出發到海山口，與合併

第四隊交接，隸屬步兵第一聯隊第一大隊長三木少佐指揮）、工兵大隊本部暨第一中隊（缺一小隊）及遞騎小隊等會合後，向新竹前進。

四、輜重第一梯隊〔隊長為輜重兵少佐增野助三。包括步兵彈藥一縱列（第一）、砲兵彈藥半縱列（第一）、糧食二縱列（第一、第二）〕先將其縱列分置於中壢以西，專門負責補給山根支隊的彈藥及糧食；輜重第二梯隊〔隊長為砲兵少佐森松二郎。包括步兵彈藥一縱列（第二）、砲兵彈藥半縱列（第一）、糧食一縱列（第三）、馬廠半部〕初期將其縱列配置於桃仔園街，專門負責內藤支隊的彈藥及糧食補給，所配屬的馬廠半部於七月三十日自台北出發，跟隨師團前進。

五、各地守備隊〔守備隊配置參照第一一七頁〕與各支隊保持連絡，負責各地方守備及輜重縱列的護衛任務。

六、師團剩餘的輜重部隊（除第二野戰醫院外）及各部隊馬匹、行李等之監護部隊〔因為道路不良，臨時變更原來的編組，因此，此時位在台北及基隆等地〕均原地待命〔第二野戰醫院的一半，於十四日移師海山口，於二十六日與另一半會合，奉命向新竹前進，遂於二十七日出發〕。

同時，師團長為了南進準備，下令步兵第一旅團長川村景明少將指揮在新竹的支隊〔川村少將於二十七日自台北搭火車到新竹〕。

各部隊根據前述的部署開始展開行動。在台北的各部隊於二十九日抵達桃仔園街，三十日進抵中壢〔此日，派遣工兵大隊本部暨第一中隊（缺二小隊）從桃仔園街由鐵路到新竹（因為下雨，客仔溪〈新竹市客雅溪〉河水大派，新竹支隊與其前哨部隊交通中斷，為了恢復交通而派出的）。另一小隊也從此日起駐守桃仔園街，修繕軍用道路，暫屬總督府工兵

部長〔兒玉德太郎大佐〕指揮〕。

　　內藤支隊於二十九日抵達桃仔園街，在該地東北方擊退若干賊徒。三十日，從該地行進到鐵路以北地區，但沒有遭遇任何賊徒，其主力抵達中壢北方約一里之地。

　　師團長因此認為鐵路以北地區無須再行掃蕩，而將內藤支隊解散，併入師團本隊。不久，接獲大料崁山根少將報告，得知該支隊預定攻擊盤據從龍潭坡西方到東南一帶高地上的賊徒〔參照後文〕，遂命松原少佐指揮步兵第二聯隊第五、第六中隊、砲兵第二中隊及騎兵一分隊〔以下稱為松原大隊〕，向龍潭坡西北方前進，援助山根支隊的攻擊行動〔緒方參謀及坂田副官與之同行〕。師團本隊則於三十一日駐紮中壢〔此日傍晚，師團長能久親王命司令部先行進入新竹〕，等待攻擊的結果。當晚獲報：龍潭坡附近賊徒已被擊退，乃於翌日一早，從中壢出發，於下午二時左右，抵達大湖口〔從中壢到大湖口間的遞騎小隊在此日以前，已全部歸隊〕。

　　此時，緒方參謀傳來報告說：松原隊昨日在汾水坑〈新竹縣新埔鎮汶水坑〉附近受到賊徒頑強的抵抗，本日將繼續攻擊；而山根支隊則預定於本日擊退銅羅圈庄西南方的賊徒後，向新埔街推進〔上午八時四十分，自楊梅壢南方約四千公尺處的高地發出〕。並且從大湖口守備隊〔第四聯隊第一大隊長摺澤少佐所率領的第一中隊〕處得知，昨日往新埔街方向出發的偵察隊〔隊長為久能司大尉（第一中隊長）以下七十餘名〕，於回程途中，在新埔街西鄰聚落受到優勢賊徒的射擊〔偵察隊下士卒二名戰死，兵卒一名失蹤，消耗彈藥一千發〕。因此，師團長預計第二天山根支隊及松原隊會在新埔街附近遭遇賊徒抵抗，為了援助他們，乃於二日派遣伊崎少佐〔代理步兵第四聯隊長〕率領其第二大隊、騎兵第二中隊之一分隊、砲兵第二大隊本部暨第三中隊、工兵第一中隊之一分隊，往新埔街方向前進，師團司令部

〔參謀部與伊崎大隊同行〕及其餘部隊則於此日抵達新竹。

前此，山根支隊於七月二十五日在大料崁集合後，每天都派斥候偵察賊情。二十八日接獲師團長所發出、關於第二期掃蕩行動計劃命令，綜合二十九日之前種種報告，山根少將推測賊徒佔領龍潭坡從西方到東南方的高地山脈〔高約五十公尺〕，右翼在十一份〈桃園縣龍潭鄉十一份〉附近〔龍潭坡南方的高地，一直綿延到石礫仔〈桃園縣龍潭鄉石崎子〉西方，十一份位於高地前約三千公尺處〕，其左翼則在龍潭坡西方山頂〔高約一百公尺，為陣地的最高點〕構築封閉掩體，陣地的正面幾乎呈一直線，橫亙約二里長，掩堡數目超過三十，但其兵力不會超過一千餘人。

於是，山根少將決定於三十一日攻擊賊徒陣地，遂將支隊分為二部分：左縱隊〔隊長為代理第三聯隊長步兵少佐坊城俊章伯爵。其中包括步兵第三聯隊第四、第五、第八中隊、騎兵第二中隊之一分隊、砲兵第四中隊之一小隊、臨時工兵中隊之一分隊〕經十一份，攻擊賊徒右翼；自己則率領右縱隊〔步兵第三聯隊第一大隊（缺第四中隊）、步兵第四聯隊第四中隊、騎兵第二中隊之一小隊（缺一分隊）、砲兵第四中隊（缺一小隊）、臨時工兵中隊（缺一分隊）、衛生隊半隊〕，往龍潭坡方向前進。另又特別與大料崁守備隊〔根據師團計劃，令山根少將以第三聯隊第二大隊（隊長由今田亮大尉代理）擔任〕協議，命其二個中隊參與此次攻擊行動。

支隊於三十一日拂曉在大料崁溪左岸集合，右縱隊於六時出發，左縱隊於六時三十分出發。右縱隊經金雞胡〈桃園縣平鎮市金鷄湖〉前進，龍潭坡西方一帶高地，賊徒旗幟林立，遙遙可望。八時二十分，驅逐少數賊徒後，佔領了龍潭坡。山根少將命代理第一大隊長的林大尉率領第二、第三中隊從中櫪街道方向逼近賊徒的左側背，並命砲兵第四中隊（缺一小隊）〔隊長為莊司鐐四郎大尉〕佈

列於龍潭坡西南端，從九時五十分開始射擊賊徒左翼高地，且等待林隊及左縱隊的成果。此時，由楊梅壢守備隊第四聯隊第二中隊（缺一小隊半）〔隊長爲橋口勇馬大尉〕通報得知，賊徒左翼遠在涼傘頂〈新竹縣新埔鎮涼傘頂〉。不久〔十時三十分左右〕，便見到左縱隊開始發動攻擊，又聽到涼傘頂方向槍砲聲加劇，判斷師團本隊的一部分和林隊已經逼近賊徒左翼。到了正午十二時三十分左右，林隊已從北方進入龍潭坡西方高地。

此時，正面的賊徒〔約三百名〕突然開始動搖潰散，山根少將乃命第四聯隊第四中隊爲第一線追擊賊徒。二時左右，部隊推進到銅鑼圈庄東北側。此時已佔領三角林〈桃園縣龍潭鄉三角林〉西方高地的左縱隊奉命也來此集合並駐留〔山根少將從林大尉報告得知師團本隊派遣松原支隊來援，並瞭解涼傘頂方向的狀況（參照後文），此時再度聽到北方有砲聲，遂派遣第二中隊支援松原支隊〕。

而左縱隊方面，其前衛第三聯隊第四中隊〔隊長由中村多磨男中尉代理〕於上午七時二十分抵達淮仔埔〈桃園縣龍潭鄉淮子埔〉南端，與盤據十一份東北端墓地掩堡約二百名賊徒對峙。坊城少佐加派第五中隊〔隊長由宮永計太中尉代理〕增強左翼，並命砲兵一小隊〔隊長爲川崎德重少尉〕佈列在淮仔埔東側，對賊徒展開砲擊，但賊徒卻沒有因此退卻。所以，少佐又增派第八中隊〔隊長爲深堀順藏大尉〕由第一線中央加強衝鋒，賊徒終於不支，一部分向三角林西方高地潰走，另一部分則朝石礦仔西南高地敗退。接著，左縱隊以第四中隊爲前衛，向三角林西方高地推進，約有四百名賊徒據守該高地的掩堡頑強抵抗，少佐乃命砲兵佈列在十一份南端附近，並命第八中隊增援前衛右翼發動攻擊，但賊兵絲毫沒有爲之動搖。因此，再下令第五中隊（缺一小隊）〔此小隊擔任砲兵護衛〕從石礦仔方向朝賊徒的右翼盡頭〔石礦仔西南高地〕衝鋒。此時，正面

的賊徒忽然退走，而右縱隊剛好已擊退其前面的賊徒，正向西南方轉進，因此賊徒狼狽不堪，只得向橫崗下西方高地方向退卻，時為下午一時許。

不久〔二時左右〕，坊城少佐接獲山根少將的命令，命第五、第八中隊返回大料崁，並由其率領剩餘部隊到銅鑼圈庄，與右縱隊會合。其後〔三時三十分〕，山根少將得知賊徒盤據在橫崗下西方高地的舊掩堡〔十六日所攻擊者〕，積極構築防禦工事，遂決定於翌日拂曉再發動攻擊，於是下令各部隊在銅鑼圈庄宿營〔先前派往涼傘頂方向支援松原支隊的第二中隊，由於松原少佐不需其援助，故返回原隊，少將從他們那裡得知，當時松原支隊正在攻擊涼傘頂西端的賊徒。此日戰鬥中，步兵第三聯隊兵卒一名戰死，該隊下士卒三名及砲兵隊兵卒一名受傷；共消耗子彈一萬三千二百八十二發，砲彈一百六十四發〕。

此日，從師團本隊派遣來的松原隊〔步兵二中隊、騎兵一分隊、砲兵一中隊〕於凌晨五時四十分從中壢出發，經頭亭溪左轉矮坪庄〈桃園縣楊梅鎮矮坪子〉，以涼傘頂上的賊徒旌旗為目標前進。八時五十分，抵達八張犁庄〈桃園縣龍潭鄉八張犁〉西北方高地，距涼傘頂東端約一千五百公尺之處。此時，賊徒正在涼傘頂上構築工事，加寬正面陣地的佔領，但其兵力似乎不多。十時左右，松原少佐下令砲兵第二中隊〔隊長為門田見陳平大尉〕向涼傘頂東端的賊徒展開砲擊，並以擔任前衛的第五中隊之一小隊〔隊長為石川二輔中尉〕為其護衛，而以第六中隊之一小隊〔隊長為芳賀廣藏曹長〕由砲兵隊右側前進，威脅賊徒左翼，兼為背後警戒。

十時四十五分，攻擊準備就緒，山根支隊的林隊從八張犁方向來到砲兵陣地左側，於是二隊協力發動攻擊。松原少佐命第六中隊之一小隊護衛砲兵，自己率領其餘部隊在林隊右方併行前進，不久，便看到涼傘頂東端及其附近賊徒，一部分往南方潰

走，另一部分則往三洽水庄方向敗退。林隊邃尾隨敗賊，向龍潭坡西方高地推進，與本隊會合。此節已如前述。

　　松原隊於正午前佔領涼傘頂，在此整頓隊伍。然而，在其最西端〔汾水坑東方〕的賊徒仍然固守陣地。於是，少佐命第六中隊〔隊長爲伊東兔熊大尉〕展開攻擊，但賊徒頑強抵抗。因此，少佐又調砲兵到涼傘頂，對賊徒展開砲擊〔射擊距離一千一百公尺〕，而以第五中隊之一小隊〔隊長爲齋藤常三少尉〕爲其護衛，自己則率領其餘部隊增援第六中隊的右翼。砲兵的彈藥幾乎全部耗盡，終究無法擊退賊徒，兩軍對峙，直到黃昏〔此次攻擊中，雖然得到山根少將增援，但如前所述，少佐認爲沒有必要，而辭謝援軍〕。於是，松原少佐下令停止攻擊，等待日落，將各部隊集合到砲兵陣地附近過夜，並從中樞補充彈藥〔當日，步兵第四聯隊第二大隊兵卒二名戰死，同隊稻川三五郎少尉及下士卒六名、砲兵隊兵卒一名負傷；消耗子彈九千六百發，砲彈四百二十三發〕。

　　八月一日上午七時三十分，松原少佐派遣第六中隊之一小隊〔隊長爲芳賀廣藏曹長〕從北坑庄〈桃園縣龍潭鄉大北坑、小北坑〉方向逼近敵人的右側背，並命砲兵從前一天的陣地支援其前進，其餘部隊則駐留在砲兵陣地附近，等待行動結果。芳賀小隊一直到十點多，都還沒到達目的地，只聽到該方向傳來微弱的槍聲，因此，少佐又增派該中隊剩餘的二小隊往援，並下令停止砲兵射擊。中午十二時三十分，第六中隊開始抵達右翼賊壘附近，於是，砲兵再度展開射擊。然而賊徒大部分都已退卻，只有一部分與第六中隊稍作抵抗後，不久也開始撤退〔此日，步兵隊的兵卒一名負傷；消耗子彈二千零五十發，砲彈八十五發〕。松原少佐爲了與山根支隊連絡，於三時左右向三洽水庄前進，但道路險惡，馱馬無法通行，不得已只好返回涼傘頂宿營，八月二日全隊向大湖口出發，

以便和師團本隊會合。

在此期間，山根少將於八月一日，命第一中隊〔隊長由人見高經中尉代理〕及多田中隊於凌晨四時開始行動，逼近賊徒右翼，〔四時三十分〕，又命砲兵第四中隊佈列在銅鑼圈庄西端，其餘部隊則在露營地集合，等待天亮。攻擊部隊利用天還沒亮，無聲無息，偷偷突破進入橫崗下東南方斷崖上的賊徒右翼掩堡。賊徒連一發子彈都來不及發射，就爭先恐後狼狽逃竄。攻擊部隊乃改變方向，逼近橫亙在西北方高地上的賊徒掩堡。此時天色漸亮，砲兵也開始射擊，賊徒幾乎完全沒有抵抗，就往咸菜硼街方向潰走，時為早晨五時三十分〔消耗子彈一千五百九十八發，砲彈三十二發〕。

支隊尾隨賊徒後面，於七時四十五分抵達咸菜硼街北方高地，其前衛〔坊城少佐所率領的步兵第三中隊、工兵一小隊〕繼續前進搜索市街。賊徒已經往南方遠處退卻。於是，山根少將決定轉進新埔街。由於從咸菜硼街到新埔街的道路非常險惡，遂於九時十分，重新下令以第三聯隊第四中隊〔隊長由中村多磨男中尉代理〕為前衛，經南坑門及三洽水庄前進。但是，這條路路況同樣不良，行進頗為遲緩，於下午三時許，才抵達大茅埔庄〈新竹縣新埔鎮大茅埔〉附近，少將乃下令停止前進，另命騎兵小隊及前衛偵察新埔街附近的情況。

騎兵小隊〔隊長為牧野正臣〕抵達新埔街東方時，有少數賊徒在各處出沒，還受到來自鳳山溪〈竹北市鳳山溪〉左岸聚落的射擊。不久，第四中隊抵達新埔街東端附近，其中一小隊〔隊長為小野好篤曹長〕想越過東門進入市街，突然受到來自家屋的射擊，遂扶著死傷兵卒〔一死二傷〕，迅速退卻，中隊將之收容於市街東北側高地，繼續偵察，騎兵則警戒左翼。

山根少將接獲前述狀況報告後，決定於第二天攻擊賊徒，遂調回偵察隊，在當地宿營。當晚，接獲在大湖口師團司令部的通報，告知明天將派一個支隊參與新埔街的攻擊行動〔此日消耗子彈四千九百五十發，砲彈三十二發〕。

八月二日，山根少將命騎兵小隊停留在宿營地附近，擔任後方的警戒，自己則率領其餘諸隊於上午七時向新埔街出發，途中派遣第三中隊〔隊長為藤岡銑次郎大尉〕往新埔街南方鳳山溪左岸掩護支隊左側，多田中隊出到新埔街北方高地掩護支隊右側，並負責連絡應該從大湖口方向前來的友軍。不久〔九時四十分〕，擔任前衛的第一中隊〔隊長由人見高經中尉代理〕抵達新埔街東方約四百公尺處，命一小隊〔隊長為辻七郎特務曹長〕留在原地，其餘則繼續前進，佔領新埔街東北側高地。山根少將命砲兵前進至辻小隊附近，又命工兵清掃射界，其餘部隊則在其後方約六百公尺處展開。此時，第三中隊面對盤據鳳山溪左岸內立庄〈新竹縣新埔鎮內立〉的賊徒，也已經將部隊展開。

支隊如上述完成配置，等待北方的友軍到來。此時，新埔街的賊徒不發一彈，寂闃無聲，宛若無人。十一時，賊徒由其東端開始向我軍砲兵展開射擊，砲兵也予以反擊，將市街東端的房屋加以破壞，後來並及於市街內部。賊徒沉寂了一會兒，不久就陸續向市街外奔竄，第一中隊尾隨追擊。

此日，伊崎支隊〔步兵第四聯隊第二大隊、騎兵第二中隊之一分隊、砲兵第二大隊本部暨第三中隊、工兵第一中隊之一分隊〕於上午六時自大湖口出發，此時〔十一時四十分〕進入新埔街北側高地，一部分朝市街俯射，另一部分則射擊往南方潰走的賊徒。

正午過後，山根支隊砲兵停止射擊，部分步兵〔步兵第二中隊及第一中隊的一部分〕從東門進入市街，伊崎支隊的一部分〔第五中

隊〔隊長由吉田錄郎中尉代理〕及第八中隊〔隊長由伊達紀隆中尉代理〕〕則和多田中隊一起由北側進入市街。然而,殘潰賊徒仍然據守家屋頑抗,山根少將乃命砲兵〔一門〕前進破壞房舍,後來又放火加以驅逐,而於下午三時完全佔領新埔街,兩支隊遂在市街及其附近宿營。鳳山溪左岸、與第三中隊對峙的賊徒也在二時過後往南方退卻。

師團長下令於此日抵達大湖口的松原少佐率領二個步兵中隊守備新竹至頭亭溪之間。原守備隊的一部分,即步兵第四聯隊第一大隊本部暨第二中隊則復歸山根少將麾下,伊崎支隊中的騎兵及砲兵也納入山根少將指揮。除山根支隊繼續留在新埔街剿討附近殘賊外,所有其它部隊則在於三日後到達新竹集合〔伊崎支隊剩餘部隊於途中,為了剿討新埔街西南方高地的殘賊而前進,但賊徒卻遁逃得無影無踪〕。

至此,近衛師團已經將盤據台北到新竹一帶的賊徒掃蕩淨盡,其主力集合在新竹及新埔街附近,兵站線也十分安全。在此期間,位於新竹南方、與川村支隊相對的賊徒仍然佔領客仔山南方高地線以及水仙嶺附近陣地,與我軍近距離對峙,此外,樹杞林街道上也有一部分賊兵。

八月五日,台灣總督麾下各部隊的位置如圖⑬。

台北、新竹間的掃蕩行動開始時〔七月二十一日〕,天皇陛下軫念總督以下將卒的辛勞,特地派遣侍從武官步兵大佐中村覺到台北,頒賜如下敕語給總督,並賜酒及煙草給全軍將士:

> 遠隔未開化之風土,飲食困難所在多有,況值夏際,地處南方,炎熱酷烈,易滋病害,衛生尤需注意,特遣侍從武官,慰問總督及陸、海軍將校以下積日勞苦。

樺山總督對於此敕語，奉答如下：

　　本島風土未開，時際夏日，炎威酷烈，陛下軫念臣等身體保健之
事，特垂優渥之聖詔，臣等感激至極，益當注意衛生，以奉體聖旨。
謹此奉答 ◪

第五節 領苗栗與混成第四旅團抵台

如前所述，近衛師團長能久親王於八月三日下令，命師團主力至新竹集合，並分派部分兵力〔山根支隊〕於新埔街集結。雖然新竹南方的賊徒仍然盤據在客仔山南方一帶的山頂〔建築為數不少的堡壘，設置棚舍，其右翼在赤崁頭北方高地還備有幾門砲〕，陣地正面綿延約三千公尺，但其第一線的兵力至多不超過一千人。其中尚有一部分佔領水仙嶺及其附近，而樹杞林街道上以及二重埔附近也有若干賊兵。於是，師團長決意對正面賊徒加以掃蕩：先期派遣一支部隊驅逐樹杞林街道上的賊徒，再與山根支隊連絡後，命該支隊從新埔街接近賊徒右側背，並預定於八日包圍攻擊正面的賊徒，然後繼續推進至中港〈苗栗縣竹南鎮中港〉。如果一切順利，就到苗栗，準備南進。因此，師團長於五日下達訓令，做了如下的部署：

一、六日，派遣一支隊〔伊崎少佐所率領的步兵第四聯隊第三中隊及第二大隊（缺一中隊）、騎兵第一中隊之一小隊及砲兵第一中隊之一小隊〕攻擊金山面庄及二重埔附近的賊徒。

二、同日，山根支隊從新埔街出發，前進至樹杞林或北埔〈新竹縣北埔鄉北埔〉附近。

三、開始攻擊行動之準備，在中櫪的三木少佐併合頭亭溪、新竹之間的兵站線，負責守備。在此線上的守備兵〔步兵第二聯隊第二大隊本部暨第五、第六中隊〕則在七日之前至新竹集合。

四、輜重第一梯隊〔包括在台北第一野戰醫院及野戰砲廠的一部分〕前進至新竹；輜重第二梯隊前進至大湖口。

五、兵站監準備新竹以南所需要的兵站司令部及其搬運人力。

此外，師團長於八月五日接到樺山總督的命令，說明將由混成第四旅團〔二日及四日兩天從大連灣出發，詳後〕與新竹以東〔新竹

除外〕的守備兵交接守備工作。師團長遂於隔天，即六日命各地守備隊〔在台北、大料崁及兵站線上者〕至新竹集合〔以下埔仔頂庄附近地形參照圖⑦〕。

六日，從新竹火車站出發的伊崎支隊於上午六時三十分抵達埔仔頂庄，受到佔領柴梳山庄〈新竹市柴梳山〉南側獨立小山丘約一百名賊兵的抵抗。伊崎少佐遂派遣第三中隊〔隊長爲佐川岩五郎中尉〕佔領埔仔頂庄東方高地，與賊兵對峙；騎兵小隊〔隊長爲坊城俊延少尉〕掩護左側；第七中隊〔隊長由新谷德平中尉代理〕攻擊賊兵右翼；砲兵小隊〔隊長爲能村磐夫少尉〕則佈列在埔仔頂庄東北端附近。部署妥當後，又發現隘寮坡〈新竹市六號橋一帶〉的小丘上也有數十名賊徒盤據在掩堡中，便又命第八中隊的一小隊〔隊長爲本堂金太郎特務曹長〕負責掩護右側，其餘部隊則在砲兵陣地的北方展開。

伊崎支隊依照此種部署開始攻擊，七時五十分，賊徒終於開始退卻，兩中隊立刻前進，佔領柴梳山庄南方小山丘，其第三中隊更往右方轉進，與前來第一線支援的第八中隊之一小隊〔隊長爲山田軍太郎少尉〕會合，一起前進至新庄仔庄〈新竹市新莊〉南端附近，與砲兵一起向隘寮坡的賊徒展開射擊。此時，負責掩護右側的本堂小隊也從埔仔頂庄向隘寮坡攻擊前進而來。賊徒不堪我軍的兩面夾攻，很快就開始撤退，本堂小隊乘機衝鋒，佔領賊徒陣地。此時，又發現在金山面庄觀音堂東方約七百公尺的高地及該寺西方高地掩堡內均有賊徒盤據，乃繼續攻擊。隨後，伊崎少佐將各部隊調來隘寮坡〔第七中隊在佔領柴梳山庄南側高地後，派一小隊（隊長爲松本武臣少尉）警戒左方。新谷中尉則率領另外二小隊往東南方前進，與盤據房舍的賊徒遭遇，並對之展開攻擊。松本小隊正往新庄仔庄前進時，與該隊會合，得知新谷中尉受傷的消息，便命中隊至新庄仔庄集合，暫

由松本少尉指揮，準備繼續南道。中隊即是在此時被調往隘寮坡〕。

接著，第三中隊在佈列於隘寮坡的砲兵小隊以及步兵第六中隊之一小隊〔隊長為武藤巖少尉〕的射擊掩護下，對觀音堂東方高地的賊徒發起攻擊，終於將之擊退。但是，又受到來自金山面庄東南高地的賊徒俯射，遂繼續攻擊，於十一時三十分將之完全佔領。第六中隊的一小隊〔隊長為長倉義男特務曹長〕則擊退觀音堂西方高地的賊徒，於十一時左右完成佔領，掩護支隊右側。至此，支隊已達成任務，在觀音堂東方高地集合，暫做休息後返回新竹。在此戰鬥期間，都是由騎兵小隊擔任與山根支隊之間的連絡〔此次戰鬥中，步兵中尉新谷德平負傷（後死亡）；消耗子彈七千三百四十發，砲彈一百三十三發〕。

另一方面，山根支隊〔隊長為山根信成少將。包括步兵第三聯隊本部暨第一大隊，步兵第四聯隊第一大隊本部暨第二、第四中隊，騎兵第二中隊之一小隊及一分隊，砲兵第二大隊，臨時工兵中隊，衛生隊半隊〕在佔領新埔街後，隨即派員偵察北埔及咸菜硼街方向的賊情及道路狀況，偵察人員回報這兩個地方附近都有敗賊集結，還有一部分在九芎林〈新竹縣芎林鄉芎林〉附近出沒。八月五日接獲師團長前述訓令後，支隊遂往樹杞林推進。六日早晨自新埔街出發，經過崎嶇難行的道路，出到五代厝，派遣騎兵小隊〔隊長為牧野正臣中尉〕往金山面庄方向，與從新竹方面前來的部隊連絡，其餘部隊則繼續前進。於十一時五十分左右抵達卑塘湖附近，擊退在其南方道路左側高地上，隱藏於密林中的六、七十名賊徒，並尾隨追蹤，於下午二時四十分左右，抵達九芎林。此間，山根少將又接獲師團長訓令，得知師團預定於八日攻擊新竹南方的賊徒，部隊將推進至香山庄〈新竹市香山〉附近〔當時稱頂寮庄、下寮庄為香山庄〕，於九日攻擊尖筆山的賊徒，進抵中港附近；並且要求支隊盡可能在七

日擊退水仙嶺的賊徒，八日攻擊新竹南方賊徒的右側背，九日逼近尖筆山賊徒的西南方。於是，支隊計劃當天前進至北埔附近，但是，從下午開始大雨傾盆，荳埔溪溪水高漲，只好在九芎林宿營。另一方面，根據偵察報告，敗退的賊徒與樹杞林附近的賊徒會合後，盤據該地西方一帶高地，抵抗我軍。因而，山根少將決定第二天一早從賊徒左側攻擊，並命工兵中隊於九芎林從事荳埔溪的渡河準備工作〔此日步兵第四聯隊的兵卒一名受傷，消耗子彈一千二百七十四發〕。

七日時，支隊的三個步兵中隊〔由步兵第四聯隊第一大隊長摺澤靜夫少佐所率領、該聯隊第二、第四中隊及第三聯隊第二中隊〕從凌晨三時許至四時三十分渡河〔因材料不足，工兵隊僅準備了一條渡船〕，前進至對岸的高地，但賊徒已經退卻，不見蹤影。於是，支隊於下午一時左右，於九芎林西南方高地集合，直往水仙嶺前進〔經樹杞林、北埔的道路不只迂遠，而且極為險惡，馱馬難以通行，因此決定走直路。然而，至九芎林西南高地之間的路況也很糟糕，有些地方幾乎也無法讓馱馬通過，光是修理這些道路，就花掉很多時間。以下水仙嶺附近的地形參照圖⑦〕。

支隊的前衛〔摺澤少佐所率領的步兵第四聯隊第二、第四中隊及臨時工兵中隊〕於二時三十分左右抵達水仙嶺東方高地上，擔任尖兵的第二中隊開始向嶺上賊徒展開射擊。有二、三百名賊徒盤據在從水仙嶺至其西方高地山脈間各處，構築掩堡。摺澤少佐乃命步兵逐漸往水仙嶺東方高地及其北方高地移動集結，包圍賊徒左翼，發動攻擊。三時四十分，終於擊退賊徒，並尾隨他們，佔領其西方一帶高地。本隊砲兵的一部分〔第三中隊之一小隊〕也在這次攻擊快結束時，抵達水仙嶺東方高地，參與戰鬥〔消耗子彈六千八百四十八發，砲彈十一發〕。

山根少將預計在第二天推進到新竹南方賊徒的右側背，參與師團主力的攻擊，於是下令各部隊在已攻佔的賊徒陣地露營〔此日，大行李未能抵達露營地，而在附近露營。從新竹經樹杞林街道而來的糧食縱列，入夜後抵達露營地附近，補給翌日的糧食後返回〕。

在此期間，師團長能久親王預定八日對新竹南方的賊徒展開攻擊，而做出如下的部署：

一、左翼隊〔司令官步兵大佐內藤正明。包括步兵第四聯隊第二大隊、騎兵第二中隊之半小隊、砲兵第一大隊本部暨第一中隊（由臨時編成的野砲四門、山砲二門組成，野砲為七月二十八日特地從台北運來的）、機關砲合併第四隊、工兵一小隊（缺二分隊）〕需在上午五時之前，於面向雞卵面賊徒〔指赤崁頭附近的賊〕的陣地就位完畢，從西南方逼近或立刻發動攻擊，並與山根支隊保持連絡。

二、右翼隊〔司令官為川村景明少將。包括第二聯隊（缺二中隊）、騎兵第一中隊之一小隊、砲兵聯隊本部暨第二中隊（有臨時編成的山砲六門）、機關砲合併第三隊、工兵第一中隊（缺二小隊）〕也須在五時之前，於面向枕頭山〔指客仔山〕賊徒的陣地就位完畢，並在與左翼隊連繫後發動攻擊。

三、預備隊〔包括步兵第四聯隊第一大隊之二中隊、步兵第二聯隊第六中隊、騎兵大隊（缺三個半小隊）、工兵大隊本部暨二分隊、衛生隊半隊〕也在上午五時之前到達兩翼中間的凹地集合。

四、大行李集合在南門外的鐵路預定線與通往水仙嶺的南道路交叉點附近。輜重第一梯隊集合在南雅庄〈新竹市湳雅〉〔指新竹西方竹圍庄附近〕，且各派其步、砲彈藥各一縱列在六時之前前進至預備隊後方〔輜重第二梯隊於七日抵新竹〕。

兩翼隊司令官都依照指示，於七日下午，命各隊長分別在客

仔山及雞卵面集合，並親臨現場指揮部署，半夜以後潛行進入陣地，就攻擊準備位置。當晚月色明亮，各部隊均十分小心謹慎〔卸掉軍帽遮陽白布，穿著夏天外套，避免反射或弄出聲響〕，秘密行動〔以下新竹南方的地形參照圖⑦〕。

左翼隊司令官內藤大佐命伊崎少佐率領步兵兩中隊〔第四聯隊第六、第七中隊〕乘拂曉迂迴逼近客仔山正面賊徒之右側背，並命砲兵中隊佈列在雞卵面西南方高地旁，援助友軍攻擊；其餘部隊則集合在雞卵面。伊崎隊遂於八日凌晨二時三十分，通過雞卵面的前哨線，以第六中隊〔隊長由粟屋齊中尉代理〕為前衛，從雙坑庄〈新竹縣寶山鄉雙溪〉附近，經過水尾溝〈新竹縣寶山鄉水尾溝〉南方谷地，似乎完全沒有被賊徒發現。五時十分，抵達雙坑庄南方約一千公尺的地方。此外，砲兵第一大隊長〔小久保善之助少佐〕率領第一中隊〔隊長為渡邊壯藏大尉〕與機關砲合併第四隊〔隊長為步兵中尉野津誠吾〕於凌晨一時三十分從新竹出發到雞卵面，並將砲兵中隊分成二部分：於二時三十分，命其右翼砲兵〔由中隊長所率領的野砲四門〕佈列在青草湖庄〈新竹市青草湖〉東北高地旁；左翼砲兵〔由木村戍自少尉所率領的山砲二門〕則佈列在雙坑庄北方高地旁，機關砲隊配置在兩處砲兵的中間高地上，工兵一小隊（缺二分隊）〔隊長為西原茂太郎中尉〕留守右翼砲兵旁，負責保護其安全，其餘部隊都集合在雞卵面。

伊崎隊於前述地點展開後，天色也漸漸發白，不久〔五時二十分左右〕，雞卵面方向砲聲隆隆，同時可看到十鬮庄〈新竹縣寶山鄉十鬮〉西方高地上有許多賊徒的掩堡，少佐於是下令第六中隊（缺一小隊）及第七中隊（缺一小隊）〔隊長由森駿三郎中尉代理〕為第一線，開始向賊徒掩堡展開攻擊。賊徒稍事抵抗後，全部往西南方撤退。此時，左翼隊的本隊也前進到赤崁頭南方約一千公尺的聚

落東方，看到各部隊均在此集合，遂與之會合。

　　前此，左翼隊的砲兵奉命在伊崎隊發動攻擊時，也開始砲擊。但直到天亮都還無法得知該隊的位置。因此，右翼砲兵於五時二十分先行射擊賊徒在赤崁頭北方約六百公尺山頂的砲兵〔一、二門〕，賊徒隨即反擊，約三十分鐘後終於沉寂下來。左翼砲兵則向附近的掩堡射擊，步兵第八中隊〔隊長由伊達紀隆中尉代理〕從青草湖庄附近高地向掩堡前進，受到出現在水尾溝西方高地約二百名賊徒射擊，隨即回頭，在谷底展開，與賊徒對峙。左翼砲兵及機關砲隊雖然從六時二十分砲擊水尾溝西方高地，但賊徒卻不為所動。內藤大佐因此命預備的第五中隊〔隊長為今井直治大尉〕推進至第八中隊一線，終於擊退賊徒。此間，我軍砲兵繼續射擊附近的賊徒掩堡，至七時十五分左右將附近的賊徒完全驅逐。

　　於是，內藤大佐下令步兵再往西南方追擊賊徒，八時三十分左右抵達赤崁頭南方聚落附近，與伊崎隊會合，並駐留於該地。其後根據師團命令，在崎林庄〈新竹縣寶山鄉崎林〉附近高地露營，向尖筆山方向警戒，並與山根支隊保持連絡。其山砲及機關砲隊則跟隨前述步兵，從雞卵面高地繼續前進，但因道路險惡，行進極為遲緩，山砲隊直到下午六時才到達露營地；野砲隊解散其編組，從雞卵面高地直接返回新竹。

　　此日上午六時，山根支隊由水仙嶺的露營地出發，經過高地向西方前進，於途中驅逐前進道路左側的少數賊徒，並根據指南針及友軍的槍砲聲，經由幾乎無路可走的崎嶇地帶，擊退從北方橫過前進路線上的若干敗賊，其先頭部隊於下午三時三十分左右抵達健興庄附近高地，與左翼隊連絡後，在此地露營，並朝尖筆山方向警戒〔大行李於晚上十時才到達〕。

　　此日，右翼隊司令官命砲兵第二中隊〔隊長為門田見陳平大尉〕

佈列在客仔山上〔標高一一四的北方約五百公尺處〕，機關砲合併第三隊〔隊長爲步兵大尉奧村信猛〕佈列在其南方約三百公尺的道路附近，在這兩隊的掩護下，阪井大佐所率領、約三個步兵中隊〔步兵第二聯隊第四中隊（前一天到山根支隊去護衛糧食縱列的一小隊不在）、同聯隊第二大隊本部暨第七、第八中隊〕從客仔山東南部攻擊柑林溝南方高地的賊徒。前田喜唯少佐所率領的兩個步兵中隊〔步兵第二聯隊第一、第二中隊〕負責牽制位於香山坑東南、標高一一二高地的賊徒，並見機突進南方，其餘部隊〔步兵第三中隊、騎兵小隊、工兵第一中隊（缺二小隊）〕做爲預備隊，在山砲陣地東北約五百公尺處待命。各部隊於凌晨四時分別就攻擊準備位置，工兵隊則協助砲兵中隊及機關砲隊構築肩牆。

於是，右翼隊的各部隊從八日凌晨一時逐次由新竹出發，前田少佐命第一中隊（缺一小隊）〔隊長爲有馬純昌大尉〕佔領柑林溝西北高地一端，第二中隊〔隊長職務由下村豐大尉代理〕及第一中隊之一小隊〔隊長爲木下亮九郎少尉〕潛伏在其西南山麓附近。阪井大佐以兩個步兵中隊〔松原畯三郎少佐所率領的第四、第七中隊〕爲第一線，部署在客仔山東南部的陣地待機而動，其餘部隊也都在五時以前就定位。

五時二十分，左翼隊開始砲擊，右翼隊的山砲中隊、機關砲隊及步兵第一中隊（缺一小隊）分別向其前方的賊徒展開猛烈射擊，賊徒無甚抵抗，僅回射一陣即停止。阪井大佐遂下令向柑林溝南方高地攻擊前進，右翼隊司令官川村少將也率領其預備隊前進至機關砲陣地附近。

另一方面，下村大尉決定以潛伏在香山坑附近凹地的部隊逼近前方高地，賊徒僅稍事抵抗，就往南方及西方撤退，五時三十分完全佔領該地。大尉又命第二中隊之一小隊〔隊長爲國司伍七少尉〕

追擊退走西方的賊徒。另外，前田少佐命第一中隊之一小隊留守香山坑東方高地，自己則率領其它部隊前進至已被我軍所佔領高地，射擊南逃的賊徒，再把留在後方的小隊調來。然而，頂寮庄東方高地有一部分賊兵，阻撓國司小隊的前進，且備有一、二門砲，向客仔山砲轟，時為六時。

此時，阪井隊的第一線已達柑林溝南方高地的東部，其二個分隊〔隸屬第四中隊〕且兩度突襲赤崁頭北方的賊徒砲兵陣地，不久後將之佔領〔擄獲一門砲〕。此間，川村少將命二門砲與機關砲隊前進至同一陣線，砲擊赤崁頭北方的賊壘，援助此次攻擊行動。接著〔六時十分〕，又命其餘砲兵將陣地變換到西南方，向前述頂寮庄東方高地的賊方砲位展開射擊。至六時三十分，阪井隊排除些微的抵抗後，佔領柑林溝南方高地的部分陣地，並繼續向茄苳湖〈新竹市茄苳湖〉方向追擊賊徒。川村少將率領其預備隊及二門砲〔機關砲隊所在的二門〕，推進至柑林溝南方高地〔川村少將認為道路險惡，機關砲搬運困難，乃留在原處〕。

六時五十分，我方二艘軍艦〔樺山總督為了支援近衛師團此日的攻擊行動，特命常備艦隊司令長官派遣軍艦〕出現在頂寮庄西方海面，並向該地東方高地的賊徒展開砲擊。該處的賊徒向南方狼狽退卻，國司小隊又加以猛烈射擊〔當時國司小隊在香山坑西南高地附近〕。於是，在客仔山的砲兵中隊（缺二門）停止射擊，伴隨步兵往南方前進，於途中會合另外二門砲。前田少佐命國司小隊與艦隊連絡，沿海岸的高地南進；又命第一中隊之一分隊留守佔領高地，主力則經棺貟林〈新竹市觀井林〉東方山背前進，第一中隊的二個小隊〔隊長為古川竹次郎中尉及木下亮九郎少尉〕則分別從國司小隊中間取道往內湖庄〈新竹市內湖〉方向前進。

七時二十分，阪井隊抵達茄苳湖高地，川村少將也帶著預備

隊及砲兵中隊前進至此。賊徒佔領尖筆山上各個據點，樹立旌旗，張揚聲勢，因此，少將命阪井大佐向該處前進。大佐乃編組前衛〔松原少佐所率領的第七、第八中隊〕，於七時四十分出發，少將也跟著前進。九時三十分左右，各部隊全部抵達南隘庄〈新竹市南區〉西北高地，在此等待左翼隊的前進，與其連絡。少將認爲機關砲隊無法前進到此處山地，遂與師團參謀〔步兵大尉明石元二郎當時在右翼隊〕商量，命該隊暫時納入新竹守備隊長指揮。

再者，前田隊於途中暫時停留在棺眞林東南高地附近，等待右翼隊主力前進〔留在後方的一分隊此時來隊會合〕後，於九時三十分左右抵達內湖庄東方高地〔前田隊於內湖庄附近殲滅據守家屋的十幾名賊徒，燒燼其房舍〕，與盤據尖筆山西部的賊徒相對峙。當時，我方軍艦已航抵尖筆山外海，頻頻向該山砲擊，尖筆山西部的賊徒似乎漸往東方移動。〔下午三時四十分〕，少將接獲師團長的宿營命令，遂下令右翼隊的主力及前田隊就地露營，以前哨互相連絡，朝尖筆山方向警戒。

此日，師團長能久親王從拂曉前就命預備隊部署在烏崩崁庄附近的凹地，不久，柑林溝南方高地全部歸我軍所有，預備隊遂推進至客仔山。十一時左右，又前進至茄苳湖附近〔此間，騎兵隊派遣部分兵員往頂寮庄方向警戒左側，並偵察道路情況〕，在此接獲兩翼隊司令官的報告，瞭解尖筆山方面的狀況。其後，又得知山根支隊也抵達左翼隊附近，遂決定在此地宿營。下午二時三十分下達前述宿營命令，兩翼隊奉命就地宿營，其彈藥、糧食則在師團預備隊的露營地進行補給〔第二步兵、第二砲兵彈藥縱列在師團預備隊附近露營；第一糧食縱列分配糧食後返回新竹，還特別從新竹運送糧食給山根支隊。此日戰鬥中，右翼隊將校一名（步兵大尉下村豐順）受傷（輕傷）；消耗子彈一千九百三十發，機關砲彈五百二十七發，砲彈一百六十二發。左

翼隊有步兵第四聯隊的下士卒二名受傷；消耗子彈一萬二千九百四十八發，野砲彈二百一十七發，山砲彈六十八發（包括九日若干消耗；機關砲彈不詳）。山根支隊僅消耗子彈四百五十發〕。

　　師團長決定第二天從凌晨五時開始攻擊尖筆山的賊徒，遂下令命山根支隊從該山東方逼迫賊徒，使其往西方移動，行動中，左翼隊則需隨時與之保持連絡，向尖筆山的最低處〔相當於南隘庄的南方附近〕前進。右翼隊則與左翼隊連繫，從其西方前進。師團預備隊的騎兵大隊（缺三個半小隊）經由從新竹至中港的主要道路前進，負責監視中港方向，師團預備隊在其露營地做出發準備。

　　依照此種部署，左右兩翼隊及山根支隊於八月九日一早便開始行動，從各方面逼近尖筆山。大部分賊徒都已經撤退，僅有右翼隊受到些微射擊，其它各隊都沒有遭到絲毫抵抗，十分輕易就佔領了尖筆山。於是，右翼隊前進至中港，在該地宿營〔第二聯隊第四中隊之一小隊自七日起，負責保護從新竹到山根支隊的糧食運送，於九日夜歸隊，又奉命守備中港至香山庄之間〕。左翼隊前進至頭份街，宿營於該地至中港之間。山根支隊在頭份街宿營〔一部分的山根支隊於頭份街的南方追擊退往苗栗方向、約五百名賊徒〕。師團長則率領預備隊跟在右翼隊之後前進，抵達中港，並命右翼隊的一部分佔領烏仔港〔中港河〈苗栗、新竹縣境內中港溪〉河口〕，而把部分縱列〔糧食一縱列，步、砲兵彈藥各一縱列〕調至中港附近。

　　六月以來佔領尖筆山的賊徒已經遠遠退往苗栗方向。當時師團的後方勤務尚未整頓〔九日，先頭兵站司令部在香山庄開設〕，因此，師團長決定暫時駐留在中港，待其整頓完畢後再前進。隔天，即八月十日，將舊有部隊防務加以變動，山根支隊〔步兵第二旅團司令部、步兵第三聯隊本部暨第一大隊、步兵第四聯隊本部暨第一大隊、騎兵第二中隊之一小隊與一分隊、砲兵第二大隊、臨時工兵中隊、衛生

隊半隊〕在頭份街往苗栗方向搜索；川村支隊〔步兵第一旅團司令部、步兵第二聯隊（缺第一大隊本部暨三中隊）、騎兵第二中隊之一小隊、砲兵聯隊本部暨第一大隊、工兵第一中隊（缺二小隊）〕及師團本隊〔步兵第四聯隊第二大隊、機關砲合併第四隊、騎兵大隊（缺三小隊）、工兵大隊本部暨一小隊、衛生隊半隊〕則在中港搜索後壠〈苗栗縣後龍鎮後龍〉方向。此外，師團長又命步兵第二聯隊第一大隊（缺第四中隊）〔隊長為前田喜唯少佐〕指揮新竹守備隊的機關砲隊〔第四及合併第三隊〕，負責中港〔不含該地〕、新竹間的兵站守備，並將新竹守備隊的步兵調回〔第二聯隊第五中隊；此中隊於十一日到達中港。在香山庄的步兵第二聯隊第四中隊之一小隊同一天歸隊〕。

〔八月十一日〕，台北守備隊〔步兵第一聯隊本部暨第二大隊、第一機關砲隊及若干騎兵（總督府傳騎一直到近衛師團凱旋時都在台北）〕將該地守備交給混成第四旅團後，進抵新竹，隔天，即十二日被調至中港〔台北、新竹間各地的守備隊也在當時交接〕。

在此之前，位於奉天半島的混成第四旅團（缺步兵第十七聯隊）〔旅團長為少將貞愛親王，包括步兵第五聯隊、騎兵第二大隊第一中隊（缺二小隊）、野戰砲兵第二聯隊第一大隊（山砲）、工兵第二大隊第二中隊、第二野戰醫院、衛生隊（缺半隊）、第二、第三步兵彈藥縱列、第一砲兵彈藥縱列、第二糧食縱列〕於八月二日及四日自大連灣出發，於六日到九日抵達基隆。此間，樺山總督先前向大本營申請增加兵力〔參照本章第一節及第四章第一節〕，得知大本營將在七月下旬增派第二師團的剩餘部隊及後備步兵三十個中隊、臼砲隊來援的消息，因此，總督打算讓混成第四旅團與這批增援部隊會合後，再由海路南進。在此之前，暫時先讓混成第四旅團與近衛師團部隊交接，負責新竹、台北間的守備，剩餘部隊及輜重，則留在台北、基隆間。六日，將上述命令下達航抵基隆的旅團長，各部隊遂從六日開始登

陸，漸次往台北前進〔旅團的登陸至九日完畢〕，從七日到十五日，
接手台北以西各地的守備，其配置如下：

● 台北、新竹間〔兩地除外〕守備隊
　　指揮官：步兵中佐渡邊進〔步兵第五聯隊長〕
　　步兵第五聯隊（缺第一大隊本部暨第三、第四中隊）
　　騎兵第二大隊第一中隊之一小隊
　　砲兵第二聯隊第二中隊
　　〔派遣步兵一中隊〔缺一小隊〕至海山口，一小隊至坪角，一中隊〔缺一小
　　隊〕至桃仔園街，一小隊至龜崙嶺頂庄，一大隊本部暨二中隊至大嵙崁，
　　一中隊至三角湧，一中隊至龍潭坡，一中隊（缺一小隊）至大湖口，一小
　　隊至火車站附近，一中隊至新埔街，聯隊長則率領其餘部隊坐鎮中樞。〕
● 台北、基隆間的守備隊
　　指揮官：步兵大佐瀧本美輝〔步兵第十七聯隊長〕
　　步兵第五聯隊第一大隊本部暨第三、第四中隊
　　步兵第十七聯隊（缺第三大隊）
　　〔派遣一大隊本部暨三中隊（缺一小隊及一分隊）至基隆，一小隊至水邊
　　腳，一分隊（部分派至江頭）至暖暖街，其它則在台北及猛狎〈即艋舺，
　　台北市萬華〉（一部隊在八芝蘭〈台北市士林〉、錫口街）。〕

　　旅團司令部與騎兵第一中隊（缺三小隊）、野戰砲兵第一大隊本
部暨第一中隊都在台北，工兵第二中隊受總督之命，暫隸近衛師
團兵站監指揮，負責修理新竹、後壠間的道路，此時已經出發，
此日抵達桃仔園街。輜重部隊分駐台北、水邊腳、基隆。步兵第
十七聯隊第三大隊仍然駐紮在宜蘭及澎湖島。
　　此間，山根少將派員偵察頭份街通往苗栗的道路及賊情〔當時
使用的地圖中，完全沒有記載頭份街經苗栗出到彰化的道路，只記有苗栗的

位置〕。十一日，步兵第四聯隊第一大隊長摺澤少佐所率領的偵察隊〔第三中隊（隊長由小山秋作中尉代理）〕在苗栗北方的田蜜庄突然遇到一個縱隊的優勢賊徒，且遭到來自該村西南高地的砲擊〔砲三、四門〕，交戰片刻之後我方即撤退。摺澤少佐得報苗栗附近至少有一千五百名賊徒，亂龜山〔田蜜庄北方高地的最高點〕東南方高地也有賊徒的掩堡。而根據十二日師團長得到的情報〔在台北的大島總督府參謀長的通報〕，劉永福的部下李惟義指揮鎮海中軍四營，分駐在苗栗、通霄〔指吞霄街〕〈苗栗縣通霄鎮通霄〉，台灣府的禮慶順❸則指揮六營新楚軍駐紮在彰化城內，另有練勇一營守備彰化城門，據說還有一個叫林福喜的人率有二營兵力駐屯苗栗，於通往彰化的主要道路上，阻礙牛馬車輛的通過及河川的航行。

　　師團長在後方勤務略經整備後，十三日前進至後壠及以東地區，決定將於十五日攻擊苗栗，遂派遣一部隊〔今井直治大尉所率領的步兵第四聯隊第五、第七中隊及第一機關砲隊與騎兵四騎〕守備中港；山根支隊為左側支隊，從頭份街進向亂龜山〔田蜜庄北方高地最高點〕；川村支隊為前衛，進向後壠；又命另一部隊從通往新港〔後壠東方約三千公尺〕〈苗栗縣後龍鎮新港〉的道路前進；其餘部隊則分為本隊〔步兵第一聯隊本部暨第二大隊騎兵大隊（缺三小隊及一分隊），工兵大隊本部暨一小隊，衛生隊半隊〕及後壠守備隊〔步兵第四聯隊第二大隊本部暨二中隊（第六、第八中隊），騎兵一分隊，機關砲合併第四隊〕，陸續前進。

　　十三日早晨七時十分，前衛乘退潮涉水渡過中港河〔中港河在主要道路上，漲潮時水深六尺，河寬約五百公尺，退潮時河寬僅約一百公

---

❸ 應為「黎景嵩」之誤。黎氏時任台灣府知府，整編林朝棟所留下來得散勇，並就地招募土勇，組成十四營，大約七千人，號稱「新楚軍」，營制、營規仿照湘、楚軍舊章，而稍做變通。黎氏與新楚軍抗日經過可參見第五章第三節。

尺，水深減少三十至五十公分，可以徒步涉水而過〕，其左側衛〔步兵第二聯隊第四中隊、騎兵二騎〕從通往新港的道路前進。十一時，前兵〔隊長爲阪井重季大佐，步兵第二聯隊第二大隊本部暨第五、第六中隊，騎兵四騎，工兵第一中隊（缺二小隊）〕的先頭部隊抵達後壠，發現盤據在匍頂庄〈苗栗縣後龍鎮埔仔頂〉東北高地的數十名賊徒。此間，前衛司令官下令步兵第二聯隊第八中隊〔隊長爲小松崎清職大尉〕佔領大庄〈苗栗縣後龍鎮大莊〉，與左側衛連絡。隨後接獲前述報告，便命各部隊開進後壠東南端，十一時五十分，阪井大佐指揮前兵二個步兵中隊及一個砲兵中隊，擊退前面的賊徒，佔領高地的最高點。而後，松原少佐〔處理第二大隊長的職務〕率領第五中隊〔隊長爲澤崎正信大尉〕爲第一線，於正午時分開始前進，砲兵第一中隊〔隊長爲渡邊壯藏大尉〕則佈列在後壠南門外，開始砲擊。賊徒受到攻擊，乃向西南方狼狽退卻。

下午十二時三十分，第五中隊之一小隊〔隊長爲久世爲次郎少尉〕抵達賊徒陣地，並繼續追擊。此時，眼見後壠庄東方高地的掩堡中有若干人影，松原少佐遂命第五中隊（缺一小隊）往該地前進，但從新港派遣的第四中隊之將校斥候〔由佐佐木元綱中尉所率領的半小隊〕已經抵達該地〔賊徒雖然在此構築掩堡，但沒有佔領此處〕，在此可看得到賊徒在西山庄〈苗栗縣苗栗市西山〉西北高地〔標高一六一〕的一個大堡壘上，旌旗翻飄，聲勢張揚。再者，阪井大佐佔領第一線高地後，派遣砲兵一小隊繼續前進，自己則率領第六中隊〔隊長爲伊東兔熊大尉〕，跟在第一線後面前進，進抵此處後，大佐決定等待砲兵抵達，再展開攻擊〔當時，前衛司令官川村少將也在後壠南方高地，見此情況，遂調動第七中隊，屬阪井大佐指揮，並親自前進到前兵位置〕。

下午一時十分，砲兵第二中隊之一小隊〔隊長爲千葉三吉少尉，

受大隊長之命，代替第一中隊前進）佈列在後壠底庄〈苗栗縣後龍鎮後龍底〉東方高地，開始射擊。阪井大佐命第六中隊之一小隊留下護衛砲兵，並命松原少佐指揮第五、第六中隊（各缺一小隊）及佐佐木隊，攻擊前方的賊徒。少佐決定讓佐佐木隊於正面與賊徒相持，主力則從其左側背逼近，便命第五中隊（缺一小隊）為第一線，從員墩庄〈苗栗縣苗栗市圓墩〉東方凹地前進；第六中隊的半小隊跟在佐佐木隊的右側後方，支援其前進。此時，賊徒對我軍砲兵展開射擊，並陸續增加兵員至堡壘，其兵力超過一千人，頑強抵抗。因此，阪井大佐於一時二十分，命第七中隊〔隊長為上村長治大尉〕增援佐佐木隊的右翼，又命後方的砲兵小隊往前推進。川村少將也調來在大庄的第八中隊，又命在新港的第四中隊〔隊長為山本三郎大尉〕牽制賊徒右翼〔第四中隊收到此命令時，已經四時三十分，因此沒有參與此次戰鬥，但中隊長前此因聽到該方向有槍砲聲，曾派一小隊（隊長為中野市二郎中尉），從西山庄東北方牽制賊徒右翼〕。

　　二時二十分，正面的部隊逐漸逼近賊徒，砲兵第二中隊（缺一小隊）〔隊長為門田見陳平大尉〕也抵達此處，立刻開砲猛烈轟擊。此間，攻擊部隊的主力掩蔽得十分巧妙，沒有受到絲毫損傷，就抵達賊壘左側背。第五中隊（缺一小隊）隨即上刺刀，吶喊衝鋒，第六中隊（缺一小隊）也跟著前進〔當時微有薄霧，硝煙也到處瀰漫，因此，攻擊部隊沒有被賊徒發現，得以前進至二十公尺的距離〕。賊徒章法全失，一陣混亂，退往東方高地下。此時，阪井大佐率領砲兵護衛隊，和正面的部隊一起揮舞軍旗，攻入賊壘〔旗手津野一輔少尉此時受傷〕。各攻擊隊停在高地東端，射擊賊徒，第八中隊及先前往傭頂庄西南方追擊賊徒的第五中隊之一小隊也於此時抵達。於是，佐佐木隊及第八中隊各自歸還原來位置，松原少佐命第六中隊之一小隊〔隊長為松田三郎中尉〕追覓賊蹤，根據其回報，得知大部分

賊徒都已退往苗栗方向。於是川村少將乃命阪井大佐指揮第二聯隊第二大隊（缺第八中隊）留在原地警戒苗栗方向，自己則率領其它部隊返回後壠〔此日戰鬥，步兵第二聯隊的兵卒一名戰死，將校一名〔旗手津野一輔少尉〕及下士卒七名受傷；消耗子彈一萬八千零七十五發，砲彈一百四十七發〕。

同一天，山根支隊於早晨六時自頭份街出發，經公館庄〈苗栗縣公館鄉公館〉，於八時四十分抵達亂龜山，決定第二天先行擊退亂龜山東南高地的賊徒後，再向苗栗前進，乃準備駐紮於此，並與師團本隊連絡。下午二時左右，師團前衛遙見友軍在攻擊田蜜庄西南方高地的賊徒，遂派遣一部分步兵支援，援兵才剛前進一會兒，該地的賊徒就已經退卻，而亂龜山東南方的賊徒似乎也同時退卻。於是，山根信成少將決定第二天與師團前衛合作，向苗栗前進。

師團本隊於正午左右抵達後壠，前衛擊退西山庄西北高地的賊徒時，收到師團長的宿營命令，前衛及本隊遂在後壠及其附近宿營，由前哨警戒佔領的陣地〔川村少將在受領此命令之前已配置了前哨〕。不久，預定計劃改變，決定第二天前進至苗栗，前衛定於當天早晨六時三十分通過前哨線出發，本隊也於同時在西山庄西北高地上集合；騎兵大隊與後壠守備隊協議，警戒吞霄街方向，掩護師團側背；左側支隊與前衛平行前進，大行李（左側支隊的大行李除外）及步兵彈藥半縱列、砲兵彈藥一縱列跟隨本隊〔此日，輜重第一梯隊中的第二步兵彈藥半縱列及第一砲兵彈藥縱列在山根支隊露營地，第二步兵彈藥半縱列在後壠，其它（彈藥大隊本部，第二砲兵彈藥縱列，第一、第三糧食縱列）與第二梯隊（輜重兵大隊本部、第一步兵彈藥縱列、第二糧食縱列及馬廠）及第一野戰醫院都在中港及附近，第二野戰醫院則在新竹〕。

另一方面，在台北以西的守備隊中，步兵第一聯隊第一、第二中隊也於此日抵達中港〔十日從海山口及桃仔園街出發〕；同聯隊第一大隊本部暨第三中隊抵達大湖口，會合第四中隊、步兵第三聯隊第二大隊〔十二日自大料崁出發〕及第三機關砲隊抵達新竹，第二機關砲隊也已經在此處。於是，師團長命第三機關砲隊納入前田少佐指揮，步兵第三聯隊第二大隊則暫時留在新竹。

十四日，師團如預定計劃行動。前衛及左側支隊沒有受到任何抵抗，於上午七時左右進入苗栗，得知賊徒已經往南方及西南方退走。於是，師團長命山根支隊〔原先的左側支隊〕留守苗栗，又命另一部隊〔步兵第四聯隊第一中隊（隊長為久能司大尉）負責〕佔領福興街〈苗栗縣通宵鎮福興〉，並命川村支隊〔除了原先的前衛（缺步兵第二聯隊第四中隊）之外，增加步兵第一聯隊本部暨第二大隊以及衛生隊半隊〕於十五日進入吞霄街，往台中及彰化方向搜索，本隊則在後壠等待樺山總督進一步的命令。此日，原先的左側支隊與原前衛部隊留守苗栗及附近，本隊返回後壠。根據前進至白沙墩〈苗栗縣通宵鎮白沙屯〉附近的騎兵大隊（缺三小隊及一分隊）報告，大甲還有兵力不詳的賊兵。

隔天，即十五日，川村少將率領原先的前衛（缺第二聯隊第四中隊）部隊，經五湖庄〈苗栗縣西湖鄉五湖〉抵達吞霄街，十六日會合從後壠抵達的增援部隊，命其步兵〔代理第一聯隊長三木一少佐所率領的第二大隊（由千田貞幹大尉處理大隊長職務）〕佔領苑裡街〈苗栗縣苑裡鎮苑裡〉。另一方面，師團長於此日派遣步兵第二聯隊第四中隊與後壠守備隊〔並派其一小隊至白沙墩〕交接守備工作；又命前田少佐將香山庄守備隊〔步兵第三聯隊第一中隊及機關砲二門（屬合併第三隊所有）〕的步兵留下一小隊，剩餘兵員守備中港，第二機關砲隊則暫留於此；並將原先守備中港的守備隊調至後壠，步兵第一聯隊第

一大隊也於此日全部到後壠集合〔此日，第一糧食縱列在白沙墩，其餘的第一梯隊及第二梯隊與第一野戰醫院都在後壠〕。🗲

第六節【一】向彰化前進

近衛師團攻佔彰化 近衛師團長能久親王於八月十四日佔領苗栗後，命山根支隊〔步兵第三聯隊本部暨第一大隊、第四聯隊本部暨第一大隊、騎兵第二中隊之一小隊與一分隊、砲兵第二大隊、臨時工兵中隊、衛生隊半隊〕留守苗栗，川村支隊〔步兵第一聯隊本部暨第二大隊、第二聯隊本部暨第二大隊、騎兵第二中隊之一小隊、砲兵聯隊本部暨第一大隊、工兵第一中隊（缺二小隊）、衛生隊半隊〕前進至吞霄街，並派兩支隊的一部分佔領福興街及苑裡街，師團本隊〔步兵第一聯隊第一大隊、第四聯隊第二大隊、第二聯隊第四中隊、騎兵大隊（約缺三小隊）、工兵大隊本部暨第一中隊之一小隊、第一機關砲隊及機關砲合併第四隊〕則在後壠待命。此時，師團長認為賊徒似乎已經遠退台中及彰化一帶，師團即使留下後方守備必須的兵力〔約三大隊〕，要獨力佔領台中及彰化應該沒有困難，因此，師團長命山根支隊前進至大甲〈台中縣大甲鎮大甲〉〔當時還沒有發現從苗栗到台中的直線道路，因此，師團長命山根支隊抱著由苗栗沿海岸路轉進的決心〕，偵察前方。師團則從事南進準備作業〔十五日，先頭兵站司令部前進至白沙墩〕，並計劃逐步前進。師團長於十六日將此意見向樺山總督報告，十七日接獲總督訓令，指示此後將中港以北的守備交給混成第四旅團，師團則整頓妥當，準備前進，盡可能佔領台中、彰化〔同時，根據總督府參謀長大島久直少將的通知，總督加派軍伕約二千人配屬師團，此刻已在前進途中，另增加三位兵站司令部要員〕。

在此之前，近衛師團從中港向苗栗前進時，常備艦隊司令長官〔有地品之允中將〕於十二日接獲樺山總督命令，命其率「吉野」艦在天候許可的情況下，巡航後壠以南、牛罵頭〈台中縣清水鎮清水〉附近沿岸，並砲擊賊徒。十三日從基隆港出發，十四日下午三時許，在大安港〈台中縣大安鄉大安港〉外海投錨，以小艇偵察陸地

時，受到來自大安溪口附近海岸的射擊，「吉野」艦因此開砲轟擊大安港及其附近，趕走賊徒。五時，再度派出二艘小艇，偵察大安港附近。隔天，即十五日繼續偵察賊情。由於受到我軍前日的砲擊，大安港約有二百、大甲則約有一千名賊兵逃走，同日又聽說牛罵頭附近有約三千名賊兵集結，隔天，當地民眾欲將此消息通報川村支隊，十七日與該支隊派來的偵察隊取得連絡。

十七日，川村少將將這個報告轉達師團長，並附記依當時的天候，可以從大安港送糧秣上岸〔「吉野」艦將校所言〕。

當時，後壠的糧食補給均從基隆及中港由海路運送，師團雖然貯存了十幾日份的糧食，但搬運力不足。師團長甚至為此而猶豫是否要繼續前進。接獲此報告後，決定暫時將各縱列的軍伕全數用於糧食搬運，一方面，先命山根支隊前進至大甲，接著由海路將糧食送至大安港上岸；另一方面，徵集當地民眾補足搬運力，全軍陸續前進。十八日正午，下達如下訓令：

一、山根支隊於二十日出發，經三差湖〈苗栗縣清三義鄉三叉河〉，儘可能於二十一日推進至大甲，並派出一部隊經由三差湖通往台中的道路上，出到與大甲等遠的地區，偵察前方的賊情及道路狀況。

二、從川村支隊中選出二個步兵中隊做為掩護隊，二十日出發，二十一日至大甲，掩護為山根支隊而開設於吞霄街、大甲間的兵站線，以便將糧食集積在房裡街〈苗栗縣苑裡鎮房裡〉及大甲，其搬運交由輜重第一、第二梯隊之各縱列〔第一、第二砲兵彈藥縱列協助糧食縱列，第一、第二步兵彈藥縱列則編成臨時第四糧食縱列〕。

三、騎兵第一中隊接在前述掩護隊後方前進，負責電線架設好之

前，在白沙墩及大甲間設置遞騎線〔十八日，獨立野戰電信隊已架設好到吞霄街為止的電線〕。

　　此外，師團長命步兵第四聯隊第二大隊守備苗栗，並命在新竹的步兵第三聯隊第二大隊於二十日之前來到後壠，新竹、中港間的守備隊，即步兵第二聯隊第一大隊（缺第四中隊）及機關砲隊〔第三、第四及合併第三隊〕則在與混成第四旅團交接後也移防到後壠。十九日，又命川村少將派遣步兵一小隊至大安港，自二十日起負責將集積在後壠及新竹的糧食在該處上岸。同日（十九日），近衛師團兵站輜重納入新編成的台灣兵站部（由總督直轄）之戰鬥序列，近衛師團兵站監部及兵站司令部都成為台灣兵站監部或兵站司令部的編制人員（兵站監部於二十八日完成接辦手續）。

　　此日〔十九日〕，師團長接獲山根少將的報告，得知苗栗的敗兵經三差湖、葫蘆墩〈台中縣豐原市〉往台中方向退走，在大甲附近的敗兵也往南方退卻。後來又接獲在吞霄街的川村少將報告〔間諜傳來的消息〕，得知牛罵頭有三、四百名舊清國兵，彰化則有約一千名。

　　川村少將基於前述師團訓令，命掩護隊〔千田貞幹少佐所率領的步兵第一聯隊第六、第七中隊及工兵第一中隊（缺二小隊）〕前往大甲、守備兵〔步兵第一聯隊第八中隊之一小隊（隊長為小島米三郎中尉）〕前往大安港後，二十二日親自率領二個步兵中隊〔第二聯隊第二大隊本隊暨第五、第六中隊〕前進至苑裡街，二十三日又命在苑裡的步兵約二個中隊〔第一聯隊本部及第五、第八中隊（缺一小隊）〕推進至大甲。

　　山根支隊於二十日自苗栗出發〔步兵第四聯隊第二大隊於此日到達苗栗，負責該地守備〕，當天於三差湖宿營。二十一日命二個步兵中隊〔第三聯隊第一大隊長志賀範之少佐所率領的第二、第三中隊〕留守新

店庄〈台中縣后里鄉新店〉，偵察台中方面的賊狀及道路，自己則率領其餘部隊到大甲，與先前抵達的千田隊及騎兵第一中隊（缺一小隊）〔二十日自後壠出發，二十一日抵達，其中若干爲遮騎哨（隊長由高橋利作中尉代理）〕同在此地宿營。

此日，經與抵達大甲的師團參謀〔騎兵大尉河村秀一，爲了集積糧秣事宜而來〕商量，決定由千田少佐率領其兩個步兵中隊與騎兵第一中隊（缺一小隊半）往彰化方向前進偵察，山根少將也派遣一個步兵中隊〔步兵第四聯隊第四中隊（隊長爲多田捨馬大尉）〕往同方向前進。此二路偵察隊經由牛罵頭前進〔此夜，多田中隊在大肚街〈台中縣大肚鄉大肚〉東方南寮庄〈台中縣龍井鄉南寮〉附近高地宿營，千田隊則在大肚街宿營〕，隔天，即二十三日偵察大肚溪及對岸的賊情，得知賊徒在彰化東方的八卦山設有大型的防禦工事，還有部分賊徒佔領大肚溪左岸，而且若無渡船，大肚溪難以涉水而過〔工兵第一中隊（缺二小隊）長上野矩重大尉一路修理道路而來，此日抵達牛罵頭〕。

另一方面，各縱列全力將糧秣從後壠搬運到大甲〔先頭兵站司令部於二十日開設於苑裡街〕，已稍見集積，因此，師團長想將各部隊先行集合到大甲附近，遂於二十日先命工兵大隊本部〔隊長爲小川亮中佐〕暨二小隊〔先前配屬總督府工兵部長、工兵第一中隊之一小隊已歸建〕向大甲出發。二十一日下午一時，訂定了行軍計劃（見下頁圖表），並下達各部隊〔第二野戰醫院於二十日前由新竹抵達後壠〕，各縱列從二十二日起，各自回歸原有編制，逐次向大甲前進〔馬廠留在後壠，至八月三十日才由該地出發〕。

此外，關於後方的整頓，師團長也做了相關處置〔步兵第二聯隊第四中隊及第二機關砲隊擔任後壠守備，其步兵一小隊仍然分派至白沙墩，第一野戰醫院於後壠開設，位於後壠的各部隊直到出發前全由騎兵大隊長澀谷在明中佐指揮。在基隆的大架橋縱列長及在台北的第三步兵彈藥縱列長

行軍計劃表〔隊號根據現在實際編制，與當時的計劃表有異。〕

隊號 ＼ 月日	8月22日	同23日	同24日	同25日	同26日
山根支隊	大甲	同前	同前		
川村支隊之一部分	大甲	同前	同前		
騎兵第一中隊（缺一小隊）	大甲附近	同前	大甲		
工兵大隊本部暨二小隊	吞霄街附近	大甲附近	大甲		
師團司令部	吞霄街或苑裡街	大甲			
川村支隊（缺一部分）	吞霄街	同前	大甲		
步兵第一聯隊第二大隊	後壟	白沙墩	房裡街	大甲	
步兵第三聯隊第二大隊	後壟	同前	吞霄街	大安港	大甲
騎兵大隊（缺第一及第二中隊的大部分）	後壟	同前	吞霄街	大安港	
第一機關砲隊	後壟	同前	吞霄街	大安港	
機關砲合併第四隊	後壟	同前	吞霄街	大安港	
第二野戰醫院	後壟	吞霄街	大甲		

將位於兩地的各縱列（在台北的小架橋縱列前此受師團命令，將其材料經由鐵路在十七日之前運送至新竹）變更爲駄馬編制，儘速趕上師團，各縱列輙

馬所需要的馱鞍，向該地兵站部領取〕。二十二日自後壠出發，抵達吞霄街，在此又對後方守備另加處置〔新竹、中港間的守備隊，即步兵第二聯隊第一大隊（缺第四中隊）及機關砲三隊完成交接手續，預定二十三日抵達後壠，到達後，留步兵一小隊在白沙墩，二小隊在苑裡街守備，其餘則守備大甲。此訊息由澀谷中佐傳達。原先守備白沙墩的小隊則復歸所屬中隊〕，二十三日正午抵達大甲〔此日，工兵大隊本部暨第一中隊的二小隊及川村支隊的步兵第一聯隊本部及第二大隊剩餘部隊（大安港守備小隊也歸隊）也抵達大甲〕，並得知前述千田隊的偵察結果。當時，因水土不服十分嚴重，後方勤務所能使用的軍伕大量減少，因此，糧食搬運並不順利，且自十九日以來因天候不良，經由海路往大安港的運輸也無甚希望，而大甲附近的物資〔每天只能徵收到十二、三石的白米〕卻無法供應師團的需要。現勢既已如此，天候一旦有變，房裡溪〈苗栗縣苑裡鎮房裡溪〉、大安溪及大甲溪等河水暴漲，師團更將陷入交通斷絕的慘境，因此，師團長乃決定即使後方補給幾天不繼，也要依賴當地物資，排除萬難前進，儘速佔領彰化。

　　起初，師團長對於大甲以南的行進計劃，是預定山根支隊從台中方向、其餘部隊則由海岸路前進。但根據偵察報告，從大肚街至台中的道路十分不良，且兵分兩路，將使糧秣補給更加困難，因此解散兩支隊的編組，重新區分為左右兩縱隊及師團本隊：左縱隊〔司令官為步兵大佐中岡祐保（步兵第三聯隊長），包括步兵第三聯隊第一大隊、騎兵第二中隊之一小隊及臨時工兵中隊〕往台中方向前進；右縱隊〔司令官為步兵少佐三木一（代理步兵第一聯隊長），包括步兵第一聯隊第二大隊、騎兵第一中隊（實際上缺一小隊）、砲兵第三中隊、工兵第一中隊（缺一小隊）及衛生隊半隊〕及師團本隊則由海岸路前進。二十三日下午五時，下達此項命令，兩縱隊將從二十四日起開始行動，二十六日出到大肚溪右岸以後〔規定右縱隊第一天須前進至牛罵

頭，第二日到大肚街；左縱隊第一日須至葫蘆墩，第二日到台中〕，改隸山根少將指揮，準備渡河。本隊則自二十五日開始行動，跟在右縱隊後面，預計二十七日對彰化展開攻擊。此外，還特別訓令山根少將，如果狀況許可，二十六日可直接佔領彰化。

右縱隊司令官三木少佐於二十四日率領在大甲的諸部隊自該地出發，到達牛罵頭，會合此地各隊〔千田偵察隊及工兵第一中隊（缺二小隊）〕。隔天，即二十五日，以步兵第八中隊及騎兵第一中隊（缺一小隊）為前衛〔司令官為千田貞幹少佐〕，第六中隊之一小隊為左側衛，於上午十時抵達大肚街〔以下彰化附近地形參照圖⑮〕。賊徒在八卦山樹立旗幟，一部分在大肚溪左岸，茄苳腳庄〈彰化市茄苳腳〉及中寮庄〈彰化縣和美鎮中寮〉附近構築掩堡，其後方有十幾個帳篷。於是，少佐命各隊駐紮於大肚街，搭起警戒營舍，由前衛擔任前哨，並前進到該地南方聚落〔約在社腳庄〈台中縣大肚鄉社腳〉附近〕，警戒大肚溪的渡口〔夜裡的警戒由步兵第八中隊負責（配置二名傳騎），步兵大隊本部及騎兵隊則返回大肚街宿營〕，又從本隊調出第七中隊之一小隊（缺一分隊）至大肚街西方河岸警戒。

此間〔上午十一時五十分〕，山根少將也來到大肚街〔二十四日自大甲出發〕，並前進到社腳庄附近偵察賊情。對岸的賊徒向我軍發射槍砲，其兵力逐漸增加，且好像還在八卦山上增築掩堡。此日，由於尚未能發現可以涉水渡過大肚溪的地方，架橋點則以主要道路附近最為合適，但左縱隊卻又遲遲沒有消息。於是，少將決定於第二天早晨，命右縱隊驅逐對岸的賊徒，以使架橋作業能順利進行。此外，少將又命工兵第一中隊（缺一小隊）偵察架橋點並收集架橋材料，並派遣了許多將校斥候，到船頭庄〈台中縣大肚鄉渡船頭〉上游偵察涉水地點，結果，在船頭庄上游約一千五百公尺及二千公尺處分別發現涉水點及渡口。然而，二十六日凌晨四

時，突然接到師團長訓令，告知左縱隊於當日〔二十五日〕在頭家厝庄〈台中縣潭子鄉頭家厝〉附近受到約二百名賊徒的頑強抵抗，預定第二天要繼續攻擊，因此命山根少將於二十六日預先前進到左縱隊處的大肚溪河階地上，殲滅退走的賊徒〔二十五日晚上十時自牛罵頭出發〕，同時得知師團長將於第二天上午十時到大肚街。

於是，山根少將只好暫停本日的攻擊計劃，決定先等左縱隊的行動結果及後續部隊抵達再展開行動，於是派遣派步兵第一聯隊第六中隊〔隊長為曾我千三郎大尉〕往烏日庄〈台中縣烏日鄉烏日〉方向前進，威脅與左縱隊對峙之賊徒的退路，負責殲滅敗兵並與左縱隊連絡。此日，右縱隊諸隊移師社腳庄附近露營。

先前（二十四日）師團長曾下令，師團本隊中應於二十五日抵達大安港的部隊〔參照前述行軍計劃表〕改至大甲，後來又將本隊分為二個梯團〔步兵第一旅團司令部、步兵第一聯隊第一大隊、騎兵一小隊、工兵半小隊為第二梯團，其它則為第一梯團〕，從二十五日起開始行動，並應於二十六日前進至大肚街與牛罵頭之間〔行軍計劃表略〕。此外，又命正朝大甲前進的大甲守備隊長前田少佐除留下一個步兵中隊及三個機關砲隊守備大甲外，分派另外一個步兵小隊守備牛罵頭，二個步兵小隊守備大肚街〔前田少佐命第三中隊（隊長為西川虎次郎大尉）駐守白沙墩及苑裡街，二十六日抵達大甲，二十七日派遣第二中隊（隊長為下村豐順大尉）至牛罵頭及大肚街〕。此日〔二十四日〕抵達吞霄街的步兵第三聯隊第二大隊〔隊長為坊城俊章少佐〕則受命守備葫蘆墩及台中，其中一小隊〔第七中隊之一小隊（隊長為永山藤吉少尉）〕則進至大安港，暫時守備該地。

師團長將第二梯團交由川村少將指揮，二十五日親自率領第一梯團從大甲出發，當日在牛罵頭宿營。下午六時，接獲在頭家厝庄的左縱隊司令官中岡大佐報告，得知該隊在頭家厝庄戰鬥的

情形，有將校以下十二名人員死傷。

　　師團長因而決定支援此次攻擊行動，逐命第一梯團的二個步兵中隊、一個砲兵中隊〔摺澤靜夫少佐所率領的第四聯隊第一、第二中隊及砲兵第四中隊〕於第二天早晨往四張犁庄〈台中市北屯區四張犁〉方向前進，又命當天抵達大甲的步兵第三聯隊第二大隊長〔守備葫蘆墩及台中者〕以其二個中隊參與左縱隊的戰鬥，爾後就隸屬左縱隊。

　　隔天，即二十六日上午，師團長和第一梯團的先頭部隊抵達大肚街，聽取山根少將關於前面賊狀及河川偵察報告，並親自前往社腳庄附近偵察現況〔在船頭庄對岸的三、四百名賊徒，此時向我軍亂發槍砲，子彈甚至射到師團長身邊〕。此日，根據從彰化方面來的民眾所言，彰化、八卦山附近包括黑旗正勇及其它兵員，約有十二營的兵力，據說其中很多是在兩天前從南方抵達的。賊徒主力似乎集結在八卦山及彰化，僅有少部分佔領船頭庄對岸之地，利用大肚溪地利之便，抵抗我軍前進。

　　師團長等待左縱隊行動之後，打算於二十七日一舉進攻彰化，於是解散右縱隊的編組，命其步兵〔第一聯隊本部暨第二大隊〕為前哨，警戒船頭庄的渡口。同時下令第一梯團在大肚街附近〔大部分在大肚街，一小部分在社腳庄〕；第二梯團在沙轆〈台中縣沙鹿鎮沙鹿〉附近；輜重第一、第二梯隊則在大肚街、龍目井〈台中縣龍井鄉龍井〉之間宿營。另一方面，命工兵大隊偵察通往船頭庄上游涉水地點的道路，得到的回報是並無道路可通，且我軍行動也無從隱蔽。此日〔下午八時三十分〕，山根少將派遣到烏日庄方向的曾我中隊回報說：左縱隊方面的賊徒在早上九時之前尚未退卻，而且烏日庄附近的大肚溪河床非常寬廣，當地居民說水深達到胸部〔曾我中隊於上午十一時三十分在烏日庄與左縱隊的將校斥候（隊長為大野豐四中

尉，爲迎接從牛罵頭來的增援隊而到此地）取得連絡，方得知上情〕。師團長因此決定中止第二日的攻擊計劃，延到二十八日再實行。下午九時，先前與左縱隊同行的第二旅團副官〔田中律造大尉〕回報，得知左縱隊與摺澤隊一起擊退了頭家厝庄及三十張犁庄〈台中市北屯區三十張犁〉附近的賊徒，於下午五時佔領台中，坊城隊也已抵達該地，但師團長並沒有因此而改變二十八日攻擊的計劃。

山根少將當晚即下令，命左縱隊（包括摺澤隊）於二十七日前進到烏日庄附近；該縱隊司令官前來大肚街受命，並調回曾我中隊。

前此（二十四日），左縱隊司令官中岡大佐率領在大甲的各部隊〔包括步兵第三聯隊第一、第四中隊、騎兵第二中隊之一小隊及臨時工兵中隊〕自該地出發，經四塊庄〈台中縣后里鄉四塊厝〉、四角竹圍〈台中縣后里鄉墩東村〉等地，抵達葫蘆墩，與山根少將先前留在新店庄的步兵第三聯隊第一大隊本部暨第二、第三中隊會合，並於該地宿營。沿途及葫蘆墩附近的居民頗爲平靜，歡迎我軍，並無不穩的情況〔以下參照圖⑭〕。

然而，隔天（二十五日），左縱隊在進向台中的途中，於上午七時左右，在前衛〔司令官爲佐志賀範之少佐，包括步兵第四中隊、騎兵小隊、臨時工兵中隊〕先頭前進的騎兵小隊〔隊長爲牧野正臣中尉〕，在頭家厝庄突然遭到來自前方村落少數賊徒的射擊，前衛將之驅逐後繼續前進。到達溝倍庄〈台中市北屯區舊社一帶〉北方約三百公尺的地方〔七時三十分〕，又受到盤據該村北端房舍、爲數不少的賊徒射擊；同時前進道路右側村落，也有約六十名賊徒對我軍展開射擊，但被尖兵〔隊長爲勝田丑五郎中尉〕擊退。於是，前衛在溝倍庄北方約一百五十公尺的窪地展開，與溝倍庄的賊徒相對峙。此時，散在道路兩側的民家中，仍然有一部分賊徒，朝我軍側背射

擊，志賀少佐遂命第四中隊的半個小隊〔由中村多磨男中尉率領〕攻擊右側後方屋舍內的賊徒〔約二、三十名〕。中尉幾次想衝進房舍，但因四周竹林茂密，無法攻入，遂成對峙之局。

志賀少佐幾次嘗試放火燒燬溝倍庄北端房舍並將之佔領，但僅造成輕微毀損，始終無法達成目的。〔八時四十分〕，少佐得知賊兵迂迴到我軍右翼附近，遂調派一小隊〔隊長為千田嘉平少尉〕增補尖兵右側兵力，並派出半小隊警戒左側。此時，前方的賊徒逐漸增多，為數高達五百名左右，特別是位在尖兵右側的小隊遭受三面射擊，十分危險，但該小隊仍然固守原位。

此時，本隊已在頭家厝庄展開，中岡大佐眼見上述狀況，遂命第一中隊〔隊長由松崎純一郎中尉代理〕增援前衛右翼。該中隊卻遭到來自散佈於溝倍庄西北及西方房舍的射擊，並未抵達目的地，僅能據守途中田埂邊，與賊徒相對抗。

不久，中岡大佐又派出第二中隊之一小隊〔隊長為紀平正矩特務曹長〕攻擊前衛左側背的賊徒，但也沒有成功。九時三十分再度增派第二中隊之一小隊〔由代理中隊長西鄉寅太郎中尉率領〕，終於擊退賊徒，佔領該聚落，時為九時五十分左右。

中岡大佐看到與中村小隊對峙的賊徒還固守其地，遂命第一中隊長派部分兵力前往支援，其餘則在原地警戒右翼。中村中尉乃與增援小隊〔隊長為朝田穰曹長〕一起奮勇攻擊，卻仍未奏效，最後飲彈而亡。溝倍庄附近的房舍四圍都是茂密的竹林，且下半部密實宛如掩堡，牆壁也堅牢異常，我軍步兵的射擊幾乎沒有任何成效，且賊徒兵力愈來愈多。因此，三個工兵分隊〔由松山隆治少尉率領〕於十一時許，奉命增援前衛步兵中隊的右翼。這種狀況持續到下午二時，都沒什麼改變，中岡大佐遂決定第二天再繼續攻擊。於是派出騎兵小隊前往牛罵頭，向師團長報告當前狀況。黃

昏後，大佐命第一、第四中隊及第二中隊之一小隊〔紀平小隊〕停留在原處，與賊徒對峙，其餘部隊收兵回到頭家厝庄宿營。同時命志賀少佐及工兵中隊長〔本間資鐵大尉〕，於第二天拂曉即聯合發動攻擊。然而當夜，大佐接獲師團長通報，得知隔天清晨摺澤少佐將帶著支援部隊往四張犁庄方向前進，而坊城少佐所率領的二個中隊也將於第二日下午抵達該地附近。

二十六日凌晨四時三十分，志賀少佐命擔任爆破的工兵〔松山隆治少尉所率領的下士以下十五名〕先行佔領步兵第四中隊右側後方的房舍。在大隊副官〔中島正武中尉〕指揮監督下，工兵潛行至竹林外籬裝設綿火藥〔五吉羅瓦〕，炸出一個寬約五米的缺口，步兵立刻進入，放火燒屋，終於將之佔領，擊退賊徒，時為上午七時左右。於是，志賀少佐又命工兵破壞溝倍庄北端的房舍，步兵下士以下二十名同行〔由中島副官監督〕，組成突擊部隊。工兵整備完畢後，於八時二十分即將出發之際，突然遭到賊徒猛烈射擊。在第一、第四中隊的掩護射擊下，九時正，工兵突擊隊冒著槍林彈雨衝出，先破壞道路右側房舍的圍牆，接著又將炸藥投到屋頂上，經過幾度爆炸後，終於將屋內的賊徒擊退，時為十時左右。此時，附近的賊徒也都逃避一空，於是，中岡大佐命主力〔第二中隊之一小隊及第三中隊（缺一小隊）在頭家厝庄負責行李及後方掩護〕佔領溝倍庄。賊徒卻仍然佔領三十張犁庄北方聚落繼續抵抗，大佐遂決定等摺澤隊到達後再發動攻擊，於是下令紮營與賊徒相對峙，並派出二隊將校斥候〔第一中隊之一小隊（隊長為下條英四郎少尉）及第三中隊之一小隊（隊長為大野豐四中尉）〕與摺澤隊連絡。

當天早晨，摺澤隊〔步兵二中隊、砲兵一中隊〕從牛罵頭出發，因道路不良，砲兵行進頗費周章，過了正午才抵達四張犁庄附近，與中岡大佐派出的下條小隊會合，一起往三十張犁庄前進。

下午一時二十分左右，在驅逐二份埔庄〈台中市北屯區二分埔〉的少數賊徒時，受到散佈於三十張犁庄及其北方聚落的賊徒射擊，摺澤少佐乃命第一中隊開到二份埔庄東南端，與賊徒對峙，砲兵中隊〔隊長為莊司釠四郎大尉〕則佈列在二份埔庄西北側的旱田，砲轟三十張犁庄北方聚落的賊徒，第二中隊及下條小隊則在砲兵的左翼後方預備，時為一時五十分。賊徒不支，於二時二十分往東南方潰走，其兵力不下三、四百名，摺澤隊立刻佔領了三十張犁庄。

左縱隊司令官中岡大佐在摺澤隊開始展開砲擊時，看到正面的賊兵稍有動搖之貌，正打算開始行動，恰好坊城少佐率領二個中隊抵達〔此日，坊城大隊（第七中隊的一小隊負責守備大安港）從大甲來接手葫蘆墩及台中的守備，在前進途中，接獲師團命令，大隊長遂留下第六、第八中隊守備葫蘆墩，自己則率領第五、第七中隊（缺一小隊）前進至此〕，於是二軍會合一起往三十張犁庄前進，在三十張犁庄併合摺澤隊後，以二個步兵中隊〔第三聯隊第一、第四中隊〕為前衛，一個步兵中隊〔第二中隊〕為左側衛，繼續往台中前進，沿途掃除敗賊，於四時二十分抵達台中〔此日，大野小隊終於如前所述，出到烏日庄，在與右縱隊的曾我中隊取得連絡後，與本隊會合〕，並在此宿營〔二十五日的戰鬥，左縱隊的步兵中尉中村多磨男以下兵卒五名戰死，六名受傷；二十六日的戰鬥中，摺澤隊的砲兵第四中隊兵卒一名受傷。左縱隊在這兩日的戰鬥中，消耗子彈七千一百九十發；摺澤隊二十六日消耗子彈一千一百五十二發，砲彈四十一發〕。

二十七日上午，第二梯團在大肚街、輜重梯隊在山仔腳庄〈台中市南屯區山子腳〉附近宿營，中岡大佐也命其所屬、留在烏日庄的各部隊，於正午時分到達大肚街集合，於是整個師團都集結在此。在此期間，師團長由連夜從事偵察的工兵將校〔大隊副官鈴木

文一郎中尉〕報告得知，若沿著營仔埔庄〈台中縣大肚鄉營埔〉的小河行進，即可進抵涉水地點，沿途十分隱蔽，且河底及兩岸稍作工事，便可讓砲兵、馱馬安全通過。於是，師團長命工兵大隊長〔小川亮中佐〕負責開設軍用道路〔工兵第一中隊（隊長為上野矩重大尉）從下午一時許開始行動，到六時左右完成〕。另外，綜合早晨以來前哨部隊的報告了解，賊徒特別注意船頭庄的渡口，因而佔領了榮光寮〈彰化市菜光寮〉至中寮庄的一線，兵力陸續增加中，並有部分賊徒在湖仔內庄〈彰化縣和美鎮湖子內〉附近朝下游警戒，但是對我軍所偵察到的營仔埔庄東南方的涉水地點，則似乎毫無戒備。於是，師團長調來烏日庄附近的各部隊，準備在二十八日由正面全力一擊。

【二】彰化的戰鬥〔參照圖⑮〕

　　近衛師團長能久親王於二十七日對彰化的攻擊行動作了如下的部署〔此命令於正午下達〕：

部隊區分

● 右翼隊

　　司令官：川村景明少將

　　步兵第一聯隊第一大隊本部暨二中隊

　　步兵第二聯隊本部暨第二大隊

　　騎兵一小隊

　　砲兵聯隊本部暨第一大隊

　　機關砲第一及合併第四隊

　　工兵半小隊

　　衛生隊半隊

● 左翼隊

司令官：山根信成少將

步兵第三聯隊本部暨第一大隊

步兵第四聯隊本部暨第一大隊

騎兵一小隊

砲兵第二大隊

臨時工兵中隊

● 本隊

師團司令部

步兵第一聯隊（缺第一大隊本部暨二中隊）

騎兵大隊（缺二小隊）〔大隊於二十七日得到特務曹長以下三十名人馬的補充〕

工兵大隊本部暨第一中隊（缺半小隊）

衛生隊半隊

一、右翼隊於明日清晨五時三十分對正面賊徒發動攻擊。

二、左翼隊於明天清晨天未亮時，從船頭庄上游約一千五百公尺涉水地點渡河，與右翼隊互相呼應，攻擊正面賊徒右翼，一部分兵力則直接朝八卦山砲台前進。

三、本隊所屬工兵於右翼隊擊退正面賊徒的同時，到船頭庄的渡河點架橋，惟所需的各項準備工作，須在本日中完成。其餘各部隊接在左翼隊後面前進。

四、大行李（左翼隊行李除外）於上午六時後在大肚街東南空地集合。輜重第一、第二梯隊在宿營地待命；步兵、砲兵彈藥各一縱列，於上午七時以前前進至大行李集合地。

　　同時，師團長又將台中守備隊納入山根少將指揮，必要時，也須參與此次攻擊。當天，並將步、砲彈藥各一縱列〔明日應至大

行李集合地點者除外〕調到大肚街，其軍伕分別配屬於工兵大隊、左翼隊及砲兵聯隊，協助架橋作業、搬運砲兵裝備及彈藥等。下午三時，師團司令部移至大肚街東南約三千公尺處〔在社腳庄附近〕露營，師團長仍感到左翼隊兵力不足，又從本隊抽調出步兵第一聯隊第二大隊增補至左翼隊。

兩翼隊司令根據師團長命令，於此日午後分別展開攻擊行動的部署。右翼隊司令官川村少將在船頭庄南端附近選定砲兵及機關砲陣地，決定明天早晨先以砲擊制壓對岸賊勢後，再跟在左翼隊後持續渡河。當夜，右翼隊遂忙於構築砲兵陣地及進出道路。左翼隊司令官山根少將則徵調台中守備隊，並由步兵大佐內藤正明指揮步兵一大隊及砲兵一中隊〔第四聯隊第一大隊及砲兵第二大隊本部及第三中隊〕，於明日清晨天未亮時率先渡河，攻擊八卦山；其餘部隊渡河後，則先攻擊對岸的賊徒。為了隔天行動方便起見，當晚各部隊在社腳庄附近宿營〔在烏日庄的各部隊於傍晚抵達，台中守備隊則尚未到達〕，司令部也前進至此。師團長隨後增派步兵第一聯隊第二大隊支援左翼隊，其中兩中隊〔千田貞幹少佐所率領的第七、第八中隊〕受內藤大佐指揮。

該日將近日暮時，天開始下起雨來，但大肚溪河水未見高漲，因此各部隊照原定計劃，從半夜起開始行動。內藤大佐先命各部隊在涉水地點集合〔河寬約一百五十公尺，水深約八十公分〕，二十八日凌晨十二時三十分左右開始渡河，逐漸在斗炮庄〈彰化市寶部一帶〉北方河岸展開。此夜夜色昏暗，咫尺莫辨，四面俱寂，賊徒對我軍的前進行動似乎絲毫未曾察覺。於是，我軍以第四聯隊第三中隊〔隊長由小山秋作中尉代理〕為前衛，自三時開始行動，根據指北針，越過田畝溝渠，成一路縱隊朝大竹圍庄〈彰化市大竹圍〉南方高地前進。然而砲兵行動遲緩，無法跟上步兵速度〔當時，砲

兵隊走在步兵第一聯隊前面〕，因此，內藤大佐命步兵一中隊〔第四聯隊第二中隊（隊長為橋口勇馬大尉）〕負責保護砲兵，自己則率領其餘部隊先行前進。

五時三十分，前衛中隊完全沒有遭遇賊徒，經由大竹圍庄西側，佔領其南方高地的最高點，本隊步兵也在其右後方逐漸展開。右翼隊開始攻擊，砲聲隆隆，賊徒才發現我軍行動，約有三、四百名賊兵出現在八卦山堡壘東方高地上。此時，內藤隊的砲兵〔藏田虎助少佐所率領的第三中隊（隊長為岸田庄藏大尉）〕又落在護衛中隊之後，還在苦苓腳庄〈彰化市苦苓腳〉附近，發現從柴坑庄〈彰化市柴坑子〉附近有四、五十名賊兵，遂向本隊後面步兵〔第一聯隊第二大隊本部暨第七、第八中隊此時已超越砲兵，到前面去了〕求救，獲得第七中隊之一小隊〔隊長為上野源吉特務曹長〕支援，該小隊於六時二十分擊退賊徒。〔六時四十分〕護衛中隊也已到達，遂再度與砲兵一起前進，上野小隊則直接向八卦山推進。

此間〔五時四十五分〕，內藤大佐命小山中隊對八卦山堡壘東方高地的賊徒發動攻擊。〔六時十五分〕，此時並已展開完畢、千田少佐的二個中隊（缺一小隊）增援小山中隊的右翼。千田少佐遂命第八中隊〔隊長為西村貢之助大尉〕增援第一線右翼，並以第七中隊（缺一小隊）〔隊長由中尉森邦武代理〕為預備隊前進。正面的賊徒兵力漸增，八卦山堡壘也開始發砲，六時四十分左右，左翼隊的主力已經驅逐茉光寮附近的賊徒，其中一部分抵達下廍庄〈彰化市下廍子〉，對八卦山展開射擊，另一部分則抵達水涵口〈彰化市水淹口〉附近，使得八卦山堡壘東方的賊徒也開始動搖，逐漸退走。於是，內藤大佐命預備隊第一中隊〔隊長為久能司大尉〕增援第一線，第四中隊〔隊長為多田捨馬大尉〕則前進至彰化南方扼阻賊徒退路，第一線部隊乘機衝鋒追擊賊徒，終於佔領八卦山堡壘〔為舊式堡

壘，備有克魯伯〈Krupp〉砲四門〕，並繼續射擊，追擊敗兵，時為七時左右。此時，大部分的賊徒都逃到彰化城內，並由西門往鹿港方向退走，部分則往南方退走。內藤大佐乃命小山中隊及森中隊（缺一小隊）至城內掃蕩追擊敗兵，其餘部隊則在八卦山堡壘附近集合〔砲兵隊攀登大竹圍庄南方高地費時良久，與護衛隊都在十時以後才抵達八卦山堡壘，並未參與此次戰鬥〕，左翼隊主力的一部分也先後抵達此地。

小山中隊及森中隊之一小隊〔隊長為產賀勘助曹長〕從東門闖入城內掃蕩殘賊，佔領西門，並派一部分兵員追擊鹿港街道上的敗兵；森中尉率領另一小隊〔隊長為山下五三郎中尉〕從東門外迂迴佔領南門，時為八時許。右翼隊的一部分也與小山中隊等先後由北門進入。而多田中隊則前進至彰化南方一帶，佔領媽祖宮庄〈彰化市媽祖宮（南瑤宮一帶）〉，追擊敗兵。

另一方面，左翼隊司令官山根少將於凌晨二時四十分率領其主力〔包括步兵第一聯隊第五、第六中隊，第三聯隊本部暨第一大隊，騎兵第一中隊之一小隊，砲兵第四中隊，臨時工兵中隊；至於台中守備隊，雖於前一日發出召集令，但此時尚未到達〕從社腳庄附近的集合地出發，以步兵第一聯隊第五、第六中隊〔第六中隊長曾我千三郎大尉率領〕為先頭，四時十分起，接在內藤隊之後渡河，五時左右，先頭二個中隊前進至三塊庄〈彰化市三塊厝〉附近，擔任掩護工作，其餘部隊也逐漸在斗炮庄北方展開，等待右翼隊開火。

再者，右翼隊司令官川村少將命令砲兵聯隊長隈元政次中佐所率領的第一大隊及機關砲隊於早晨五時之前在預定陣地配置妥當，其餘部隊〔步兵第一聯隊第一大隊本部暨第一、第二中隊，第二聯隊本部暨第二大隊，騎兵第二中隊之一小隊，工兵第一中隊之半小隊，衛生隊半隊〕集合在營仔埔庄東南的涉水地點附近，從五時三十分開始向船頭庄對岸的賊徒開砲。砲兵第一大隊〔隊長為小久保善之助少佐〕

佈列在船頭庄東南端河岸上，砲兵第一中隊〔隊長為大尉渡邊壯藏〕以賊徒砲兵為目標；第二中隊〔隊長為大尉門田見陳平〕以賊徒的帳篷及掩堡為目標；第一機關砲隊〔隊長為步兵大尉彥坂幾彌〕及機關砲合併第四隊〔隊長為步兵大尉野津誠吾〕則從該村西南端也以賊徒帳篷及掩堡為目標，三方面一起發動砲擊。賊徒出乎意料之外，一時驚慌失措，倉促就掩堡為憑據，展開反擊。其後，少將下令：除砲兵隊及機關砲隊外，其它部隊緊跟左翼隊之後開始渡河。

前此，在三塊庄附近的曾我大尉認為榮光寮附近一帶的田地甘蔗繁茂，賊徒陣地應不在東邊，因此派出斥候到處搜索，五時二十分左右，在該地西北約五百公尺處發現少數賊兵，大尉乃派遣第五中隊的一小隊〔隊長為菊村漾一特務曹長〕往榮光寮方向前進，其它部隊則以第五中隊（缺一小隊）〔隊長為島村勘太郎大尉〕為第一線，往茄苳腳庄方向前進，五時四十分左右，佔領該村東北的獨立小山丘。部分賊徒因耐不住右翼隊的砲擊，已在敗退當中〔賊徒砲兵甚至來不及發射，就遺棄二門山砲倉皇撤退〕，曾我隊遂向賊徒敗兵及右翼掩堡猛烈射擊，仍留在原地的賊徒出其不意地遭到我軍射擊，向西南方狼狽潰走。

另一方面，山根少將再度下令步兵第三聯隊第三中隊〔隊長為藤岡銑次郎大尉〕增援第一線，在得知賊徒撤退後，又命騎兵一小隊〔隊長為牧野正臣中尉〕追擊榮光寮附近的敗賊。接著，右翼隊的主力也到達，在與川村少將商量後，決定讓左翼隊直接攻向八卦山，而以第一線的三個中隊為右縱隊，即刻進向彰化。六時二十分，山根少將率領其餘部隊，以第二中隊〔隊長由西鄉寅太郎中尉代理〕為前衛〔司令官為志賀範之少佐〕，經三塊庄前進。六時三十分左右，前衛抵達阿夷庄〈彰化市阿夷莊〉附近。八卦山東側的賊徒由

於受到內藤隊的攻擊，而退往八卦山堡壘，於是前衛也向該地推進，到達下廓庄南方的小河附近時，發現有許多賊徒出現在八卦山堡壘的東側，前衛逐加以射擊，該堡壘也發砲反擊，中隊隨即展開回射。其後，少將命第三聯隊第一中隊〔隊長為人見高經大尉〕增援前衛左翼，〔七時〕又命砲兵第四中隊〔隊長為莊司礫四郎大尉〕佈列在三塊庄南側，正要開始轟擊時，正好內藤隊突擊成功，佔領八卦山堡壘。於是，第一線的兩中隊繼續前進，第一中隊直接向彰化推進，第二中隊則經由八卦山堡壘，跟在小山中隊後面追擊敗兵，由東門入城的山根少將也率領其餘部隊，向彰化前進。

先前，曾我大尉率領二個中隊（缺菊村小隊），於六時三十分左右抵達皮寮〈彰化市大東紙廠北邊一帶〉，在此受到來自水涵口北端的射擊，但很快就將之擊退，進入彰化東北的城外市街。此時，藤岡中隊也抵達此地，驅逐殘賊。六時五十分左右，曾我隊到達其南端附近，遭到賊徒從東門城樓及城牆上向下俯射，致無法前進，曾我大尉逐命第五中隊的一部分兵員加以抵擋，其餘則攀登八卦山西北側的斜坡，朝堡壘前進，此時，正好內藤隊衝鋒進入堡壘，二隊於是共同展開射擊，追擊敗兵，菊村小隊也在驅逐榮光寮附近的賊徒後，抵此相會。

山根少將率領其預備隊〔包括步兵一中隊，騎兵一小隊，砲兵一中隊，工兵一中隊〕，於七時三十分左右抵達牛調仔庄〈彰化市牛稠仔〉西方聚落附近，下令師團長所增派、方才抵達的騎兵大隊（缺二小隊）〔隊長為澀谷在明中佐〕負責追擊敗兵〔牧野小隊也屬之〕，往嘉義方向前進，其餘部隊則於八時十分左右前進至彰化南門集合，少將也到達八卦山堡壘。而先前被少將徵調的台中守備隊〔步兵第三聯隊第二大隊長所率領的第五、第七中隊（缺一小隊）〕也在此時抵達八卦山堡壘西北山麓附近，接受少將指揮。該隊於二十七日晚間自

台中出發，因夜色昏暗，行經之地且無道路可走，直到拂曉才抵達崁仔腳庄〈台中縣大肚鄉崁子腳〉附近，然後再前進到此。

　　右翼隊（除砲兵隊及機關砲隊之外）方面，全隊於六時二十分渡河完畢，於是，川村少將遂命步兵第二聯隊長阪井大佐派其第二大隊往船頭庄對岸的賊徒側背前進，自己則率領步兵二中隊〔第一聯隊第一大隊本部及第一、第二中隊〕隨後跟進，其餘部隊則在更後方繼續前進。阪井大佐乃命松原少佐指揮第七〔隊長為上村長治大尉〕及第八中隊〔隊長為小松崎清職大尉〕，作為第一線前進。賊徒遭到我軍砲擊，又眼見左翼隊進攻，遂開始撤退，只有一部分還在中寮庄附近。於是，大佐又命第五中隊〔隊長為澤崎正信大尉〕接受松原少佐指揮，支援掃蕩附近殘賊，並與左翼隊取得連絡〔因甘蔗茂密，無從確知左翼隊位置，松原少佐乃命第七中隊出到茉光寮南方聚落附近，與左翼隊連絡，並負責掩護左側背〕。川村少將見此情況，遂命阪井大佐轉進彰化，並將預備隊中的步兵第一聯隊第一中隊〔隊長為木下寬也大尉〕及第二中隊〔隊長為藤合偉平大尉〕交由習田熊吉大尉〔代理第一大隊長〕指揮，往中寮庄方向前進，負責掃蕩該地附近的殘賊，自己則率領其餘部隊繼續前進。同時也下令砲兵大隊及機關砲隊向前推進〔砲兵第一大隊先前看到賊徒退卻，已經先行前進〕，時為六時四十分左右。其間，師團本隊於五時自大肚街附近的露營地出發，跟在右翼隊之後渡河，也已在左岸展開。

　　阪井大佐接到少將命令後，遂以第五中隊為前衛〔由松原少佐率領〕，其一小隊〔隊長為石川二輔中尉〕為右側衛，第七中隊為左側衛，從通往彰化的主要道路方向前進。七時二十分，第五、第七中隊逼近東門，第六〔隊長為伊東兔熊大尉〕及第八中隊逼近北門。當時在東門附近，部分左翼隊兵員正在追擊賊徒，因此，第五及第七中隊就往北門前進，與第六、第八中隊一起由此進城〔第六中

隊的一小隊從北門外，經西門外向南門前進〕，沿著市街及城牆，一路掃蕩殘賊，到南門外集合，並分調一部分兵力守備各城門，時為八時三十分。

此間，習田大尉也已將中寮庄附近的殘賊掃蕩完畢，於八時五分由北門入城，到達南門集合。接著，川村少將率領其餘部隊抵南門附近〔少將於中途順著阪井大佐的前進路線行進〕，右翼隊的砲兵也於九時抵達〔其機關砲隊則直到十一時仍未前來集合〕。

師團長於七時左右自左岸的開進地出發，取道左翼隊主力的前進路線行進〔騎兵大隊屬山根少將指揮，此事已如前述〕。九時左右，本隊停留在東門外附近，並派員前往八卦山堡壘，確認已經佔領彰化的消息〔當天早晨，本隊的工兵於船頭庄對岸賊徒撤退的時候，從七時十五分開始在該地渡口著手架橋，於下午六時三十分完成全長一百公尺的軍用橋樑，當夜在彰化宿營，但當晚下大雨，軍橋遂被破壞無法使用〕。

十時十分，師團長下令步兵第一聯隊第二大隊〔隊長為千田貞幹少佐〕在騎兵大隊的支援之下，負責追擊賊徒〔大隊於此日到茄苳腳宿營〕；右翼隊佔領鹿港；步兵第三聯隊第一中隊及砲兵第三中隊留守八卦山堡壘；其餘部隊則全數在彰化及其附近宿營。騎兵第二中隊之一小隊〔隊長為朝長三郎少尉；騎兵大隊由彰化前進後，便失去連絡（參照後文）〕改為直轄師團長〔輜重梯隊中，彈藥大隊本部，第二步兵彈藥縱列及第一、第二砲兵彈藥縱列在彰化宿營；第一步兵彈藥縱列在大肚街宿營。糧食縱列從大肚街運糧食至彰化，但因大肚溪水位高漲，其第一、第三縱列在由彰化回程途中，在大肚溪左岸過夜，第二縱列最後沒能到達彰化，就駐紮在右岸（輜重兵大隊本部在大肚街宿營）。第二野戰醫院從牛罵頭往大肚街前進〕。

於是，川村少將先命各部隊在西門附近集合〔機關砲隊於正午左右，抵達皮寮附近，還沒集合就改隸師團直轄〕，正午左右，以步兵二中

隊〔第一聯隊第一、第二中隊〕、騎兵一小隊、砲兵一小隊及工兵半小隊為前衛〔司令官為代理步兵第一聯隊第一大隊長習田熊吉大尉〕，向鹿港出發，沿途沒有受到絲毫抵抗，順利佔領該地。下午三時三十分，前衛在市街西北端、本隊在東南端集合，正好看見約五十名賊徒從鹿港西方河口將要上船，前衛隨即前進攻擊，將之擊退，使其敗走南方，各部隊遂在鹿港宿營。此時約有二百名敗兵，已經乘船從海上逃走。

此間〔四時十分〕，師團長於下午一時接到騎兵大隊長從員林街〈彰化縣員林鎮員林〉發出的報告得知：該隊有一部分兵員沿途於白沙坑庄〈彰化縣花壇鄉白沙坑〉東方擊退若干敗賊，據當地民眾所言，約有二千名賊徒於本日往永靖街〔當時稱為寶斗仔〕〈彰化縣永靖鄉永靖〉方向退卻，該大隊將繼續往斗六門〔指北斗〕〈彰化縣北斗鎮北斗〉、控仔庄〈彰化縣社頭鄉社頭〉〔其實是社斗街東方的小村，當時使用的地圖，將之標在斗六門西北約一里半、北斗溪右岸〕方向搜索。師團長遂命該大隊於第二天前進至控仔庄附近，搜索北斗溪左岸。

騎兵大隊（缺一小隊）是於上午七時四十分左右，接獲山根少將追擊敗賊的命令，遂立刻以第二中隊之一小隊〔隊長為朝長三郎少尉〕為前衛，從東門進入彰化城內。當時殘餘賊兵還在城內徘徊，我軍追擊步兵正在城內展開掃蕩中。前衛小隊也與之合作，掃蕩殘賊，結果與本隊失去連絡。澀谷中佐乃命第二中隊之一小隊〔隊長為牧野正臣中尉〕為左側衛，向八卦山前進〔左側衛於白沙坑庄附近擊退約三十名敗賊，與本隊會合〕，其它則經由主要道路前進，到達社斗街，三時轉向彰化，踏上歸途。途中在茄苳腳會合前來支援騎兵的千田大隊，當夜退至口社宿營，在此收到師團長關於第二天行動的命令。

此日參與戰鬥的近衛師團兵力共有步兵五個半大隊、騎兵二

個中隊、砲兵四個中隊〔山砲十六門〕、機關砲二隊〔九門〕、工兵二個中隊，有一名將校受傷〔步兵第一聯隊中村直少尉〕，下士卒一名戰死〔步兵第一聯隊〕，五名受傷〔步兵第二聯隊一名，第一聯隊四名〕；共消耗子彈二萬七千五百五十二發〔步兵第一聯隊九千八百八十七發、第二聯隊六百七十五發、第三聯隊八千五百一十發、第四聯隊八千四百八十發〕，砲彈一百二十七發，機關砲彈數目不詳。

賊徒兵力約四千，擄獲品主要有新舊大砲約四十門〔實際使用僅爲部分〕，槍枝一千二百挺，砲彈約二千發，子彈二十萬發等。

【三】佔領彰化後的狀況

八月二十九日，師團長接獲樺山總督訓令指示：佔領彰化、鹿港之後，南進行動暫時中止，讓兵員充分休養，另一方面則須往台南方向搜索。師團長遂於此日解散原來的部隊序列編組，命步兵第一聯隊本部暨二個中隊〔第三、第四中隊〕及工兵第一中隊的半小隊增援原先的右翼隊，以此爲川村支隊，仍然駐紮在鹿港〔增援的步兵及工兵分別於二十九日、三十日移防鹿港〕。

坊城少佐所率領的二個中隊〔步兵第三聯隊第五、第七隊（缺一小隊）〕於此日自彰化出發，兩中隊回防台中，少佐則前往葫蘆墩，會合留在此地的第六、第八中隊，爾後即負責這兩地方的守備。

此日，騎兵大隊（缺二小隊）自口社出發，前進至社斗街。由偵察得知，其前進目標控仔庄是社斗街東方的一個偏僻村落，因而決定第二天進向斗六門〔當時使用的地圖把北斗的位置記成斗六門，因爲地圖不完整，騎兵大隊長以爲此地在社斗街南方〕，此夜乃退至枋橋庄〈彰化縣社頭鄉枋橋頭〉，與由員林街步兵第一聯隊第二大隊派遣前來的第八中隊〔隊長爲西村貢之助大尉〕一起在該地宿營。隔天，即三十日往斗六門前進，抵達鼻仔頭庄〈彰化縣二水鄉水門（鼻子頭）〉，千田少佐也命步兵二中隊〔第六、第七中隊〕停留在社斗街

〔步、騎兵兩大隊的大、小行李也停留在此〕，自己則率領其它部隊隨後而行。後來才知道這條路乃是通往雲林縣〔即斗六街〕的，至於其目的地斗六門，又稱北斗，遠在西北方，於是只好轉向往該地前進，當晚〔晚上七時三十分〕方才抵達目的地。千田少佐所率領的第五、第八中隊均駐紮於此。翌日與剩留在社斗街的部隊併合，並得到情報說斗六街有若干賊兵〔此日，志賀範之少佐所率領的步兵第三聯隊第一、第四中隊也受命到北斗搜索敗賊，並偵察地形，隔日返回彰化〕。

於是，澀谷中佐與千田少佐協商，決定從九月一日起開始往他里霧街〈雲林縣斗南市斗南〉及斗六街前進，騎兵大隊（缺四小隊）及步兵第一聯隊第八中隊（缺一小隊）經莿桐巷〈雲林縣莿桐鄉莿桐〉，於九日二日抵達大莆林〈嘉義縣大林鎮大林〉〔在莿桐巷及大莆林間置遞騎哨〕，並往打貓街〈嘉義縣民雄市民雄〉方向搜索。千田少佐所率領的第五、第七兩中隊〔第六中隊守備北斗，第八中隊之一小隊守備枋仔頭（位置不詳）〕及騎兵第一中隊（缺二小隊）〔隊長由高橋利作中尉代理〕此日抵斗六街，隔天，即二日抵大莆林，與騎兵大隊會合。根據這段時間搜索的結果得知：敗兵往斗六街方向退卻，但該地並無賊兵。然而，師團長顧慮小部隊冒然南行遠進，十分危險，遂於九月一日派遣步、砲部隊往嘉義支援騎兵大隊，接受川村少將指揮，搜索台南方向；又訓令澀谷中佐在這些增援部隊抵達之前切勿前進到他里霧街以南，但此訓令到達的時候〔二日〕，騎兵大隊已經抵達大莆林了。中佐忖度目前人馬皆疲，而眼前嘉義以北並無危險，如果繼續前進，恐有不利情況，遂決定駐留於此，三日向師團長報告此事。

師團長增派步、砲部隊支援嘉義的計畫，獲得總督贊同，為了確保搜索隊與後方的連絡，乃又下令隸屬於川村支隊的步兵第

一聯隊之二個中隊〔第三、第四中隊〕分別至員林街〔二小隊〕、社斗街〔一小隊〕及北斗〔一中隊〕駐紮〔三日到達指定位置〕，並於三日派工兵大隊本部暨第一中隊（缺一小隊）至北斗修繕道路。三日，師團長接獲澀谷中佐於大莆林待命的報告，遂於四日發出訓令，指示澀谷中佐將部隊撤回北斗或二八水庄〈彰化縣二水鄉二水〉附近，只須派出斥候往嘉義方向搜索即可。同時，又命千田大隊撤至北斗附近〔此間，師團長於三日接獲樺山總督訓令指示：讓剛從〈日本〉內地抵達的後備隊與彰化以北（彰化除外）的近衛師團及混成第四旅團守備隊交接，其守備指揮任務則交由台灣兵站監比志島義輝少將負責。師團長遂下令各地守備隊長交接後，到彰化集合。臨時工兵中隊之一小隊則暫時受台灣兵站監的指揮，於九月一日向後壠出發〕。

　　大莆林方面卻呈現不穩狀況，自九月二日晚上以來，住民幾乎全部逃離，至三日下午二時左右，約有五百名賊徒從市街的四面來襲，逼近至約一百五十公尺的距離時，該地的步、騎兵兩大隊起而應戰，三時三十分左右將之擊退，但賊徒並沒有遠颺，在距市街約一千公尺處包圍我軍。千田少佐為恢復與後方部隊的連絡，派遣第八中隊（缺一小隊）〔隊長為西村貢之助大尉〕至他里霧街方向，又命第七中隊〔隊長由林邦武中尉代理〕追擊斗六街方向的賊徒〔第七中隊往斗六街方向前進約一里，驅逐附近賊徒，入夜後返回〕。西村中隊在途中三次突擊，好不容易才突破賊兵防線，到達他里霧街南方約三千公尺處時，卻受到約五百名賊徒包圍，直到晚上八時才逃脫，抵達他里霧街附近，並收編此地的遞騎哨〔他里霧街的遞騎哨也於當日受到約五百名賊徒的襲擊，歷經艱辛才逃離該地，但有一名騎卒失蹤，所有馬匹也都散失〕。西村大尉知道賊徒在市街的守備森嚴，半夜過後才出發離開該地，向北斗前進，途中距他里霧街北方約四千公尺處，正好遇到從北斗前來的第六中隊〔隊長為曾我千

三郎大尉。第六中隊與步兵第一聯隊第四中隊交接後，率領著步、騎兵兩大隊的大小行李，於三日出發，在莿桐巷過了一晚，才到此處〕，遂整頓準備一起返回莿桐巷。

　　當夜，兩中隊〔第八中隊長此時指揮三小隊，守備枋仔頭，一小隊則與曾我中隊同行〕冒著風雨向他里霧街前進，半夜奇襲該街而將之佔領〔大小行李於九月五日，在第六、第八中隊各一小隊的護衛下行進，到達大莆林後，護衛小隊就返回他里霧街。前一日（九月四日），千田少佐為了與第八中隊連絡，曾派出第七中隊的下士斥候（下士以下二十名），他們於當夜抵達他里霧街，誤以為第八中隊在此宿營，遂進入市街，卻受到賊徒射擊，失去兵卒兩名。九月五日，與大小行李一起返回〕。此間，大莆林周圍仍然有賊徒出沒，四日以來不斷有小衝突發生，到了六日半夜，澀谷中佐及千田少佐接到前述師團長於四日發出的訓令〈即將部隊往北撤回〉，立刻整隊，準備出發。步兵第七中隊於七日凌晨四時三十分先行出發，約一個小時後，突然有六、七百名賊徒〔有一門砲〕從南方進襲大莆林，聲勢頗為兇猛。步兵第五中隊遂在該村南端、騎兵大隊則盤據東西兩側面進行抵抗，直到七時許，才將賊徒擊退，但賊徒並沒有遠退，在距離約七百公尺處，與我軍對峙。不久，賊徒又從東方及西方二次來襲，但此時，第七中隊受千田少佐之命，再度回到大莆林，遂與第五中隊合力擊退賊徒，至九時，該地已經沒有任何賊影〔此次戰鬥，兵卒步兵一名、騎兵一名戰死，兵卒步兵二名、騎兵一名受傷；步兵隊共消耗彈藥一千五百一十二發，賊徒遺棄死屍一百二、三十具〕。

　　於是，各部隊於下午十二時三十分出發，途中擊退若干賊徒，於四時抵達他里霧街，在此併合步兵第六、第八中隊，繼續前進，連夜趕路，抵達新虎尾溪〈雲林縣新虎尾溪〉。由於河水高漲，無法渡過，只好在此地過夜，於九月八日上午十時渡河完

畢，騎兵大隊（缺二小隊）在樹仔腳庄〈雲林縣莿桐鄉饒平（樹子腳）〉；步兵隊在莿桐巷分別宿營。九日，千田少佐接獲澀谷中佐報告，得知西螺街〈雲林縣西螺鎮西螺〉附近也有不穩狀況，遂於下午一時出發，於途中將第七中隊留在樹仔腳庄，負責掩護騎兵〔騎兵隊聽説北斗溪不能通過馬匹，故停留於此〕，其它部隊則往北斗前進。

另一方面，師團長於四日接獲澀谷中佐傳來大莆林有賊徒來襲的報告〔三日發出〕，遂於五日派遣摺澤少佐〔第四聯隊第二大隊長〕指揮步兵第四聯隊之二中隊〔第一、第四中隊〕、砲兵一小隊〔第三中隊之小隊〕及衛生隊半隊到北斗收編搜索隊〔參謀明石少佐同行〕。同時命川村少將派步兵第一聯隊本部暨二中隊〔第一大隊本部暨第一、第二中隊〕至社斗街準備支援搜索隊。然而，摺澤隊當日因北斗北方河川漲溢，無法渡河，遂在右岸宿營〔當時，工兵大隊本部暨第一中隊（缺一小隊）雖然在北斗，但材料不足，無法從事渡河準備〕。到六日，才命步兵第一中隊及衛生隊的一部分〔馬匹除外〕往北斗前進，其餘部隊則在八日時全部到達北斗集合完畢。此時，得知搜索隊已經抵達莿桐巷附近。九日，千田大隊（缺第七中隊）歸隊。三木少佐〔代理步兵第一聯隊長〕於五日下午四時自鹿港出發，此日到達彰化，翌日出發到社斗街。七日將第一中隊、第二中隊（缺一小隊）及另一小隊分別配置在內灣庄〈彰化縣田中鎮內灣〉、社斗街及三塊厝庄，並且從位在員林街的第三中隊中抽調半小隊派往永靖街，負責搜索警戒斗六街及林圯埔〈南投縣竹山鎮竹山〉方向。

九月十日，騎兵大隊（缺二小隊）及步兵第一聯隊第七中隊也歸抵北斗，遂以新到的步兵第一聯隊、騎兵第二中隊（缺二小隊）、砲兵小隊及衛生隊半隊為前進部隊，在千田少佐的指揮下，進駐北斗溪右岸地區，負責搜索嘉義方向。至十一日時，步兵第一中隊及騎兵一小隊負責守備內灣庄〔步兵一小隊分遣至沙崙庄〈彰

化縣田中鎮沙崙里〉〕；步兵第二大隊（缺第七中隊）、砲兵小隊守備北斗；第二中隊守備社斗街；第三中隊守備員林街；其餘部隊〔衛生隊半隊爲照顧傷者，駐紮於北斗〕守備永靖街。而步兵第四聯隊第一大隊本部及第一、第四中隊與騎兵大隊本部及第一中隊則於十日自北斗出發，十一日歸抵彰化。

其後〔十二日〕，師團長接獲千田少佐報告得知：內灣庄守備隊的斥候於十一日在該地東方山腹，遭遇三百名左右的賊徒，好不容易才撤離〔前此，內灣庄守備隊得知，沙崙庄的陳紹年糾合許多奸民，潛伏在內灣庄東方山中，劫掠良民，而有所警戒〕，另外也有永靖街居民大多逃遁的消息。十三日，師團長派遣志賀少佐率領二個步兵中隊〔步兵第三聯隊第二、第三中隊。當時各部隊病患頗多，因此，就算加上第一、第四中隊的強壯者，將校以下也不過一百一十三名〕、騎兵半小隊〔第二中隊所屬〕及砲兵一小隊〔第四中隊所屬〕至內灣庄掃蕩賊徒。千田隊的二個步兵中隊暫時也受志賀少佐指揮〔當時，爲了補強彰化兵力，從鹿港調來步兵第二聯隊第八中隊及砲兵第二中隊〕。十四日抵內灣庄，賊徒佔領橫亙芎鞋庄〈南投縣名間鄉弓鞋〉北方的高原一端，正面爲斷崖絕壁，我軍無法攀登。隔天，即十五日，我軍從正面砲擊制壓賊徒，乘其退卻之際，派一部隊躍進到高原上搜索，得知賊徒往斗六街方向遠走，遂收隊在內灣庄宿營。十六日，又命第三聯隊第二中隊的一小隊，接替沙崙庄的守備，繼續駐紮此地。

師團長這方面，於十三日從北斗居民處得知在西螺街有數千名賊兵及土匪宿營，遂於十四日派遣步兵一中隊〔第二聯隊第八中隊〕及砲兵一中隊（缺一小隊）〔第三中隊〕至永靖街增援千田隊，並搜索西螺街，卻沒有發現賊蹤。然而，先前奉命從基隆及台北前進的師團輜重剩餘部隊，於十一日至十四日間抵達彰化附近〔大架橋

縱列的架橋材料自基隆由海路運至鹿港（有的在大安港上岸）〕，後方各地的守備隊也在此時與後備隊交接完畢，其先頭部隊於十四日抵達彰化。眼看師團即將全部集合，必然會有警戒及宿營的問題，師團長遂於此日〔十四日〕下達關於師團駐軍的命令：步兵第一聯隊（缺第三中隊）、步兵第三聯隊第一大隊、騎兵第二中隊、砲兵第二大隊、工兵大隊本部暨第一中隊（缺一小隊）區分為左、右翼前哨部隊及左、右翼第二線舍營團〔區分省略〕❹。其中前哨部隊守備北斗延伸到內灣庄東方高地一線，負責警戒前方；各舍營團則配置在其後方，負責支援前哨部隊及側面警戒。另外，以步兵第一聯隊第三中隊、衛生隊半隊為員林街守備隊，其餘部隊則宿營在彰化及鹿港。於是，各部隊逐次就分配位置，〔十九日〕川村少將奉命指揮──除員林街守備隊之外──前線各部隊〔步兵第三聯隊本部及第二大隊也於二十日開至前線〕，二十一日自鹿港出發，翌日移師永靖街。在鹿港的各部隊則隸屬步兵第二聯隊長阪井大佐指揮〔臨時工兵中隊（缺一小隊）（隊長為本間資鐵大尉）於十日起暫時接受台灣兵站監指揮，十一日向後壠出發，與先前派遣的一小隊同於二十四日奉命歸隊，再度從後壠出發。獨立野戰電信隊的一半（以已經抵達的人員、材料編組成半隊）自九月十一日起改為直隸台灣總督〕。

在此期間，師團長於十六日接獲台灣總督命令〔十五日發出〕，得知為了剿討南部，已編組成南進軍〔近衛、第二兩師團及台灣兵站部〕，由台灣副總督陸軍中將高島鞆之助子爵指揮。隨後〔二十二日〕，師團長便收到副總督開始南進行動的命令〔二十二日發出〕，師團遂於二十九日以後踏上南進征途。

九月二十二日近衛師團各部隊的位置如圖⑯。 ◪

---

❹軍事用語，部隊借用民家住宿過夜稱「舍營」。

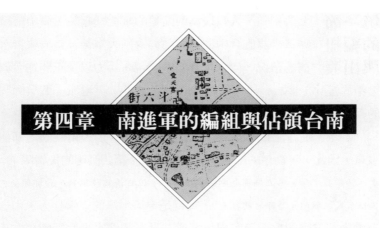

第四章　南進軍的編組與佔領台南

第一節
南進軍的編組
與出發 七月中旬，大料崁溪河階地的賊徒蜂起時，樺山總督派遣參謀砲兵中佐伊藤祐義返回大本營，當面報告台灣的情況，向大本營要求除現有兵力以及正開往台灣途中的援兵〔指近衛師團及混成第四旅團〕之外，再增派一個半師團的兵力〔派遣伊藤中佐時的情況，參照第三章第四節〕。

當時，征清諸軍雖然方才凱旋歸抵國門，但因甫回國隨即便復員，因此，可動用的部隊只有隸屬第二、第四師團的後備隊〔二十八個步兵中隊。第五師團也剛凱旋復員中，但日清戰役伊始，該師團便已出征，幾經戰鬥，恐難再就征途〕，反倒是奉天半島的守備兵力，由於三國干涉還遼的協商已有眉目，或許具有調撥出半個師團左右兵力的餘地。

因此，大本營決定從奉天半島徵調第二師團（缺混成第四旅團）〔團長為乃木希典中將〕，再從〈日本〉內地調撥前述後備隊，加上台灣總督所要求〔除一個半師團以外的其它要求〕的臼砲隊、工兵隊、要塞砲兵隊及憲兵隊等〔此外，還增加台灣總督府所招募的七百餘名警官〕，大本營認為如此應足以戡定全島，並對此次作戰提出如下意見：

> 賊徒由於缺乏武器、彈藥等各種軍需物資，戰鬥力必然無法持久，而眼前吹襲的西南季風也將於九月下旬停止。因此，此前的二個月時間內，只需固守新竹以北地區，等到海路安全時，賊徒也已疲弊，屆時海陸並進，全力一擊，戡亂可成。如此，則未必需要三個師團的兵力。

這個增兵案最後得到台灣總督的同意，八月上旬大致決定。

與此同時，大本營也訂定台灣總督府的組織，擴張軍部機關，幾乎與軍司令部編制相同。八月二十日，任命陸軍中將高島

鞆之助子爵〔當時爲樞密顧問官，本爲預備役，九月二十五日特予恢復現役〕爲副總督：

現時台灣北部雖已戡定，然庶政尚未就緒，設若總督遠離北部南進，恐有死灰復燃之虞，因此乃有任命副總督，用以統帥進剿南部的各部隊之必要。大本營有鑑於此，特命高島中將一承總督意旨，指揮進剿南部的各部隊，以便速成平定之效，同時訓令總督配屬必要幕僚及各機關予以副總督。

與此任命同時，大本營又任命比志島義輝少將爲台灣兵站監，直隸台灣總督，負責近衛師團兵站部、當時於內地編成的各機關以及在奉天半島的兵站輜重、兵站監部要員等〔在〈遼東〉佔領地總督指揮下，由第二師團長編成〕，增援的諸部隊自抵達台灣之日起改隸總督指揮。

大本營希望預定派遣至台灣的第二師團剩餘部隊〔包括由第二師團長編成的兵站輜重及兵站監部要員〕概於九月十七日在大連乘船。早在八月二日，佔領地總督〔中將佐久間左馬太男爵〕就已電令守備海城的第四師團〔團長爲山澤靜吾中將〕接手第二師團剩餘部隊的守備工作，以便讓第二師團全部集合到金州〔當時，第二師團的剩餘部隊均在金州及鳳凰城守備〕。由於時值雨季，各地交通幾乎斷絕，鳳凰城守備隊〔隊長爲山口素臣少將〕自九月二十五日始得以在金州附近集合。大本營自十月一日起開始運送，八日，師團戰鬥部隊運送完畢〔乃木師團長率領其司令部的大部分，於九月八日自大連灣往台灣出發，與總督及副總督會面，接受其訓令，十月三日又自基隆出發至澎湖島〕；十日，戰鬥部隊所需輜重；十二日，兵站輜重也分別運抵澎湖島集合完畢〔兵站輜重於途中曾暫泊基隆港〕。

此外，大本營計劃將七月二十日左右凱旋返抵仙台待命的第

二師團後備步兵第三聯隊〔隊長爲小林師現大佐〕、第四聯隊〔隊長爲內藤之厚大佐〕、第七大隊〔隊長爲服部常貴少佐〕以及尚未出征卻延期解散的第四師團後備步兵大隊〔第十三大隊（隊長爲小笠原義從少佐）及第十五大隊（隊長爲山田積之少佐）因擔任大阪的衛戌勤務，所以沒有解散〕從八月二十三日左右開始往台灣運送，故而預先變更其編制〔後備步兵編制以四個中隊爲一大隊，以二個大隊爲一聯隊〕，即：第二師團二十個中隊縮減爲十八個中隊，第四師團八個中隊擴編成十二個中隊〔第四師團各大隊改成六個中隊的編制。第二師團第七大隊解散，與第四聯隊合併，以六個中隊的編制編成二大隊；第三聯隊解散，編成包含六個中隊的第五大隊（隊長爲兒玉恕北中佐）〕，並命後備步兵第四聯隊直屬總督，其它則納入兵站部的戰鬥序列。

另一方面，台灣總督擬派近衛師團佔領台中，遂於八月三日、四日兩度電請大本營先命半數後備隊在十五日之前出發。然而，如前所述，大本營的計劃方針是在九月下旬之前停止一切南進行動，因此，各後備部隊照預定，從八月二十四日至九月一日方才分批由宇品港出發，而在八月二十九日至九月十日間抵達基隆。但是在這段期間裡，台灣的作戰卻大有進展，近衛師團已於八月二十八日佔領彰化，其後負責後壠以南的守備；混成第四旅團〔團長爲少將貞愛親王〕則守備後壠以北地區。後備部隊到達台灣後，台灣總督從九月九日至十五日命其與前述各部隊交接守備工作，負責大肚溪〈彰化、台中縣大肚溪（烏溪）〉以北的守備，歸由兵站監指揮。

其它依台灣總督的請求增派的部隊如下：

一、臼砲中隊〔隊長爲乙部尚志大尉〕及臼砲廠部〔這是鑑於近衛師團在安平鎮庄等地的戰鬥情形，認爲針對賊徒家屋防禦，臼砲是必要的。

台灣總督於七月五日提出請求，八月十三日由第一師團編成，隸屬南部
登陸團隊，於八月二十二日、二十三日自宇品港出發，預定於三十日抵
達澎湖島，但由於一部分砲廠故障，一度在基隆上岸，九月一日才到澎
湖島〕。

二、臨時第二師團獨立工兵中隊〔（隊長為小倉義信大尉）九月九日準
備可架設河寬五百公尺的橋樑材料，與造船工匠一起抵台，納入兵站部
的戰鬥序列〕。

三、臨時澎湖島堡壘團守備要塞砲兵隊〔（隊長為松岡利治少佐）由第
一師團編成，於九月二十日抵澎湖島，負責守備砲台，另分派一部分兵
員去守備滬尾砲台〈位於台北縣淡水鎮油車里〉〕。

四、臨時基隆堡壘團守備要塞砲兵隊〔（隊長為喜田精一少佐）由第六
師團所編成，於十月三日抵達基隆，準備守備砲台〕。

五、臨時台灣憲兵隊〔（隊長為荻原貞固大佐）除先前派遣的二百八十餘
名之外，加上新派的一千五百餘名組織而成，大部分在九月中旬抵台，
只有少部分至十二月上旬才抵台。隨著作戰的進展，由北往南，逐次配
置。另外，總督府所招募的七百餘名警官（警部攜帶手槍，巡查攜帶村
田式單發步槍，從九月下旬至十月上旬抵台，逐次配置至各地，與憲兵
一樣，可間接支援作戰〕。

此外，大本營將隸屬於近衛師團的獨立野戰電信隊〔隊長由工
兵中尉佐藤正武代理〕編制擴大一倍〔由第一師團編成〕。另為鋪設輕
便鐵道、養護既有鐵路及運輸業務等，又新設「臨時台灣鐵道隊」
〔（隊長為工兵中佐山根武亮）由留守第四師團編成〕，與近衛軍樂隊、兵
站各部隊〔由第一師團、留守近衛師團及其第二師團編成〕一起於八月
上旬至九月中旬與前揭各部隊先後送抵台灣〔但是，鐵道隊的編組這
時尚未完整，有一部分至十月下旬才渡台。此外，由於參謀總長沒有參加本

次日清戰役，因此派遣參謀將校五名至台灣視察戰況，還從屯田兵團中抽選將校十二名隨軍出發〕。

　　起初，樺山總督想以近衛師團及後備步兵各部隊戡定台灣北部，而讓混成第四旅團與第二師團主力〔預定自九月十八日前後從大連灣出發〕，由海路在台灣南部登陸，而在嘉義附近南北會師呼應的作戰計劃；遂於八月二十五日下令，命混成第四旅團將各地守備交給後備部隊，在九月十三日之前到達基隆附近集合。然而，由於第二師團主力無法於九月二十八日之前在金州附近集合完畢，近衛師團反而先於八月二十八日佔領彰化，總督惟恐該部隊陷入孤軍遠懸的態勢之中。於是只好變更計劃，命混成第四旅團於九月十三日自基隆出發，在東港附近登陸，先佔領鳳山及打狗，等待第二師團主力前來。八月二十九日通電副總督，徵求其同意。

　　然而副總督認為兵力分散，南北遠隔將十分不利，而提出讓混成旅團和近衛師團一起由陸路南進，第二師團主力則在布袋口〈嘉義縣布袋鎮布袋〉附近登陸，互相連繫，攻擊台南的作戰構想。然而，在得知混成旅團已經在基隆集合，其船舶也預定於九月二十日抵達基隆後，副總督又改變主意，希望近衛師團於十月五日、六日左右在嘉義附近集合，掩護混成第四旅團，使其得以於十月六日、七日左右在布袋口附近登陸，而後讓第二師團的主力也在該地登陸，兩個師團分別從北方及東方攻擊台南。這一計劃決定後，副總督乃向大本營請求運送混成第四旅團的船舶應在九月二十五日之前於基隆集合；而運送第二師團主力的船舶則應於九月二十八日之前在大連灣集合，逐次向澎湖島出發。至於新編組的兵站各部隊至遲也應在九月二十三日之前抵達基隆〔尚附帶請求若十月上旬時，第二師團主力的集結行動仍無法如預期進度的話（因時值

雨季而延遲，已如前述），則得動用其它團隊。另外，又請求在九月二十日之前分派四艘一千噸以下的汽船送抵基隆，以便在台灣沿岸運送糧秣並充作傳令船）。大本營完全接受這些請求，回電總督：第二師團全部都將在台南以北登陸。

　　副總督遂於九月一日自東京出發，十一日抵達台北，十六日接受總督府命令〔要旨〕如下：

一、貴官指揮南進軍，協同常備艦隊，儘速平定本島南部。大肚
　　溪以北的兵站路守備可直接命兵站監或其下級單位負責。

二、南進軍的編組如下：

- 近衛師團〔戰鬥序列參照附錄八〕
- 第二師團〔同上〕
- 臼砲中隊、臼砲廠部
- 獨立野戰電信隊半隊
- 憲兵隊若干
- 台灣兵站各部隊

三、第二師團主力於本月二十八日在金州附近集合，將出發到澎
　　湖島，納入貴官指揮之下，另有搭載約一混成旅團兵力的運
　　輸船也將於二十五日左右在基隆集合。

　　此時，各後備部隊與近衛師團及混成旅團的交接已完畢，負責大肚溪以北的守備，近衛師團在彰化以南至北斗溪〈彰化縣北斗溪〉間集結，混成第四旅團則在台北、基隆附近集合。然而，根據各項情報顯示，有六、七千名賊兵散佈在西螺溪〈濁水溪〉左岸到嘉義附近，也就是在近衛師團的前面〔這些賊兵主要是北部的敗兵以及部分從台南附近剛到達此地的黑旗兵（福字軍），與民兵結合，持續抵抗行動〕，其主力在台南、鳳山之間，由劉永福親自率領，約有一萬至

一萬二、三千左右，全部兵力加起來約達二萬，但都是一些缺乏武器糧餉的烏合之眾，不敢採取攻勢，動輒自行解散。

副總督接獲這個報告，才知原先的計劃過於保守持重，另一方面也顧慮到如果任由賊徒退往南部及東南部的話，全島的鎮壓將會更加曠日廢時，因此，乃於九月十七日訂定如下的最後作戰計劃〔要旨〕，並且得到常備艦隊司令長官〔有地品之允中將〕的同意：

> 近衛師團推進至嘉義附近；軍司令部及混成第四旅團均於布袋口附近登陸，同時，第二師團主力在艦隊的協力下，於枋寮附近登陸，陸、海兩軍一起攻擊鳳山及打狗。而後，近衛師團、第二師團主力及混成第四旅團三面夾攻台南，艦隊則對安平展開砲擊。此次行動約在九月下旬開始〔混成第四旅團於九月十三日復歸第二師團戰鬥序列，然自當日起至佔領台南為止，部隊區分上仍然沿用「混成第四旅團」的稱呼〕。

根據前述計劃，南進軍的部隊區分如下：

部隊區分

● 陸路南進部隊

部隊長：中將能久親王

近衛步兵第一旅團

近衛步兵第二旅團

近衛騎兵大隊（二中隊）

近衛野戰砲兵聯隊（山砲二大隊）

近衛工兵大隊〔含臨時工兵中隊〕及大小架橋縱列

獨立野戰電信隊（缺半隊）

機關砲隊六隊

衛生隊一隊

彈藥大隊

輜重兵大隊

野戰醫院二所

● 枋寮附近登陸部隊

部隊長：中將男爵乃木希典

步兵第三旅團

騎兵第二大隊〔缺第一中隊（二小隊）〕

野戰砲兵第二聯隊（缺第一〔山砲〕大隊）

臼砲中隊及臼砲廠部

工兵第二大隊本部暨第一中隊及大小架橋縱列

衛生隊半隊

彈藥大隊（缺步兵彈藥二縱列及砲兵彈藥一縱列）

輜重兵第二大隊（缺糧食一縱列）

野戰醫院一所

第二野戰電信隊

● 布袋口附近登陸部隊

一、混成第四旅團

旅團長：少將貞愛親王

步兵第四旅團

騎兵第二大隊第一中隊（二小隊）

野戰砲兵第二聯隊第一〔山砲〕大隊

工兵第二大隊第二中隊

衛生隊半隊

步兵第二、第三彈藥縱列

砲兵彈藥一縱列

糧食一縱列

野戰醫院一所

二、軍部直轄部隊

獨立野戰電信隊半隊

　　混成第四旅團及軍部直轄部隊從十月二日至五日在基隆乘船，八日在澎湖島集合完畢；應在枋寮附近登陸的第二師團主力，除了兵站輜重之外，在十日之前全部都集合到澎湖島。

　　前此，常備艦隊自從八月八日參與尖筆山攻擊行動以來，除馬公港外，就是停泊在基隆、淡水兩港，偵察台灣西海岸登陸地點及敵情狀況，並且為了切斷賊徒間的連繫來往，也對出入船舶進行搜索臨檢工作。南進軍編成之後，奉命與南進軍合作，從事剿討本島南部的任務；作戰計劃確立後，司令長官有地中將為掩護南部登陸團隊的上岸行動，將艦隊區分成本隊〔包括「吉野」、「秋津洲」、「八重山」、「大和」、西京丸等船艦〕及分遣艦隊〔含「浪速」、「濟遠」、「海門」等艦〕二部分。親自率領本隊向枋寮前進；分遣艦隊則在司令官東鄉少將的指揮下航向布袋口〔掩護登陸行動後，至枋寮與本隊會合〕，全艦隊自九月三十日以來，便在馬公港待命出發。◪

**第二節
近衛師團
向嘉義前進**

如前章所述，近衛師團長能久親王中將於八月二十八日佔領彰化後，雖然也曾想派一個支隊前進至嘉義，但總督擔心重蹈新竹附近的覆轍，不准其跨越濁水溪〔在主要道路附近，又稱北斗溪〕以南。彰化原本就是台灣瘴癘最著的地區，停留於此的近衛師團，許多將校士兵都感染到熱病，情況極為悲慘。一個步兵中隊定額二百七十餘名中，健康者頂多一百二十名，甚至還有僅剩十三名健康的。九月十五日時，師團長為了遠離這塊惡地，另一方面則由於南進時機漸近，前路河川〔其中西螺、濁水兩溪寬一千至二千四五百公尺，一旦下雨，就突然高漲，等其水退，需要好幾天，其間根本沒有辦法渡過〕卻開始漲水，設若不儘速渡河，恐將貽誤時機。因此為前進嘉義預作準備；以及將糧食彈藥集積於各河川南岸的需要，師團長乃提出「前進」的請求，惟這一請求還是未獲總督同意。

不久，由於氣候轉涼，病勢漸次減退，師團的戰鬥力獲得恢復，南進的時機也轉趨成熟，適於九月二十二日接獲軍部命令〔軍部的作戰計劃書於二十四日送達〕，要求師團應自二十九日起開始行動，主力需於十月八日抵達嘉義附近，十日之前應派出一部隊至下茄苳庄〈台南縣後壁鄉下茄苳〉及鹽水港汛〈台南縣鹽水鎮鹽水〉附近；此外，還受命協助自十一日左右起開始在布袋口附近登陸的混成第四旅團，並擔任大肚溪以南的兵站線守備任務。於是，師團長決定於九月二十九日起開始行動，並立刻開始著手準備，但因二十五日暴風雨來襲，沿途河川漲溢，遂將出發日期延至十月一日，結果前一天又下雨，只好再往後延。

此時，師團的主力大多集結在彰化、鹿港附近，其前哨橫亙在北斗到內灣庄附近〔各隊的位置大致如第三章的圖⑯〕。師團長認為軍部的作戰預定日期已逐漸迫近，遂於十月三日至五日將師團主

力集合至永靖街與北斗附近〔步兵第二聯隊第二大隊（隊長爲松原晙三郎大佐）及機關砲三隊負責守備彰化及其附近：其中大隊本部暨第五、第七中隊、第三機關砲隊及機關砲合併第四隊守備彰化；步兵第八中隊守備員林街及其附近；第六中隊及第四機關砲隊則守備鹿港〕，趁著河水退降時，在北斗附近渡河。其後分爲三個縱隊，往嘉義前進，其部隊區分如下：

- 前衛

  司令官：川村景明少將〔步兵第一旅團長〕

  步兵第一聯隊（缺第一大隊本部暨第二、第三中隊）

  步兵第三聯隊第一大隊〔此大隊隨著師團前進，預定分派三中隊守備北斗、莿桐巷及他里霧街；大莆林及打貓街也配置一中隊，負責守備北斗至嘉義間。暫時編入前衛〕

  騎兵大隊本部暨第二中隊

  砲兵第三中隊

  工兵第一中隊（缺二小隊）

- 右側支隊

  隊長：步兵大佐阪井重季〔步兵第二聯隊長〕

  步兵第二聯隊第一大隊

  騎兵第一中隊之一小隊

  砲兵第一中隊之一小隊

  工兵第一中隊之一小隊（缺半小隊）

- 左側支隊

  隊長：步兵大佐內藤正明〔步兵第四聯隊〕

  步兵第四聯隊（缺第二大隊本部暨第五、第六中隊）

  騎兵第一中隊（缺二小隊）

砲兵第二大隊本部暨第四中隊

工兵第一中隊之一小隊

衛生隊半隊

● 本隊

步兵第二旅團司令部

步兵第一聯隊第一大隊本部暨第二、第三中隊

步兵第三聯隊本部暨第二大隊

步兵第四聯隊第二大隊本部暨第五、第六中隊

騎兵第一中隊之一小隊

砲兵聯隊本部暨第一大隊（缺一小隊）

工兵大隊本部暨第一中隊之半小隊及臨時工兵中隊

第一、第二機關砲隊暨機關砲合併第三隊

衛生隊半隊

小架橋縱列

　　以上各縱隊的行軍計劃幾經變更，終於在十月五日正午作了如下決定：

月日 區分	十月六日	十月七日	十月八日	十月九日
右側支隊	西螺街附近	土庫街〈雲林縣土庫鎮土庫〉附近	外菁埔庄〈嘉義縣民雄市菁埔一帶〉附近	嘉義
左側支隊	南樹仔腳庄〈雲林縣莿桐鄉饒平（樹子腳）〉〔連接堯平厝庄的聚落〕附近	斗六街〈雲林縣斗六市斗六〉附近	山仔腳附近	
前　衛	莿桐巷	他里霧街	打貓街	
本　隊	北斗附近	莿桐巷附近	大莆林	

〔輜重梯隊中的部分糧食縱列分別跟隨前衛及兩側支隊前進，各攜帶一日份的糧秣，其它全部跟隨本隊〕

前此，師團長於四日親自前往北斗附近偵察河川，推算此數日間天氣晴朗，五、六日或可讓人馬勉強涉水過河，然而出發卻已較預定時間延遲一週，途中如果再遇障礙，顯然便不能於指定時間到達嘉義附近。因此，乃向軍司令部提議在此狀況下，能否能變更軍部整體計劃，此提議卻遭致否決〔混成旅團決定即使沒有近衛師團的掩護，也要如預定計劃登陸〕。師團長於是決定就算困難重重，也要自六日起展開南進行動。此時正好接獲報告，得知前衛派出的偵察隊已於五日早晨渡過北斗溪，佔領圳寮庄，前面狀況更能掌握，遂發表前揭行軍計劃。

此日〔五日〕，前衛跟隨偵察隊之後渡河，右側支隊則於六日、師團本隊也於七日渡河完畢，按照前揭行軍計劃，各自獨立展開行動，擊退各地賊徒，十月九日如預定從三面逼近嘉義城，以下分別敘述各方面的戰況。

【一】本縱隊的戰況

前衛司令官川村少將基於師團長的企圖，於五日早晨擊退圳寮庄的賊徒，並派部分前衛兵員至北斗溪左岸偵察莿桐巷方向的河川及賊情〔根據最新情報（四日派遣至樹仔腳庄的間諜報告），南樹仔腳庄有七百餘名土勇，圳寮庄有一百餘名，原清國兵只見於南樹仔腳庄及莿桐巷之間；西螺溪水深達肚臍，水勢湍急〕，前衛主力欲等待其結果再決定如何行動，因此，於上午七時在北斗集合。〔參照圖⑰〕

千田貞幹少佐〔步兵第一聯隊第二大隊長〕率領其第五、第八中隊及騎兵第二中隊、砲兵第三中隊的各一小隊負責偵察。十月五日早晨，渡過北斗溪❶〔當時北斗溪在這附近的水流分為五脈，最寬的約一百多公尺，深度超過八十公分，流速快達一公尺二十，河底由於泥沙淤積

，極易陷沒，人馬徒涉甚爲困難。支隊從五時三十分自北斗南端出發，於八時三十分全部渡過〕，沒有遭到任何抵抗就佔領了圳寮庄，而後繼續前進。上午八時四十分，抵達北樹仔腳庄〈雲林縣莿桐鄉潮洋一帶〉東南端，看到賊徒佔領西螺溪左岸樹仔腳庄附近陣地，遂在甘蔗園的遮蔽下展開，並派出斥候到前方，此時賊徒突然敲鑼打鼓，向我軍斥候展開射擊，在新厝庄〈雲林縣莿桐鄉新虎尾溪堤及湖子內堤相接處一帶〉附近的賊徒並追擊我方斥候，直到河床中央。

於是，千田少佐派砲兵小隊〔隊長爲鹽島金一郎少尉〕前進至河岸，步兵第八中隊〔隊長爲西村貢之助大尉〕從其兩翼展開，在距離賊徒一千公尺左右的地方，集步、砲兵之火力發動攻擊，賊徒狼狽退回陣地，時爲九時四十分。少佐乘機以第五中隊〔隊長爲島村勘太郎大尉〕爲第一線、第八中隊爲第二線，向南樹仔腳庄前進，並分派騎兵一小隊〔隊長爲浮田家雄中尉〕出到湳底庄附近警戒右側背，砲兵則朝河床中央推進，由第八中隊之一小隊〔隊長爲林鐵三少尉〕負責保護。

第一線前進至距南樹仔腳庄五百公尺處時，賊徒從該村及堯平厝庄〈雲林縣莿桐鄉興本（紅竹口）〉北端開始射擊，接著，先前退卻的賊徒在新厝庄附近整頓隊伍後，再度包圍我軍左翼，在湳仔庄〈雲林縣西螺鎮新宅一帶〉的賊徒也朝我軍右側面射擊。

另一方面，前衛主力接獲千田隊佔領圳寮庄的報告後〔八時三十分〕，立刻前進，有半數以上兵員朝第二砲兵陣地的左翼展開。川村少將在看過敵我態勢後，下令：三木一少佐〔代理步兵第一聯隊長〕率領第一中隊〔隊長爲木下寬也大尉〕及第四中隊〔隊長由金田房吉中尉代理〕，攻擊新厝庄方向的賊徒；曾我千三郎大尉〔第六中隊

---

❶此章「北斗溪」、「西螺溪」等均爲今日慣稱的「濁水溪」的一部分，文中所叙聚落與河流的相對位置，似與今日所知稍有出入，或係河道有所變遷所致。

長〕則率領第六、第七〔隊長為大島鯉三郎大尉〕中隊攻擊湳仔庄的賊徒；騎兵隊〔大隊本部暨第二中隊（缺一小隊）〕及工兵隊〔第一中隊（缺二小隊）〕留為預備隊。此時，步兵第三聯隊第一大隊長〔志賀範之少佐〕所率領的二個中隊〔第三、第四中隊〕已經逐次通過北樹仔腳庄〔第一中隊（隊長為人見高經大尉）守備北斗，第二中隊（隊長為菊池慎之助大尉）暫時留守圳寮庄附近，負責守護前衛的背面（此中隊於第二天前進至莿桐巷擔任守備）〕。

前衛主力展開後〔參照圖⑰的第二時期〕，第八中隊（缺一小隊）於第五中隊的右翼展開，在南樹仔腳庄的西北方渡河，逼近賊徒的左側背；第五中隊與原先負責保護砲兵的第八中隊之一小隊一起從該村正面吶喊衝鋒，賊徒終於不支敗逃，向南方潰走。第五中隊遂佔領堯平厝庄東端，第八中隊則佔領南樹仔腳庄南端，並追擊賊徒，時為上午十一時二十分。

湳仔庄及堯平厝庄以東的賊徒先前看到主要道路附近的戰況不利，在我軍接近之前就已退走，僅有後埔庄〈雲林縣莿桐鄉后埔〉的賊徒〔統領蕭三發所率領的福字左軍後營〕曾試著向第五中隊反攻，但正好遇到三木少佐所率領的二中隊從新厝庄西方出現在其背後，遂向斗六街方向狼狽潰走，三木少佐率兵追擊至頂麻園庄〈雲林縣莿桐鄉榮貫（麻園）〉。

前衛司令官川村少將先前確知大茄苳庄〈雲林縣西螺鎮大新（大茄苳）〉有賊徒盤據，但眼見曾我大尉抵達湳仔庄後，隨即又往東南方轉進，而此時抵達的步兵第三聯隊的先頭中隊〔第三中隊（隊長為藤岡銳次郎大尉）〕也往同一方向前進，〔該中隊未遭逢抵抗便佔領大茄苳庄，且往西追擊退往西螺街的賊徒。〕因此乃親自率領其餘部隊前進至西螺溪左岸。同時下令騎兵大隊長〔澀谷在明中佐〕朝莿桐巷方向追擊賊徒。隨後，又命步兵第一聯隊第二大隊配屬砲兵第

三中隊之一小隊〔隊長爲川崎太郎中尉〕及工兵第一中隊（缺二小隊）〔隊長爲上野矩重大尉〕與騎兵隊合作，往西螺街及他里霧街方向搜索。不久，又下令追擊部隊在莿桐巷宿營〔騎兵大隊本部返回南樹仔腳庄〕，前衛主力則在南樹仔腳庄及其附近宿營〔此日，參與戰鬥的人員有一千四百七十名，山砲四門，完全沒有死傷；消耗彈藥計子彈一萬一千六百發，榴彈十五發，榴霰彈四十發。賊徒約有四千名，據說死傷六十餘名〕。

六日，前衛前進至莿桐巷，偵察他里霧街及斗六街方向〔步兵第一聯隊第七中隊之一小隊（隊長爲山下五三郎中尉）及騎兵第二中隊之一小隊（隊長爲岸峰次郎特務曹長）遭到盤據在他里霧街北端的三、四百名賊徒射擊。另外，步兵第一聯隊第四中隊之一小隊（隊長爲三井清一郎少尉）在油家庄〈雲林縣莿桐鄉油車口〉附近宿營，看到我軍左側支隊與賊兵對峙〕。志賀少佐所率領的步兵第三聯隊第三、第四中隊〔隊長爲林駟二大尉〕及砲兵第三中隊之一小隊〔隊長爲川崎太郎中尉〕於此日赴西螺街援助右側支隊，往南追擊該地的賊徒，當晚返回甘厝庄〈雲林縣莿桐鄉甘厝〉。

七日，前衛部隊一早即出發，由騎兵大隊長澀谷中佐指揮步兵第一聯隊第二大隊本部暨第六、第七中隊、騎兵第二中隊（缺五騎）、砲兵第三中隊之一小隊及工兵中隊（缺二小隊）擔任前兵，在由莿桐巷進向他里霧街的途中，聽到斗六街方向槍聲漸起漸熾，遂從前衛本隊中抽調出左側衛的第八中隊之一小隊〔隊長爲藤澤又五郎特務曹長〕，在步兵第三聯隊第一大隊長志賀少佐的指揮下前往探察，又命第四中隊的一小隊保護大行李。

上午八時許，騎兵第二中隊〔隊長爲杉浦藤三郎大尉〕遭到他里霧街北端的射擊，遂在佔領石牛溪〈雲林縣石牛溪〉右岸的步兵尖兵〔第七中隊之一小隊（隊長爲山下五三郎中尉）〕抵達後，掉轉回頭至

斗六街道，警戒左側。此時，前兵已在北勢仔庄〈雲林縣斗南市北勢子〉西南方墓地展開，前衛司令官急忙趕到此地〔以下參照圖⑱〕。

石牛溪左岸至他里霧街之間多為甘蔗園，市街及附近村落外緣也都是茂盛濃密的竹林，前兵部隊長根據硝煙得知賊軍佔領他里霧街北端，另有一部分佔領茶瓜寮庄〈雲林縣斗南市茶瓜寮〉，便命前兵中的砲兵小隊〔隊長為川崎太郎中尉〕在開進地附近選定陣地，砲轟茶瓜寮庄的賊徒，該地賊徒倉皇撤離。千田少佐率領步兵第一聯隊第六、第七中隊及工兵中隊（缺二小隊）往他里霧街北門前進，並命砲兵前進至石牛溪右岸主要道路東側田地，一起發動攻擊。千田少佐的部隊利用甘蔗園掩蔽前進至距離市街約二百公尺的地方時，突然遭到沿著市街外緣掩堡內賊徒猛烈射擊而停止前進，兩軍相互對射。

上午九時許，前衛本隊幾乎也已到達前兵的開進地處將部隊展開，前衛司令官派遣戰鬥斥候〔第三聯隊第三中隊之一小隊（隊長為大野松吉曹長）〕至左翼，並命三木少佐〔代理步兵第一聯隊長〕率領其第五、第八（缺一小隊）中隊，從他里霧街西方迂迴逼近賊徒左側背。不久，又下令其第一中隊增援前兵右翼，並命志賀少佐指揮其第三、第四中隊（各缺一小隊）從斗六街道逼近賊徒右翼，而以步兵第一聯隊第四中隊為最後預備隊。

另一方面，在前衛本隊的前頭行進的砲兵第三中隊（缺一小隊）〔隊長為岸田庄藏大尉〕抵達北勢仔庄西南方田地後，立刻發動砲擊，眼見我軍步兵逐漸逼近敵方，遂與前兵砲兵一起朝他里霧市街內展開射擊〔因為第一線步兵前進行動的阻礙，無法找到合適的攻擊點密集射擊，因此僅搜索射擊市街內部〕，時為九時三十分。

九時五十分，第一中隊潛行甘蔗園中，從茶瓜寮庄南方逼近他里霧街西側，經過二次突擊，終於攻下賊壘，然後包圍攻擊賊

徒據守的寺院。此間，千田少佐暫停前進，等待三木少佐迂迴行動的結果，聽到此一槍聲，又看到面前賊徒似有動搖之貌，乃乘機衝鋒攻入賊壘，並且縱貫市街，佔領市街西南端。另一方面，三木隊經五間庄〈雲林縣斗南市五間厝〉西端，前進至社頭庄〈雲林縣斗南市舊社一帶〉西方墓地附近；志賀隊駐紮在他里霧街東方，與正在追射賊徒的第三中隊之大野小隊會合後，快速前進，到達他里霧街東南端，左側衛小隊也抵達其東方與騎兵中隊會合，從三面圍射潰敗的賊徒，時爲十時二十分。第一中隊也殲滅盤據在寺院中的殘賊，部分兵員往南方追擊，預備隊及砲兵也前進至他里霧街。前衛司令官命志賀少佐率領其步兵一中隊〔第二中隊〕及騎兵一小隊〔隊長爲朝長三郎少尉〕追擊賊徒，並下令第一聯隊第四中隊〔隊長由金田房吉中尉代理〕率領騎兵一小隊〔隊長爲牧野正臣中尉〕往斗六街方向前進，與左側支隊連絡〔此連絡支隊在管事厝庄〈嘉義縣太保市管事厝〉附近與左側支隊的騎兵斥候取得連絡〕，其餘部隊則進行整頓。

十一時左右，在他里霧街西端三叉路附近修理道路的工兵中隊（缺二小隊）受到來自五間庄、約二百名賊徒〔從土庫街來救援的遊勝軍中營〕襲擊。千田少佐率領第六、第七中隊及第一中隊收編工兵，迎擊賊徒，將之擊退，並追擊至瓦磘庄〈雲林縣元長鄉瓦磘〉附近。其後，前衛司令官下令各部隊在他里霧街及附近宿營。此間，追擊隊於下午十二時四十分出發，抵達廓前寮〈雲林縣大埤鄉豐興（廓前寮）〉附近，追上敗退的賊徒〔約一百餘名〕，殺了其中數名，其騎兵又前進至大莆林附近，確定敗賊陸續聚集至大莆林，遂於下午五點多返回宿營地〔此日參與戰鬥人員共有一千四百八十人及砲四門；下士卒四名死亡，步兵中尉山下五三郎及下士卒九名受傷；消耗子彈約三萬四千八百發，榴霰彈一百二十發。賊徒約一千五百名，死者約一百

七十人，傷者不詳〕。

此日，師團長率領本隊〔臨時工兵中隊爲了從事北斗附近的渡河作業，還留在原地〕從北斗往莿桐巷前進途中，聽到他里霧街方向砲聲隆隆，遂命步兵第一聯隊第一大隊本部暨第二、第三中隊及砲兵第一中隊（缺一小隊）增援前衛。此一隊伍於下午三時許抵達他里霧街，納入川村少將指揮之下〔不久，衛生隊半隊也編入前衛，隔天，即八日在他里霧街南端趕上前衛隊伍〕。

八日，前衛步兵一中隊〔第三聯隊第三中隊（隊長爲藤岡銃次郎大尉）〕留守他里霧街，並由澀谷中佐指揮步兵第一聯隊第一大隊本部暨第二、第三中隊、騎兵一小隊、砲兵第一中隊（缺一小隊）及工兵中隊（缺二小隊）做爲前兵，上午六時許，從該地出發，途中沒有遭到任何賊徒抵抗，八時三十分，尖兵〔第二中隊之一小隊（隊長爲日比慶太郎中尉）〕抵達湖仔庄〈嘉義縣大林鎮湖子〉西方，發現有賊徒盤據在大莆林北端〔該批賊徒爲以鎮海前軍左營爲核心，該地附近的三百餘名奸民（以下參照圖⑲）〕。

前兵指揮官命前兵支隊〔步兵第二中隊（缺一小隊）（隊長爲星英大尉）〕前進至尖兵線，並派遣將校斥候〔隊長爲騎兵中尉浮田家雄〕出到甘蔗庄〈嘉義縣大林鎮甘蔗崙〉方向，從側背偵察賊情狀況，前兵主力則在橋仔長庄〈嘉義縣大林鎮橋子頭〉西端墓地展開，其後，又命前兵砲兵〔長官爲渡邊壯藏大尉〕在其南方田地選定陣地，前衛本隊也陸續在前兵所在位置展開。

九時整，前衛司令官於砲兵陣地下達攻擊命令，其部署如下：

代理步兵第一聯隊長三木少佐率領第二大隊（缺第八中隊）由大湖庄〈嘉義縣大林鎮大湖〉向甘蔗庄前進；同聯隊代理第一大

隊長藤井養三大尉率領第一、第四中隊從湖仔庄向大莆林東北端前進；本鄉源三郎大尉〔第三中隊長〕指揮第二、第三中隊沿主要道路與兩翼步兵呼應前進。前衛本隊砲兵〔第三中隊〕前進至與前兵砲兵右翼相連的位置。步兵第一聯隊第八中隊、工兵中隊（缺二小隊）為預備隊，留守砲兵陣地。志賀少佐率領步兵第三聯隊第四中隊在橋仔長庄東端朝內林庄〈嘉義縣大林鎮內林〉方向警戒側背；騎兵則駐紮於開進地。

九時三十分，根據上述部署，第一線各部隊展開前進。十時，甘蔗庄的賊徒率先撤退，接著大莆林的賊徒也潰走。前衛司令官隨即命澀谷中佐率領步兵第一聯隊第三、第八中隊及騎兵第二中隊追擊，時為十時二十分。

追擊隊開始前進後，眼見賊徒〔此日從嘉義前來的部分賊徒（防軍右營）〕佔領觀音亭〈嘉義縣大林鎮朝慶寺一帶〉，澀谷中佐命步兵第三中隊由賊徒正面、第八中隊由其左側背分別逼近，賊徒無法抵擋，部分往三疊溪庄〈嘉義縣溪口鄉三疊溪〉方向退走，大部分則退往湖底庄〈嘉義縣大林鎮下埤頭一帶〉。第三中隊乃進入觀音亭和騎兵〔徒步〕合作，與盤據寺廟〔觀音廟〕頑強抵抗的三十餘名賊徒進行肉搏戰，攻擊進行約一個小時後，最後放火將之驅逐，完全佔領觀音亭〔此日戰鬥中，我軍死傷多半發生於此際〕。此段時間，第八中隊迂迴到南方追擊敗賊。

先前，前衛司令官曾增派步兵第一聯隊第一大隊本部暨第二、第四中隊、砲兵第一中隊（缺一小隊）及工兵中隊（缺二小隊）攻擊觀音亭的賊徒。但他們卻在澀谷隊佔領觀音亭後方才抵達該地，不久，前衛司令官也前進至此。此時，我軍突然遭到集結在湖底庄的賊徒〔三百餘名〕射擊，步兵兩個中隊〔第二、第四中隊〕

逐轉進攻擊。此時，砲兵第一中隊（缺一小隊）〔隊長為渡邊壯藏大尉〕為了砲擊觀音亭，佈列在從大莆林通往湖底庄道路的南側田地，逐參加此次攻擊，支援的工兵則留在原地擔任護衛工作〔參照圖⑲之第二時期〕。

湖底庄的賊徒右翼前方，有水深難以橫越的溝渠；其左翼前方則有不易接近的水田，因此，無法從正面展開攻擊。正好此時前進抵達觀音亭南方的第八中隊，出到賊徒側背，與正面友軍夾擊賊徒，賊徒終於潰然四散，往西南方敗走，時為下午一時四十分〔此日戰鬥，參與人員約有一千五百九十名，砲六門；步兵第一聯隊第二大隊的少尉林鐵三（翌日死亡）及下士卒十名受傷；消耗子彈約一萬發，榴彈九發，榴霰彈五十一發。賊徒約一千名，死傷人數不詳〕。

另一方面，前衛的其餘部隊〔第三聯隊第四中隊守備大莆林，其一小隊於九日移防打貓街。志賀少佐於八日傍晚返回他里霧街，十四日與第三中隊之一小隊一起移師大莆林〕也逐漸進抵觀音亭，其後〔二時〕，在往打貓街方向追擊賊徒途中擊退少數殘賊，於日落時分抵達打貓街，與進抵此地番仔庄的右側支隊取得連絡，並在此宿營。

這一天，師團司令部在前衛佔領大莆林的同時，也抵達該地；師團本隊的各部隊則在觀音亭戰鬥進行時逐次抵達，然後，便在三疊溪庄附近至大莆林之間宿營〔師團司令部在三疊溪庄附近路旁宿營〕，並得知位於打貓街附近的前衛及右側支隊的情況。半夜時，又傳來左側支隊也已將正面賊徒驅逐，而於當日進抵山崙仔庄〈雲林縣斗南市崙子〉的消息。

【二】右側支隊的戰況

右側支隊〔隊長為阪井大佐〕於十月五日在北斗集合，並派遣將校斥候〔步兵第二聯隊第二中隊之一小隊（隊長為川崎虎之進中尉）〕往西螺街方向偵察，得知該地約有一千名賊徒。此外，又接獲在南樹

仔腳庄的師團前衛的通報，得知約有一千名賊徒從該地往西螺街方向撤退〔同時獲知隔天，師團前衛將派遣步兵二中隊及砲兵一小隊增援西螺街〕。

六日，支隊於上午六時出發，涉過北斗溪，經圳寮庄，於九時抵達外朝洋庄〈彰化縣溪州鄉外朝洋庄〉，然後徒涉西螺溪，其先頭部隊前進到水流線最南端時，受到盤據於西螺街外的掩堡及堤防的賊徒射擊，前衛〔步兵第二聯隊第一大隊長前田喜唯少佐所率領的步兵第二中隊、第三中隊之一小隊與工兵半小隊〕面向賊徒陣地展開，支隊長阪井大佐下令第三中隊（缺一小隊）〔隊長為西川虎次郎大尉〕前進增援右翼，並命砲兵一小隊〔隊長為木村戒自少尉〕從水尾庄〈彰化縣溪州鄉水尾〉西方援助友軍。由於敵我雙方步兵距離漸近，砲兵也迅速跟進，支隊長遂派遣第四中隊〔隊長為山本三郎大尉〕至西螺街東北端，自己則親自率領第一中隊跟在第一線後面前進〔第三、第四中隊由於病患過多，兵力僅有編制員額一半左右，因此將全中隊編成二小隊〕。

此間，第二中隊〔隊長為下村豐順大尉〕涉水渡河完畢，第三、第四中隊也相繼抵達左岸，賊徒無法抵抗，向西方及南方潰散，時為十時二十五分。

支隊尾隨敗賊攻進市街，放火驅逐殘賊。第二、第三中隊的部分兵員追擊賊徒，佔領埔心庄〈雲林縣西螺鎮埔心〉；第四中隊經西螺街東南部出到新社庄〈雲林縣西螺鎮新社〉後，又往下湳庄〈雲林縣西螺鎮下湳〉方向追擊賊徒；其餘部隊則停留在西螺街附近，惟火勢熾盛，幾乎延燒整條市街。各部隊互相取得連絡後，已是下午一點多了。當晚，支隊就在新社庄附近宿營〔此日，如前述從南樹仔腳庄來援的部分師團前衛於上午十一時許、支隊佔領西螺街後抵達，參與追擊行動後，返回莿桐巷〕。

七日上午七時，支隊從宿營地出發，其前衛〔前田少佐所率領的步兵第一中隊及工兵半小隊〕於下午一時抵達土庫街北方，受到該地賊徒的射擊，第一中隊前進往北門逼近，其中一小隊〔隊長為戶川柳吉中尉〕由西側迂迴。不久，支隊長命第四中隊（缺一小隊）增援第一中隊左翼，其一小隊及第三中隊分別脅迫賊徒的左側背及右側背。

第三中隊及戶川、國司兩小隊沿著市街外緣驅逐少許賊徒後，朝南端前進，看到正面賊徒已發生動搖的樣子，第一、第四中隊（各缺一小隊）遂乘機攻奪北門，並尾隨敗賊進入市街，但僅前進數百步便受阻於巷門，無法繼續前進〔此時，支隊的剩餘部隊已全部進入市街內〕。支隊長乃下令砲兵破壞巷門，步兵、工兵吶喊衝鋒，於一時四十五分抵達其南端；追擊賊徒的第四中隊則進抵張庄、第三中隊抵達溪埔寮庄〈雲林縣土庫鎮溪埔寮〉，賊徒無法抵擋我軍的包圍攻擊，爭先恐後地往南方潰走。

此日西風強勁，兵燹燒遍整個市街，因此，支隊在土庫街南端露營〔此日戰鬥，參與人員共計五百六十名左右，砲二門；兵卒一名受傷；消耗子彈一千餘發，榴霰彈七發。賊徒約四百名，死者約五十名，傷者不詳〕。

八日早晨，支隊從宿營地出發，其前衛〔前田少佐所率領的步兵第三中隊、第二中隊之一小隊及工兵半小隊〕於八時抵達後壁店庄〈雲林縣大埤鄉怡然（後壁店）〉，擊退盤據該村角落的一百餘名奸民，前進至其南端。支隊長派來增援的第四中隊擊垮其西方田尾庄〈雲林縣大埤鄉田尾〉的少數賊徒時，第二中隊（缺一小隊）也趕赴此地，但賊徒卻已朝西南方退卻。此間，支隊主力抵達淤厝庄南端，準備等第二、第四中隊抵達潭斗寮庄附近後，再相機呼應前進。

上午十時，第二、第四中隊在潭斗寮庄南方，涉過三疊溪〈嘉

義縣三疊溪〉，發現雙溪口庄有賊徒，於是便由第四中隊攻擊其左翼，第二中隊攻擊其中央。但賊徒卻利用障礙物〔溝渠、竹籬等〕加以抵抗，兩中隊只好暫停攻擊，等待支隊主力到達。十時三十分，支隊主力抵達三疊溪左岸，第三中隊派其一小隊〔隊長為貴志彌次郎少尉〕在道路西側展開，其餘則迂迴逼近賊徒右側。支隊長眼見到村莊外緣防禦極為堅固，遂命步兵停止前進，由砲兵小隊射擊村莊東方入口處，然後由工兵小隊〔隊長為森田德太郎少尉〕開路前進；第二中隊之一小隊〔隊長為川崎虎之進中尉〕則增援第三中隊，負責掩護〔時為十一時二十分〕。經由我軍砲擊，賊徒據守的房舍逐漸延燒，賊徒遂開始向西南方及南方退卻。於是，第二、第四中隊衝鋒進入村落，掃蕩殘賊，中午十二時二十分抵達其南端，第三中隊及第二中隊之一小隊變換方向，追擊敗賊。砲兵也將陣地往前移至雙溪口庄東端，展開射擊。

此間，騎兵小隊〔隊長為山內文太郎少尉〕搜索支隊左側，在茶園庄〈嘉義縣大林鎮茶園〉附近與二百餘名奸民發生衝突，好不容易才脫身返回雙溪口庄〔此日參與後壁店庄及雙溪口庄兩場戰役的我軍戰鬥兵員約有五百五十名及砲二門；有一名兵卒死亡，五名下士卒受傷；消耗子彈一萬四千六百發，榴彈十五發，榴霰彈十五發〕。

不久〔二時〕，支隊從雙溪口庄出發，前往番仔庄宿營，並派遣將校斥候〔隊長為西川虎次郎大尉〕與打貓街的師團前衛連絡〔步兵第二聯隊長阪井大佐升任少將，接替於十月二日在彰化病歿的山根信成少將，成為近衛步兵第二旅團長，步兵中佐須永武義則接任第二聯隊長，於此日到任〕。

【三】左側支隊的戰況

左側支隊〔隊長為內藤大佐〕於十月六日自永靖街附近的宿營地出發，當夜命其本隊在南樹仔腳庄宿營，並沿著新虎尾溪右岸配

置前哨。

七日早晨，支隊由摺澤靜夫少佐〔步兵第四聯隊第一大隊長〕指揮步兵第二、第三中隊及騎兵、工兵各一小隊，擔任前衛前進。七時左右在油家庄排除少許賊徒抵抗，其前兵中隊〔第三中隊（隊長爲小山秋作大尉）〕奮力追擊，又與施瓜寮庄〈雲林縣斗六市西瓜寮〉北方約四百公尺田地出現的一群賊徒展開對戰。前衛司令官乃命第二中隊（缺一小隊）〔隊長由佐川岩五郎中尉代理〕從油家庄後方逼近賊徒左側背，並親自率領前衛的剩餘部隊〔騎兵一面警戒左側，一面前進，出到油家庄後，與本隊所在的中隊會合〕，跟隨在第三中隊後面前進〔以下參照圖⑳〕。

第三中隊驅逐前面賊徒後，與盤據施瓜寮庄的賊徒相互射擊，卻發現彈藥告乏，此時，一群賊徒〔約一百名〕從陣地左翼樹林中向中隊的右側反攻而來，聲勢威猛，跟隨在第三中隊後面的第二中隊之一小隊〔隊長爲鹿村英賀少尉〕及靠近大埔尾溪〈雲林縣虎尾溪支流〉右岸的第二中隊（缺一小隊）連忙展開急速射擊，將賊徒擊退。第三中隊乘機上刺刀衝鋒攻入施瓜寮庄，賊徒不支，往虎尾溪庄〈雲林縣斗六市虎尾溪〉及斗六街方向退卻，時爲七時三十五分。第二中隊往北方追擊，向虎尾溪庄方向前進，第三中隊則停在施瓜寮庄南端射擊賊徒。此時，由支隊本隊急行前來增援的第一中隊〔隊長爲久能司大尉〕也抵達第二中隊附近，在其右翼展開，往虎尾溪庄追擊敗賊。

在此之前，支隊長抵達油家庄時，眼見第三中隊陷入苦戰，除派出前述第一中隊增援前衛外，更下令砲兵第二大隊長〔藏田虎助少佐〕率領砲兵第四中隊〔隊長爲莊司銀四郎大尉〕從油家庄西南方支援，其餘部隊則在村落北端展開。此時，賊徒在頂大埔尾庄〈雲林縣斗六市西瓜寮東北一帶〉、頂十三份庄〈雲林縣斗六市上十三分〉等

村落不時出沒，騎兵斥候遂往頂十三份庄方向偵察，步兵第七中隊之一小隊〔隊長爲松本武臣少尉〕也往頂大埔尾庄方向搜索。接著由第四中隊〔隊長爲多田捨馬大尉〕及第七中隊（缺一小隊）〔隊長由乃木申造中尉代理〕掩護支隊側背〔第七中隊兼爲行李及輜重護衛〕，支隊長則親自率領本隊其餘部隊跟隨前衛前進。此外，砲兵雖已佈列開來，但因前面敵人已撤離，只好收隊尾隨本隊步兵第八中隊前進。

此時，從牛尪灣庄〈雲林縣斗六市朱丹灣〉前來的二、三百名賊徒，前進至虎尾溪〈雲林縣虎尾溪〉左岸後，於主要道路西方正面散佈開來，與虎尾溪庄的賊徒〔約一百名〕相互呼應，收編敗退而來的友軍；我軍砲兵則佈列在施瓜寮庄西南田地加以射擊。支隊長看到這種情形，便命摺澤少佐指揮第八中隊〔隊長爲黑住弘毅大尉〕，併合第一、第二中隊，從虎尾溪庄方向逼近賊徒左翼，但賊徒在我軍還沒發動攻擊之前，就已退往牛尪灣庄及斗六街。

於是，支隊長便以追趕而來的第四中隊〔本來負責背後警戒，因前面有需要，故加速趕上前面的部隊〕爲第一線，往斗六街前進，不久，又命工兵小隊隨同砲兵行動。砲兵前進到牛尪灣庄北端，看到二、三百名賊兵，遂從虎尾溪右岸道路西側加以射擊，二十分鐘左右，退到掩蔽物後放慢速度繼續射擊，時爲九時二十分。此時，支隊長率領第三中隊及騎兵第一中隊（缺二小隊）〔隊長爲長谷川戍吉大尉〕經砲兵陣地左側，往牛尪灣庄前進。第四中隊則因走錯方向，經万年庄〈雲林縣斗六市萬年莊〉附近，往海供崙庄〈雲林縣斗六市海豐崙〉方向前進〔這附近的水邊，蘆葦繁茂，道路及田畝（有些是甘蔗園）旁藍投樹叢生，極度妨礙視野，且各梯隊間距離太遠，連絡不便，各部隊大多各自行動〕。

牛尪灣庄的賊徒盤據在備有防禦設施的堅固掩堡，等第三中

隊接近到約四百公尺距離時，才突然展開激烈射擊，第三中隊在砲兵射擊掩護下，逐次前進，在距離賊徒約一百五十公尺處發起衝鋒，一舉奪下道路西側的賊壘。此時，東側的賊徒猛然朝我軍左側逆襲，卻又突然往南方退走，時為十時左右〔此間，騎兵中隊（缺二小隊）在西方迂迴，威脅賊徒的左側背〕。不久，第三中隊及騎兵中隊（缺二小隊）往北方追擊，朝斗六街方向前進。另一方面，摺澤少佐驅逐少許賊徒後，佔領虎尾溪庄，遠遠聽到牛尫灣庄槍砲聲起，遂率領第二、第八中隊及第七中隊之一小隊〔此一小隊在搜索頂大埔尾庄附近後，前來虎尾溪庄，與摺澤少佐的部隊會合〕急速向斗六街前進，同時下令第一中隊由斗六溪左岸迂迴賊徒南方。賊徒腹背受敵，完全喪失作戰勇氣，遂朝東南方退卻。支隊幾乎沒有遭到任何抵抗，在十時四十分完全佔領斗六街。第八中隊往社口庄〈雲林縣斗六市社口〉方向追擊敗賊；而走錯路往東方遠去的第四中隊也追擊敗賊，到達林仔頭庄〈雲林縣斗六市林子頭〉附近。

此日，在虎尾溪右岸與我軍對峙的賊徒約有三營，斗六街約有七營。但自從佔領牛尫灣庄的部分賊徒被擊退後，便毫無抵抗地潰亂四散了。當夜，支隊在斗六街宿營〔此日參與戰鬥的人員約有一千零七十名及砲四門。特務曹長上里俊一、谷留太郎及兵卒三名戰死，屯田步兵中尉菊地直人及下士卒十一名受傷；消耗彈藥有子彈約一萬六千六百發、榴彈十一發、榴霰彈一百七十五發。賊徒約三千名，據說死傷約一百五十名〕。

八日，支隊命摺澤少佐指揮第一、第四中隊及工兵小隊做為前衛，又命第三中隊負責保護行李及輜重，於早晨五時三十分自宿營地出發。

十時三十分，支隊先頭抵達尾厝庄〈嘉義縣大林鎮尾厝〉附近，受到來自內林庄及尾厝庄的賊徒〔約二百名〕射擊，前衛先頭中的

第一中隊及第四中隊正面展開；本隊先頭的第八中隊也朝尾厝庄前進，砲兵則佈列在北勢仔庄西方十字路附近〔其它部隊則依原先的行軍縱隊停止前進〕，但賊徒僅做些微抵抗便撤離了。

支隊派出砲兵一小隊增援前衛，下午一時二十分自內林庄出發，接近頂林頭〈嘉義縣大林鎮上林頭〉時，前兵的第一中隊得知該地有賊徒守備，於是展開來，從北方及西北方同時進入村內。賊徒是由此地的奸民及內林庄的敗賊組成的，約有二百人左右，稍做抵抗後，大部分逃向過溪庄〈嘉義縣大林鎮過溪〉，卻遭到位於支隊本隊先頭的第七、第八中隊從旁射擊，遂如鳥獸四散。另一部分〔約五十名〕則盤據村落東南角繼續抵抗。第一中隊從西方及南方包圍，但由於有竹叢及防禦設施，無法進入。

二時二十分，摺澤少佐下令步兵暫時後退，讓砲兵小隊〔隊長為曾田文之助特務曹長〕前進到其南方約二百公尺處展開砲擊，但賊徒仍然不為所動。因此，又命工兵小隊〔隊長為西原茂太郎中尉〕前進，以綿火藥破壞西南角的阻絕設施〔竹圍〕，炸開一個約一公尺的破壞口，不久，砲兵也以榴彈破壞部分牆壁，三時二十分，第一中隊在其中一小隊〔隊長為宮本雅之助中尉〕射擊掩護下，終於從這些破壞口衝鋒進入，第四中隊之一小隊〔隊長為大八本熊太郎少尉〕也隨後攻進，賊徒無法抵抗，往東方潰走。此日，支隊到達山崙仔庄宿營〔此日參與戰鬥人員約有一千零六十名，砲四門；步兵大尉多田捨馬、步兵中尉向西兵庫及下士卒五名受傷；消耗彈藥有子彈約一萬五千四百發，榴彈十八發，榴霰彈二十發。據說賊徒死傷約五十名〕。

【四】攻佔嘉義〔圖㉑〕

近衛師團南進行動開始以來，雖然屢遭賊徒抵抗，但最苦惱的問題是天候雖已恢復，卻沒有任何因應的變更計劃。如前所述，十月八日，前衛抵達打貓街，右側支隊抵達番仔庄，左側支

隊抵達山崙仔庄，本隊則抵達三疊溪庄附近至大莆林之間。師團長〔師團司令部在三疊溪庄附近的露營地〕於半夜後才接獲各方面的消息，隔天，即九日一早，前衛、兩側支隊及本隊在早晨六時左右就分別從宿營地出發，向嘉義前進。

本縱隊前兵〔騎兵中佐澀谷在明所率領的步兵第一聯隊第一大隊本部暨第一、第三中隊、騎兵第二中隊、砲兵第一中隊（缺一小隊）及工兵中隊（缺二小隊）〕的先頭於上午八時三分在台斗坑庄〈嘉義市台斗坑〉及埤仔頭庄〈嘉義市埤子頭〉驅逐少數賊徒後繼續前進，在抵達埤仔頭庄東側道路的交會點時，突然遭到來自嘉義城牆上的射擊，澀谷中佐乃命前兵尋找掩蔽，在埤仔頭庄展開，並下令第三中隊〔隊長為本鄉源三郎大尉〕出到其東南方，第一中隊之一小隊〔隊長為兩角三郎中尉〕出到其南端，以掩護各部隊的展開，不久，前衛本隊也在其後方展開來。

嘉義位於台灣南部，是僅次於台南的富庶市街，有橢圓形的城廓，其東西直徑約五百多公尺，南北約八百公尺，牆高五至六公尺，厚約三至四公尺，其上披覆磚石，牆腳處有濠溝環繞，但城廓四周都是房舍櫛比鱗次的市街或竹林茂密的民居，進攻者可獲得掩蔽，接近城牆下。

前衛司令官川村少將偵察地形及敵情之後，選定埤仔頭庄東側為砲兵陣地，下令前衛部隊著手攻擊準備。步兵製作可架上城壁的竹梯子，砲兵為本身及本隊砲兵構築肩牆，工兵則協助步、砲兩兵的作業。

九時四十分，師團本隊抵達前衛後方後，立刻開始展開：師團長派遣步兵第一聯隊第五中隊（缺一小隊〔護衛大行李〕）〔隊長為島村勘太郎大尉〕與右側支隊連絡〔戰況進展使得此中隊無法歸隊，遂與右側支隊共同行動〕，同時，又命步兵第四聯隊第二大隊長〔岩尾惇正少

佐〕所率領的第五、第六中隊增援左側支隊，然後又命步兵第一聯隊的二個中隊〔第一及第三中隊〕前進偵察敵情。第三中隊（缺一小隊）憑藉番社厝〈嘉義市內〉北端溝渠的堤塘，與城牆上的賊徒互相緩慢的射擊，其一小隊〔隊長爲竹上常三郎少尉〕破壞柵門，最後終於進入番社厝。第一中隊〔隊長爲木下寬也大尉〕停在番社庄北端，其斥候潛行到城牆腳下偵察賊情，並排除村內各地所設置的障礙物，等待攻擊時間的到來。

到了十一時左右，師團長估計左右兩側支隊應已接近，遂命第二機關砲隊〔隊長爲步兵中尉橋本四郎〕及機關砲合併第三隊〔隊長爲步兵大尉奧村信猛〕增援第一中隊左翼。其後聽到左側支隊的砲聲，遂命據守埤仔頭庄東側肩牆的砲兵聯隊（缺一中隊及一小隊）〔隊長爲限元政次中佐〕朝北門及其附近射擊，又命川村少將指揮步兵第一聯隊、機關砲二隊〔第二及合併第三隊〕及工兵中隊（缺一小隊半），伺機攻擊，時爲十一時三十分。

左側支隊在山仔腳〈嘉義縣民雄市山子腳〉及十四甲庄〈嘉義縣民雄市十四甲〉附近擊退少許賊徒，十時三十分，抵達過溝庄〈嘉義市內〉附近，加速向嘉義東門前進。途中接獲師團開始攻擊的命令，不久，與岩尾少佐率領的增援隊會合，在衡量本縱隊情況之後，支隊長遂下令支隊於過溝庄南方展開：騎兵第一中隊（缺二小隊）〔隊長爲長谷川戌吉大尉〕往嘉義南門方向偵察；藏田少佐率領其砲兵第四中隊〔隊長爲莊司鎰四郎大尉〕佈列在開進地西側，射擊東門；第二〔隊長由佐川岩五郎中尉代理〕及第四中隊〔隊長爲多田捨馬大尉〕則出到兩翼前面，負責掩護，時爲十一點二十分左右。

不久，支隊長內藤大佐命岩尾少佐率領二中隊〔第五、第八中隊〕出到王田庄〈嘉義市內〉西南端，第三中隊〔隊長爲小山秋作大尉〕則增援位於雲霄庄〈嘉義市內〉的第四中隊右翼，在他們的射擊支

援之下，以便第二、第七〔隊長由乃木申造中尉代理〕中隊迫近東門。

右側支隊由於道路狀況極差，經常走錯方向，上午十一時左右才抵達竹圍庄〈嘉義市竹圍子〉，與第一聯隊第五中隊（缺一小隊）會合，審度該縱隊狀況後，下令第二（缺一小隊）、第三中隊及騎兵一小隊迂迴至嘉義南門；並命前田喜唯少佐〔第二聯隊第一大隊長〕指揮第一中隊（缺一小隊〔此小隊一半護衛大行李，一半擔任右側衛，此時還在後方〕）及第四中隊，做為第一線，經店仔尾街〈嘉義市店仔尾〉，往嘉義西門前進；其餘部隊則做為第二線，隨後前進。

十一時三十五分，第一線抵達店仔尾街十字路，因巷門堅閉，無法進入，第一中隊（缺一小隊）〔隊長為有馬純昌大尉〕兵分兩路，由兩側繞路前進，其中出到北邊的半小隊〔由木下亮九郎少尉率領〕發現城牆有賊徒，逐向之射擊。另一方面，支隊長須永中佐命砲兵小隊〔隊長為木村戚自少尉〕前進破壞城門。第四中隊〔隊長為山本三郎大尉〕吶喊逼近西門，見其守備薄弱，立刻動用梯子〔在雙溪口庄就準備好的〕攀登城牆，將賊徒驅逐，佔領西門。第一中隊（缺一小隊半）及工兵半小隊〔由森田德太郎少尉率領〕也陸續攀登，時為正午左右。此間，砲兵小隊從街衢北側，和木下隊一起朝西門北方城牆射擊，支援此次攻擊行動。

第一中隊（缺一小隊半）沒有遭到任何抵抗，就繞道城牆上，佔領南門，不久，前田少佐命工兵半小隊進入南門，親自率領第一中隊（缺一小隊半）由城牆通道向東門前進時，遇到一群——遭到左側支隊射擊而退走城牆上——賊徒〔五、六十名〕，逐展開射擊將之擠落城牆，然後進抵東門，與方才佔領東門的友軍連絡。

正午左右，由於本縱隊及左側支隊砲兵的轟擊，城牆壁頂崩塌，城樓毀損，敵方砲火遭到消滅後，川村少將認為時機成熟，

便命藤井養三大尉〔代理步兵第一聯隊第一大隊長〕率領第三中隊之一小隊及第二、第四中隊突擊，自己則率領第二大隊繼續前進。此時，第一聯隊第一中隊及第六中隊之一小隊〔隊長為林田幹夫少尉，擔任斥候，出到第一線〕從城廓的西北角、第三中隊的竹上小隊從北門東側，或由梯子或攀藤蘿進城，驅逐少許殘賊後，佔領北門。不久，工兵小隊〔隊長為一柳藤市少尉〕用綿火藥炸開城門，讓各部隊進入。

左側支隊方面，在佔領北門後不久，第二、第七中隊也相繼攀登城牆，佔領東門，其後工兵一小隊〔隊長為西原茂太郎中尉〕打開城門，讓各隊進入。

三面的攻擊都十分順利，從正午至下午十二時三十分完全佔領城廓的四座城門，各部隊競相入城，掃蕩在街上徘徊的賊徒。

在此戰鬥期間，居民大部分都沒有逃跑，聚集在市街各地的大厝內，敗賊大多脫掉軍裝，匿跡混雜在其中。

不久，師團長命伊崎良熙中佐〔步兵第三聯隊長〕率領步兵第二大隊、騎兵第二中隊、砲兵第一大隊本部暨第二中隊、工兵半小隊追擊賊徒。此支隊於途中驅逐了少數賊徒，於當晚前進至水堀頭〈嘉義縣水上鄉水上〉，第二天（十月十日）抵達安溪寮庄〈台南縣後壁鄉安溪寮〉。

參與此次戰鬥的近衛師團兵力共有步兵六大隊、騎兵二中隊、砲兵四中隊、機關砲三隊、工兵一中隊〔在北斗附近從事渡河作業的臨時工兵中隊在師團輜重渡河後，於八日自北斗出發，此日戰鬥結束後抵達嘉義〕，戰鬥人員約有四千二百名、砲十五門〔砲兵第三中隊有一門砲破損，無法使用〕，機關砲十八門，兵卒戰死一名，下士卒十三名受傷。賊徒約一千餘名，死者七、八十名，俘虜二百餘名。

擄獲品主要有槍枝九百餘挺、機關砲一門〔亞都林古砲〈ガット

リング〉)、舊式砲六十七門〔此日賊徒並未使用，幾乎都已老舊不堪〕，彈藥一萬餘發，馬匹四頭。

師團長於隔天，即十日，根據九月二十二日的軍部命令，編成右側支隊，派遣至鹽水港汛，掩護在布袋口附近登陸的混成第四旅團。此外，又編成前衛，派往下茄苳庄，偵察前往台南方向的賊情及道路狀況，並與右側支隊連絡。本隊駐紮嘉義，右側支隊及前衛的編組如下：

● 右側支隊

司令官：步兵中佐須永武義〔步兵第二聯隊長〕

步兵第二聯隊第一大隊

步兵第一聯隊第一大隊本部暨第二、第四中隊

騎兵第一中隊之一小隊

砲兵第一中隊

工兵第一中隊之一小隊

● 前衛

司令官：阪井重季少將〔步兵第二旅團長〕

步兵第三聯隊本部及第二大隊

步兵第四聯隊第二大隊本部暨第六、第八中隊

騎兵第二中隊

砲兵第一大隊本部暨第二中隊

第一機關砲隊

工兵第一中隊之一小隊（缺半小隊）

衛生隊半隊

阪井少將率領部分前衛於十日自嘉義出發，於十一日抵達安溪寮庄，會合追擊支隊，將前衛主力置於該地，然後命前哨部隊

〔步兵第三聯隊第二大隊長藤村忠誠少佐所率領的第五、第六中隊及騎兵一小隊、砲兵一小隊、第一機關砲隊、工兵一小隊（缺半小隊）〕出到新營庄〈台南縣新營市〉，警戒台南方向。

右側支隊於十日自嘉義出發，到魚寮庄〈台南縣後壁鄉魚寮〉宿營。此日派遣將校斥候至鹽水港汛，得知該地有賊徒。十一日早晨出發〔步兵第二聯隊第一中隊之一小隊留守魚寮庄〕，經竹圍後庄〈台南縣後壁鄉竹圍後〉，往鹽水港汛前進。上午九時至十時左右，擊退一批賊徒〔約二百名〕，佔領該地。在此遇到一部分混成第四旅團〔步兵第五聯隊第一大隊長石原應恆少佐所率領的第一、第二中隊〕的友軍〔混成第四旅團從昨晚開始在布袋口登陸，石原隊於當天早晨從登陸掩護隊（步兵第五聯隊）處得知友軍已佔領鹽水港汛，被派遣前來與近衛師團連絡。登陸掩護隊的大部分也於黃昏前抵達此地（參照本章第三節）。此日參與鹽水港汛戰鬥的兵力有步兵七中隊（其中有一中隊是步兵第五聯隊第二中隊）、騎兵一小隊、砲兵一中隊、工兵一小隊，戰鬥人員共計九百七十五名，砲四門；兵卒一名死亡，下士二名受傷；消耗子彈一千五百三十八發，榴彈六發，霰彈二發〕。

當夜，右側支隊與部分混成第四旅團一起在鹽水港汛宿營，十二日將該地守備交給該旅團後，移師白沙墩庄〈台南縣後壁鄉白沙屯〉及附近待命。

十三日，在新營庄的師團前衛之前哨部隊〔隊長為藤村少佐；包括步兵第三聯隊第五、第六中隊、第一機關砲隊、騎兵、砲兵各一小隊、工兵半小隊〕受到敵軍襲擊。原來，當天上午九時，約有二百名賊徒，由主要道路涉過急水溪〈台南縣急水溪〉，驅逐正在附近工作的工兵一分隊，並成縱隊向新營庄南方入口進行突擊，在小哨〔步兵第五中隊之一小隊，小隊長永山武敏正在步哨線巡察，由一等軍曹鬼塚六郎指揮〕與工兵分隊的協力射擊下被擊退；由於急水溪兩岸都是繁茂

的甘蔗園，小哨位於甘蔗園入口，通路的射界僅有三、四十公尺，且設在小哨附近的瞭望台也可以遠看到查畝營〈台南縣柳營鄉查畝營〉附近，但賊軍無視警戒，急進而來，前哨誤以為是友軍，才會遭到襲擊。

前此，派往大康庄〈台南縣柳營鄉太康〉方向偵察的步兵第六中隊之一小隊〔隊長為井戶川辰三中尉〕此時正好抵達急水庄東北約四百公尺之處，與當時正欲過河的一群賊徒〔約一百餘名〕對面開戰，逼近小哨的賊徒聽到槍聲，急忙退守急水庄，時為九時三十分。

此時，我軍砲兵一小隊〔隊長為渡邊市太郎中尉〕佈列在新營庄東南端，向急水庄北端飛揚的砲煙〔賊徒用二門舊式砲發射空砲〕發動砲擊。前哨第五中隊（缺二小隊）〔隊長宮永計太大尉正在前哨線巡察，由中尉吉江石之助中尉指揮〕及第一機關砲隊〔隊長為步兵大尉彥坂幾彌〕也來支援小哨，一起往急水溪畔前進，賊徒見此情形，立刻潰走南方。先前，派往舊廓庄〈台南縣新營市舊廓〉方向的將校斥候〔步兵第五中隊之一小隊（隊長為平尾熊藏少尉）〕也根據槍聲轉進，出現在潰走的賊徒側面，並參與追擊行動。其後，藤村少佐又派遣步兵第六中隊（缺一隊）〔隊長為永原則善大尉〕加以追擊，直到急水溪南方約一里的地方〔與此次賊襲同時，在鐵線橋的混成第四旅團的一大隊也受到賊襲，參照後文〕。🖉

第三節
混成第四旅團
登陸布袋口

南進軍司令官高島中將率領其司令部於十月四日自台北出發到基隆，搭乘東京丸。當時，近衛師團如前所述，因河川暴漲，無法南進，因此，軍部的作戰計劃稍受挫折，但軍司令官隨著對賊情的掌握，深知賊徒難有作為，因此決定不改變作戰計劃。由於該日前後天候已轉趨正常，河川漲水可望下降，近衛師團即將如期出發也可預知，高島中將遂暫留在基隆港，等候近衛師團的報告。五日傍晚，接獲該師團決定於六日出發的消息後，便於六日下午起錨，於七日早晨航抵澎湖島，八日下令已進抵該港集結的各部隊長〔第二師團長中將男爵乃木希典、步兵第三旅團少將男爵山口素臣、混成第四旅團長少將貞愛親王、常備艦隊司令長官有地品之允中將、司令官東鄉平八郎少將、台灣兵站監比志島義輝少將、基隆運輸通信部長步兵中佐三上晉太郎等〕到東京丸集合，宣示相關作戰的大體企圖，並下達如下訓令〔要旨〕給第二師團長及混成第四旅團長。

一、敵方兵力及所在地概如附表〔附錄九〕。此外，在東港及布袋口附近似亦有若干敵兵。

二、近衛師團於六日自永靖街附近出發到嘉義，儘可能於十月十日前分派部分兵力先至下茄苳庄及鹽水港汛附近。

三、海、陸軍合作，宜有敵前登陸的心理準備：第二師團〔即混成第四旅團以外者〕應在枋寮附近登陸；混成第四旅團應在布袋口附近登陸。航海及登陸相關事宜，需與各艦隊協議。澎湖島出發的時間，本月九日以後，視天候狀況決定，另有指示。

四、第二師團登陸後，與艦隊合作，佔領鳳山及打狗，應在加禮頭、三塊厝〈台南縣仁德鄉三塊厝〉〔此二地名在當時使用的地圖便

有記載，約略相當於鳳山與南仔坑的中間一線〕以南從事北進準備。

要塞砲兵人員中，半數用於打狗各砲台，其餘用在安平各砲台〔在攻擊海岸砲台後，需有人整頓、維修砲台及武器裝備，因此，總督臨時從澎湖島堡壘團守備要塞砲兵隊中抽調若干人員，隸屬於南進軍〕。

第二師團登陸後，應儘速派遣一支隊至小崗山〈高雄縣小崗山〉〔當時使用的地圖上，在大崗山〈高雄縣大崗山〉的東方記有小崗山〕，扼守敵軍通往生蕃地界的退路〔當時使用的四十萬分之一的地圖中，從嘉義經台南至鳳山間，主要街道以東完全沒有任何道路〕。在台南總攻擊時，該支隊可望從鹽水埔〔約在台南東南方三塊厝附近〕方向參與此次攻擊。

背後兵站線路的守備由師團擔任。

五、混成第四旅團登陸後，在急水溪以北，西螺街、茅港尾〈台南縣下營鄉茅港尾〉街道上及其以西各村落（布袋口除外，但該地守備隊不在此限）宿營，搜索台南方向，且儘速與近衛師團連絡。旅團與近衛師團的徵調民伕區域以西螺街、茅港尾街道為界，但街道上的各村落屬於旅團的徵調範圍。

如果近衛師團的支隊已經抵達鹽水港汛附近的話，旅團應派遣一部隊與之交接。

在澎湖島的二個旅團步兵中隊中，其中一中隊留在該島，由守備該島的要塞砲兵隊長指揮。

背後兵站線路的守備由旅團負責。

六、軍司令部位置在馬公港東京丸上，其後將在布袋口附近登陸。

由於船舶不足，南進軍無法一次運送完畢，在澎湖島的臼砲

中隊、臼砲廠部及要塞砲兵與部分兵站輜重於第二梯次時運送，在東港或打狗上岸。

混成第四旅團長少將貞愛親王接獲上述訓令後，遂留步兵一中隊〔第十七聯隊第十一中隊（隊長爲熊耳益藏大尉）〕守備澎湖島，受該地守備要塞砲兵隊長〔松岡利治少佐〕指揮，並命步兵第五聯隊〔隊長爲佐佐木直大佐〕爲登陸掩護隊。各部隊的上岸順序大致如下：

一、登陸掩護隊及工兵第二大隊第二中隊

二、騎兵第二大隊第一中隊（缺二小隊）

三、衛生隊半隊

四、砲兵第二聯隊第一大隊

五、步兵第十七聯隊

六、輜重〔第二、第三步兵彈藥縱列、第一砲兵彈藥縱列、第二糧食縱列及第二野戰醫院〕

十日早晨五時左右，搭載布袋口登陸團隊的各運輸船在分遣艦隊旗艦「浪速」的引導下，自馬公港出發，於上午十時許，抵達布袋口外海〔以下參照圖㉒〕。

前此，樺山總督依照副總督的請求，於九月二日派遣「海門」艦到布袋口，偵察該地情形。根據其偵察結果，布袋口是附近沿岸中最靠近陸地的，可以碇泊船舶〔深約三千公尺〕，其海底是泥土，並沒有岩礁等危險物，只是登陸點爲突出於海中的狹隘地區，民家稠密，不適合大部隊登陸。

前此，「濟遠」及「海門」艦，於九日天未亮時，自澎湖島出發，航抵布袋口做登陸準備工作〔航路標識、目標設置、標示運輸船

碇泊列線〕，發現陸上有五、六百名賊徒，逐在運輸船隊接近後，告知此一情況。東鄉少將乃下令各運輸船逐次在標線上下錨，確認遠處布袋口附近大旗飄揚下出沒的賊兵後，命各艦發動砲擊〔時為十一時四十分〕，一時之間，布袋口烈焰衝天。此日海上風急浪大，顛簸不穩，海軍陸戰隊〔指揮官以下約一百名，分二小隊〕於風浪稍平後，從下午二時；登陸掩護隊則續於二時四十分開始登陸。陸戰隊一面發射艇砲及小砲，一面前進，於四時二十分登陸完畢，進抵布袋口東方約六百公尺的三叉路口，並派出斥候。不久，聽到北方兵營附近傳來槍聲，逐向該地前進，原來是賊徒在兵營附近的村落放火，由於濃煙籠罩四面，地形也十分隱蔽，對我軍不利，因此又回到三叉路。

然而又有五、六百名賊兵從內田庄〈嘉義縣布袋鎮內田〉向陸戰隊前進而來，逼近至前方約四百公尺處。率領部分旅團司令部、已經登陸的第二師團參謀步兵少佐仁田原重行〔九月二十日以來被派遣至混成旅團〕，命其傳令步兵十餘名增援陸戰隊右翼，不久，步兵第五聯隊第十一中隊之一小隊〔隊長為中村中郎少尉〕及第一中隊（缺二小隊）〔隊長為矢野長利大尉〕也來到此處，增援到右翼，逐次攻擊前進。賊徒退守其後方墓地，與後繼隊伍會合，抵抗我軍，但終因力不能支，大部分往東方撤退，小部分往南方撤退〔此日的戰鬥中，陸軍下士一名戰死；海軍陸戰隊部分消耗二千五百餘發子彈，陸軍部分消耗八百餘發子彈。據說賊徒共約一千五百名（其中約有三百名正規兵），死傷者三十餘名〕。

下午六時三十分，仁田原參謀命矢野大尉指揮刻已登陸完畢的各部隊〔步兵第五聯隊第一、第十一中隊及第三中隊之二分隊〕，並在前述三叉路附近配置前哨〔其後由第一大隊長石原應恆少佐接替，以第一、第二、第十一中隊及第三中隊之二分隊為前哨〕。當夜，海軍陸戰隊

顧慮到陸軍兵力薄弱，也駐紮於陸上。

此日，北北東方向吹起強烈的海風，波濤洶湧，先前砲擊時，東鄉少將向軍司令官建議暫停登陸行動，但是，軍司令官鑑於當時的賊情狀況，認為應該加速攻擊，因此決定強行登陸。此日登陸行動困難重重，驚濤駭浪中，拖船用的汽艇根本無法使用，各駁船均以人力拖拉前進，花了三、四個小時，好不容易才抵達登陸點，但當夜已無餘力返回本船〔與海軍陸戰隊協力行動的各部隊都是靠海軍汽艇協助〕。隔天十一日，風波稍微平靜，得以使用汽艇，爾後海上風浪才逐漸平靜。

為此，該日在登陸掩護隊的掩護下登陸的〔晚上十時左右停止登陸〕，僅有下列諸隊：

● 步兵第五聯隊本部
● 第一大隊（缺第三中隊的大部分及第四中隊）
● 第二大隊本部及第七中隊
● 第十一、第十二（缺一小隊）中隊

由於前述狀況，旅團登陸也大為延遲，登陸掩護隊的其餘部隊於十一日上午才登陸完畢〔大行李至十三日早晨才完成登陸〕，旅團其他戰鬥部隊則如既定順序，於十三日正午前後登陸完畢〔因其它障礙，有一砲兵中隊直到十五日才登陸〕，其輜重也於十五日傍晚登陸完畢。

起初，登陸掩護隊長佐佐木大佐於布袋口外海與應抵達鹽水港汛的近衛師團支隊連絡，並與之交接，且受命擔任各項偵察任務〔偵察從布袋口經鹽水港汛至茅港尾的道路及布袋口經杜仔頭庄〈嘉義縣義竹鄉渡子頭〉至蚵寮〈台南縣北門鄉蚵寮〉的道路，以及北掌溪〈嘉義縣八掌溪〉及急水溪的偵察〕。大佐決定十一日早晨派遣第三大隊長大

熊淳一少佐所率領的第十一、第十二中隊至杜仔頭庄〔第十一、第十二中隊（缺一小隊）在大隊長登陸前已先出發〕，並佔領該地；第八中隊〔隊長爲松村安雄大尉〕留守布袋口，其餘部隊則推進到鹽水港汛。大佐因此下令第一大隊〔隊長爲石原應恆少佐〕先行前進，石原少佐遂率領前一天便已登陸的第一、第二中隊自布袋口出發，以第二中隊〔隊長爲石井盛文大尉〕爲前衛，前衛於途中一面驅逐賊徒一面前進，幾乎沒有受到任何抵抗，便破壞南門，進入鹽水港汛，與方才佔領該地的近衛師團右側支隊〔隊長爲步兵中佐須永武義〕取得連絡，此部分已如前述。登陸掩護隊的其餘部隊也於當天傍晚全數抵達，佐佐木大佐遂與近衛師團交接該地守備。

隔天，即十二日，佐佐木大佐命第一大隊〔隊長爲石原應恆少佐〕佔領鐵線橋〈台南縣新營市鐵線橋〉，搜索茅港尾方向。第一大隊一路驅逐了若干賊徒，於當日中午前抵達鐵線橋，命第一中隊警戒北面，第二中隊警戒西面，第三中隊〔隊長爲佐藤祐次大尉〕警戒南面，第四中隊〔隊長爲橘谷新之助大尉〕警戒東面，並派出將校斥候，與在新營庄的近衛師團前哨連絡。而佐佐木大佐也率領第二大隊（缺第八中隊）〔隊長爲渡邊祺十郎少佐〕前進至舊營庄〈台南縣鹽水鎮舊營〉，支援第一大隊，其後返回鹽水港汛。

此日早晨九時半左右，通過鹽水港汛西北方頭竹爲庄〈嘉義縣義竹鄉頭竹圍〉附近的步兵第十七聯隊及旅團司令部的各設營隊❷〔從登陸地進向鹽水港汛途中〕以及步兵第五聯隊第三大隊小行李的一部分〔從登陸地往杜仔頭庄途中迷路而到此〕，遭到百餘名土匪襲擊，此時正好來會的步兵第五聯隊第十一中隊之一小隊〔隊長爲許斐良太郎中尉，受聯隊長之命被派往與杜仔頭庄的大熊隊連絡〕加以收編，然

---

❷指軍隊駐紮時，專門負責搭營舍帳篷等相關設施的隊伍，一般係由各部隊抽調人力組成。

而賊徒兵力漸次增加，約有七、八百名，在頭竹爲庄東南端展開。其中一部分則從遠處迂迴，三五成群地渡過北掌溪包圍我軍〔時爲上午十一時許〕。許斐小隊雖起而應戰，但漸感壓迫〔許斐中尉受傷，由編入設營隊的第十七聯隊第二大隊副官武田民勵代指揮〕，遂於下午一時開始向鹽水港汛撤退。佐佐木大佐接獲此報，於下午十二時三十分派遣方由舊營庄歸隊的渡邊少佐率領二中隊〔第五、第六〕往援。渡邊隊抵達鹽水港汛西方約一千五百公尺地點時，正好前述部隊撤退來會，遂收容他們，並擊敗賊徒，往北追擊，攻進頭竹爲庄，抵達其西北端〔此間，佐佐木大佐也率領第七中隊自鹽水港汛出發，往北掌溪渡口前進〕，在此與由布袋口前進的旅團司令部會合〔混成第四旅團長貞愛親王於十一日自布袋口登陸，各部隊受命登陸後逐次集合在鹽水港汛及其附近，並派遣工兵一小隊至杜仔頭庄，接受大熊少佐指揮。此日旅團長率領其司令部人員跟在前述設營隊之後，自登陸地點出發，於上午十時在牌仔頭庄〈嘉義縣義竹鄉埤子頭〉附近併合步兵第十七聯隊的部分設營隊，並在該地受到三十餘名賊徒的襲擊，將之擊退後，抵達此地〕，一起返回鹽水港汛〔參與此次戰鬥的我軍兵員共三百八十六名；將校一名，下士以下四名受傷；共消耗子彈七千七百八十發。賊徒約有五百名，死傷據説約七十名〕。

另一方面，十一日佔領杜仔頭庄的大熊少佐所率領的二個中隊〔第十一、第十二中隊〕徹夜聽到鼓聲遠傳，但卻不知原因。十二日早晨，基於將來前進問題考慮，遂分派第十一中隊之一小隊〔隊長爲古木秀太郎中尉〕至新圍庄〈台南縣北門鄉新圍〉，進行渡越急水溪的準備及偵察蚵寮的工作。然而，上午九時三十分，古木中尉卻在偵察新圍庄附近時，遭到賊徒逼迫，只好遠從北方迂迴返回杜仔頭庄〔以下參照圖㉓〕。

大熊少佐聽到這些槍聲，急忙派第十二中隊之一小隊〔隊長爲

奧田重榮少尉〕收編古木小隊，不久，又增派第十二中隊的二分隊增援。奧田小隊出到杜仔頭庄南端時，看到有一群賊徒在筏仔頭庄〈台南縣學甲鎮筏子頭〉附近渡河，陸續北進，隨即向他們展開射擊，賊徒也反擊。此時，另一群賊徒由東南方進抵下灣庄〈台南縣學甲鎮新渡子頭〉南方，逐漸集結在北掌溪左岸。於是，大熊少佐乃下令第十一中隊〔隊長為須藤倭夫大尉〕在杜仔頭庄東南端展開。此間，又有一群賊徒從西南面前進而來，渡過新圍庄的渡口，一部分沿著其東北堤塘展開，大部分則往北朝北馬庄〈台南縣北門鄉北馬〉而來。

〔十一時左右〕部分賊徒出現在芊仔寮〈嘉義縣義竹鄉芊子寮〉南方及下灣庄西端，須藤大尉分派一小隊〔隊長為兒玉慶三郎特務曹長〕對付他們。這天早晨從布袋口增派而來的工兵第二中隊之一小隊〔隊長為岡田直方中尉〕通過芊仔寮時，也遭到該村優勢賊徒的攻擊，兩軍交戰後，我軍便在第十一中隊之一小隊的援助下，攻進杜仔頭庄。

正午左右，由西北方迂迴而來的一群賊徒靠近北馬庄，因此，第十二中隊（缺一小隊半）〔隊長為小友勝次郎大尉〕據守杜仔頭庄西端，派一分隊出至北馬庄，驅逐一些賊徒，並放火燒燬該地〔但仍有部分房子保存，特別是四圍的竹叢都還存在著〕。

下午一時至二時之間，西南面的賊徒全部集結在北馬庄內外，與第十二中隊（缺一小隊半）互相射擊。東南面的賊徒盤據沙丘及堤塘，與第十一中隊交戰，其右翼更沿著河岸前進，逼近我軍側背。東北面的賊徒停在距北掌溪五、六百公尺之處，掩蔽起來，不敢射擊。南面的賊徒依然如故，其兵力約是我軍的十倍〔槍數約三倍〕。

賊徒雖然將杜仔頭庄完全包圍住，但受制於我軍火力，也不

敢太過接近，如此喧嘩擾嚷直至三時，大熊隊歷經長時間戰鬥後，彈藥幾乎已消耗殆盡，每人所剩平均不過三、四十發子彈。於是，大熊少佐想將賊徒引誘到近距離處，再一舉將之擊退，遂下令全線停止射擊。賊徒遲疑逡巡約莫一個小時之後，在北馬庄的人馬遂大張旗鼓衝鋒前進。第十二中隊（缺一小隊半）忽然展開猛烈射擊，少佐也乘此機會增派工兵小隊轉而逆襲，賊徒往新圍庄方向倉皇潰逃。此時，東南面的賊徒右翼已逼近至一百公尺內外，須藤大尉迅速展開射擊，將之擊退。然後，又派二小隊轉守爲攻，南面賊徒望風披靡，一部分逃往筏仔頭庄方向，一部分往新圍庄方向敗退。各部隊追擊敗賊直到急水溪附近〔下午六時左右返回杜仔頭庄〕。此間，東北面的賊徒並沒有任何行動，日落時開始逐漸撤離〔如前所述，大隊的小行李走錯路，曾至鹽水港汛，於當晚七時許才抵達（遺失彈藥十箱、醫藥箱一個）。此日的戰鬥中，參與人員共有三百九十三名；兵卒一名死亡，六名受傷；消耗子彈一萬九千零十五發。賊徒人員共約五千人，據說有一百二十餘名死傷及溺死〕。

此日，工兵第二中隊（缺一小隊）〔隊長爲岡田謙吉大尉〕也自布袋口出發，於途中遇到一群賊徒，將之擊退〔兵卒一名受傷，消耗子彈三百發〕，抵達鹽水港汛。步兵第五聯隊第三大隊的大行李也在從布袋口前進途中，遭到賊徒掩襲，下士以下七名、軍伕三十名生死不明，遺失部分行李。

十三日，在杜仔頭庄方面，賊徒從天未亮起就在倒方寮〈台南縣學甲鎮新芳一帶〉渡過急水溪，在杜仔頭庄東南方沙丘附近展開，清晨五時，向我軍前進而來。大熊少佐乃命第十一中隊前進迎頭痛擊，兩軍相距六百公尺左右時，步兵第十七聯隊第五中隊（缺一小隊）〔隊長爲古澤重吉大尉〕突然出現在下灣庄西側，逼近賊徒右方。賊徒見此情況，再度退回倒方寮，並據守該地〔時爲上午八時

三十分〕。另一方面，古澤中隊於前一天傍晚自登陸地出發，在前往牌仔頭庄〔所屬大隊的宿營地〕途中迷路，遂於芊仔寮北端過夜。此日拂曉時，循著槍聲抵達此地〔古澤中隊於此次戰鬥後前往鹽水港汛，十四日與牌仔頭庄的所屬大隊會合〕。

當時，大熊少佐在杜仔頭庄東南沙丘上，看到倒方寮的賊徒再度前進，便企圖展開伏擊，於是，下令第十一中隊埋伏於下灣庄對岸堤防；工兵小隊進抵前述沙丘；第十二中隊之一小隊〔隊長為奧田重榮少尉〕部署在其右翼，警戒紅蝦港寮〈台南縣學甲鎮紅蝦港〉及筏仔頭庄方向；第十二中隊（缺一小隊）則留守宿營地。十時，倒方寮的賊徒果然渡溪前進，眼看即將陷入我軍埋伏之中，正好我方增援部隊出現在溪洲仔寮〈台南縣學甲鎮頂洲一帶〉，賊徒遂躊躇不前。第十一中隊只好在約四百公尺外的距離開始攻擊，賊徒狼狽退回倒方寮。此間，也有一群賊徒從筏仔頭庄渡溪前進，被第十二中隊之一小隊及工兵小隊擊退。

此一增援部隊是大隊剩餘的第九、第十中隊及騎兵一小隊〔由第十中隊長高橋毅大尉率領〕，奉佐佐木大佐之命於今晨自鹽水港汛出發，途中在羊朝厝〈台南縣鹽水鎮羊稠厝〉及其附近擊退二、三百名賊徒，放火燒掉沿路充滿敵意的各村落，出到溪洲仔寮，〔十一時許〕到達下灣庄對岸，與大隊會合。大熊少佐命這二個中隊於下灣庄宿營，自己則率領其它部隊返回杜仔頭庄〔參與此日戰鬥的我軍有步兵五個中隊（其中之一是步兵第十七聯隊第五中隊）、工兵一小隊及騎兵一分隊，戰鬥人員共約七百九十名，兵卒二名受傷，消耗彈藥四千三百五十發。賊徒總數約一千四百名，據說有九十名死傷者。此日，古木中尉率領二分隊偵察雙春庄〈台南縣北門鄉雙春〉，擊破嘯聚該地的約三百名賊徒，放火燒房屋，與本隊先後返回宿營地〕。

此日，在鐵線橋方面，從天未亮時就鼓聲四起，〔上午七時左

右〕群賊出現在鐵線橋西面，接著，北面及南面也都有賊徒出現，其南面中庄〈台南縣下營鄉紅毛厝北〉的北端佈列著三門舊式砲，至九時，又有一群賊徒從東面逼來，將鐵線橋團團包圍。

　　賊徒隱藏在鐵線橋四周的甘蔗園，逼近至二、三百公尺的距離，雖然屢次嘗試突擊，但都被我軍擊退，從十一時左右起，就逐漸潰散〔參與此次戰鬥的我軍兵員有五百五十餘名，下士卒二名負傷，消耗子彈五千九百四十三發。賊徒約二千名，據說有一百餘名死傷。與此敵襲同時，在新營庄的近衛師團前哨部隊也受到敵襲，此部分已如本章第二節所述〕。而此日爲了掃蕩自鹽水港汛至鐵線橋沿路匪賊而自鹽水港派出的步兵第七中隊〔隊長爲中山默識大尉〕於途中屢次遭遇賊徒，逐次擊退後，於下午抵達鐵線橋，不久後返回。

　　十四日上午九時許，杜仔頭庄前面的賊徒於倒方寮渡過急水溪，其主力進向下灣庄對岸的小哨，部分兵力則從溪洲仔寮方向下灣庄東方迂迴。在下灣庄的高橋大尉偵知此種情況，遂命第九中隊之一小隊留守宿營地，自己則率領其它部隊涉北掌溪前進，逐漸擊破兩方面的賊徒，終於在正午左右，佔領倒方寮。此時自鹽水港汛前來的渡邊少佐所率領的二中隊〔第五、第六中隊〕正好抵達倒方寮東方約七百公尺處，便也參與追擊敗賊〔此次戰鬥中，參與兵力約四個中隊，五百三十三名兵員，沒有死傷，消耗彈藥四千七百二十發。賊徒人員約一千，據云有五十名左右死傷〕。

　　前此，如前所述，登陸掩護隊到處遭遇賊徒，佐佐木大佐因而認爲必須加以剿討，遂於此日命渡邊少佐指揮二個中隊從急水溪右岸往杜仔頭庄方向前進，並命石原少佐派出一部隊從鐵線橋往杜仔頭庄方向前進。於是，渡邊少佐率領第五〔隊長爲加藤丈大尉〕及第六中隊〔隊長爲工藤永矩大尉〕掃蕩沿途各村落的賊徒，在抵達羊朝厝時，聽到西方有激烈槍聲，遂出到倒方寮附近，參與大熊

隊的戰鬥〔此日從鐵線橋派遣的第二中隊（隊長爲石井盛文大尉）到處都受到剽悍賊徒的抵抗，無法前進至大埔〈台南縣鹽水鎮大埔〉以西（有兵卒四名受傷）〕。

此一登陸掩護隊進行前述行動時，在東石港〈嘉義縣東石鄉東石〉附近也遇到猖狂的賊徒。前此，跟在登陸掩護隊後面登陸的步兵第十七聯隊〔隊長爲瀧本美輝大佐，於十二日登陸完畢，在鹽水港汛至牌仔頭庄附近之間宿營〕奉旅團之命，負責警戒登陸地北方及東北方，十二日傍晚，派遣第十中隊〔隊長爲子爵裏松良光大尉〕至東石港，第九中隊之一小隊〔隊長爲高橋榮橘中尉〕至崩山庄〈嘉義縣布袋鎮崩山〉。

第十中隊當夜在過溝庄宿營，十三日早晨抵達東石港，命一小隊〔隊長爲福田榮太郎中尉〕前進至北東石港〔東石港分成南北兩部〕負責警戒工作。然而，上午十時，突然有一群優勢賊徒從東北方來襲，福田小隊經頑強抵抗後，於十一時左右撤退至南東石港。第十中隊乃據守南東石港北端的介殼堆〔包圍東西北三面，正好形成掩堡〕抵抗。此時，另一群賊徒又聚集在東石港東南方朴仔腳溪〈嘉義縣朴子溪〉左岸，其中一部分〔七、八十名〕乘船〔四艘〕前進，另一部分則到河流中央〔河流中有沙洲，退潮時會露出地面〕向東石港亂射。裏松大尉乃派遣二分隊出到東石港東南端攻擊賊徒，爾後，這方面賊徒就不再逼近。而蝟集北面的賊徒主力得到附近庄民的增援，聲勢更加壯大，幾次吶喊逼近至一百公尺內外，卻都被我軍擊退，至日暮時終於停止攻擊，但仍然就近包圍我軍〔參與此日戰鬥的人員有一百六十五名；下士卒九名死亡，四名受傷；消耗子彈七千零五十四發。據說賊徒人員總數約一千八百名，死傷約八十名〕。

先前，大約正午左右，裏松大尉曾囑咐由崩山庄的高橋小隊派來連絡的下士斥候至後方回報戰況〔此斥候於途中幾次與賊徒衝

突，好不容易於下午四時左右才到布袋口，報告東石港狀況。前此，裏松中隊的小隊長栗林榮一郎中尉率一分隊擔任大隊的設營隊，於前一天（十二日）離開所屬中隊，此日為了復歸中隊，而向東石港前進，然在正午左右，於網寮庄〈嘉義縣東石鄉網寮〉附近受到賊徒攔截，因此又撤退，於此時抵達布袋口〕，另外派遣一名下士斥候當夜摸黑搭船至布袋口外海的軍艦告急求援〔此斥候於翌日拂曉抵達「濟遠」艦〕。

在布袋口接獲此報的旅團副官奧野光照大尉因事態緊急，立刻以旅團長〔當時在鹽水港汛〕名義，調回當天下午正從登陸地附近往鹽水港汛前進途中的步兵第十七聯隊第三大隊〔隊長為島田一義少佐〕，令其赴援裏松隊。島田少佐於山腳寮庄接獲此命，遂率領現有部隊〔第九中隊（缺一小隊）及第十二中隊之半小隊（此中隊大部分兵員於登陸後迷路，還未與所屬大隊會合）〕於晚上十時三十分抵達布袋口，併合少數部隊〔栗林中尉所率領的第十中隊之一分隊及軍部登陸課野方芳太郎中尉所率領的第七中隊之一小隊（缺二分隊），以及佐藤伍作少尉所率領的第十二中隊之一小隊（缺二分隊）與第三大隊之下士卒二十名〕，由東石港前來傳訊的第九中隊之下士斥候為嚮導前進，於十四日上午六時抵達東石港對岸，與位在對岸的第十中隊合作開始渡河〔用舟筏三艘（共可乘三十名）〕。此時正好是滿潮，河寬暴漲至約一千二百公尺，因此至八時三十分，還有第九中隊（缺一小隊）及第七中隊之一小隊尚在南岸。然而，北東石港的賊徒從六時半左右就已經開始發動攻擊，另有一群賊徒從朴仔腳溪左岸大張旗鼓往東石港逼近。島田少佐乃命第九中隊（缺一小隊）〔隊長為清水武定大尉〕迎擊從左岸前來的賊徒，並迂迴包抄東石港賊徒的側背〔此中隊逐次擊退盤據在溫仔庄〈嘉義縣布袋鎮塭仔〉及後埔庄〈嘉義縣布袋鎮後埔〉附近二、三百名賊徒，於下午一時半抵達東石港〕，其它部隊則轉到東石港。賊徒眼見我方增援部隊抵達，於十時許向四方潰散，島田少

佐乃派出部隊往北方及東方追擊賊徒〔參與此次戰鬥的人員共四百一十一名，沒有死傷，消耗彈藥九千六百一十八發。賊徒據云有一千六百名，死者將近二百名〕。

　　隔天，即十五日，島田少佐命第十中隊留守東石港，自己率領其餘部隊分途掃蕩東石港北方至北港溪〈雲林、嘉義縣境內北港溪〉右岸尾墩庄之間，各部隊幾乎沒遭到賊徒抵抗，只有沿著海岸前進的一小隊（缺二分隊）〔隊長為野方芳太郎中尉〕於途中遇到若干賊徒，在將之擊退後，返回東石港。當晚，島田少佐得知松本良助中尉所率領的第十二中隊之二分隊已到達，且該中隊其餘隊伍和砲兵第二中隊〔隊長為上崎辰太郎大尉，十五日登陸後受奉團長之命，改屬島田少佐指揮〕也已抵達東石港東方約一里之地〔第十二中隊（隊長為澤田定榮大尉）的大部分於十二日在東後寮庄〈嘉義縣義竹鄉東後寮〉宿營，一路尋找所屬大隊，經鹽水港汛，十四日抵大寮庄〈嘉義縣布袋鎮埔子厝（大厝）〉宿營，此日護衛砲兵隊至此地〕；同時，接獲旅團長之命，告以旅團將自十五日起開始掃蕩鹽水港汛附近一帶地方，大隊應於十七日到達鐵線橋。大隊遂於十六日出發，於大寮庄宿營，在此與前述各部隊會合。

　　此間〔十四日〕，軍司令官〔當時還在船上〕眼見混成旅團登陸以來，賊徒氣焰囂張，特別是在我軍兵力寡少時或對不具戰鬥力兵員加以攻擊，實不容姑息，因此認為在全軍南進前，必須先行掃蕩這些地區；遂下令命混成旅團長剿討朴仔腳街〈嘉義縣朴子鎮朴子〉以南、急水溪以北的匪賊，以示懲戒。

　　此時，除砲兵第二中隊之外，混成旅團已全部登陸完畢，主力在大寮庄至鹽水港汛之間宿營，其中一部分則在鐵線橋、杜仔頭庄及東石港。各部隊的位置如圖㉔。

　　混成旅團長貞愛親王收到軍部命令後，立刻以布袋口通往鹽

水港汛的道路為界，將剿討地分成南北兩區，分別由步兵第五聯隊〔第二大隊本部暨第五、第六中隊留守鹽水港汛（第八中隊仍然守備布袋口），並將騎兵一小隊（缺一分隊）、砲兵第一大隊本部暨第一中隊、工兵第二中隊（缺一小隊）配屬聯隊〕及步兵第十七聯隊〔第二、第四、第五中隊守備自登陸地至鹽水港汛的道路，並將騎兵第一中隊（缺二小隊及三分隊）、砲兵第二中隊及工兵一小隊配屬聯隊〕剿討南部地區及北部地區，預定十七日之前結束剿討工作〔還規定十七日晚間位置：第五聯隊將大熊隊置於杜仔頭庄，主力（和配屬部隊）在鹽水港汛；第十七聯隊（和配屬部隊）除了負責後方守備的三個步兵中隊之外，在鹽水港汛以南至鐵線橋之間集合〕。

北區剿討部隊從十五日至十七日在其責任區域內四處搜索，但僅有第一天在上溪洲庄〈嘉義縣義竹鄉下溪洲一帶〉附近掃蕩了少數殘賊，此外，幾乎不見賊踪，遂於十七日下午到達鹽水港汛集合。

如前所述，南區剿討隊在接獲上述命令以前，便已在從事剿討工作。十五日，在杜仔頭庄方面，由第十二中隊（缺一小隊）剿討雙春庄及其附近地區，得知蚵寮有兵力不詳的賊徒。在鐵線橋方面，則派遣混成一中隊〔由大隊副官關口正路中尉代理指揮的第四中隊之二小隊及第一中隊之一小隊〕至茅港尾方向，除偵察道路之外，也掃蕩急水溪左岸的賊徒。此中隊於途中遇到近衛師團的將校斥候〔步兵第三聯隊第六中隊之一小隊（隊長為山田留太郎少尉），奉派前來偵察道路〕，遂一起驅逐了盤據在下橋甘水南岸的少數賊徒，抵達茅港尾南端。在此受到來自南勢角〈台南縣麻豆鎮勢角仔一帶〉方向約三百名賊徒的攻擊，二隊又合作將之擊退。不久，關口中隊轉進西北方〔近衛步兵一小隊取道原路返回〕，於下午二時四十分抵達下營庄〈台南縣下營鄉下營〉南方時，受到盤據該庄的賊徒頑強抵抗，遂

佔領其外圍地區，並與佔據房舍內的賊徒進行肉搏戰，但並未成功，最後放火燒掉村落外緣房舍，從東方繞回原路〔時為下午三時四十分〕，卻又遭到從蔴荳庄〈台南縣麻豆鎮麻豆〉前來的一百餘名賊徒追趕至紅毛庄〈台南縣下營鄉紅毛厝〉附近〔參與下營庄戰鬥者有一百三十七名，沒有死傷，消耗子彈一千六百二十發。賊徒據說有七十餘名，死傷十九名〕。

此日，步兵第五聯隊長佐佐木大佐根據剿討命令，命第二大隊本部暨第五、第六中隊留守鹽水港汛，第七中隊負責剿討北掌溪右岸的賊徒〔此中隊於十五日早晨自鹽水港汛出發，向布袋口前進，在牌仔頭庄附近擊退百餘名賊徒，當夜在布袋口宿營，準備護衛預定於十七日登陸，往鹽水港汛前進的軍司令部〕；砲兵第一中隊之一小隊〔隊長為狩野竹次郎中尉〕增援在杜仔頭庄的大熊隊，剿討蚵寮方面的賊徒；大佐自己則率領其餘部隊〔砲兵第一中隊（缺一小隊）及工兵第二中隊之一小隊及騎兵若干〕到達鐵線橋。十六日早晨，率領步兵第二中隊〔及若干騎兵〕剿討急水溪右岸各聚落，並向杜仔頭庄前進。此外，又命石原少佐帶著砲兵及工兵，於十六日偵察及修理〔以便讓馬匹通過〕至茅港尾的道路。

在杜仔頭庄的大熊少佐於十五日得到砲兵小隊增援，並奉佐佐木大佐之命掃蕩賊徒，因此，少佐決定先對蚵寮的賊徒進行威力偵察。十六日，命第十中隊〔隊長為高橋毅大尉〕留守下灣庄，警戒左側；第九中隊〔隊長為高島政三郎大尉〕移師杜仔頭做為預備隊，其中一小隊〔隊長為清水武雄少尉〕出至下灣庄西南約一千公尺的沙丘上監視；第十二中隊（缺一小隊）〔隊長為小友勝次郎大尉〕帶領工兵小隊為前衛，在雙春庄附近架橋，並偵察蚵寮的賊狀；大佐自己則率領第十一中隊及第十二中隊的一小隊以及砲兵小隊，於早晨五時二十分出發前進〔以下蚵寮附近地形參照圖㉖〕。

大熊少佐的本隊抵達新圍庄附近時，受到來自鯤鯓廟〈台南縣北門鄉南鯤鯓〉附近的賊徒射擊，因此，命步兵第十一中隊〔隊長為須藤倭夫大尉〕在新圍庄南端展開，砲兵則佈列在其北端〔新圍庄先前已被我軍燒燬〕，短暫的沉寂後，我軍先對北棟榔庄〈台南縣北門鄉北棟榔〉及蚵寮展開砲擊。此間，部分賊徒盤據急水溪畔鹽田的堤塘，而散在陣地內部的庄民又鳴金擊鼓陸續出現在第一線上，約八、九點時，聚集在從頭港庄〈台南縣學甲鎮舊頭港〉東北山丘、經北棟榔庄東南山丘至蚵寮之間的地區。

十時之際，賊徒砲兵從式港仔寮〈台南縣學甲鎮二港仔〉向據守下灣庄對岸土堤的第十一中隊展開射擊，不久，北棟榔庄東南山丘的賊徒砲兵也發砲攻擊我軍砲兵及杜仔頭庄。

先前，大熊少佐接獲小友大尉報告，得知雙春庄對岸也有賊徒，而該地並無渡河材料，少佐遂決定在新圍庄附近渡河〔急水溪在竹橋寮〈台南縣學甲鎮竹圍仔〉以下，當時除紅加荎〈台南縣學甲鎮紅茄荎〉附近外無法徒涉〕，於是調來工兵小隊〔隊長為岡田直方中尉〕，搜集附近材料製成三艘筏艇，於十時半完工〔因材料不足，各筏只能搭載步兵十名〕。隨後調回小友中隊準備渡河，但少佐由賊徒兵力雖然大增，卻未作太大的抵抗這一情勢推測，其目的可能在誘致我軍前進，因此有些躊躇。此時，正好接獲佐佐木大佐抵達下灣庄的消息，乃派副官前去報告戰況，時為十一時二十分。

佐佐木大佐此日如前所述，從鐵線橋與步兵第二中隊〔隊長為石井盛文大尉〕一起驅逐了若干賊徒，放火焚燒沿途聚落，一路往西前進，於十點半多抵達下灣庄南方與第十中隊會合，得知目前情況後，乃派第二中隊之一小隊守備杜仔頭庄，第九中隊（缺一小隊）增援大熊少佐；自己則登上該中隊另一小隊所在的砂丘上偵察彼我狀況，發現該地地形不利攻擊，遂集合南區掃蕩部隊主力，

企圖從鐵線橋方面攻擊賊徒右側背。為此乃下令大熊少佐停止攻擊，準備撤退〔時為正午十二時〕。少佐接令後，從下午一時開始撤退，並未遭到賊徒追擊，於三點半歸抵宿營地。此外，則由第二中隊守備杜仔頭庄：除一小隊即刻返回鐵線橋，其餘則在下灣庄宿營，翌日再返回鐵線橋〔在鐵線橋的步兵第五聯隊第四中隊奉旅團之命，擔任鹽水港汛的守備，於此日抵達該地〕。

當晚，佐佐木大佐在杜仔頭庄過夜，翌日一早出發，到達鹽水港汛旅團司令部報告蚵寮附近的情況，建議在南進之前，南區掃蕩部隊應全力攻擊該處賊徒。旅團長接受其建議，於十八日配屬如下部隊給佐佐木大佐，以便攻擊賊徒。

- 步兵第五聯隊（缺第四、第八中隊）
- 騎兵第一中隊之一分隊
- 砲兵第一中隊
- 工兵第二中隊之一小隊
- 衛生隊半隊

同時命瀧本大佐指揮以下部隊，以便從事鐵線橋守備交接及南進的準備工作，即日起，負責偵察位於鐵線橋與鹽水港汛之間的茅港尾方向，並與近衛師團前衛及佐佐木大佐的部隊連絡。

- 步兵第十七聯隊（缺第一大隊及第五、第十一中隊以及第九中隊之高橋小隊）
- 騎兵第一中隊（缺二小隊及三分隊）
- 工兵第二中隊（缺一小隊）

然而在守備交接之前，鐵線橋卻於十七日下午遭受賊徒攻擊〔以下參照圖㉕〕。

位於鐵線橋的石原隊是由步兵三中隊、砲兵一中隊（缺一小隊）及工兵一小隊〔步兵第二中隊（缺一小隊）當天早上方從下灣庄返回鐵線橋〕組成，早晨發現有賊徒來襲的徵候〔西南各村落人、犬聲吵雜喧擾〕，因此嚴加守備。下午三時四十分，約二百名賊徒從中庄附近渡過鐵線橋溪胡亂發射火箭，大部分賊徒利用甘蔗園掩蔽，繞出鐵線橋西側。於是，第二中隊〔隊長為石井盛文大尉〕及第三中隊（缺一小隊）〔隊長為佐藤祐次大尉〕在市街西端及南端展開，砲兵第一中隊（缺一小隊）〔隊長為杉山正則〕佈列在西南端田地，第三中隊之一小隊〔隊長為木村吉彌特務曹長〕及工兵小隊〔隊長為小出東次郎中尉〕護衛在其左右。當時，有一縱隊賊徒出現在胡爺庄〈台南縣新營市姑爺〉，石原少佐因此派第一中隊出到北端，與之對峙〔時為下午四時〕。我軍砲兵很快消滅賊徒的火箭隊〔如前述，這附近都是甘蔗園，無法確知賊徒位置，只好朝火箭散發出的煙發砲攻擊〕，然後砲擊中庄。

此間，鹽水港汛方面為與鐵線橋保持連絡，派遣步兵第五聯隊第六中隊（缺二小隊）〔隊長為工藤永矩大尉，留一小隊在太子宮〈台南縣新營市太子宮〉，一小隊在急水溪的軍用橋附近〕前來，在五間厝〈台南縣新營市五間厝〉受到來自胡爺庄方向約五百名賊徒的攻擊，遂在其西端散開，與之交戰〔在軍用橋的小隊也來會合〕，賊徒欺侮我軍寡弱，更加迫近，正好瀧本大佐所率領的部隊來此會合。

瀧本大佐先前於當日下午二時率領所屬各部隊從鹽水港汛出發〔按照騎兵第一中隊（缺二小隊又三分隊）、步兵第二（缺一中隊）及第三（缺一中隊又一小隊）大隊、工兵第二中隊（缺二小隊）的順序行道，大小行李分屬各部隊，各部隊間保持若干距離〕，第七中隊〔隊長為山本重義大尉〕留守太子宮〔與步兵第五聯隊第六中隊的一小隊交接〕，其步兵的先頭抵達急水溪時〔三時四十分〕，卻發現火箭飛揚，槍砲聲四起，位在先頭的第八中隊〔隊長為木庭堅磐大尉〕急忙加速前進，出到五間厝

南端，與在其南方約四百公尺處展開的賊徒對戰；第六中隊的一小隊〔隊長爲高橋順八中尉〕也趕來增援。然而，由於部分賊徒逐漸包圍我軍右翼，因此，第二大隊長〔島田繁少佐〕命第三大隊設營隊十六名兵員〔由松本良助中尉率領〕前進至工藤中隊（缺一小隊）的右翼增援〔當時大隊長手中僅有第六中隊的一小隊及第三大隊的設營隊。第六中隊的另一小隊在五間厝護衛行李〕，將賊徒擊退。五間厝西南方的賊徒也在此時兵分兩路，一部分至秀才庄〈台南縣新營市秀才〉，大部分則盤據胡爺庄及其北方堤防，在胡爺庄東南端佈列著三門舊式砲，聲勢仍然極爲囂張。

此時，瀧本大佐位於第三大隊的前頭，下令剛抵達的島田少佐逼近賊徒砲兵；第九中隊（缺一小隊）〔隊長爲清水武定大尉〕前進，攻擊賊徒左翼；其餘部隊〔第十中隊（隊長爲子爵裏松良光大尉）負責保護所屬大隊的行李，遠落在後方〕則停留於五間厝擔任預備隊。於是第八中隊及第六中隊之一小隊往胡爺庄推進；工藤中隊（缺一小隊）〔連同松本中尉所率的設營隊〕接連在第九中隊左邊，進攻胡爺庄北方堤塘賊徒；第六中隊長〔深田輝澄大尉〕所率領的一小隊也前進增援第九中隊的右翼〔時爲四時三十分〕，賊徒終於不支，往西方及西南方潰走，各部隊追擊至胡爺庄、刺桐腳〈台南縣新營市莿桐腳〉一線。其後，瀧本大佐與石原少佐交接鐵線橋的守備。

此間，逼近鐵線橋的賊徒逐漸聚集在西南方，幾次嘗試衝鋒，逼近到約五、六十公尺的近距離。五間厝的我軍不堪其壓迫，漸呈退卻之貌。於是〔四時三十分〕，石原少佐率領第一、第二中隊〔第一中隊（隊長爲矢野長利大尉）前此認爲北面已無危險，遂前進至第二中隊右翼〕轉守爲攻，往北方攻擊，追擊至秀才庄、中庄一線。此日，佐佐木大佐與步兵第十七聯隊的先頭部隊先後抵達鐵線橋，指揮此次戰鬥〔參與此次戰鬥的兵員約一千一百名，砲四門；第十

七聯隊的兵卒十四名受傷；消耗子彈四千四百四十八發，榴霰彈二十二發。賊徒約有二千二百名，據說有八十餘名死傷〕。

此日，在杜仔頭庄方面，於上午十時左右，位在倒方寮、約三百名賊兵從紅加荎往下灣庄前進，被大熊大隊之第九中隊擊退。至下午一時，賊徒再度前進，但看到第九、第十中隊集結在下灣庄南端，遂又撤退。〔一時四十分〕大熊少佐發現約四百名賊徒從學甲庄〈台南縣學甲鎮學甲〉往北方行進，顧慮應於當日歸隊的大小行李安全〔部分大小行李為補充糧食彈藥，於當天早晨和佐佐木大佐一起到鹽水港汛〕，便派第十中隊往該方向探查情況，幸而賊徒又回到原來位置。

十七日晚間，佐佐木大佐所屬各部隊的位置如下：

- 步兵第五聯隊第二大隊本部暨第五、第七中隊，衛生隊半隊：鹽水港汛
- 步兵第五聯隊第三大隊、騎兵第一中隊之一分隊、砲兵第一中隊之一小隊、工兵第二中隊之一小隊：杜仔頭庄及其附近
- 步兵第五聯隊第一大隊（缺第四中隊）及第六中隊、砲兵第一中隊（缺一小隊）：鐵線橋及五間厝

佐佐木大佐為隔天十八日蚵寮攻擊行動，作出如下部署：

一、位於鐵線橋的各部隊〔步兵第六中隊除外〕擔任前衛〔司令官為石原少佐〕，於上午六時出發，在天保厝〈台南縣鹽水鎮天保厝〉附近渡涉急水溪，向蚵寮側背推進。其步兵第二中隊於凌晨三時出發，於天保厝附近偵察急水溪的渡涉點〔其實，可以不必渡過急水溪，因為當時沒有地圖，大佐誤以為從鐵線橋前進時，一定要渡過急水溪（大佐把在鐵線橋北方的河流當成急水溪支流）〕。

二、大熊少佐以步兵一中隊守備下灣庄，並率領其餘部隊於上午八時在紅加萣附近渡過急水溪，往式港仔寮方向攻擊。

三、其餘各部隊於上午六時在鐵線橋集合，跟隨前衛前進。

　　十八日，根據前述部署，前衛由鐵線橋出發，本隊於六時四十分接著前進，為偵察渡河點而先行出發的第二中隊〔隊長為石井盛文大尉〕尚未偵察完畢，因此前衛於七時左右停留在蜈蜞坑庄〈台南縣鹽水鎮蜈蜞坑〉〔參照附圖㉕〕。此時，發現天保厝東南水田中的獨立聚落有賊徒出沒，又聽到大埔口〈台南縣學甲鎮大埔口〉附近有激烈的槍砲聲，佐佐木大佐遂下令前衛繼續前進，第一中隊〔隊長為矢野長利大尉〕往該獨立聚落前進，其它則向大埔口前進，時為七時二十分。

　　另一方面，第二中隊於凌晨三時自鐵線橋出發，於途中雖然發現二、三群賊徒，但不加理會，專意前進搜索渡涉地點，但由於夜色昏暗，不時走錯路，直到拂曉方才進入大埔口。在此突然遇到一群賊徒，約有五百餘名，此外又有一部分由大埔前進而來，分別從三面〔東、西、北〕包圍第二中隊，情勢頗為危急。中隊全隊密集，擺成三面方陣〔雙方距離極近，正面僅隔四、五十公尺，側面及背面則僅隔一個籬笆〕與之短兵相接。不久，東面賊徒似將發起衝鋒，與之面對的一小隊〔隊長為卯木菊之助少尉〕毅然奮起反擊；北面的一小隊〔隊長為鎌田宗八少尉〕也朝北方衝鋒突圍，賊徒因此一度往急水溪右岸潰走，隨即卻又重新包圍我軍，但不敢再行肉搏戰，中隊因此得以保持原來位置。不久，石原少佐所率領的第三中隊〔隊長為佐藤祐次大尉〕在天保厝驅逐少數賊徒，進入大埔口，第一中隊驅逐獨立聚落附近少許賊徒後，也向該村前進。賊徒遂往西方倉皇潰走〔時為上午八時許〕。

於是，少佐將各部隊集合在大埔口西端，整頓隊伍後〔砲兵因道路不良，遠落在後面，還未到達〕，再行追擊敗賊。第一中隊從學甲寮〈台南縣學甲鎮學甲寮〉附近追射退走南方的賊徒。第三中隊於九時抵達宅仔腳〈台南縣學甲鎮宅仔港〉西南方橋樑，遭到來自竹橋寮西方的槍砲射擊，遂往該村西端前進，與賊徒交戰。少佐派出追趕而來的第一中隊在賊徒左翼展開，以第二中隊為預備隊，配置於右翼後方。然而正面賊徒抵抗極為激烈，其砲兵在近距離猛烈射擊，左側約七百公尺處也有一群賊徒〔起初約一百名，後來逐漸增加至三百名左右〕逐漸逼近我軍〔竹橋寮、式港仔寮之間有很多魚塭，當時完全乾枯，魚塭邊緣縱橫錯綜，形成自然的掩堡或肩牆〕。

此時，前衛的砲兵第一中隊〔缺一小隊〕〔隊長為杉山正則大尉〕已經抵達宅仔腳東端，支隊本隊也陸續抵達。佐佐木大佐乃命步兵第六中隊之一小隊〔隊長為冷泉新少尉〕留下護衛砲兵，自己則率主力從宅仔腳西北端移往急水溪北岸，向賊徒的左側前進。砲兵在偵察陣地時，看到中山寮方向的賊兵來勢洶洶，遂佈列在該村南端，與冷泉小隊及護衛衛生隊的小隊〔第六中隊之一小隊（隊長為長內久次郎中尉），自鐵線橋出發以來即擔任此項任務〕合作，將賊兵擊退。此時，已經移往北岸的第二大隊部分兵員〔第五中隊（隊長為加藤丈大尉）〕出現在竹橋寮西北，石原少佐命第二中隊增援第三中隊右翼〔參照圖㉖的第一時期〕，向正面的賊徒發起全線衝鋒。賊徒遺棄二門砲，往西方撤退，時為十時許。第一大隊以第一、第二中隊為第一線，第三中隊為第二線，尾隨追擊。第二大隊的第七中隊〔隊長為中山默識大尉〕找到竹筏渡河，其它則繞路取道第一大隊走的路線前進。不久，砲兵在極端困難情況下，通過陣地前的河流〔宅仔腳西南的小河，水深約二公尺，雖有竹橋，但十分脆弱，無法通行馬匹〕，先前退往山寮〈台南縣學甲鎮山寮〉方向的賊徒再度聚集，逼

近至六百公尺的近距離，在冷泉、長內兩小隊的合作下，將之驅逐。

　　第一大隊（缺第四中隊）尾隨敗賊，在渡過式港仔寮西側的水流時，突然受到在其西方展開、急水溪支流左岸的賊徒射擊，時為十一時。此時，大熊大隊的第十中隊〔隊長為高橋毅大尉〕從北方擊退賊徒而來，到達第一大隊右翼，兩隊共同射擊一陣之後，第十、第一及第二中隊上刺刀衝鋒，卻受阻於水流，只好停止。此時，賊徒大部分都已撤退，僅有一小部分〔二十餘名〕盤據魚塭邊緣頑強抵抗，石川勝三少尉〔第一中隊小隊長〕奪下繫留在對岸的四艘竹筏，率領二十餘名部下渡河，逼近賊徒右側將之擊退。

　　前此，大熊少佐承佐佐木大佐之意，從前一天清晨到今日天未亮前，便在下灣庄南方急水溪上架橋，以第九中隊〔隊長為高島政三郎大尉〕守備下灣庄〔大行李集合於此〕，其餘則於早晨八時到達下灣庄對岸堤防北邊集合，砲兵小隊〔隊長為狩野竹次郎中尉〕隱蔽在附近佈列。然而，此間位在式港仔寮的賊徒砲兵卻砲擊正在下灣庄集合的我軍行李，不久又射擊我軍砲兵陣地。九時之際，大熊隊聽到急水溪上游槍聲漸熾，遂開始行動。第十中隊向紅加苳前進，砲兵小隊向式港仔寮的賊徒砲兵展開射擊。經由我軍攻擊行動，賊徒沉寂好一陣子。此時，位在下灣庄的第九中隊回報，有四、五百名賊徒向杜仔頭庄前進，似乎想攻擊我軍背後。大熊少佐乃留下第十二中隊（缺一小隊）〔隊長為小友勝次郎大尉〕與第九中隊合作，負責掩護側背，其它部隊則渡過軍用橋前進：砲兵小隊佈列在倒方寮西方〔由第十二中隊之一小隊（隊長為伊與田源五郎特務曹長）負責護衛〕；第十一中隊〔隊長為須藤倭夫大尉〕則對盤據在式港仔寮西北、急水溪支流左岸的賊徒發起攻擊，時為上午十時。第十中隊先前在紅加苳附近徒涉急水溪，未遭到抵抗，便佔領倒

方寮西端。不久,看到賊徒陸續從東方退走,進入式港仔寮,遂往該處推進,賊徒往西南方狼狽潰走,遺棄下二門砲。於是,第十中隊向右轉進,與第一大隊的右翼連絡,此部分已如前述。

十一時三十分時,部分賊徒仍保持在河岸位置,與第十一中隊對峙,其它則全部撤退,佔據由筏仔頭庄南方山丘往其東南方延伸的魚塭堤塘。此處各部隊遂集合在式港仔寮附近,發現該地西北有一座不完整的臨時橋樑,立刻著手修理。

此間,一群賊徒從早上八時就在新圍庄附近渡過急水溪,其先頭〔約七百名〕於九時三十分抵達杜仔頭庄後,便兵分兩路,分別從北掌溪兩岸逼近下灣庄;位於筏仔頭庄附近的一群賊徒〔約三百名〕同時也渡河往下灣庄前進。於是,第九中隊長高島大尉留下一小隊〔隊長爲木田本吉特務曹長〕在下灣庄,自己則率領其餘部隊,渡河到北掌溪左岸,往杜仔頭庄前進,準備迎擊。此時,第十二中隊(缺一小隊)佔領下灣庄西南方約一千公尺的沙丘,正與筏仔頭庄及杜仔頭庄方向的賊徒對峙,於是乃與其右翼小隊〔隊長爲古木秀太郎中尉〕協力合作,擊退杜仔頭庄方向的賊徒。此時已往北掌溪左岸前進的部分賊徒眼見這種情況,也往西北方潰走,時爲十一時三十分。此間,小友大尉所率領的一小隊〔隊長爲奧田重榮少尉〕擊破筏仔頭庄方面的賊徒,併合剩留的一小隊,追擊敗賊直到筏仔頭庄附近。此時,小友隊看到所屬大隊在式港仔寮西方的行動,爲了與其會合,遂朝下灣庄南方的軍用橋前進〔後來,在蚵寮追上所屬大隊〕。

佐佐木大佐從下午一時三十分就命砲兵中隊佈列在式港仔寮北方,準備攻擊筏仔頭庄南方山丘的賊徒,並下令步兵經由臨時橋逐漸往左岸前進,從二時左右開始發動攻擊。第二大隊(缺第六中隊之二小隊及第八中隊)及第三大隊(缺第九、第十二中隊〔二小隊〕)

分別在左、右兩方作爲第一線前進；第一大隊本部暨第一、第三中隊爲第二線前進〔第二中隊負責保護衛生隊，工兵小隊爲使砲兵通過，正在砲兵陣地附近進行架橋工事。此時的位置參照圖㉖的第二階段〕。賊徒見此情況，大部分都已經逃走，留下的一小部分〔二、三百名〕一度頑強抵抗，不久後遺棄下許多死屍，往西南方退走。於是，第一線的第三大隊各隊及第二大隊各隊分別往北棟櫚庄東南山丘及灰磋港〈台南縣北門鄉灰磋港〉方向追擊敗賊，時爲三時左右〔由於支隊背後狀況危險，所以半隊衛生隊將傷者往前運送到式港仔寮後，佐佐木大佐又命部分衛生隊將傷者送返鹽水港汛，由第二中隊護送，於下午五時三十分出發，經鐵線橋，抵達鹽水港汛，該中隊並奉命與第四中隊交接鹽水港汛守備〕。

　　大熊少佐在追擊中發現賊徒佔據北棟櫚庄東南山丘東端，便令所屬各隊一線展開，在廣闊的濕地跋涉並加以攻擊。佐佐木大佐命第一中隊及第六中隊之一小隊〔隊長爲長內久次郎中尉〕（原本負責護送衛生隊，大佐解除其任務，於此時趕上隊伍）增援右翼，以第三中隊爲預備隊，跟在右翼後面前進〔參照圖㉖的第三時期〕。往灰磋港方向前進的第二大隊長渡邊少佐見此情況，便朝西北方轉進，命第五中隊（缺一小隊）〔隊長爲加藤丈大尉〕從距離賊徒砲兵陣地南方約六百公尺的小土丘〔在魚塭中〕，一齊發動射擊，以援助大熊大隊的攻擊行動。大熊大隊、第一中隊及長內小隊一起且戰且走，最後終於攻下賊徒的砲兵陣地，於四時四十分左右進入蚵寮，並派出部隊追擊逃往西方海濱的殘賊，其餘攻擊部隊也在此集合。日落後，各部隊在北棟櫚庄附近露營〔蚵寮因殘賊縱火，已燒成灰燼〕。此間，砲、工兵在式港仔寮西方的軍用橋完成後，至五時才出發，由於不知道支隊行蹤，遂與護送他們的冷泉小隊及衛生隊一起在灰磋港的臨時營舍宿營，第二天早晨才與支隊取得連絡。另

外，第九中隊〔其中一小隊受命護送輜重，於當天傍晚抵達布袋口（輜重護送參照後文第五節）〕護送大小行李〔從鐵線橋來的部隊行李留在原地〕，在下灣庄宿營。

此日，我軍參與戰鬥的人員約有一千六百名及砲六門；兵卒三人死亡，將校以下十八人及馬匹一頭受傷；消耗子彈四萬二千一百餘發，榴彈六十六發，榴霰彈一百一十九發。賊徒總數約四千六百名〔約有一千八百挺槍枝〕，擁有八門砲〔其中有二門是舊式砲〕，死者約二百餘名，傷者不詳。◪

第四節
第二師團
登陸枋寮

第二師團長乃木中將基於本章第三節所揭示的軍部訓令，於十月九日在澎湖島編成前衛〔步兵第四聯隊（缺第四中隊及第二大隊）、騎兵第二大隊（缺第一中隊〔二小隊〕）、野戰砲兵第二聯隊第三大隊、工兵第二大隊本部暨第一中隊及小架橋縱列〕，由男爵山口素臣少將〔步兵第三旅團長〕指揮，面向東北，負責掩護枋寮附近的登陸地及架設棧橋的工作，各部隊不做區隔，完全按照步兵、騎兵、砲兵、衛生隊及架橋縱列的次序登陸。而後，隨著作戰的進展，輜重第一梯隊〔步兵第四聯隊第四中隊、野戰電信隊、大架橋縱列、彈藥大隊本部及步、砲彈藥各一縱列、輜重兵大隊本部及糧食二縱列、第一野戰醫院〕於東港；輜重第二梯隊〔步、砲彈藥各一縱列、馬廠〕在打狗登陸〔後來因為船舶不足，臼砲中隊、臼砲廠部、要塞砲兵及兵站輜重第二批運送，在東港或打狗登陸〕。

枋寮登陸團隊自十日下午二時，在「八重山」及西京丸二艦的誘導下，自馬公港逐次出發，十一日黎明前抵達枋寮外海，成三列下錨，常備艦隊本隊的主力也到達該地〔以下枋寮附近的地形參照圖㉗〕。

起初，以枋寮為登陸地是副總督依據九月上旬派遣參謀〔海軍少佐武富邦鼎、步兵大尉大井菊太郎及橋本勝太郎〕搭乘西京丸偵察報告而決定的：枋寮附近距海岸約五百公尺一線可供十餘隻運輸船錨碇，其海底是海沙與粘土的混合，不僅方便船艦下錨，也便於棧橋的架設。

運輸船隊抵達枋寮港後，雖然看見登陸地〔番仔論庄〈屏東縣枋寮鄉番子崙（番子寮）〉和大武力〈屏東縣枋寮鄉新龍村（大武力）〉之間〕有當地民眾群集，惟不久便逃跑一空。「八重山」艦的陸戰隊〔約四十名〕先行登陸，搜索番仔論庄附近，但並無異狀，陸軍乃從上午七時二十七分開始登陸。然而，八時左右，「八重山」艦在埔

頭〈屏東縣佳冬鄉賴家（下埔頭）〉附近發現賊兵，幾次發砲射擊，賊兵退回村內。

此日天氣晴朗，風平浪靜，十時之前棧橋即已架設完畢，因此各部隊迅速登陸。前衛步兵無需經由棧橋，在十時以前就已經全部登陸，本隊步兵也和前衛同時開始登陸，至下午一時三十分全部結束〔行李除外〕。其它則在棧橋完成後登陸，晚上九時三十分也全部登陸完畢。

前衛司令官山口少將和前衛步兵的先頭一起登陸，切斷台南、恆春間的電線，然後命步兵第四聯隊長仲木之植大佐率領其第一大隊（缺第四中隊）〔隊長為山田忠三郎少佐〕直接前進，佔領茄苳腳〈屏東縣佳冬鄉佳冬〉至塭仔新打港〈屏東縣佳冬鄉塭子〉一帶，掩護各部隊登陸。仲木大佐乃命第一大隊長派遣剛登陸的第二中隊〔隊長為秋保研廣大尉〕前進至塭仔新打港，稍後登陸的第三中隊〔隊長為吉原松太郎大尉〕則進至茄苳腳，分別往該方向搜索，山田少佐則和最後上陸的第一中隊〔隊長為遠藤文之進大尉，由大隊長率領〕一起跟在第二中隊後面前進。

第二中隊於上午八時二十分自登陸地出發，到達大庄〈屏東縣枋寮鄉大莊〉時，發現約有二百名賊兵自埔頭方向前來，乃轉進將之擊退，並攻擊盤據在埔頭南端的賊徒，十時左右終於衝鋒進入其陣地，賊兵往西方及茄苳腳方向潰走，中隊則繼續往塭仔新打港推進。

此時，第三中隊也抵達埔頭附近，看到茄苳腳有數處旌旗，十時四十分往其東端攻擊前進，雙方一陣激烈射擊後，以〔二小隊〕成散兵線向賊陣吶喊衝鋒。然而，陣地周圍有濠溝〔寬約二公尺左右，深度約達胸部〕圍繞，其內緣刺竹叢生，無法進入，只好隔著濠溝與賊兵對峙。〔十一時四十分〕吉原大尉命來援的一小隊〔隊長為

丸山重吉少尉〕向賊徒右翼突擊，也沒奏效。丸山少尉身受重傷，下士四名相繼陣亡，由一等軍曹後藤榮吉指揮小隊，繼續與賊徒交戰。此時，右翼的一小隊〔隊長為太田文次中尉〕越過濠溝，抵達東門北側大厝〔稱為步月樓，其入口緊臨濠溝〕的牆腳，雖然想破壞屋門及圍牆，但因堅固異常，無法達成目的，且還受制於來自牆壁槍眼及其附近的射擊，只好趴在牆腳。第三中隊死傷越來越多，彈藥也逐漸缺乏，只得等待他隊救援。

　　率領第一中隊往塭仔新打港前進的山田少佐抵達下寮〈屏東縣枋寮鄉下寮〉，聽到北方有槍砲聲，遂往該處轉進，十一時四十分左右，抵達茄苳腳南方約七百公尺處，看到前述戰況，立刻命第一中隊參與攻擊。第一中隊乃派一小隊〔隊長為尾崎清治少尉（後來尾崎少尉受傷，由一等軍曹永沼義平代理）〕進向南門，其它則往茄苳腳西側前進〔仲木大佐從下寮轉進時迷路，後來在頂寮〈屏東縣佳冬鄉頂寮〉方又與前衛本隊會合〕。前衛司令官先前想令本隊前進到頂寮或下寮附近，為此而派出一個步兵中隊〔第十二中隊〕先往茄苳腳方向前進，以便掩護本隊；此中隊〔隊長為幸村常大尉〕正好於此時抵達埔頭東北端，立刻展開，包圍第三中隊右方賊徒的左翼。兩中隊乘賊兵全力進攻第三中隊時，左右夾攻，抵達約一百公尺的距離。此時，村內的婦女老幼都已從北門逃走，戰線也呈現動搖之貌。

　　於是，山田少佐吹奏衝鋒號音，第一及第十二中隊的一部分以及第三中隊相繼衝入村內，放火驅逐盤據屋舍的賊徒。第一及第十二中隊的另一部分則停留在村落外，射擊從北門潰走的賊徒，時為下午十二時三十分〔參與此次戰鬥的我軍兵員共有六百零四名；丸山重吉少尉戰死，尾崎清治少尉受傷，下士卒十四名戰死、五十六名受傷；消耗子彈一萬餘發。據說賊徒有八十餘人死亡、二十餘人受傷〕。

　　此間，前衛本隊的步兵於上午十時許自登陸地出發，於正午

抵達頂寮。此時，仲木大佐所率領的各部隊已經往北方推進，塭仔新打港方面連一個兵卒也沒有，因此，前衛司令官派遣一中隊〔第九中隊（隊長為落合市太郎大尉）〕至該地負責警戒，並偵察林邊溪〈屏東縣林邊溪〉〔第九中隊於下午一時抵達塭仔新打港，不久佔領林邊溪右岸。賊徒（林邊街〈屏東縣林邊鄉林邊〉義勇團）在其抵達之前已望風而逃，第二中隊也隨後到達此地〕。

　　另一方面，師團長乃木中將於上午八時三十分登陸，命參謀步兵中佐仙波太郎隨同一步兵中隊〔步兵第十六聯隊第十一中隊（隊長為長谷川達三大尉）〕前往枋寮準備佔領電信通信所，但此地並無通信所，卻於此得知賊兵〔恆興營〕於該日清晨已往恆春方向潰走。中隊驅逐少數殘賊，留下一小隊〔隊長為福賴靜也中尉〕在北勢寮〈屏東縣枋寮鄉北勢寮〉警戒南方，其餘則返回登陸地。

　　師團長於下午十二時二十分〔還在登陸地〕接獲前衛報告，得知在茄苳腳附近的戰鬥亟需砲兵，遂命正在登陸的砲兵第三中隊〔屬於本隊，此時前衛砲兵還未開始登陸〕加速前進〔但到達頂寮時，卻為時已晚〕；又命前衛砲兵改隸第二大隊；步兵第四聯隊第二大隊〔隊長為桑波田景堯少佐〕往頂寮推進。之後〔下午二時二十分〕，接獲佔領茄苳腳的報告，遂下令師團本隊在頂寮及枋寮間宿營〔衛生隊（缺半隊）位在茄苳腳。由於戰鬥已經開始，故將其登陸順序提前，於下午四時三十分抵達戰場，徹夜將傷者運送至後方，於第二日中午前結束工作〕，並派前衛佔領塭仔新打港，警戒該地至茄苳腳的一線。其後，又編成右側支隊〔步兵第十六聯隊第二大隊（隊長為岡田昭義少佐）〕前進至茄苳腳，與前衛的一部分交接〔支隊的一半於午夜到達，一半迷路，整夜都在水底寮庄〈屏東縣枋寮鄉水底寮〉附近徘徊，於第二天早晨追上〕。

　　前衛司令官命砲兵第二大隊〔隊長為熊谷正躬少佐〕與師團本隊

的部分步兵一起至頂寮宿營，其它則進到塭仔新打港〔從登陸地追上來的部隊大都在日落以前抵達，只有小架橋縱列直到翌日拂曉才抵達。前衛工兵整夜都在從事林邊溪的架橋工作，至翌日清晨完成〕。該夜師團諸隊的位置如圖㉗。

十二日，師團以步兵第十六聯隊第三大隊〔隊長為川越重國少佐〕為後衛，留在登陸地，負責運送傷患並掩護行李〔因陸路運送困難，因此由海路迂迴運送至打狗港〕。上午六時，命前衛〔司令官為山口少將。包括步兵第四聯隊（缺第一大隊）、騎兵大隊（缺一中隊〔二小隊〕）、砲兵第二大隊、工兵第二大隊本部暨第一中隊（缺二分隊）、小架橋縱列及衛生隊（缺半隊）〕及右側支隊〔步兵第十六聯隊第二大隊〕從林邊溪出發。右側支隊〔昨夜失去連絡的右側支隊的一半，即第六中隊（缺一小隊）與第八中隊，當天天未亮便一面尋找所屬團隊，一面前進，拂曉在大必吱尾庄〈屏東縣枋寮鄉東海（北旗尾）〉北方原野與二、三百名賊徒（水底寮庄的匪首鄭貓生之黨羽，在這附近出沒劫掠）發生衝突，將之擊退之後，在羌園庄〈屏東縣佳冬鄉羌園〉附近趕上支隊〕經新庄〈屏東縣佳冬鄉佳冬西南〉往北勢仔庄〈屏東縣崁頂鄉北勢〉前進，師團主力則取道海岸，往東港前進，沒有遭到任何抵抗〔只有前衛因從當地居民處得到情報說賊徒佔領東港，為掩護友隊渡過林邊庄〈即林邊街〉西方湖口，往東港砲擊約一小時〕。主力從九時許陸續抵達，右側支隊也於下午一時抵達，發現東港兵營內為數頗多的武器、彈藥、被服及旌旗散置一地〔師團主力在其必經的林邊溪及林邊庄西方湖口，就地取材架設軍用橋，但十分脆弱，通過費時，本隊後面的部隊抵達東港時，已是下午五時二十分。再加上入夜後，林邊庄西方的橋樑於後衛通過時損壞，只好併用操綱渡（用小架橋縱列的材料），但風浪頗大，十分危險，曾一度停止渡河，因此，師團全部集合到東港附近時，已經是隔天，即十三日下午三點多〕。

此日，前衛在新街庄〈屏東縣東港鎮新街〉附近宿營，並派其前

哨〔五個步兵中隊〕出到烏龍庄〈屏東縣新園鄉烏龍〉及鹽埔仔庄〈屏東縣新園鄉鹽埔〉一線警戒；師團本隊在東港附近、右側支隊在北勢仔庄宿營。師團長決定第二天仍駐留於此，十四日再往鳳山城推進。各部隊分別偵察所分配到的前進路線，特別是東溪〈屏東縣東港溪〉及淡水溪〈即下淡水溪，高雄、屏東縣境內高屏溪〉。

輜重從此日下午開始，在東港附近登陸，至十三日大部分登陸完畢，剩下的部分及第二批運送的臼砲隊、臼砲廠部、要塞砲兵及兵站輜重於十五日上午之前也全部登陸完畢〔輜重第二梯隊雖然計劃在佔領打狗後，在該地登陸，但因船舶問題，也在東港附近登陸〕。

十三日早晨，師團長派遣步兵大尉黑澤源三郎〔參謀本部第二局局員，為視察戰況而渡台，被派至第二師團〕及田中謙介〔屬南進軍司令部，被派遣至第二師團〕偵察萬巒庄〈屏東縣萬巒鄉萬巒〉方向，並命右側支隊長掩護他們。右側支隊長岡田少佐率領第六、第八中隊及騎兵一分隊〔十二日下午，新配屬右側支隊的騎兵一小隊（隊長為中村銳吉少尉）的一部分〕與偵察將校一起於上午九時三十分自宿營地出發，先沿著東溪，而後又沿著其支流頓物陂前進，下午三時許，抵達頭溝水庄〈屏東縣萬巒鄉頭溝水〉西方。其尖兵看到該村一端有數面黑旗及一些賊兵〔賊兵丟下武器，舉著二面日章旗，似乎在表達降意，但卻不應我軍召喚，聽見附近二、三聲槍聲，突然又動搖，拿起武器來，後來，才知道這些賊兵是忠字防軍中營及左營，確有降意（參照第五章）〕，遂往前衝鋒，攻佔村莊外緣，賊兵退守背後的大厝，岡田少佐見此情形，遂命第六中隊（缺一小隊）〔隊長為山崎菅雄大尉〕從左右逼近賊兵側背；第八中隊則增援尖兵小隊的左翼。

尖兵小隊乃與第八中隊一起上刺刀衝破大門，進入大厝之中，賊兵退往萬巒庄方向。此時，第六中隊主力已經前進至賊徒側背，遂繼續追擊〔時為下午四時〕。然而，頭溝水庄附近的六堆

〈高雄縣六堆〉各庄〔淡水溪、東溪水域有粵族〈客家人〉一百餘庄,分成六堆,有事時,每堆分別派出一隊兵勇。參見第五章〕聽到戰鬥聲,逐聚集壯丁往頭溝水庄前進。下午四時二十分左右,約有九百名由東、北、西三面包圍過來。

岡田少佐乃命第八中隊向賊徒退路進擊,第六中隊主力則向賊徒側面奮進,富塚小隊防堵東邊的賊徒,終於將之擊潰,開出一條退路,於黃昏時收隊,踏上歸途。途中又擊退一些草賊,經由原路,於晚上十時三十分返抵宿營地。

師團長乃木中將根據此日偵察的結果,決定在海岸附近渡過東溪及淡水溪,逐編成前衛〔司令官為山口少將,包括步兵第十六聯隊(缺第二大隊)、騎兵大隊(缺第一中隊〔二小隊〕)、砲兵第三大隊及衛生隊(缺半隊)〕,派遣其中一部分〔步兵一大隊、騎兵一小隊、砲兵一中隊〕十四日拂曉從海路〔由運輸通信部所屬的小艇運送〕至淡水溪河口中汕庄附近,以掩護渡河。等到渡河準備完成,前衛其餘部隊逐往鳳山〔山名〕〈高雄市小港區鳳山〉附近前進。然而,十四日上午九時以前應完成的淡水溪軍用橋,由於命令傳送發生差錯,此時方才開始動手架設〔應用材料與正式材料混合使用,河寬二百二十公尺〕,下午一時許才完成。而東溪方面,使用操綱渡〔河寬五十公尺,使用二全形舟架成的三座門橋〕渡河,效果也不佳。因此,本日師團本隊仍停留在東港附近。

起初,師團長進入東港時,曾得到當地民眾提供情報,說鳳山〔山名〕有數百名賊徒,不久且看到該山上白旗翻飛。此日開始渡河時,又接獲將校斥候〔步兵第四聯隊第十二中隊的一小隊(隊長為鈴木朝資中尉),十三日由前哨派出的〕的報告,說鳳山附近約駐屯有八百名賊兵,但最近已退向鳳山城;並得知部分斥候在鳳山西南麓與正在移防、一百名左右的賊徒發生衝突。此日,前衛在毫無

抵抗的狀況下，以部分兵力佔領鳳山，主力在鳳山東南麓宿營。

十五日，師團本隊命步兵第四聯隊第一大隊本部暨第一、第三中隊留守東港，其它部隊一大早就渡河，前衛佔領鳳山高地一帶，並派遣精實有力的偵察隊前往鳳山城〈高雄縣鳳山市〉〔步兵第十六聯隊第三大隊長川越重國所率領的二個步兵中隊及騎兵一小隊（缺二分隊）〕。

師團長在前進途中，聽到北方砲聲隆隆，不久，接獲前衛報告，得知常備艦隊正在砲擊打狗，遂急速前進，抵達鳳山鞍部，遙望打狗附近兩軍砲戰情況。上午十時左右，發現砲台沉寂下來，我軍艦隊則接近打狗港，為與艦隊協同攻擊打狗砲台，遂命本隊最前頭的步兵第四聯隊第四中隊〔隊長為吉岡竹次郎大尉〕從旗後半島〈高雄市旗津半島〉前進，參謀步兵大尉大井菊太郎〔南進軍參謀，被派遣至第二師團〕也與之同行。然而，由於整個師團好不容易才渡河完畢，因此攻擊鳳山城的行動延至明日，於是下令前衛前進至鑛地庄，本隊則在新草嶺以南至鳳山東麓之間宿營。

前此，艦隊在掩護枋寮附近的登陸行動之後，一部分沿著海岸航行，專門聲援陸軍，其它則巡航安平、東港之間，臨檢出入船舶，專門從事海上警戒。此間，布袋口的登陸也大有進展，十三日分遣艦隊也復歸本隊。司令長官有地中將乃於此日登陸東港，與第二師團協商，雙方約定十五日該師團攻擊鳳山城的同時，艦隊將砲轟打狗砲台。艦隊主力〔「吉野」、「秋津洲」、「大和」、「八重山」、「浪速」、「濟遠」、「海門」及西京丸〕乃於十四日集合至鳳山外海，至下午眼見第二師團已佔領鳳山，遂從十五日早晨六時左右開始行動，逼近打狗。

打狗港面海方向有三座砲台：一個稱為「旗後大砲台」〈位於高雄市旗津區旗津〉，位於旗後西端高地；另一個叫「哨船頭小砲台」

〈位於高雄市鼓山區哨船頭〉，位於打狗市街西端高地；最後一個位於打狗山南腹，稱爲「大坪砲台」〈位於高雄市鼓山區打狗山〉，其備砲如下表：

　　艦隊看到砲台白旗高樹，遂試放空砲，賊徒卻突然撤去白旗，開始射擊，艦隊隨之也加以反擊，賊方沉寂了一會兒，直到

砲　台　名　稱	砲　　　種	砲　　數	合　　計
旗後大砲台	七吋安式前裝砲	四	五
	克式前裝砲	一	
哨船頭小砲台	六吋安式前裝砲	二	八
	俄式野砲	二	
	四十斤克式前裝砲	二	
	滑膛砲	二	
大坪砲台	八吋安式後裝砲	一	十二
	七吋安式後裝砲	一	
	五吋安式後裝砲	一	
	銅製野砲	五	
	六拇克式後裝野砲	二	
	口徑五十七厘米六角砲	二	

八時三十分左右，又再次應戰，約一個小時後，因大坪砲台起火而沉靜下來。不久，各砲台皆撤去旌旗，一片靜寂。於是，艦隊停止砲擊。其陸戰隊於下午一時二十分從旗後南方海濱登陸，幾乎沒有遭到什麼抵抗，於四時二十分佔領整個砲台，擄獲許多武器、彈藥與三艘有武裝的中國式船舶。

　　儘管當時鳳山城豎立著白旗，但自從十三日以來，我軍斥候便不斷受到來自城牆上的射擊，無法入城。前衛騎兵〔隊長爲山岡光行中佐〕於十四日上午在東門外受到一百餘名賊徒的逼迫，不得已只好暫時撤退。此日〔十五日〕，川越偵察隊於正午抵達鳳山城

的東方，受到盤據城牆的賊徒射擊，偵知其兵力不下三、四百名。

十六日，因為鳳山城已被由打狗方面前來的步兵第四聯隊第四中隊所佔領，師團遂命步兵第四聯隊本部暨第二大隊往鳳山城西門前進，主力則往東門前進。

在此之前，前一天（十五日）為與艦隊協同攻擊打狗而被派往旗後的步兵第四聯隊第四中隊，在攻陷該地後隨即進抵此地。此日，為參與鳳山城攻擊行動，一早便以艦隊小艇渡過連嘉頭，往鳳山城的西門前進，在五槐厝庄〈高雄縣仁武鄉下五塊（五塊厝）〉及鳳山城西門外擊破些微賊徒〔打狗的潰兵〕，其一小隊〔隊長為沼邊六郎少尉〕追擊往新庄仔庄〈高雄市左營區新莊子〉方向敗走的賊徒，中隊主力幾乎沒有遭到抵抗就從西門進入城內，掃蕩盤據房舍的殘賊，於上午九時三十分左右佔領各城門。

如此這般，鳳山城及打狗極輕易便落入我軍手中，附近地區再也看不到半個賊影。於是，師團依據先前〔八日〕在澎湖島收到的軍部訓令〔參照本章第三節〕，暫時停留於現在位置，僅派遣前衛出到鳥松庄〈高雄縣鳥松鄉鳥松〉附近，警戒台南方向。本隊則在鳳山城的東、南、西三門外的各聚落宿營，步兵第四聯隊第四中隊擔任鳳山城內守備，並派遣該聯隊第二中隊〔隊長為秋保研廣大尉〕及要塞砲兵至打狗，守備該地並監視砲台。◨

第五節 南進軍佔領台南

混成第四旅團在掃蕩布袋口附近時，爲了保持其與第二師團間的交通連絡，南進軍司令官高島中將因此命東京丸停留在布袋口外海。十月十一日接獲劉永福的請和書〔書末日期爲十月八日，經艦隊司令長官傳送，參照附錄十〕，所提條件爲其部隊自台灣全身而退，高島中將責其無禮，將之退回〔劉永福同時也向艦隊司令長官提出請和書（與給總督者大同小異）。十日，司令長官在澎湖接到此書，答以將在十二日正午左右於安平外海與劉會面，並移文軍司令官，軍司令官寫了答書（參照附錄十一），託司令長官交給劉永福。劉於十一日也曾送了一封書信給近衛師團長（參照附錄十二），師團長亦怒其無禮，將之退回〕。不久，劉永福又寄了一封信〔所署日期爲十月十三日，參照附錄十三〕，說明其要求如果不被接受的話，他將退至內山〔台東直隸州，又稱後山〕抗戰到底，希望我方愼重考慮。

起初，軍司令官根據在澎湖島集結之前所獲得的諸項情報，推知賊軍時勢日蹙，每下愈況；此外，派至南方間諜也回報說，劉永福有潛逃的跡象，因此請求常備艦隊嚴密監視海上。如今，依上述的書信往還，愈發擔心劉永福遁逃，故一方面加緊海上監視，同時也深感有加速逼近台南的必要。然而，當時〔十五日所得到的情況〕第二師團已於枋寮附近登陸，前進至東港，十五日渡過淡水溪，即將攻擊鳳山城，艦隊也於此日攻擊打狗；混成第四旅團從十二日起至此日已在布袋口完全登陸完畢，正在掃蕩附近的賊徒；近衛師團自十一日以來，佔領急水溪一線。以此狀況，即使各團隊現狀或可配合攻略台南的計劃，後方勤務狀況恐怕也不允許部隊向前推進。

近衛師團方面，軍伕患病者達到十分之四，各縱列的搬運能力大減〔以糧食縱列爲例，三縱列加起來只不過能當一縱列使用，即使加上彈藥縱列及大架橋縱列的搬運力，也不足以負責糧秣的運送〕，加上從地方

徵集的物資，也僅能勉強維持給養。台灣兵站監〔比志島義輝少將〕為將來的前進行動預作準備，由海路將糧食直接送達布袋口，在北掌溪河口新塩庄〈嘉義縣布袋鄉新塩〉附近設置兵站大倉庫，鹽水港汛則設支倉庫，希望在軍部前進之前分別集積足供一個半師團二個月份的糧秣，結果也因缺乏搬運力而無法達成〔兵站監本來計劃儘量徵用當地民眾，但布袋口附近民眾反抗心強，常起衝突，又偵知北掌溪不通船筏，即使集積糧食也會因布袋口附近的掃蕩行動而被燒燬〕。

第二師團方面，由於其作戰路線接近海岸，因此可以以船舶直接運送糧秣，這些地區的民眾也比較順從，願意聽令我軍雇役，因此截至目前為止並無給養上的困難。然而，師團輜重的車輛編制，不適合當地道路狀況，因此乃廢車改用輓鞍〔後來製作一些臨時馱鞍代替〕，然而馱馬不足，只好以彈藥縱列、臼砲中隊、臼砲廠部的軍伕補充，且下令各兵員脫掉背囊，攜帶二日份的精米。

混成第四旅團方面，自十五日以來，其糧食縱列之大小行李均由彈藥縱列等全力相助〔兵站糧食縱列及第二輜重監視隊均已調用於此〕，協助布袋口及鹽水港汛間的糧秣運送，好不容易在十九日以後確定可開始向台南前進。

軍司令官於十七日早晨接獲第二師團佔領鳳山城〔十六日〕的報告，遂發出如下訓令〔當時所使用的地圖為四十萬分之一及五十萬分之一，甚為粗略，作戰計劃是以這種地圖加上想像，以及詢問當地民眾的結果修訂而成，因此本訓令中所出現的地名和實際的情形有不少出入〕。

一、本軍以「十月二十三日台南總攻擊」為目的而向前推進。

二、混成第四旅團及近衛師團於十月十九日出發，根據行進計劃表（見二六二頁附表），混成旅團的本縱隊先頭應於十月二十一日以前抵達船仔頭〔相當於洲仔尾庄附近〕；近衛師團的本縱隊

先頭也應於同日之前抵達長春庄〔相當於台南東方太子廟〈台南縣仁德鄉太子廟〉附近〕附近。

近衛師團派遣一個支隊往大人廟〈台南縣歸仁鄉大人廟〉、大崎〔相當大人廟、三塊厝的中間〕〈台南縣永康市大崎〉方向前進，該支隊於十月二十一日必須抵達四十萬分之一地圖上的鹽水埔〔相當於台南東南方三塊厝附近〕北方，與其師團的左翼約略齊頭平行位置處。

三、第二師團於十月二十一日以前應抵達二層行〔指二層行庄〕〈台南縣仁德鄉二層行〉附近；派往小崗山〔當時使用的地圖把小崗山劃在大崗山的東方〕方向的支隊應於同日前抵達四十萬分之一地圖上的鹽水埔附近之地。

四、近衛師團及第二師團間應儘速取得連絡。

五、軍司令部於十月十七日登陸，進抵鹽水港汛。二十一日以後位於近衛師團方面。

就這樣，軍司令官於此日在布袋口登陸，在一個步兵中隊〔第

月　　　日	混成第四旅團	近衛師團	第二師團
十月十八日	停留在急水溪以北	停留在下茄苳〔相當於下茄苳庄〕以北	委由師團計劃
同 十 九 日	茅港尾	急水庄	同上
同 二 十 日	曾文溪〈台南縣曾文溪〉	曾文庄〔相當於東拐附近〕	同上
同二十一日	船仔頭〔相當於洲仔尾庄附近〕	長春庄(相當於太子廟附近)支隊：鹽水埔(相當於三塊厝附近)北方	二層行(指二層行庄)支隊：鹽水埔
同二十二日	攻擊準備	同左	同左
同二十三日	台南總攻擊	同左	同左

五聯隊第七中隊〕的護衛之下，進入鹽水港汛，與混成第四旅團長

會合，得知賊兵陸續增加，擔心賊徒或許會從海岸逃走，故通報艦隊加以注意〔獨立野戰電信隊半隊原爲直轄於軍部，於十六日登陸後，改屬近衛師團，另外半隊於十八日登陸，仍直屬軍部指揮，十九日在茅港尾會合〕。

【一】近衛師團向曾文溪前進

近衛師團的先頭自十一日抵達急水溪以來，一直努力偵察賊情及前進路線〔當時使用的地圖在嘉義、台南間僅記載一條主道路〕，結果探知二條道路：一條經由店仔口街、果毅後庄〈台南縣柳營鄉果毅後〉、灣裡街〈台南縣善化縣善化〉及大穆降庄〈台南縣新化鎮大目橋一帶〉；另一條則位在嘉義通台南的主要道路與前述道路之間〔這些道路大部分都是由當地民眾口中得知的，師團司令部根據這些訊息繪製一張略圖，與市街村落實際位置略有出入，因此，師團向台南前進時經常造成混亂，參照後文〕。關於賊情方面，偵知曾文溪左岸，師團的前進路上約有八營、台南約有十五營〔果毅後庄東方山中有一名叫陳發的人，嘯聚了三、四百名賊徒，劫掠四方，其中一部分於十月十七日前來果毅後庄，與我軍偵察隊（步兵第三聯隊第六中隊之一小隊及工兵第一中隊的一小隊）發生衝突，但其目的似乎不在抗拒我軍〕。十一日以來，師團背後大致平穩，逃遁的本地民眾逐漸歸來，甚至表示恭順之意〔只有原福字左軍後營（在大莆林戰鬥中潰散）營官黃丑於嘉義陷落後，在打貓街附近徘徊，糾合二、三百名賊兵，盤據外菁埔庄，企圖騷擾我軍背後，還殘害路人，因此，十月十六日從嘉義派遣步兵第四聯隊第三中隊（隊長爲小山秋作大尉）摧毀其根據地，十七日剿討附近的賊黨〕。

十六日傍晚，台灣兵站參謀長〔步兵中佐今橋知勝〕由布袋口來到嘉義，師團長從他那裡得知全軍前進計劃。師團長認爲若要配合此一計劃，目前分散在廣闊宿營區域的各部隊〔抵達嘉義附近以來，本隊及右側支隊的一部分即增援前衛兵力，又爲圖將來南進之便利，部

分前衛道至店仔口街。分派各地的部隊多少有些異動，但大體皆如本章第二節所述〕，至遲應於十八日之前即停止前方一切行動，等待軍部命令。然而，軍部命令直到十七日早晨都還未送達，因此，師團自行訂定南進計劃，並著手實行。步兵第一聯隊第二大隊〔隊長為千田貞幹少佐〕配屬機關砲一隊，負責嘉義及其附近的守備〔大隊本部暨第五、第六中隊及機關砲合併第三隊紮嘉義，第七中隊駐留打貓街，第八中隊駐留水堀頭附近〕，師團〔步兵第三聯隊第一大隊守備大莆林、北斗之間，步兵第二聯隊第二大隊、第三、第四機關砲隊、機關砲合併第四隊留守彰化及其附近，繼續負責守備工作〕分為二縱隊，取道前述道路，向台南前進，十八日，命右縱隊在安溪寮庄附近集合，左縱隊在店仔口街附近集合。其縱隊區分及行軍計劃如下：

- 右縱隊

  步兵第一旅團（缺兩聯隊的第二大隊）

  騎兵第一中隊（缺二小隊）

  砲兵第一大隊本部暨第二中隊

  臨時工兵中隊及小架橋縱列半隊

  衛生隊半隊

- 左縱隊

  師團司令部

  步兵第二旅團（缺第三聯隊第一大隊）

  騎兵大隊（缺第一中隊〔二小隊〕）

  砲兵聯隊（缺第一大隊本部暨第二中隊）

  第一、第二機關砲隊

  工兵大隊本部暨工兵第一中隊及小架橋縱列半隊

  衛生隊半隊

行軍計劃表（十月）

日期 區別	十八日	十九日	二十日	二十一日	二十二日	二十三日
右縱隊	茄苳仔〔指安溪寮庄〕附近集合	中庄〔指中社庄〕附近	番仔甲〔相當灣裡街附近〕附近	目西〔大約與大穆降庄齊頭的地點〕附近	開元寺〈台南市北區開元寺〉〔六甲店附近〕	台南
左縱隊	店仔口街附近集合	古旗後〔指果毅後庄〕附近	灣裡街〔約在實際位置偏東方〕附近	大目降〔指大穆降庄〕附近	松仔林〈台南縣仁德鄉太子廟附近〉	台南附近

　　十八日時，前述軍部訓令雖已達到，師團計劃亦無修正必要，因此，師團此日完全於預定位置集合完畢〔當夜，師團司令部與騎兵主力都在安溪寮庄宿營，預定從翌日起加入左縱隊〕。

　　十九日，師團未曾遭遇任何賊徒，順利前進，下午三時左右如預定計劃，左縱隊前衛〔司令官爲阪井重季少將〕抵達六甲庄〈台南縣六甲鄉六甲〉，其本隊也抵達果毅後庄。右縱隊〔由代理第一旅團長小島政利大佐率領〕於下午一時左右，前衛〔司令官三木一少佐〕抵達土庫庄，本隊抵達中社庄〈台南縣六甲鄉中社〉。此日，隸屬右縱隊的騎兵第一中隊（缺二小隊）〔隊長爲長谷川戌吉大尉〕與左縱隊的騎兵斥候〔隊長爲浮田家雄中尉〕在官佃庄〈台南縣官田鄉官田〉西南方山丘會合，從事偵察工作，卻受到來自三塊厝庄〈台南縣官田鄉三塊厝〉附近的射擊，無法前進至官佃溪〈台南縣官田溪〉左岸〔此日，右縱隊也派出將校斥候與混成第四旅團連絡〕。

　　二十日，右縱隊於上午七時出發，正午過後抵達東拐寮宿營〔前衛位於東方北仔店庄〈台南縣善化鎮北仔店〉〕。

　　左縱隊於此日早晨六時三十分出發，由於晨霧朦朧，前衛騎兵〔一小隊（隊長爲朝長三郎少尉）〕及前兵〔隊長爲藤村忠誠少佐，包括

步兵第三聯隊第二大隊（缺第八中隊）及工兵第一中隊（缺半小隊）〕走錯路，從烏山頭庄〈台南縣官田鄉烏山頭〉東折，因此，重新編成前兵〔由步兵第三聯隊第八中隊（隊長爲深堀順藏大尉）加上工兵半小隊組成〕，原來的前兵則改爲左側衛，繼續前進。不久，又編組前衛騎兵〔由澀谷在明中佐所率領的騎兵第一中隊之一小隊及第二中隊（缺一小隊）〕搜索灣裡街方向，這些騎兵驅逐了盤據東拐寮的少數賊徒，又進而攻擊盤據茄拔庄〈台南縣善化鎮茄拔〉的賊徒，正在徒步戰鬥時，前兵抵達，將頑強抵抗的賊徒驅逐一空，時爲十一時三十分。

其後，前衛司令官又編成前兵〔隊長爲岩尾惇正少佐，包括步兵第四聯隊第六、第八中隊及工兵半小隊〕，往灣裡街前進。途中〔在西方北仔店庄〕驅逐了少許賊徒，於下午二時三十分進入灣裡街，擊退盤據市街中央寺廟的一百餘名殘賊。左側衛則抵達三塊厝庄，擊退在曾文溪兩岸、正朝西南方行動的賊群〔各約六、七十名〕及其輜重〔牛車七、八輛〕，又將盤據頂庄東方高地的一百餘名賊徒擊潰敗亡。正午涉過曾文溪後，往灣裡街前進，下午五時許進抵大社庄〈台南縣新市鄉大社〉，與前衛騎兵會合，並在此宿營〔當時沿途居民逃避一空，無法得知村名，以爲該處大概就是灣裡街〕。

此日行經的道路路況極差，加上地圖不夠完整，兩縱隊在曾文溪左岸的行動，呈交叉行進，位置大多完全顛倒。爲此，直到半夜時，師團司令部也弄不清楚各部隊的位置。

【二】混成第四旅團向曾文溪前進

混成第四旅團長少將貞愛親王基於前述軍部訓令，決定將旅團分爲海岸支隊〔隊長爲步兵第五聯隊長佐佐木大佐；包括步兵第五聯隊（缺第一大隊及第二大隊之一中隊）、騎兵第一中隊之一分隊、砲兵第一中隊（缺一小隊）、工兵第二中隊之一小隊、第二步兵彈藥縱列、第一砲兵彈藥縱列之一部分、第二糧食縱列的四分之一及第二野戰醫院一半〕及本縱隊

〔包括旅團司令部、步兵第五聯隊第一大隊（缺一中隊）、步兵第十七聯隊（缺二中隊）、騎兵第一中隊（缺二小隊及一分隊）、砲兵第一大隊（缺第一中隊大部分）、工兵第二中隊（缺一小隊）、衛生隊半隊、第三步兵彈藥縱列、第一砲兵彈藥縱列（缺一部分）、第二糧食縱列（缺四分之一）、第二野戰醫院（缺一半）〕，並在布袋口及鹽水港汛留置守備兵力〔布袋口方面為步兵第五聯隊第八中隊，鹽水港汛由步兵第五聯隊第四中隊（實際上由第二中隊負責）及步兵第十七聯隊第二中隊〕；親王本身則率領本縱隊於十九日往茅港尾前進。十八日下午八時下達此命令，並下令隸屬於本縱隊的各部隊中，此日已在蚵寮附近者〔步兵第五聯隊第一大隊（缺一中隊）、砲兵第一中隊之一小隊及衛生隊半隊〕於十九日抵達茅港尾集合〔步兵第十七聯隊第五、第九中隊各一小隊護衛十九日自布袋口出發的輜重〕。

前此，在鐵線橋的瀧本大佐於十八日早晨派遣步兵第六中隊〔隊長為深田輝澄大尉〕偵察鐵線橋及茅港尾間的道路及賊徒狀況，途中遇到盤據南勢角的一百餘名賊徒，雙方一陣交戰後撤退。根據俘虜所言，蔴荳庄附近有五百名左右的賊徒。此日，佐佐木支隊如前所述，正在攻擊蚵寮，十九日天未亮時曾有戰況送達旅團長處〔派往視察戰況的旅團副官奧野大尉的回報〕，告以當時約有五、六千名賊兵頑強抵抗，戰局尚未結束，旅團長認為這方面的攻擊行動必然成功無疑，遂決定繼續逐行前進計劃。

十九日，本縱隊以位於鐵線橋的各部隊為前衛〔司令官為瀧本大佐；包括步兵第十七聯隊第二大隊（缺第五中隊）、第三大隊（缺第九中隊之一小隊及第十一中隊）、騎兵第一中隊（缺二小隊及三分隊）、砲兵第一大隊本部暨第二中隊、工兵第二中隊（缺一小隊），並預定於茅港尾再配屬砲兵第一中隊之一小隊及衛生隊半隊〕，其它〔步兵第十七聯隊第一中隊從此日起負責保護軍司令部〕為本隊〔前衛（步兵第十七聯隊第十二中隊之一小隊

〔隊長爲佐藤伍作少尉〕奉旅團命令，於此日早晨往海岸支隊出發，負責兩隊間的連絡〕於上午八時自鐵線橋出發，本隊於七時自鹽水港汎出發〕，在下橋甘水的西側迂迴，往茅港尾前進。途中旅團長命前衛前進至曾文溪，偵察河川的情況〔此日應從蚵寮進抵茅港尾的部隊，在前衛抵達該地時，尚未抵達〕。

於是，前衛司令官命前兵〔隊長爲島田一義少佐，包括步兵第十七聯隊第九中隊（缺一小隊）、第十中隊（缺一小隊）以及騎兵、工兵全部〕繼續前進。前兵抵達廓崎頂庄附近時，遭到盤據該庄的三百名賊徒抵抗，將之擊退。其第九中隊（缺一小隊）〔隊長爲清水武定大尉〕進入聚落內時，又受到盤據濠溝〔寬約十五公尺，無法徒涉〕後岸的賊徒抵抗，持續攻擊約一個多小時〔廓崎頂庄附近都是整片的甘蔗園，因此砲兵無法援助此次攻擊〕，終於發起衝鋒將之擊退。

此間，前兵隊長島田少佐獲得步兵第十二中隊（缺一小隊）〔隊長爲澤田定榮大尉〕增援，奉命從寮仔方〈台南縣麻豆鎮寮子廓〉的方向進入蔴荳庄，並加以焚燬。少佐遂以該中隊爲第一線，第十中隊及工兵隊爲第二線前進，逐次擊退盤據寮仔方北端及南勢角東端的賊徒，乘勝追擊，直到總爺庄〈台南縣麻豆鎮總爺〉西南端，剿討南勢角聚落內的殘賊，並放火焚燒南勢角〔此時第九中隊（缺一小隊）已前來會合〕。

於是，前衛司令官重新編組前兵〔隊長爲島田繁少佐，包括步兵第六、第八中隊及騎、砲兵隊〕，向曾文溪推進，自己則率領其它部隊尾隨前進。三時十五分，前衛步兵的先頭抵達溪底寮〈台南縣善化鎮溪底寮〉南端時，在更前方行進的騎兵遭到來自曾文溪庄〈台南縣善化鎮曾文橋一帶〉賊徒的射擊〔火銃、機關砲及步槍〕而退回。乃以步兵第八中隊〔隊長爲木庭堅磐大尉〕爲第一線前進至距曾文溪庄約八百公尺處停止；砲兵第二中隊〔隊長爲上崎辰太郎大尉〕佈列在溪

底寮東北方田地，射擊賊徒；步兵第六中隊向其左翼前方展開。旅團長根據軍部的行進計劃，決定此日停留在曾文溪右岸，第二日再展開攻擊，遂於三時發出命令，要本隊在南勢角宿營，前衛也停止作戰，在溪底寮附近宿營，並命各部隊從事第二天的攻擊準備。

各部隊收到命令後，前兵從四點半左右逐次撤離陣地宿營；步兵第八中隊於日落後仍留在陣地，監視賊情。在曾文溪庄東方約五百名賊徒，自三時四十分左右逐漸分為四群，沿著曾文溪東行。另有各三、四百名的四、五群賊徒聚集在曾文溪庄西南方，但六時左右逐漸向西南方撤退，僅在曾文溪庄附近留下五、六名監視兵。

前衛司令官於日落後，派遣數名將校斥候從主要道路偵察曾文溪上游的徒涉點，斥候偵察的結果是：下游水深且對岸附近有賊徒，從主要道路上溯約二千公尺附近有三個徒涉點，且距離賊徒陣地較遠。於是向旅團長報告此一情況，並建議在正面進行牽制，主力則經由上游徒涉點攻擊賊徒右側背。

因此，旅團長決定第二天拂曉攻擊正面賊徒，遂於晚間十時三十分下達命令，作出如下部署：

一、瀧本大佐〔步兵第十七聯隊長〕率領其第二大隊（缺第五中隊）、第三大隊本部暨第十、第十二中隊〔實際上缺佐藤小隊〕及騎兵第一中隊（缺二小隊又三分隊）、砲兵第二中隊之一小隊、工兵第二中隊（缺一小隊），於凌晨五時在主要道路上游約二千公尺處渡河，攻擊賊徒右側背。

二、步兵第五中隊（缺一小隊）、第九中隊（缺一小隊）、砲兵大隊本部暨第二中隊（缺一小隊）於凌晨五時佔領主要道路附近的曾

文溪右岸，各隊互相合作，牽制此方面的賊徒。

三、旅團長率領步兵第一大隊本部暨第三、第四中隊、騎兵二分
　　隊跟在攻擊部隊後面前進。

　　此日應從蚵寮方面到達茅港尾加入本縱隊的步兵、砲兵及衛
生隊一直沒有前來會合，旅團長直到半夜才得知這些部隊〔一直守
備鹽水港汛的步兵第五聯隊第四中隊，與第二中隊交接後，於此日復歸大隊〕
在鐵線橋宿營，立刻傳令，命其於第二天早晨六點半之前到曾文
溪右岸參與戰鬥行動。

　　瀧本大佐所率領的攻擊部隊於二十日天未亮時自溪底寮出
發，在該地東南約三千七百公尺的徒涉點渡河，凌晨四時在曾文
溪左岸西南面展開。同時，旅團長所率領的預備隊也自其宿營地
出發，跟在攻擊部隊後面前進，牽制部隊也開始向曾文溪庄前進
〔參照圖㉘〕。

　　瀧本大佐乘著清晨五時天還未亮時，命島田繁少佐率領第
六、第七中隊及工兵中隊（缺一小隊）作為第一線，其它三個步兵
中隊（缺一小隊）為第二線，向東勢宅庄〈台南縣善化鎮東勢宅〉東北
端前進，騎兵警戒其左翼，砲兵小隊〔隊長為土方久路中尉〕則著手
偵察其陣地。

　　同時，旅團長所率領的預備隊先頭抵達渡河點西北約一千公
尺處，突然與賊徒斥候〔二、三十名〕在近距離發生衝突，第三中
隊〔隊長為諸戶貞利大尉〕立刻急速射擊，才剛將之擊退，左岸賊徒
卻以火光為目標一齊開始亂射一通，我軍負責牽制賊徒的步、砲
兵也在主要道路東側向該批賊徒展開射擊。

　　位於攻擊部隊第一線的島田少佐下令其二個步兵中隊呈縱橫
隊形排列，又命工兵中隊（缺一小隊）〔隊長為岡田謙吉大尉〕在中央

後方跟進，以東勢宅庄北方堡壘後的帳篷為目標前進，在進抵距賊壘約一百公尺處時，賊徒才察覺，立刻發動射擊〔五時二十分左右〕。第六中隊〔隊長為深田輝澄大尉〕暫時停止前進，展開反擊，第七中隊〔隊長為山本重義大尉〕保持縱隊隊形向賊壘中央發起衝鋒，第六中隊也緊跟前進。賊徒頑強抵抗，直到我軍攀登胸牆，使用刺刀，方告撤退，然而位在兩翼的賊徒卻仍停留原處朝我軍背後射擊。兩中隊奮力射擊，終於將之擊潰。此間，瀧本大佐率領其餘步兵〔第十中隊的二分隊負責保護砲兵〕前進至第一線，砲兵小隊從開進地附近對賊徒陣地內部進行掃射。左岸的預備隊也在黑暗中與賊徒發生衝突，最後終於突破東勢宅庄北方賊壘的左側，大隊長石田〔保謙〕少佐又命第四中隊〔隊長為西野虎五郎大尉，一分隊負責保護大行李〕增援，隔著曾文溪射擊，以援助友軍的攻擊行動。

其後，島田少佐命第六中隊之一小隊〔隊長為古賀義勇少尉〕追擊往東勢宅庄方向撤退的賊徒，自己則率領其餘部隊，會合來援的第八中隊〔隊長為木庭堅磐大尉〕，擊退溪尾庄〈台南縣善化鎮溪尾〉東方溪流左岸斷崖上的賊徒〔六時左右〕，並乘勢驅逐曾文溪庄附近的殘賊，而於六時三十分左右，完全佔領曾文溪庄。此間，我軍兩方面的砲兵分別從其陣地前進，協助此次攻擊。瀧本大佐以第十中隊之二分隊保護砲兵，命另一小隊〔隊長為栗林榮一郎中尉〕前進至左側，其餘部隊則在第一線後跟進，到達溪尾庄後，又派出第十二中隊（缺一小隊）追擊賊徒，直到崁頭庄〈台南縣善化鎮崁頭〉。而旅團長也率領預備隊渡河，與瀧本大佐先後抵達溪尾庄集合。工兵中隊（缺一小隊）立刻挖掘清除地雷並從事主要道路附近的渡河工事，而步兵第五聯隊第一大隊本部暨第一、第三中隊〔第四中隊自鐵線橋出發較晚，直到下午才和大隊會合〕、砲兵第一中隊的一小隊、衛生隊半隊於上午十時三十分抵達〔前一夜攜帶旅團命令的傳

令兵（徒步）迷路，今晨於行進途中才將命令傳達給石原少佐〕。

此夜，旅團在溪尾庄及曾文溪庄宿營，其前衛在九間庄〈台南縣善化鎮南尾溪一帶〉宿營〔奉派前往海岸支隊的第十二中隊之一小隊於此日傍晚歸隊〕，並警戒南方〔參與此日戰鬥的我軍兵員共計一千八百五十名及砲六門；兵卒四名戰死，下士卒十三名受傷；消耗子彈一萬九千二百餘發，榴彈十二發，榴霰彈五十八發。賊兵人數約二千五百名，死者約一百餘名〕。

步兵第五聯隊長佐佐木大佐於十八日傍晚佔領蚵寮時，接獲旅團長訓令，命其分派部分支隊兵員復歸本縱隊，並率領其餘部隊加上新配屬的輜重成為海岸支隊，並依據軍部計劃於十九日自蚵寮出發，經蕭壠街〈台南縣佳里鎮內〉往台南前進〔為保護這些輜重，下灣庄的第九中隊之一小隊（隊長為木田本吉特務曹長）於此日到達布袋口〕。然而，當時大小行李有一半留在鐵線橋，一半還在下灣庄，無法在十九日一早前進，而且還要等新配屬的輜重〔十九日早晨自布袋口出發〕，加上昨日戰鬥後人疲馬乏，實在有休養的必要。於是，此日上午休息，並將行李調回〔第六中隊之一小隊（隊長為片桐小三郎特務曹長）於此日至鐵線橋護送行李〕，正午時方才自蚵寮出發〔輜重及鐵線橋處的行李都還沒到達。在下灣庄的第九中隊（缺一小隊）及行李於下午一時許，在北櫟榔庄追上隊伍〕，下午三時抵達中洲庄〈台南縣學甲鎮中洲〉〔前衛第五中隊發現有四、五十名賊徒自蘆竹溝溪〈台南縣將軍溪〉左岸往南方行動，曾數次展開射擊〕，但此時正好蘆竹溝溪漲潮，無法徒涉，因此只好在此宿營，然而附近村落鑼鼓聲響，徹夜可聞，部隊因此始終保持警戒。

二十日早晨，支隊長命第三大隊長大熊淳一少佐率領第九（缺一小隊）及第十一中隊，經學甲庄到蔴荳庄，偵察曾文溪的渡河點，並命渡邊祺十郎少佐率領第二大隊（缺第六中隊之一小隊及第八

中隊）、砲兵第一中隊（缺一小隊）及工兵小隊，作為前衛，涉水過蘆竹溝溪，經苓仔寮〈台南縣將軍鄉苓子寮〉，向蕭壠街前進〔第六中隊之一小隊保護留在鐵線橋的行李，於此時才追上隊伍，此小隊仍然繼續保護大小行李。輜重尚未到達〕。

前衛一面掃勦前進道路右側各聚落不時出沒的賊徒，一面向前推進，前兵〔（隊長為中山默識大尉），包括步兵第七中隊及工兵小隊，另一小隊步兵〔隊長為山田重郎中尉〕於右方併行前進〕驅逐了盤據蕭壠街西北端小山丘的少數賊徒，於上午十時三十分進入該地北端凹角內，其尖兵小隊〔隊長為有賀貞雄少尉〕快抵達七甲庄〈台南縣佳里鎮內〉時，前兵〔在尖兵後方五、六百公尺處〕突然遭到來自十甲庄〈台南縣佳里鎮內〉北邊的射擊〔以下參照圖㉙〕。

蕭壠街廣袤達二平方里，絕大部分都是檳榔樹園，與竹林交錯，房舍散佈其間，道路兩側都開挖有乾濠溝〔寬二至五公尺，深約三公尺左右〕，因此難以在道路外展開。蕭壠街四周全都是田地，當時甘蔗茂密，數十公尺外即無法通視，賊徒為求自衛，利用這種斷絕掩蔽的地形，修築牆垣，在主要道路的交會處設置柵門，將之緊閉，環守在村落之內。

於是，中山大尉命前兵一小隊〔隊長為竹內升藏少尉〕〔工兵小隊（隊長為岡田直方中尉）著手主要道路阻絕障礙的破壞，不久後與前衛本隊會合〕驅逐少許賊徒，攻入十甲庄北部，卻受到潛伏在各地的賊徒密集射擊，兩軍短兵相接，竹內小隊奮勇向前，將之擊退，並前進至南方。此間，尖兵小隊受到來自七甲庄北端的射擊而停止前進，並起而應戰，雙方相距僅七、八十公尺，死傷不斷〔正午左右〕。不久，又有賊徒出現在左側的甘蔗園，逐漸包圍尖兵；然而前有深壕及竹籬，我軍無法衝鋒，彈藥也即將用盡。此時位在前兵右方同時併進的山田小隊〔此小隊先前進入蕭壠街，在其道路上掃蕩

了三五成群的賊徒，燒燬有防禦設備的房舍，一路前進，在十三甲庄〈台南縣佳里鎮內〉東北端三叉路附近遇到優勢賊徒，乃避免戰鬥，往槍聲方向退卻，但是其中一分隊此時還在十甲庄與賊徒衝突，後來才來會合〕恰巧撤退而來，兩隊遂協力合作保持原位，時為下午一點多。

在此之前，前衛本隊及支隊本隊於上午十一時在二甲庄〈台南縣佳里鎮內〉東方田地展開，午餐之際，突然聽到西南方村落槍聲四起，渡邊少佐遂派第六中隊（缺一小隊）〔隊長為工藤永矩大尉〕赴援。但正午過後，槍聲卻越來越激烈，不時還夾雜吶喊聲，因此，又派出第五中隊長〔加藤丈大尉〕所率領的一小隊〔隊長為原田清治中尉〕往援。不久，前面尖兵小隊方向也頻頻傳來槍聲，渡邊少佐遂又派第五中隊另一小隊〔隊長為神成文吉少尉〕馳援。稍後，尖兵回報說前面主要道路上有極具優勢的賊兵，於是渡邊少佐率領前衛步兵的剩餘兵員〔第五中隊之一小隊（隊長為平野秋夫）〕前進到尖兵的位置。接著，支隊長又將第十二中隊〔隊長為小友勝次郎大尉〕納入少佐指揮。

上述各派遣部隊因地形及賊徒位置錯雜，連絡中斷，只好各自為戰，下午一時十五分的位置概如圖㉙的第二階段。

此時，渡邊少佐前進到尖兵所在位置偵察賊情，第十二中隊、第五中隊長加藤大尉所率領的原田小隊及同中隊的神成小隊也相繼來會〔加藤大尉的一小隊之前於十二甲庄〈台南縣佳里鎮內〉西南邊與工藤、中山兩大尉的部隊會合，確認其無需救援，遂轉道東方，途中驅逐少數賊徒，來到此處。神成小隊則是在赴援尖兵途中，被四面的槍聲誤導進入十甲庄，正好遇到第七中隊的山田小隊之斥候受到賊徒包圍，陷入苦戰，援救他們之後來到此處〕。因此，渡邊少佐下令各部隊攻擊正面的賊徒，賊徒藏身濠溝後面頑然不動，卻不時由竹籬間巧妙狙擊，攻擊部隊不得已只好停止攻擊，與之形成對峙之局，賊徒主力似

乎是位在菜園頂〈台南縣佳里鎮內〉。

　　渡邊少佐向支隊長報告此一情況，並調來砲兵第一中隊（缺一小隊）〔隊長為杉山正則大尉〕，從下午二時左右，開砲轟擊菜園頂十字路附近，持續約二十五分鐘；散在村落內各處的各部隊聽到此砲聲後，都相繼集合到砲兵陣地。

　　二時三十分，少佐命第五中隊攻擊賊徒右翼，第十二中隊攻擊左翼。第五中隊遂迂迴東北方〔取道圖㉙的第三階段中的第七中隊（缺一小隊）之前進路線行進〕，出到佳里興庄〈台南縣佳里鎮佳里興〉街道，擊退扼守其出口的賊徒後，繼續往南推進。再度擊潰盤據菜園頂三叉路東南角的賊徒後，朝其主要據點十字路逼近，賊徒據守十字路南側，以牛車阻塞主要道路極力抵抗，中隊全部展開，奮勇前進，佔領十字路北側的竹籬，發起肉搏戰。但賊徒憑藉著深壕及竹籬仍然頑抗到底；朝賊徒左翼攻擊的第十二中隊在驅逐少數賊徒，進入七甲庄西邊竹林時，突然遭到賊徒從三面包圍，於是全隊展開，往南方突圍前進百餘步。賊徒則據守東、南兩面的乾濠溝加以抗阻〔參照圖㉙的第三階段〕。

　　此次戰鬥間，第五中隊死傷連連，渡邊少佐因此派出第六中隊（缺一小隊）前進，接替第五中隊繼續攻擊，並要第七中隊〔留一小隊保護砲兵〕由第五中隊左翼前進，加以協助〔前此，第六中隊（缺一小隊）與中山大尉所率領的第七中隊之一小隊合作，掃蕩十二甲庄附近的賊徒，終於出到蕭壠街西端，不久聽到東方槍砲聲大作，遂又轉進，此時已歸抵七甲庄北方。中山大尉所率領的一小隊於下午一點多得到消息說有百餘名賊徒在蕭壠街西北端奇襲行李，遂急速前往該地，但護衛小隊（第六中隊的片桐小隊）已將之擊退，其後就護衛行李返回本隊開進地，於此時抵達〕。第六中隊（缺一小隊）增援第五中隊右翼時，伺機揮舞刺刀，排除障礙貫穿前進到主幹道上，視賊徒如無物，左右望風為之披

靡。如此挺進南方約二百公尺，又與三叉路附近的賊徒發生衝突，此一陣地的結構與十字路處略同，道路兩側不便展開，部隊因此再成縱隊隊形極力經由道路貫穿突破，一番苦戰後終於攻陷該處，並派出二分隊追擊賊徒，其它則停下整頓隊伍。此時，第十二中隊也已擊退正面的敵人，從西方出到通往一甲庄〈台南縣佳里鎮內〉北端的街道上，與第六中隊取得連絡。第七中隊〈缺一小隊〉稍後也出到第五中隊左翼，一面驅逐奔竄的賊徒，一面往前推進，由東方出到市街中央。而賊徒已潰然遠去，無影無蹤，時為下午四時許。

此間，第十中隊、工兵小隊、行李及護衛小隊一起在開進地掩護側背，支隊長與渡邊少佐則都在砲兵陣地裡，眼見賊徒如此頑強，戰局一時恐難結束，入夜後各部隊行動勢將更為困難，因此決定停止攻擊，吹起號音，下令各隊集合至砲兵陣地，此時才得知我軍已擊潰賊徒主力，再無任何抵抗。日落時，各部隊在蕭壠街西側荒地露營，並朝四周嚴加警戒。賊徒連夜往四方逃竄，第二天拂曉，蕭壠街西側已看不到半個賊影〔參與此次戰鬥的我軍兵員有八百六十名，砲四門；第六中隊的冷泉新少尉戰死，第五中隊的原田清治中尉、第六中隊的長內久次郎中尉受傷，下士以下九名戰死，四十三名受傷。賊徒兵力不詳，但絕對超過一千五百人，死者據說達三百餘人；當地民眾也有若干傷亡。消耗子彈約二萬發，榴彈三十五發，榴霰彈五十一發〕。

二十一日拂曉，支隊長命高橋毅大尉〔第十中隊長〕指揮第十、第十二中隊往蔴荳方向與昨日派往該地的大熊少佐連絡〔此隊於下午二時抵達蔴荳庄，但沒有看到大熊少佐的踪跡，途中幾次與草賊遭遇，儘量避免戰鬥，入夜後返回蕭壠街西側的露營地，二十二日在台南與大隊會合〕；同時，派遣第五中隊之一小隊〔隊長為原田清治中尉〕往蚵寮方向補充目前極為缺乏的糧食彈藥，並搜索輜重下落〔此小隊

還奉命將請求彈藥的報告送達旅團長。小隊雖然抵達中洲庄北方,但沒有發現輜重,遂走捷徑轉進曾文溪方向執行第二任務,晝夜兼程趕路,於二十二日上午抵達台南,達成任務〕。支隊長決定等待輜重到正午為止再說,幸而輜重於上午十時抵達,得以如預定計劃出發〔輜重由第九中隊之一小隊保護,十九日拂曉自龍蛟潭庄〈嘉義縣義竹鄉龍蛟潭〉出發,傍晚抵達下灣庄,得知支隊行蹤,二十日拂曉出發,途中於學甲庄附近遇到一百餘名賊徒,將之擊退,當晚抵達漚汪庄〈台南縣將軍鄉漚汪〉附近,停留在此,雖然看到蕭壠街方向的煙焰,但其斥候受到賊徒阻撓,無法與支隊連絡,因此就地露營,此日始趕上支隊〕。

支隊於下午二時抵達七十二份〈台南縣七股鄉竹橋(七十二分)〉南方的渡口,與大熊少佐會合。原來,大熊少佐所率領的第九(缺一小隊)、第十一中隊於二十日自中洲庄出發,途中屢遇沼澤而迷路,無法抵達蔴荳庄,後來聽到蕭壠街方向有戰鬥聲,又看到煙焰,本欲轉進該方向參與戰鬥,卻因距離太遠而不果,終日徘徊在蔴荳庄及學甲庄間〔在客寮庄附近與百餘名賊徒發生衝突,將之擊破〕,入夜後到蕭壠街東方沙凹庄〈台南縣西港鄉砂凹子〉宿營。此日拂曉出發,經蕭壠街東南端,於上午十一時左右抵達此渡口,偵知支隊尚未通過,遂收集舟筏等候支隊。支隊抵達後,就直接渡過曾文溪。

【三】近衛師團與混成第四旅團向台南前進

南進軍司令部於十九日自鹽水港汛出發,當夜在茅港尾宿營。軍司令官高島中將於二十日上午率領部分幕僚前進至曾文溪,視察混成第四旅團本縱隊的戰場,該夜在溪尾庄宿營。

二十一日,混成旅團如預定計劃,往台南街道前進,正午後,其步兵先頭抵達洲仔尾庄,騎兵搜索台南方向。

此日,軍司令部跟在混成第四旅團後面前進,抵達看西庄〈台

南縣新市鄉看西〉時，接獲該旅團長於下午一時發出的報告，告以其騎兵已遇到通過台南而來的第二師團的一部隊。不久，又接獲第二師團長〔中將乃木希典男爵〕自二層行溪左岸聚落發出的報告，其要旨爲：賊首已於十九日夜逃走，師團依據台南城民的請願，先派遣一支隊進城維持秩序。於是，軍司令官遂下令各團隊停留在二十二日的預定位置，僅派出各高層司令部進入台南。隔天，即二十二日，在四個步兵中隊〔第十七聯隊第一大隊（缺第二中隊）、步兵第五聯隊第四中隊〕的護衛下，與混成第四旅團司令部先後進入台南。

海岸支隊於二十一日渡過曾文溪後，聽說劉永福逃走，我軍已進入台南的消息，當夜在學甲庄附近宿營。於隔天二十二日抵達台南西門外。

近衛師團於二十一日前進時，因爲前夜宿營地交錯夾雜，因此對部隊區分作了一些更動，以「左縱隊前衛」爲「右縱隊」，原來「右縱隊」改爲「左縱隊前衛」，如預定計劃出發。然而，右縱隊預定目的地——目西與圖上的位置有很大出入，實際上是在看西庄東方約三公里的一個聚落，且在該地看到混成第四旅團經由主要道路陸續南進，遂與之齊頭前進，終於抵達開元寺〔在台南六甲店間的寺院〕，時爲下午四時三十分。前此，近衛師團接獲行進中的混成第四旅團傳來通報，得知賊首已經逃走，第二師團一部分也已進入台南城。未幾，抵達開元寺後，乃派遣將校斥候與已在台南城的第二師團部分連絡。左縱隊於此夜到達大穆降庄及其附近宿營，得知右縱隊已抵達開元寺，雖然也接獲種種關於台南狀況的報告，但始終沒有確切消息，因此，翌（二十二）日仍然根據軍部計劃，派遣澀谷騎兵中佐率領一支隊〔步兵第二聯隊第一大隊本部暨第三、第四中隊、步兵第四聯隊第二、第五中隊、騎兵大隊本部暨第一

中隊（缺一小隊）與第二中隊之一小隊〕往關帝廟〈台南縣關廟鄉關廟〉方向前進，以便與第二師團的最外翼連絡〔此支隊於此日在下山仔腳附近與第二師團的右側支隊連絡上，得知台南的情況，立刻轉道，在太子廟追上左縱隊的後面部隊〕。左縱隊主力經大人廟，往太子廟前進途中，接獲軍部命令及右縱隊的報告，得知我軍已經進入台南城，遂命各隊在太子廟附近宿營。師團司令部於當天進入台南城。

【四】第二師團向台南前進

如本章第四節所述，第二師團於十六日佔領鳳山城，在該地附近紮營。十七日下午接獲「八重山」軍艦轉來軍部訓令〔當天上午由布袋口發出〕，得知須在二十一日以前進抵二層行溪〈台南、高雄縣境內二仁溪〉一線的計劃。師團長乃木中將決定十九日再開始行動，之前則專力於糧秣的集積與人馬的休養。

在此期間，根據各項報告，獲知鳳山城附近的部分賊兵早在我軍接近前已從東南方逃走；十七日又接獲步兵第十六聯隊報告，得知派往阿公店〈高雄縣岡山市岡山〉方向的將校斥候於大寮〈高雄縣岡山市大寮〉附近擊退百餘名敗賊；又接到派往台南的間諜回報，要旨如下：

- 十五日在南仔坑遇到從鳳山、旗後逃走的千餘名賊徒；位在阿公店的鄭某一營也已潰逃。
- 台南北門外佈設有地雷，還有三、四萬本地土勇；城內連鳳山、東港的敗兵加起來約有三千餘名清國兵；根據街頭傳聞，劉永福似已逃往蕃地。

因此，師團長基於軍部訓令，派遣一支隊經大崗山、中路庄〈高雄縣阿蓮鄉中路〉附近，向台南前進，並與近衛師團連絡。本縱隊則往台南市街前進。其部隊區分如下：

- 獨立騎兵

  隊長：騎兵中佐山岡光行

  騎兵第二大隊（缺第一中隊〔缺二小隊〕及第二中隊之二分隊）
- 前衛

  司令官：少將山口素臣男爵

  步兵第十六聯隊（缺第二大隊）

  騎兵第二中隊之二分隊

  砲兵第三大隊本部暨第五中隊

  工兵第二大隊本部暨第一中隊

  衛生隊半隊
- 右側支隊

  司令官：步兵大佐仲木之植

  步兵四聯隊第二大隊

  砲兵第六中隊
- 本隊

  師團司令部

  步兵第四聯隊第三大隊

  步兵第十六聯隊第二大隊（缺第八中隊）

  砲兵第二聯隊本部暨第二大隊

  臼砲中隊

  野戰醫院
- 後方守備隊

  步兵第四聯隊第一大隊本部暨第三、第四中隊：鳳山城

  〔當時，步兵第四聯隊第一大隊本部暨第三中隊、第一中隊均在東港，因此在其抵達之前，命即將負責阿公店守備的步兵第十六聯隊第八中隊暫留在鳳山城，協助步兵第四聯隊第四中隊，其第三中隊於二十日抵達鳳山城

後，第八中隊方於翌日前去守備阿公店〕

步兵第四聯隊第一大隊本部暨第二中隊：打狗

步兵第四聯隊第一大隊本部暨第一中隊：東港

十九日，師團自仁武庄〈高雄縣仁武鄉仁武〉、竹仔門庄〈高雄縣美濃鎮竹仔門〉一線出發，上午十時四十分本縱隊未發現有何賊狀，遂命前衛進至阿公店，本隊則抵達倒松附近。

右側支隊經海豐庄前進，上午十時許，在拔仔林庄附近驅逐少許敗賊，當夜於該地宿營。

前此，獨立騎兵於上午八時三十分抵達阿公店附近，遇到旗後方面的敗賊會合地方奸民〔一百餘名〕前來攻擊，將之擊破。不久，在大爺庄〈高雄縣湖內鄉太爺〉附近又與五、六十名賊徒發生衝突，將之擊退後，於下午二時許抵達二層行庄，發現該地西方各聚落突然喧擾起來，鳴金擊鼓，情勢極為不穩，遂又從二層行庄往大爺庄渡口前進，正要往回走時，有五、六十名賊徒出現在二層行庄東端，逼近我軍退路；另外還有許多賊徒出現在圍仔內庄〈高雄縣湖內鄉圍子內〉東北端。於是，騎兵決意攻擊二層行庄的賊徒，但賊徒兵力逐漸增加至數百名，因此只得撤退，入夜後，在前衛的警戒線內宿營。

二十日上午六時，師團主力向二層行庄出發〔阿公店方面，有步兵第十六聯隊第六中隊之一小隊留守，在該聯隊第八中隊抵達前負責阿公店的守備〕，右側支隊往中路庄出發。前衛司令官以步兵第十六聯隊第二中隊〔隊長為佐藤松人大尉〕為左側衛，派遣至白沙崙庄〈高雄縣湖內鄉白沙崙〉。

獨立騎兵與前衛同時自阿公店出發，於半路竹〈高雄縣路竹鄉路竹〉附近擊破五、六十名賊徒，八時四十分抵達大爺庄，與佔據

二層行溪右岸的五、六十名賊徒展開徒步戰。但賊徒兵力逐漸增加，達到二百餘名，分別從上下游涉溪攻擊我軍，直逼進到大爺庄南端。獨立騎兵正在撤退時，正好師團前兵〔隊長為福島庸智大佐；包括步兵第十六聯隊第一大隊（缺第二中隊）、騎兵一分隊、工兵第二大隊本部暨第一中隊〕抵達，前兵支隊〔隊長為江田國容少佐〕中的步兵第三中隊〔隊長為高木常之助大尉〕與工兵第一中隊〔隊長由熊野御堂武夫中尉代理〕合作，將這些賊徒擊退至二層行溪右岸。獨立騎兵主力往二橋仔庄〈台南縣仁德鄉二橋〉方向前進，並派遣第一中隊之二小隊至二層行庄西方。此時，約有二百餘名賊徒又盤據二層行庄南方田地，收編敗賊。福島大佐命江田少佐指揮步兵第一中隊〔隊長為內山滿之大尉〕及第四中隊（缺一小隊）〔隊長為脇田秀利大尉〕，在第三中隊的掩護下，從正面發動攻擊，將賊徒擊退至二層行庄，並派步兵第三中隊之一小隊〔隊長為草野正中尉〕由其西方脅迫其側背，各方面一起發動攻擊。

此間，前衛司令官命砲兵第三大隊〔隊長為吉田邦彥少佐〕在大爺庄東方田地選定陣地；並派遣步兵第十中隊〔隊長為大久保春成大尉〕往二橋仔庄方向前進，以便攻擊賊徒左側背；又命第十一中隊〔隊長為長谷川達三大尉〕驅逐在大爺庄附近甘蔗園內出沒的殘賊，前衛本隊的剩餘部隊則在大爺庄南端田地展開。砲兵第五中隊〔隊長由間宮春四郎中尉代理〕從九時五十分開始砲擊二層行庄的賊徒，不久，第十一中隊進抵大爺庄北端，也以射擊支援攻擊部隊，賊徒終於無法抵抗，往東北方潰走。十時三十分左右，前兵佔領二層行庄，由前衛本隊抽調出的第十中隊擊退盤據二橋仔庄的一百餘名賊徒，佔領該地。不久又接獲敗賊聚集在車路墘〈台南縣仁德鄉車路墘〉的報告，遂命步兵第十二中隊之一小隊〔隊長為小野寺萬藏少尉〕前進將之擊退。

師團本隊在戰鬥結束後不久，進抵二層行溪，在大爺庄附近宿營，並命前衛在二層行溪附近宿營。此日從前衛調為左側衛的第二中隊曲折迂迴穿過沼澤前進，於下午三時終於抵達圍仔內庄，在此接獲消息說二、三個小時前，有約三百名賊徒經過此地，往灣里港〈台南市南區灣裡〉方向退卻，遂急速前進，進抵白沙崙庄時，追上數十名賊徒，將之擊破，不久，在灣里港附近、倉促構築的堡壘內擄獲許多棄置的武器、彈藥。入夜後佔領曹厝庄附近，停留在此處。

先前二層行庄附近的戰鬥期間，迂迴至賊徒右側背的部分獨立騎兵〔騎兵第一中隊之二小隊（由屯田騎兵大尉內田廣德率領）〕擊退潰兵後，派遣將校斥候，搜索大人廟方向〔此斥候到處受到當地民眾抵抗，無法前進，只好返回〕。主力經由主要街道前進，抵達台南小南門外，但見城門緊鎖，城樓上雖有哨兵，但城牆上卻掛著我國國旗及美國國旗，賊情無從判斷，由於昨日以來馬匹已經力竭，遂未再追究真相就返回。

右側支隊接獲報告說在其前進途中的關帝廟——台南與蕃薯寮庄〈高雄縣旗山鎮旗山〉間的要衝之地——前一天有五百餘名賊徒由台南來到該地。右側支隊遂經由中路庄，於下午四時抵達該地，雖然發現為數甚夥的彈藥〔子彈二十餘萬發〕及若干武器，但卻沒有半個賊影〔此日，右側支隊的尖兵及斥候沿途處處和手執武器的成群居民發生衝突，但這些多半是良民，為保護村落免於敗賊騷擾而組成的，大多沒有抵抗就逃走〕。

此日下午九時，住在台南城內的英國傳教士和十九名信徒一起代表台南市民來到第二師團的前哨線，告以劉永福於昨夜率領約三營的部隊從安平經海路逃走，殘賊解除武裝，四方潰散，城內陷入無秩序狀態，請求我軍儘速入城。不久，師團長也從常備

艦隊〔當時在二層行溪外海〕那裡接獲類似通報，因此，便命山口少將指揮步兵第十六聯隊（缺第二大隊及第二中隊）、騎兵第二中隊之一小隊、砲兵第三大隊、工兵第二大隊本部暨第一中隊及衛生隊半隊，於翌（二十一）日早晨前進至台南〔師團幕僚的一部分及若干憲兵也隨行〕，其它部隊仍維持包圍台南的隊形，此外又命鳳山城守備隊派遣一部隊至淡水溪渡河點，扼阻賊徒退路。

山口支隊於途中並未遭到抵抗就進入台南城，上午八時四十分完全佔領該地，然後，山口少將命步兵第十二中隊前進至嘉義市街，與混成第四旅團取得連絡，又派第十中隊攻略安平〔師團參謀步兵中佐仙波太郎同行〕。

第十中隊於上午十一時進入安平，與先前抵達的將校斥候一起協助海軍陸戰隊處理市內的歸順者〔在這段期間，安平東端兵營的一群賊兵有不穩舉動，處決數十名後才穩定下來〕，爾後即停留該處，與海軍陸戰隊共同擔任守備工作。

右側支隊在佔領關帝廟的那天傍晚，接獲有二、三百名賊徒出沒在七甲庄南方的消息，不久從當地居民處得知劉永福從海路逃走，其部下散亂，部分進入後山〔台東直隸州，一稱內山〕，更是嚴加警戒。二十一日早晨，派遣將校斥候〔第五中隊之一小隊（隊長為中村正翼中尉）〕與近衛師團連絡，又派第七中隊（缺一小隊）〔隊長由高木元吉中尉代理〕偵察台南方向。將校斥候一直前進到大人廟附近，都沒有遇到近衛師團，只好折回。第七中隊則順利抵達台南，與山口支隊相會後返回。此間，派往七甲庄方向的斥候與賊徒屢次衝突，該地呈現極度不穩的狀況，因此，仲木大佐於隔天，即二十二日早晨命桑波田景堯少佐〔步兵第二大隊長〕率領步兵第七中隊（缺一小隊）、第八中隊及砲兵一小隊前往剿討。該地連日來有數十名敗賊，煽動附近庄民，但在我軍到達時，僅稍作抵

抗，便四散奔逃〔在這段期間，與近衛師團的左側支隊取得連絡〕。

　　第二師團長得知山口支隊佔領台南消息，便下令該支隊負責守備台南及安平，師團仍然停留在大爺庄的宿營地，不久接到軍部命令，遂於二十二日早晨率領其司令部進入台南城。

　　師團自鳳山城出發後，在淡水溪左岸登陸的輜重等軍需品大致渡河完畢，因此大、小架橋縱列拆撤淡水溪及東溪的軍用橋，火速趕上師團。二十日自淡水溪右岸中芸庄〈高雄縣林園鄉中芸村〉出發，二十三日在橋仔頭〈高雄縣橋頭鄉橋頭〉追上輜重梯隊的後尾。這段道路極為狹窄，車輛無法通行，且有許多溝渠橫阻，因此，兩縱列所有的監護員全部投入開路的工作，備嘗辛酸，平均一里的行程要花四至五個鐘頭。

　　此外，臼砲中隊砲廠部為增補師團輜重及兵站的運送能力，全部軍伕都投入糧秣運送任務，該部駐紮在登陸地〔中汕庄〕，攻陷台南後將其材料裝備交給兵站部，前進到達打狗附近，與臼砲中隊一起監護該地砲台，並保管火砲彈藥。

　　前此，常備艦隊攻略打狗〔十五日〕之後，在該地錨碇，十七日命「浪速」、「濟遠」、「大和」三艦警戒安平外海，臨檢來往船舶，納入東鄉司令官指揮。不久，接獲南進軍司令官的通牒，告以賊徒或將從蚵寮及其以南海岸逃走，遂於十九日增派「海門」及「秋津洲」二艦至安平外海，司令官又分派「濟遠」及「大和」二艦至王爺港及國聖港方面，剩餘三艦則在安平港附近嚴加警戒。此時碇泊在安平港的船艦只有英軍軍艦「畢克」〈pique〉、「匹科克」〈ピーコック〉、德國軍艦「亞爾科納」〈アルコナ〉及德國商船福利士號〈フーリス〉，其餘皆中國式帆船。

　　不久，司令長官率領「吉野」、「八重山」二艦，於二十日下午一時許航抵安平外海。英、德二國艦長及在安平的外國領事等

陸續登上旗艦「吉野」，告以劉永福於昨夜搭乘支那船，率領其親近衛兵逃走，駐紮在安平附近的五營殘兵拋棄武器無條件投降。市民擔心殘兵劫掠，故齊集在外國人居留地，希望我軍登陸。其後經過數小時，福利士號想要出港，司令長官遂命正好自打狗來到安平的「八重山」艦進行臨檢，發現上面有一千五百餘名清國壯丁，但沒有攜帶兵器，遂釋放他們。其後司令長官認為檢查不夠周詳，又命「八重山」艦再度追上，進行更嚴密的搜查，但終究沒有發現劉永福〔根據其後得到的情報，劉永福似是潛伏在福利士號內，逃到廈門〕❸。

司令長官為達成佔領安平的目的，於二十一日早晨編成陸戰隊，從四鯤鯓庄〈台南市南區四鯤鯓〉附近登陸。陸戰隊雖然在登陸地受到些微抵抗，但很快便將之擊退，佔領砲台，擄獲許多武器及彈藥，接著便佔領安平市街，還收納五千餘名舊清國兵，他們拋棄兵器，齊集在市街一端，表示恭順投降之意。其後將外國人居留地及市街的守備交給陸軍部隊，陸戰隊負責守備砲台及處理投降者。

當時艦隊鑑於俘虜的糧食缺乏〔安平附近的賊徒糧餉早已竭盡〕，必須儘速放還，此日正好運輸船旅順丸要去香港修理，繞經此地，寄泊於安平，因此便以該船搭載這些俘虜，在「秋津洲」艦護航下，二十三日自安平港出發，將他們運送至清國福建省金門島放還。陸戰隊則一直到二十七日將各砲台的守備交給陸軍後才歸隊。

如前所述，南進軍司令官於二十二日進入台南，近衛、第二

---

❸此處記載與中方文獻有所出入，據羅香林輯校，《劉永福歷史草》一書稱劉氏係潛藏於英國商船的厘士（Thales）號內渡到廈門的。詳情可見該書頁261-8，（台北，正中書局，民國五十八年增訂台三版）。

兩師團長及混成第四旅團長也先後進城。軍司令官根據其報告及艦隊的通報，詳細瞭解佔領台南及安平前後的狀況之後，認為各團隊不必再繼續駐留於現在位置，遂下令除各高層司令部之外，已經入城的各部隊〔山口支隊、混成第四旅團的一部分〕在城內宿營，其餘各團隊則在其四周宿營，並命混成第四旅團復歸第二師團長指揮。

此日，南進軍司令官通電樺山總督，報告台灣南部刻已平定，其要旨如下：

● 軍部於昨（二十一）日佔領台南府，雖無法確保殘兵或土匪，爾後或多或少再行集結妄動，然南部台灣大抵平定。僅存南部恆春方面，若運送船得便，即將派遣一支隊前去戡定。

二十八日，參謀總長傳達如下敕語給台灣總督〔三十一日抵台北，十一月五日傳達台南軍司令官〕：

其部下南進軍排除萬難，迅速剿討台南賊徒，朕甚嘉許，卿宜克善其後，以便平定全島。

樺山總督奉答如下：

台南賊徒，於今掃蕩，乃蒙優渥，賜頒敕語，臣等不勝惶恐之至，臣資紀必竭盡善後之策，務期能奉對聖旨，謹此奉答。 ◪

第六節
佔領台南
後的狀況
當南進軍進剿期間，台灣總督樺山大將在台北隨著戰事的進展，努力綏撫台民〔設置保良局、地方官廳，發佈躅免地租的公告等〕。中部以北的庶政大致就緒，民情似已歸於平靜。此時，接獲南進軍司令官高島中將的報告，得知賊首逃走，而台灣南部地區已經戡定，遂決定南下視察，於十月二十六日經海路進入台南〔台南民政支部成員也隨之同行〕。

當時除蕃地之外，僅有恆春及台東地方還未歸我軍所有，雖然濁水溪以南各地還有殘賊餘孽，但已無大型反抗團體的存在，總督認為台灣全島已大致平定，將來的戡勤行動以第二師團及現有的後備兵即已足夠，因此決定讓近衛師團儘速凱旋返國，遂向大本營報告此事。

於是，為使近衛師團便於凱歸準備，軍司令官於十月二十六日下令集結於台南附近的第二師團擔任大肚溪以南的兵站線及地方警備，並派出一部隊〔步兵一大隊〕經海路到恆春，守備該地。

第二師團長將其守備地域區分為彰化地方〔大肚溪、急水溪之間，後來北方擴大至大甲溪為止〕、台南地方〔阿公店以北到急水溪間〕、鳳山地方〔阿公店以南〕及恆春地方。彰化地方守備隊〔司令官為少將貞愛親王；包括步兵第四旅團、騎兵第一中隊（缺二小隊）、砲兵第一大隊、工兵第二中隊及衛生隊半隊〕從三十日起行動；鳳山地方守備隊〔司令官為步兵大佐仲木之植；包括步兵第四聯隊（缺第三大隊）、騎兵第一中隊之一小隊、砲兵第二大隊、工兵第一中隊之一小隊〕自二十九日起開始行動，分別進駐其守備地〔彰化守備隊至十一月下旬、鳳山守備隊十一月五日配置完畢〕；恆春守備隊〔司令官為步兵少佐石原盧，步兵第四聯隊第三大隊〕自三十日出發到達打狗，搭便船逐次由海路赴恆春；第二師團長則於台南親自指揮台南地方守備隊〔師團其餘各部隊〕。澎湖島方面，由彰化守備隊中抽調二個步兵中隊駐守〔澎湖島

已經有步兵第十七聯隊第十一中隊的守備兵，根據此一部署，又增派一中隊，但由於船舶配合的關係，直到明治二十九年一月十日步兵第十六聯隊第九中隊（隊長為秋山朝五郎大尉）才由打狗乘船到達澎湖島〕。

當恆春地方守備隊於三十一日下午，自打狗乘船，在登陸掩護艦隊〔「廣丙」、「秋津洲」兩艦〕的引導下，於十一月一日天未亮時抵達車城〈屏東縣車城鄉車城〉外海，在新街〈屏東縣車城鄉新街〉沿岸登陸，擊退少許賊徒，此日佔領恆春城〈屏東縣恆春鎮恆春〉。

當時，恆春城內存有二百餘名賊徒，我軍登陸時，往射麻里〈屏東縣滿州鄉射麻裡〉方向倉皇逃遁，其中數十名殘賊曾試圖抵抗。我軍部隊的一部分〔為截斷賊徒退路而派至東方的第十一中隊之一小隊（隊長為田中館佳橘中尉）〕於此日驅逐少數賊徒，抵達射麻里，並擊散正在集聚的敗賊。

於是，守備隊分別派遣守備兵至射麻里〔第十一中隊（缺一小隊）〕、鵝鑾鼻〔第十一中隊之一小隊〕及新街〔第九中隊之一小隊〕，主力則在恆春城內極力綏靖地方，此地人民率皆淳良，連附近蕃社也相率前來表示恭順之意。

十一月六日，樺山總督解散南進軍，各部團隊復歸其直轄〔白砲中隊、白砲廠部、臨時第二師團獨立工兵中隊及第二野戰電信隊屬第二師團長指揮〕，且根據大本營命令，下令近衛師團〔獨立野戰電信隊除外，近衛軍樂隊則復歸師團〕暨該師團長編組而成的兵站各部隊凱旋返國〔樺山總督於十一月九日自安平出發，十一日抵台北；高島副總督於十三日自安平出發，十六日抵台北。副總督旋又於二十四日自基隆出發，返回內地〕。

於是，近衛師團在十一月九日之前將其守備完全交接給第二師團，十三日至二十二日間逐次由打狗港出發，踏上歸途〔留在北部的部分兵站輜重及在總督府的傳令騎兵等就近在基隆乘船〕。

近衛師團長能久親王渡台以來，幾個月間櫛風沐雨，盡瘁軍務，由嘉義南進途中，即水土不服，感染疾疫，卻仍然銳意掃蕩，於轎中指揮部隊，迫全島平定之時，其病漸篤，終於在十月二十八日薨逝於台南。當時秘不發喪，二十九日於安平港將靈柩移置西京丸，由「吉野」艦保護歸返東京〔親王於十一月四日陞任大將，五日於東京發佈逝世消息〕。十月二十九日以後，由川村景明少將〔步兵第一旅團長〕暫時代理師團長職務。

其後，總督於十二月七日之前，依大本營之命，下令臼砲中隊、臼砲廠部、獨立野戰電信隊以及留守近衛師團長與留守第二師團長所編組而成的兵站輜重返國。這些部隊跟隨近衛師團之後，於十二月中陸續分由基隆、安平、打狗諸港凱旋回國。

第二師團守備台灣南部時，不時與匪徒發生衝突，但大多是草賊與小部隊的衝突，並無詳記的必要。只有蕉坑頂及淡水溪平原的剿討是其中較大者。以下略述其大要。

劃屬台南地方守備區域的蕉坑頂〔位曾文溪庄東北山地，在九重橋庄東方〕有一名叫陳發的匪賊，嘯集數百名黨羽，四出劫掠。為此，曾文溪庄守備隊〔步兵第十六聯隊第二中隊〕長佐藤松人大尉率領二小隊於十一月九日經烏山頭庄、九重橋庄，抵達蕉坑頂西方高地，十日面晤陳發，並偵察地形。陳發表面上以禮相待，相約二十日將到曾文溪庄歸順，但他似無誠意，三、四百名黨羽都攜帶前填火銃〔大尉十一日返回曾文溪庄〕。

第二師團長接獲如上報告後，從台南派遣步兵第十六聯隊第三大隊長〔川越重國少佐〕率領其二中隊〔第十一、第十二中隊〕至該地，並命第二中隊（缺一小隊）協助進行鎮壓。

川越少佐乃於十五日自台南出發，十六日親自率領主力〔第二中隊之一分隊、第十一中隊之一小隊及第十二中隊〕和佐藤大尉一起至烏

山頭庄；長谷川達三大尉〔第十一中隊長〕也帶領部分兵員〔第二中隊之二小隊（缺一分隊）及第十一中隊（缺一小隊）〕進至六甲庄。隔天，即十七日天未亮便分別經九重橋庄及王爺官庄前進，上午八時三十分左右，各部隊抵達蕉坑頂附近，逐漸包圍賊徒，向陳發勸降。在毫無回應之下，對方卻突然開火射擊，因此，少佐便立刻開始攻擊。下午一時終於發起衝鋒，擊退頑強抵抗的賊徒，摧毀其根據地，並在附近搜索，俘獲不少殘賊，惟陳發卻被逃走。翌日各部隊各自返回守備地〔其後，明治二十九年二月八日，守備蕃社庄〈屏東縣萬丹鄉香社（番社）〉的步兵第十七聯隊第三中隊（隊長爲諸戶貞利大尉）在果毅後庄及六甲庄附近庄民的合作下，在南勢坑庄捕獲陳發〕。

　　淡水溪平原方面，由於第二師團主力從枋寮往台南前進時，沒有特別注意生息在淡水溪左岸一帶平原的六堆粵族〈客家人〉，僅在茄苳腳及頭溝水庄有幾次戰鬥〔參照本章第四節〕，便往台南一意急進，因此在台南陷落後，該族雖有部分體認到皇軍威力，傾向歸順，但也有部分冥頑之徒〔上中堆總理鐘發春及上前堆副總理邱鳳祥等〕持主戰意見，煽動愚民，到處與我軍偵察隊發生衝突〔十月二十二日在潮洲寮庄（淡水溪左岸）〈屏東縣潮州鎮潮州〉，十一月七日在萬丹街〈屏東縣萬丹鄉萬丹〉東北方的頂仔林庄（淡水溪左岸）〈屏東縣萬丹鄉頂子林〉有過衝突〕。鳳山地方守備隊極力偵察賊狀，得知十一月十一日前西勢庄〈屏東縣竹田鄉西勢莊一帶〉附近有成群賊徒聚集，且得到四十餘庄支持〔賊首爲六堆的大總理邱阿六〕。

　　第二師團長接獲此一報告，決定剿滅該批賊徒，鎮壓客庄〔粵族聚落〕一帶地方，遂於十八日編成以鳳山守備隊爲主幹的一支隊〔隊長爲山口素臣少將；包括步兵第四聯隊（缺第三大隊）、騎兵第二中隊之一小隊、砲兵第二大隊、工兵第一中隊之二小隊、野戰電信隊的一部分、衛生隊半隊、步兵彈藥四分之一縱列、砲兵彈藥半縱列及患者輸送部〕，二十

三日在鳳山集合〔但步兵第二大隊（缺第八中隊）先前派出第五中隊至潮洲寮庄，其它則在磚仔磘庄〈屏東縣萬丹鄉磚子磘〉，該隊仍留在原地〕。

另一方面，十月二十二日，台南地方守備隊的中埔〔蕃薯寮庄西北方約一里半〕駐屯隊〔岡田昭義少佐所率領的步兵第十六聯隊第七、第八中隊〕在牛埔庄〈屏東市牛埔〉附近進行討伐工作，以眉濃庄〈高雄縣美濃鎮美濃〉為中心的右堆各庄全部歸順，此地方完全平定。

山口少將於二十四日命步兵第四聯隊第八中隊及半小隊騎兵增援在磚仔磘庄的部隊〔步兵少佐桑波田景堯所率領的第四聯隊第六、第七中隊〕，前進至阿猴街〈屏東市市街〉偵察賊情；又派遣工兵第一中隊之二小隊〔隊長為石岡豬四郎中尉〕至磚仔磘庄東方，進行淡水溪徒涉點準備工作。二十五日並率領支隊主力前進至磚仔磘庄，下令砲兵第三中隊〔隊長為山崎健次郎大尉〕增援阿猴街〔在潮洲寮庄的第四聯隊第五中隊（隊長為千田登文大尉）於二十四日移師磚仔磘庄，受命掩護負責偵察劉厝庄〈屏東市劉厝莊〉附近的賊情並從事淡水溪左岸道路修築工事的工兵隊，此日與工兵一起在大湖庄〈屏東市大湖〉宿營〕。

當時，火燒庄〈屏東市長興（火燒庄）〉有賊徒嘯集，因此，阿猴街偵察隊於二十五日下午向火燒庄進行威力偵察，確認該地賊徒有頑強抵抗的傾向，於日暮時返回。山口少將乃自二十六日正午起全力攻擊火燒庄的賊徒，於下午一點半將之擊退，並加以追擊，燒燬附近各聚落，傍晚返回阿猴街。此日，從大湖庄附近往西勢庄〈屏東縣竹田鄉西勢〉方向派出的偵察隊〔步兵第五中隊之一小隊（隊長為中村正翼中尉）、工兵第一中隊之一小隊（隊長為石岡豬四郎中尉）〕，遭到西勢庄附近賊徒的攻擊而撤退，後來得到大湖庄的步兵第五中隊（缺一小隊）救援，擊退追擊而來的賊徒。

二十七日，支隊駐紮在阿猴街及大湖庄，偵察戰場附近，發

現賊徒已完全散去，有十幾個村落放下武器、破壞工事表示歸順。於是，支隊經西勢庄，於三十日前進至萬巒庄，其中一部分於十二月一日在茄苳腳與部分恆春地方守備隊〔為掩護打狗、恆春間的電線架設，並與山口支隊連絡而前進的步兵第四聯隊第九、第十中隊〕取得連絡。

此次討伐的結果，使慓悍的粵族為之喪膽，許多閩族及熟蕃等也望風披靡，前來我軍營獻上武器，立誓歸順，該地也終於歸趨平靜。支隊在阿猴街留下守備隊〔隊長為山田忠三郎少佐；包括步兵第四聯隊第三、第四中隊、騎兵一分隊、工兵一小隊〕，十二月九日返回鳳山，解散編組。◪

第七節
附記

在台灣北部，從十二月底至隔年年初，匪徒所在多有，蜂湧而起，攻擊台北、基隆、宜蘭等地，但都被我軍所平定〔十二月下旬守備兵的配置參照圖㉚〕。

此次騷動是由於從台灣北部逃往清國內地的賊徒齊集在廈門，乘皇軍兵力薄弱之際〔因近衛師團回國〕，引誘各地不法之徒，煽動居民而起的。也有原清國兵及地方土勇等失業者加入，此外，薄有資產的良民間亦有被迫捐獻金錢、糧穀的。

十二月二十七日晚間，基隆東方頂雙溪守備隊〔後備步兵第五大隊第五中隊之一小隊（隊長爲鐮田之少尉）〕掩襲潛伏在其附近竿蓁坑庄〈台北縣雙溪鄉竿蓁坑〉及內坪林〈台北縣雙溪鄉內平林〉的賊首林李成不克。二十八日反遭賊徒攻擊，頂雙溪失守，勉強退據其東方高地，防範三面賊徒。直到二十九日正午，獲得瑞芳守備隊〔後備步兵第五大隊第五中隊（缺一小隊）（隊長爲上田省冶大尉）〕來援，才由西方突圍而出，與之會合。然而賊勢愈發猖獗，爲數幾達千人左右，往中隊側背步步逼近，中隊只好退往瑞芳。三十日早晨抵達瑞芳，與從基隆來援的二個步兵小隊〔森脇宇之助少尉所率領的後備步兵第五大隊第四中隊之一個半小隊，及第三中隊的半小隊〕共同防守此地，後來又爲賊徒所逼，與基隆的連絡幾乎斷絕，中隊乃於日暮時再度撤退。不久，基隆守備隊長〔步兵中佐安藤照〕率領第三中隊（缺半小隊）〔後備步兵第五大隊之第三中隊〕來援，會合後便一起在龍潭堵西方露營。

此日，在台北的兵站監〔比志島義輝少將〕聽到上述變局，遂派遣一個步兵中隊〔後備步兵第四聯隊第十一中隊（隊長爲興津景敏大尉）〕增援基隆〔由鐵路前往〕，並命另一中隊〔後備步兵第四聯隊第十中隊（隊長爲村野高光大尉）〕爲討伐隊，從七堵經暖暖街往瑞芳前進。安藤中佐於三十一日攻擊瑞芳，擊退賊徒，佔領該地。其間部分賊

徒出現在龍潭堵及瑞芳之間，襲擊行李，正好前述經暖暖街來援的村野中隊抵達，驅逐了這些賊徒。

隔天，即一月一日，安藤中佐開始進攻頂雙溪附近的賊徒。走在前頭的步兵隊〔第三中隊及第四中隊的一部分〕在三貂大嶺及頂雙溪間被賊徒包圍，與本隊的連絡中斷，中佐也遇到賊徒出沒，只好潛藏匿伏在粗坑附近的溪谷中，僅以身免。一月二日，安藤中佐向兵站監請求再增援二個步兵中隊，並以後方的剩餘部隊據守三貂大嶺，與賊徒對峙。

另一方面，從十二月三十一日下午開始，台北也呈現不穩徵兆。日暮時，傳來新店街附近有賊徒嘯聚的消息，遂派遣將校斥候〔岩田千城少尉所率領的後備步兵第四聯隊第一中隊之下士以下二十五名〕前往偵察，確認該地實有賊徒後折返，途中於古亭庄〈台北市晉江街至羅斯福路二段一帶〉遭到優勢賊徒包圍，被所屬中隊救出。此夜，錫口街附近也有賊徒蜂起，截斷與基隆間的連絡；金包里〈台北縣金山鄉金山〉也有賊徒四出。隔天一月一日天未亮時，有七、八十名賊徒襲擊艋舺南端，被守備兵擊退。此日上午有二、三百名賊徒群集在後厝庄附近，朝台北城亂射，兵站監以台北的守備薄弱，故調回新竹的一個步兵中隊〔後備步兵第十五大隊第一中隊（隊長為下川佐一大尉）〕〔由火車運送〕。總督也將擄獲的三門山砲交由兵站監使用〔總督府人員及若干民伕編成，由砲兵部副官公平忠吉大尉指揮〕，兵站監遂命步兵二中隊〔後備步兵第四聯隊第二大隊脅山暢少佐所率領的第十二中隊及第十五大隊第一中隊〕與砲兵合作擊退來襲賊徒。在此期間，滬尾街〈台北縣淡水鎮市街〉、深坑街〈台北縣深坑鄉市街〉、枋橋街也都回報有賊徒來襲。一月二日，兵站監又從新竹調回一個步兵中隊〔後備步兵第五大隊第二中隊（隊長為岡田利義大尉）〕〔在大甲的一個中隊移師後壠，在後壠的一個中隊移師新竹〕。不久，脅山

少佐的部隊收復錫口街，台北與基隆間的連絡也恢復暢通。再者，總督也得知自二十八日以來，宜蘭地方也有賊徒湧現，宜蘭城〈宜蘭縣宜蘭市〉陷於重圍之中，急需二個中隊的援兵。而前述瑞芳附近安藤中佐的情況也極為危急。此時，第二師團及各後備隊的補充兵約二千名抵達基隆〔一月一日、二日間抵達基隆〕，正好可以解此燃眉之急。總督遂命新到的總督府參謀砲兵少佐宮本照明與運輸通信部長〔步兵中佐三上晉太郎〕協議，派遣三百餘名補充兵〔由守備基隆的後備步兵第四聯隊第十一中隊的工藤歡平少尉率領〕至三貂大嶺；四百餘名〔由補充兵帶隊官步兵大尉目時繁次郎率領〕至宜蘭，其它則守備台北及負責台北與基隆間的連絡。

在瑞芳的安藤中佐於二日傍晚得到這三百餘名增援兵，決定救出前方部隊。三日，派遣一小隊〔補充兵的一部分（隊長為工藤歡平少尉）〕從金瓜石〈台北縣瑞芳鎮金瓜石〉方向與前方部隊連絡，但沒有成功。四日，乃率領大部分兵員往金瓜石，雖然進抵石笋〈疑為石笋〉高地附近，但已人疲馬乏，無法繼續前進，只好返回。五日早晨，前方部隊的斥候到來，始知該隊自一月一日以來一直與盤據大竿林〈基隆市安樂區大竿林〉高地、包圍該隊的賊徒交戰；安藤中佐遂選出一百名腳力強健者，以上述斥候為嚮導，終於將前方部隊救出，而於六日早晨返回。七日起，中佐率領大部分兵員前進至頂雙溪，擊退附近賊徒，九日，攻破蔡坑庄的賊徒巢窟，並將之燒燬，附近才告平定。

前此，總督以為騷動原因乃出自有影響力的清國官吏所策動的，其根本遠在廈門。遂於三日訓電台南的第二師團長，設若賊勢蔓延，連絡中斷的話，就以台南為根據地，並賦予隨機縮小守備地域的權力。另一方面還通電大本營，切盼儘速派遣原應來台接手守備工作的三個混成旅團中一個旅團（戰鬥部隊），前來救急。

台北方面，則於補充兵抵達後，編成三個步兵隊〔稱爲第一至第三警備隊〕、一個山砲兵隊〔五門〕及衛生部〔稱爲臨時救護員〕，四日完成編組，決定從五日起剿討各地。然而賊徒在各地均告失利，且目睹皇軍陸續來台，聲勢爲之消亡，從三日傍晚至五日間便如土崩瓦解，部分拿起鋤頭，化爲良民；部分則竄匿山野之間。因此，五日以來在江頭、海山口、新店街、暖暖街等地的討伐僅俘獲數十名殘賊而已。

宜蘭方面，十二月二十八日晚間聽到頂雙溪方面告急，二十九日頭圍街〈宜蘭縣頭城鎮頭圍〉守備隊〔後備步兵第五大隊第一中隊之一小隊（隊長爲赤木武郎少尉）〕前往救援，在北關收編從大里簡〈宜蘭縣頭城鎮大里〉退卻而來的小隊之分遣隊〔大里簡分遣隊（一分隊）於二十八日得到來自頭圍街的一分隊增援，遂於此日往頂雙溪方向前進，希望能連絡到友軍，卻在遠望坑〈台北縣貢寮鄉遠望坑〉遇到優勢賊徒而撤退。途中，於大里簡又遭到賊徒襲擊，好不容易才來到此地〕。此小隊乃負責頭圍街守備，等宜蘭守備隊〔後備步兵第五大隊第二中隊（缺一小隊）（隊長爲野村道達大尉）〕派出的一小隊〔隊長爲橫田佐吉中尉〕援兵到達會合後，於三十日開始前進，進抵草嶺時，遭到數百名賊徒攻擊起而應戰，其後因與後方的連絡中斷，宜蘭守備隊長〔後備步兵第五大隊長兒玉恕忠中佐〕命其撤退，好不容易才脫離賊徒攻擊，返回頭圍街，然而該地已被賊徒團團包圍，於是又突破北方包圍線，進入村內，村內的兒玉中佐正以少數兵力死守兵舍。中佐是在稍早的二十九日爲視察狀況而來的：這段時間裡，賊徒四處蜂起，奉中佐之命由宜蘭派來頭圍街的小隊〔後備步兵第五大隊第二中隊之一小隊（隊長爲永井岩次郎少尉），以及從礁溪庄〈宜蘭縣礁溪鄉礁溪〉調來的一分隊〕爲了阻斷賊徒到達此地〔與礁溪庄分遣隊一起在宜蘭集合〕，以病患、看護者〔約四十名〕及警官〔十二名〕固守頭圍街直至

此時。於是，中佐率領各隊往宜蘭突圍，途中排除各地賊徒的抵抗，於三十一日天未亮時抵達宜蘭。此間，宜蘭方面四周都呈現不穩狀況，當時來到該地的蘇澳守備隊〔後備步兵第五大隊第一中隊（缺一小隊）〕隊長〔辻翁助大尉；因故參與指揮宜蘭守備隊（當時連病患在內僅有下士以下五十三名，此外有憲兵十五名及警察官三十八名）〕於二十九日調來羅東分遣隊〔第二中隊之三分隊（隊長為金澤安太郎曹長）〕的大部分，並急速向兵站監報告〔為交給預定一、兩日內抵達的通信船而在蘇澳發送〕。隔天，即三十日得到蘇澳一個小隊〔隊長為印藤平吉少尉〕的增援〔兒玉中佐自宜蘭出發前下令調回的〕，永井小隊也撤退而來，會合這些部隊，嚴加戒備。

中佐返回宜蘭後，發現以現有兵力無法掃蕩四面的賊徒，不如固守宜蘭城，等待救援隊到來，乃加強防備、徵集糧餉。此日以後，賊徒從北方逼近宜蘭，一月一日當天則開始從東、北、西三面夾攻，即使某方被擊退，也不會遠離。二日，中佐更以當地土著急馳向兵站監報告，請求派遣步兵一聯隊及山砲一中隊，此日賊徒並未來襲。三日，東南方煙焰昇騰，遙遙可見，應是友軍救援隊抵達的跡象，賊徒似乎頗為惶恐。四日，城北的賊徒逐漸往北方撤退，不久，從蘇澳方面來的增援隊抵達。

另一方面，蘇澳也有不穩消息傳來，剩餘的守備隊〔隊長為平山治久少尉〕嚴加防備。三十一日，正好特別通信船入港，乘便請其增援下士以下十一名，並將宜蘭送來的急報交託之，此船即航回基隆。至一月二日，賊徒逼近隘丁庄〈宜蘭縣蘇澳鎮隘丁〉，守備隊遂佔領七星嶺，與之對峙。正好此日從基隆派遣來的目時大尉率領四百餘名補充兵抵達，於是，大部分兵員〔包括守備隊及補充兵，合計五十名留守蘇澳（隊長為新田勝寬特務曹長）〕三日出發往宜蘭救援，途中擊破各處賊徒的抵抗，翌（四）日下午抵達宜蘭。

此時，兒玉中佐將臨時守備隊重新作編組〔部分補充兵編入第一、第二中隊，其餘編成二個新的中隊，暫時稱爲第七、第八中隊，以目時大尉爲第七中隊長，辻大尉爲第八中隊長，平山少尉爲第一中隊長〕，下令第一中隊守備蘇澳，其它到宜蘭集合。此外，兒玉中佐認爲掃蕩各地方賊徒，必須再增加步兵二大隊、砲、工兵各一中隊，遂向兵站監提出增兵及彈藥的請求。五日，各隊休息；六日，在附近從事一些小掃蕩，以守勢等待敵人接近。西北方的賊徒從七日下午接近宜蘭城，我軍於傍晚出擊，但並未奏功。八日，兩軍繼續交戰，我軍再度出擊，雖然擊退賊徒，但因彈藥缺乏〔每槍不過四十餘發〕，兵卒也甚爲疲乏，因此無法向遠處追擊。九日，派遣將校〔赤木武郎少尉〕至台北，請求援兵及彈藥，同時增築防禦工事，結果賊徒並未來襲，大部分已退至礁溪庄附近，採取防禦態勢，在公埔庄〈宜蘭縣冬山鄉公埔〉以北大肆設置防護設施。此間，彈藥從十日陸續抵達，至十三日下午，混成第七旅團的一部分抵達宜蘭，十五日，大部分援兵都已抵達。

前此，大本營收到台灣總督一月一日及二日發出的增兵請求，遂於一月五日派遣第四師團長迅速編成混成第七旅團〔旅團長爲大久保春野少將〕渡台。此一旅團〔爲臨時編制，由步兵第八、第九聯隊（各缺第一大隊）、山砲中隊、工兵中隊、步兵彈藥二縱列、山砲彈藥一縱列組成〕的戰鬥部隊於六日完成編制，七、八兩日自宇品港出發，十一至十三日航抵基隆。總督於十日接獲宜蘭急報，遂命最先抵達的步兵一大隊〔步兵第八聯隊長前田隆禮大佐所率領的第二大隊〕先經海路前往宜蘭，旅團主力抵達後，又調派一個步兵大隊〔步兵第九聯隊第二大隊〕、一個砲兵小隊至台北；一個步兵大隊〔第九聯隊第三大隊〕、工兵中隊（缺一小隊）〔由步兵第九聯隊長草場彥輔之中佐率領〕則在基隆登陸，經頂雙溪向宜蘭前進，其餘〔步兵第八聯隊第三大

隊、砲兵中隊（缺一小隊）、工兵一小隊〕則由海路送至宜蘭，以便南北夾擊賊徒。

旅團主力進入宜蘭後〔前田大佐所率領的大隊於十二日、大久保少將所率領的部隊則從十三日至十四日在蘇澳登陸〕，旅團長大久保少將併合守備隊，從十七日起進剿宜蘭北方的賊徒，並擊破盤據在礁溪庄附近的賊徒。十八日，掃蕩附近殘賊，十九日，向頭圍街前進，賊徒幾乎毫無抵抗，就往西方潰散。另一方面，十三日在基隆登陸的草場中佐率領部隊，於十五日前進至頂雙溪，十九日越過草嶺，並未遭遇賊徒，抵達大里簡，在此與旅團主力取得連絡。宜蘭地方討伐行動雖然如此結束，但謠言蜚語仍然不斷，守備隊及混成第七旅團乃繼續掃蕩殘賊，直到二月初終於大致底定。

其後大本營重新編成三個台灣守備混成旅團，負責台灣的守備工作。於明治二十九年四月上旬起，逐次運送到台灣，隸屬總督指揮，接手第二師團〔連同第二野戰電信隊及臨時獨立工兵中隊〕及該師團長所編成的兵站各部隊及後備隊的守備工作。同時，也將台灣兵站監部裁撤，由總督府陸軍局長執掌其業務。這些部隊從四月上旬至五月大部分從安平、少部分從打狗及基隆乘船返回內地〔混成第七旅團留下四個步兵大隊、工兵隊，其它則從六月三十日返回內地〕。◪

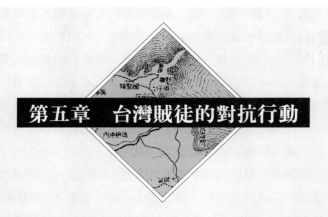

第五章　台灣賊徒的對抗行動

第一節
討伐前
的狀況

本戰役開始之初，福建水師提督楊岐珍及廣東南澳鎮總兵劉永福分別率領其所部數營，相繼渡台。楊在台北防備北路，兼領全台防務；劉與台灣鎮總兵萬國本一起協防南路一帶；統領候補道林朝棟與工部主事邱逢甲共同負責防備中路〔統領知府朱上泮防守澎湖群島，參照第一章〕。爾後北洋警電頻至，台灣巡撫唐景崧在台灣及清國內地大肆招募兵勇，並糾合民勇、徵集糧餉，務求萬全的防備之策。明治二十八年三月下旬，台灣鎖鑰澎湖島為我軍佔領；不久，兩國議和，割讓台灣及澎湖群島，台民群情憤慨，紳民〔以林維源、邱逢甲、林朝棟、陳儒林、潘成清等為首〕於台北籌防局日夜商議，或云電請朝廷撕毀成約，或云向外國領事請求成為保護國，議論囂嚷。最後以為可獲得二、三位不願割台之督撫的後援，夢想如同三國干涉還遼那樣歸還清國，遂決定建立共和國。五月二十五日推唐景崧為大總統，劉永福為軍務總統，定「藍地黃虎」為國旗，照會歐美各國，告示全台，一方面宣揚我帝國之暴斂、軍隊之殘虐，一方面宣稱母國後援之可恃，列國干涉之可期，煽動民眾的反抗心。

前此，唐景崧下令在台官員須於五月二十七日前決定去留，結果，高階文官及回籍後可望補缺者多納印綬而去，楊岐珍、萬國本亦相繼內渡，各地守備諸營〔後出者〕因無法內渡，遂留台與亂民合流〔幹部隻身離台者，不僅是情勢使然，也有許多人因回籍後補缺無望，而決定留台苟安〕，其內渡者僅楊所部數營。於是唐景崧親自兼領楊岐珍之職務，防備北路；劉永福則合併萬國本之部，防備南路，兼領全台軍務。

當時在台灣的正規軍〔專指練、勇兩軍；另有綠營十數營。負責驛遞郵傳及鹽務、釐金、保甲的「局勇」，在蕃界防備生蕃的「隘勇」及稱為「屯丁」的歸化蕃，皆沒有列入兵力估算的價值〕兵力共有一百五十餘

營，兵員約達五萬人，大概位置如下：

- 北路〔台北府〕守備：總統唐景崧〔前台灣巡撫〕
  步兵七十四營四哨
  要塞砲兵三隊十二哨
- 中路〔台灣府〕守備：總統林朝棟〔候補道〕及邱逢甲〔工部主事〕
  步兵二十九營二哨
- 南路〔台南府〕守備：總統劉永福〔總兵〕
  步兵四十一營
  要塞砲兵四隊
- 後山〔台東直隸州〕守備：統領袁錫中〔副將〕
  步兵四營

　　上列各營當中，自始即態度游移，雖然也有不少堅持到最後才解散，但大部分迫於生計，不是再加入新募軍，就是投身非正規軍。

　　其後賊兵由於武器糧餉不足，無法再組正規軍，僅在彰化及鳳山地區新募了二十四營，約七、八千人。

　　前述正規軍之外，台灣自乾隆年間〔乾隆元年為西元一七三六年〕即開始有民勇〔有亂事時，地方的壯丁、族群或聚落往往各自團結成軍，事平後解散，各自為業〕，二百餘年間經常協助政府平定叛亂，清廷也加以鼓勵。因此，日清戰起，清廷命林維源為全台團練大臣，在各府縣設團練局，糾合民勇〔這些民勇大多在台北陷落前後解散，其後受劉永福等人蠱惑煽動而蜂起的賊徒，多屬此類民勇〕。

　　這些民勇，有些在編制上倣效清國勇軍的編組，但大部分都不編制隊伍，一般稱為義民、義勇或鄉勇，武器糧餉多各自籌辦，旗幟軍裝不整〔服裝多與普通老百姓相同〕，因給養問題，經常在

遠離鄉里後，使不能有效行動，即使大敵當前，夜間亦各自回家，有事才敲擊鑼鼓集合。此輩大多冥頑不通事理，聽信謠言，為了自衛而閉塞閭門、修築竹圍，緊緊環守，我軍臨境時則咆哮反噬，至他境時則拱手旁立，作壁上觀。

雖然情形有如上述，但民勇的實力優於正規軍，各地戰鬥時常為賊兵主力，其目的雖在消極的自衛，然他們散在各街庄整修戰備，使得看來彷彿全台皆兵，其數今雖不詳，實際與我軍接戰的民勇高達數萬人〔據說當時台灣全島住民約二百八十萬，其中約有十萬蕃人，這些蕃人佔居高山深谷中，不與漢人往來，本次戰役處於局外位置。漢人以閩（福建地方）、粵（廣東地方）二族為多，閩人為移墾台灣之祖，佔居沿海一帶樞要之地，人數最多。粵人移來較晚，多居住在與蕃界交接處，因此前者稱後者為「客家」，其部落稱為「客庄」，兩者間經常反目成仇。在閩族中又有漳州、泉州之別，各自成黨，相互傾軋，分類械鬥不斷。另有一種土人稱為「土匪」，是遊食四方的無賴漢，平素以賭博奸盜為事，或投機持挺，呼嘯作亂。因此台灣人民不論良否，皆私藏兵器以自衛，富豪之家甚至以私費雇養兵丁，儼然封建時代的小諸侯。民情如此，故民勇及正規軍中皆混雜許多無賴之徒，毫無軍紀可言，劫掠之事，所在多有，眼見情況不對，便突然倒戈，襲殺首領，威脅友軍，四處搶劫〕。

武器除如前章所述者外❶，非正規軍往往使用獵槍、木砲等，十之六、七皆無火器，僅攜帶劍、戟、竹槍等。

為了製造並儲藏武器彈藥，台北設有機器局及軍器局，並在台南設置支局；在大稻埕有火藥製造局，大龍洞〈台北市大龍峒〉有火藥庫，台南同樣也有支局及支庫。此外，基隆及滬尾街有水雷局，分別配置一哨水雷營。

---

❶原文為「武器除如第三章所述者外」，由於本書僅摘譯原書第35、39、41、42等章，故將原文稍作修改，以求通順。

兵站組織方面，台北有支應局，並在台南設支局，各地則設有糧台及轉運局。◨

第二節 基隆、台北附近的對抗行動

基隆為台北之門戶，也是台灣最優良的港灣，清國在此地佈有重防。明治十七年〈一八八四〉與法國交戰以前，即有港灣防禦設備，其後更增築數個砲台，主要的有社寮砲台、頂石閣砲台、小砲台、仙洞砲台及獅球嶺砲台等。這些砲台的主要防禦範圍都在於港灣內部，能對港灣之外進行有效射擊的只有社寮砲台〔最新築設而成，明治二十四年竣工〕。〔以下參照圖③及第二章圖③、④、⑤〕

當時主要港區守備隊為銘字軍〔五營〕、定海軍〔二營〕、廣勇〔二營〕、田字營、水雷營及砲台砲隊，由張兆連〔記名提督〕指揮，各砲台之備砲及砲隊配置如下：

砲 台	砲 種	砲 數	兵 員	砲 台 司 令
社寮砲台	十二吋安式加農	一	三哨	陳華廷〔都司〕
	十吋安式加農	二		
	八吋安式加農	二		
小砲台	八吋安式加農	一	二哨	莊長勝〔守備〕
	六吋安式加農	二		
頂石閣砲台	二十一公分克式加農	二	三哨	陳學才〔遊擊〕
	八吋安式加農	一		
仙洞砲台	十二公分克式加農	一	一哨	劉燕〔守備〕
	十五公分克式加農	二		
獅球嶺砲台	十二斤前裝加農	一	一營	包宗光
	六吋前裝加農	一		
備考	各砲台除了上列諸砲之外，尚備有若干輕砲。又各砲台及表中未列之廢砲台尚有不少舊式砲，但多荒廢無用，故不載於此。			

港灣的背面即內陸正面，雖是重山疊嶺、道路險惡的天險所在，但並沒有任何防禦設施，唐景崧嚴令張兆連等人加強基隆港直接防備的同時，惟恐敵兵從其它地方登陸，進攻其背後，基隆西面乃有統領陳尚志〔總兵〕所率領的尚字軍〔三營〕及勁字營駐

屯金包里；東面則有銘字軍後營〔長官為藍岐山（遊擊）〕駐屯八斗庄、簡字營〔長官為簡溪水（六品軍功）〕駐屯宍仔寮〈台北縣瑞芳鎮海濱〉。此外，又命毛令賡〔營務處委員〕及方祖蔭〔基隆廳同知〕偵察八斗庄至三貂灣沿岸，其報告要旨如下：

一、三貂灣〔似僅指部分三貂灣，即三貂溪河口〕乃基隆東北沿岸，水最深、灣最闊之地。距三貂灣二華里處，有一座山名叫鹽寮仔，此地地形險要，若在此駐兵，可兼顧三貂灣及新社〈台北縣貢寮鄉新化〉、舊社。澳底、蚊仔坑〈台北縣貢寮鄉和美（蚊子坑）〉兩地也有敵兵登陸之虞，若要加以防備，以丹裡庄〔指雞母嶺，本報告中皆同〕最佳，此地距海濱不過二華里，可獲得充分的掩蔽，且與鹽寮仔山斜斜相對，遙望可見，故可在鹽寮仔山駐紮一營，分出二哨駐屯丹裡庄，以便彼此呼應支援。

二、宍仔寮以東有鼻頭〈台北縣瑞芳鎮鼻頭〉、南仔吝庄〈台北縣瑞芳鎮南雅〉、水南洞〈台北縣瑞芳鎮水湳洞〉〔似指龍洞附近〕，水淺石多，不便登陸，故在九份設一營，即足以防禦沿海地帶，兼可保護金瓜石、大、小粗坑之淘金者，往南則可與鹽寮仔山及丹裡庄；往西可與宍仔寮及八斗庄各防營聲氣相連，防備將可更加周密。

　　唐景崧根據此報告，命統領曾喜照〔記名提督〕所率領的三營連勝軍，充任該方面守備，曾喜照親自率領中營駐屯澳底附近，並派遣右營〔長官為徐天錫（六品軍功）〕至九份、左營〔長官為孫占彪（記名總兵）〕至蚊仔坑。經偵察地形後，曾喜照要求變更配置〔為要在鹽寮及舊社各駐屯一營以及九份、蚊仔坑間增派一營，再增設前、後、副三營〕，得到唐景崧同意，但還未實施，皇軍即已登陸。五月二十九日前後，原清國兵的配置概如圖㉛。

五月二十九日，皇軍〔近衛師團〕在三貂灣登陸後，由連勝軍中營派往舊社方向的監視部隊首先遭到皇軍〔登陸掩護隊〕攻擊而潰走，該中營眼見大軍跨海壓境，一陣紛擾，終不能支，統領曾喜照乃率其大部往土嶺方向撤退，以便與九份的右營會合。位在蚊仔坑的孫占彪所率領的該軍左營，為支援其在火炎山的分遣隊，於當日傍晚抵達該地，但分遣隊已經潰散無蹤，加上聽說皇軍陸續經過丹裡庄，往頂雙溪方向前進，遂紛紛逃走。隔天天未亮時，孫占彪也率領殘兵由小路逃往九份。

此日，皇軍的先頭部隊前進至頂雙溪，第二天（三十日）上午佔領三貂大嶺，來不及逃走的賊徒退路受阻，與皇軍在各地發生衝突，最後大多散亂退走山間。

從澳底方向潰走的連勝軍中、左兩營之中，自二十九日晚間直到三十一日早晨投靠位在九份的該軍右營者不過一百三十餘人。為了尋求增援，統領曾喜照於三十日早晨自九份出發趕赴基隆。

三十一日，部分連勝軍右營看到一隊皇軍〔偵察小隊〕經大、小粗坑往瑞芳方向前進，乃由側背加以突襲，正好由台北派來的威遠軍一營，從瑞芳前進來會，兩軍便一起追擊，然後往三貂大嶺方向撤退。

前此，在台北的唐景崧於三十日接獲我軍在三貂灣登陸的報告，立刻派遣滬尾防軍三營〔長官為陳得勝（總兵）〕及威遠軍二營〔長官為吳國華（弁目）〕扼守三貂大嶺；又派遣銳字軍二營〔長官李文忠（遊擊）〕扼守宍仔寮附近的海岸道路。三十一日，再出派建字營〔長官為林傳〕及撫標親兵右營〔長官為黃華來〕至八堵〈基隆市七堵區八堵〉；撫標親兵三哨〔營名及長官不詳〕至暖暖街，以為後援。

陳、吳等營於三十日自台北出發抵達基隆，三十一日早晨往

三貂大嶺及宗仔寮前進，張兆連也從基隆抽調銘字軍右營〔長官陶廷樑（參將）〕及銘字軍正營〔長官孫道義（知縣）〕各半營、廣勇一營〔營名不詳，長官為包幹臣（知縣）〕以及田字營〔長官沈藍田（六品軍功）〕，在陳、吳諸營之後跟進，協力退敵。

然而從台北、基隆前來的這些增援部隊，無人統一領導，各隊貪功相爭，鬩牆互鬥，結果威遠軍及廣勇於五月三十一日返回基隆，剩下田字營駐屯三爪仔庄、防軍三營駐屯瑞芳、銘字軍正營〔半營〕及右營〔半營〕以及連勝軍諸營合力駐守九份。

六月一日，皇軍〔須永隊〕攻擊九份，並佔領九份附近後，連勝軍諸營經拔死猴往基隆方向敗走，銳字軍二營〔從台北來者〕駐守拔死猴，其它部隊則佔領瑞芳及其東方高地。此日清晨，張兆連所派出的仙洞砲台長劉燕率領砲隊〔克式山砲二門、砲勇半哨〕也於上午抵達瑞芳，在坤仔頭至瑞芳東南方高地佈陣，與皇軍近距離對峙。

基隆方面的張兆連於六月一日半夜接獲九份已陷、瑞芳孤守的急報，乃親自督戰，企圖挽回頹勢，率領定海軍前營、銘字軍二營〔各營皆留一半駐守基隆〕及建字營於二日拂曉自基隆出發，進向瑞芳，統領胡友勝也率領廣勇二營繼之而行。

此日，皇軍前衛攻擊瑞芳，賊兵第一線早在張兆連抵達前就已潰亂。前此，上午七時半左右，張兆連與其所率領諸隊加速趕抵瑞芳，與統領陳得勝會合，正在聽取狀況時，忽然槍砲聲起，根本來不及作任何應變措施，瑞芳東南高地的砲隊早已潰亂，竄入瑞芳，皇軍尾隨而至，全軍驚駭，不知所措，終於土崩瓦解。一部分經主要道路退往基隆，一部分向瑞芳西北高地撤退，還有一部分來不及撤離，只好做無謂的抵抗，此事已於第二章記載。此時，賊兵的後續部隊中，銘字軍前營及建字營受敗兵誘導，前

者往基隆、後者往暖暖街退走，只有胡友勝率領部下二營急行，於上午九時左右抵達龍潭堵附近，佔領其西方高地。然而皇軍追擊隊伍攻來後，亦撤守陣地，往基隆方向退卻〔後又到獅球嶺（參照第二章圖⑤）〕。此外，先前由台北前來、駐留拔死猴的銳字軍二營〔長官李文忠（遊擊）〕於此日遭受皇軍〔須永隊的一部分〕攻擊，往大深澳方向敗走；一直駐屯在穽仔寮的簡字營〔長官簡溪水（六品軍功）〕在九份的戰鬥之前早已瓦解四散。

　　二日，瑞芳敗戰的消息於當日上午十一時左右傳至基隆，不久，張兆連與敗兵一起返抵基隆，但其身受重傷，不省人事。到處流言蜚語，人心洶洶，基隆廳同知方祖蔭將此狀況電報唐景崧，並苦苦要求增派部隊及有聲望的將帥前來，然而唐景崧已無任何足堪遣派的將帥及部隊，只能就敗戰後的防守事宜，陸續向方祖蔭及俞明震〔基隆營務處督辦〕發出如何處置之訓電：

一、瑞芳雖已失守，尚有諸軍，可扼守龍潭堵，此間砲台備砲切勿妄動，只要不動，敵艦就無從來攻。

二、日本軍若攻過龍潭堵，即退據獅球嶺，憑險扼守。

三、由陶廷樑代理張提督〔張兆連〕統率全軍。

　　然而陶廷樑在九份方面敗戰後，就音訊斷絕，俞明震則於此日瑞芳戰鬥中負傷，入夜後返抵基隆。是以各隊並無統一的指揮，防守計劃也未能貫徹全軍。六月三日早晨，各營仍然駐守在原處，而在基隆東岸的各營背面，完全對皇軍開放，僅在各處高地配置了若干監視兵，蓋其一部分已喪失鬥志，準備伺機逃走，另一部分可能不知龍潭堵之險隘已經失守，一意警戒在其防區海上遊弋的我軍艦隊。

　　基隆及三貂灣附近的賊兵兵力與皇軍登陸當時、以及爾後由

台北及其它地方陸續增援的兵力總計起來，除基隆各砲台砲隊之外，共有二十五營三哨，然而在各處的戰鬥後，一營中全部或大部潰散者不在少數，當時戰鬥力尚存的有十八營三哨〔這些營隊如前所述，約有一半曾至各處出戰，戰敗潰散後，復歸本隊者極為稀少，因此，當時一營的實力大多不到半營〕。六月三日上午十時左右，其位置如下：

- 廣勇（二營）、威遠軍（二營）：獅球嶺
- 撫標親兵右營大部分：八堵
- 撫標親兵右營三哨：暖暖街
- 銘字軍左營：白米甕
- 定海軍中營：仙洞〈基隆市中山區仙洞〉
- 銘字軍（二營）、連勝軍右營、水雷營：基隆
- 銘字軍前營：沙元庄
- 銘字軍右營：八尺門〈基隆市中正區八尺門〉〔沙元庄東北海岸〕
- 定海軍前營：社寮島
- 建字營：四腳亭
- 銳字軍二營、銘字軍後營：從八斗庄向基隆撤退中

由於賊兵情況如上述，因此六月三日皇軍攻擊基隆時，幾乎沒有遭到任何抵抗，轉瞬之間，市街、兵營、砲台全歸皇軍所有，只有獅球嶺尚有廣勇及威遠軍四營固守陣地，頑強抵抗，但最後被皇軍乘虛攻入右翼而棄守，潰走台北〔戰鬥的詳細情形參照第二章〕。

如前所述，唐景崧之就任台灣民主國總統，乃是被部分軍民所推舉，唐從一開戰就認為沒有勝算，一直伺機逃脫此困境。瑞芳之戰〔六月二日〕戰敗當晚，俞明震與方祖蔭一起至台北見唐，

勸唐儘速派遣增援部隊，嚴守台北關鍵所在之獅球嶺，並親自前進至八堵附近指揮大軍，鼓舞士氣，但唐顧左右而言他，並未回應。隔天，即三日下午，傳來基隆敗戰消息，敗兵也陸續前來，城內大為動搖，左右有人勸唐火速退至新竹，倚靠林朝棟或劉永福，圖謀再舉。唐並未聽進去，眼見竄逃時機已到，待日落後，乃悄悄率領四百餘名親兵至滬尾街，登上德國汽船〔鴨打〈Arthur〉號〕，駐守滬尾街的各營隊知道後，有怒不可遏想把他強留下來的，更有想和他一起逃亡內渡的。物情騷然之際，基隆及台北方面的敗兵陸續來到滬尾，騷擾更甚，終於演成相互爭鬥。不久鴨打號在德國軍艦〔「伊痾吉斯」〈イルチス〉艦〕的保護下，直到六日清晨才得以解纜，搭載著唐以下原清國兵勇千餘人往廈門航去。

唐的逃亡至五日早晨傳至台北城內，潰勇、土匪龍蛇雜混，燒燬官廳，殘害良民，四處狼藉，如此一晝夜後，糧餉金穀固不用說，連武器、彈藥都搶劫一空，甚至連廢槍、火藥也無一倖存。本島籍的兵勇各自解散歸返鄉里，清國兵勇大多湧向淡水，也有少部分往新竹方向撤走。逃往淡水者及該地守兵都脫掉軍裝，有的自己租船返國，大部分則由皇軍負責運送回清國，此事已於第二章記載。退往新竹方向的是胡友勝、吳國華所率領的一千餘名廣勇，沿路劫掠村落。因此在中櫪、新埔街、九芎林等粵庄〔粵人（參照前文）所居住的村落〕反遭到庄民襲擊，幾乎全被殲滅。

在此期間，一隊皇軍於七日佔領台北，八日佔領滬尾街。

台北原為台灣島政治中樞，同時又是武器、糧餉補給的來源，因而就放任地方自治的本島而言，中樞機關破滅影響雖然不大，但補給斷絕對反抗的企圖卻是一大打擊。因此主戰的首倡者邱逢甲及為救援台北而正在北上途中的林朝棟聽到台北陷落後，

都感到大勢已去，便解散軍隊內渡清國；而一直採觀望態度的中南部文武官員也陸續解綬離去，各地土匪乘機並起，民情騷然。

此時，只有南路守將劉永福據守台南不動，並傳檄四方，講求戰守之策。當時劉永福在華南地方的聲望極高，對內能控馭烏合之兵勇、威臨剽悍之台民，對外則贏得對「割台」一事慊然有愧的清國官民之信任，上海、香港各報紙皆盛讚其壯舉及功業，舖陳揚溢之詞，煽動挑撥，無所不至。台灣主戰軍民靡然應之，華南地方士民往往慷慨解囊，傾力相助〔六月二十六日，台南紳民相率將民主總統之印上呈劉永福，劉辭而不受，仍以清國台灣防務幫辦之名義辦事〕。

劉永福一面派遣代表向清國沿海各省督撫商請武器、糧餉及外交上的援助，一面將中路以北的防務委託黎景嵩〔彰化知府〕❷，並陸續派遣統領楊紫〈載〉雲、統領李維〈惟〉義〔記名提督〕、營務處督辦吳彭年等前往協助，自己則專心防備南部沿岸。其企圖實與邱逢甲等人相同，希望藉由列國干涉達到目的，故避免決戰，儘量維持現狀。其根據地台南的位置，與當時季節相配合，對其企圖有莫大幫助。蓋因台南僻處台灣南端，從陸路南下，至距台北近百里處時，正值中路雨季，南北交通幾乎斷絕；海路方面又受到西南季風的影響，軍隊若要在西海岸登陸，不免冒險。由於其得此天助，方才拱手讓賊徒支撐數月之久。 ◪

❷應為台灣府知府，但因台灣府城尚未建成，所以暫駐於彰化城內。

第三節
台灣北部的
對抗行動

如前所述，林朝棟北上途中，聽說台北陷落的消息後，便將其部隊解散，其後由於新竹市民請求，其中一部分〔台北防軍營（長官為傅德生〈星〉）及棟字右營（長官為謝天德）〕於六月八日進入該地，負責地方警備。不久，邱逢甲副將吳湯興〔苗栗南方銅鑼灣（福興街）〈苗栗縣銅鑼鄉銅鑼〉的土豪〕也率領在苗栗地方糾合的七百餘名賊徒進入新竹，取代邱〔邱與林朝棟一起將部隊解散〕號稱全台義民統領，並招募吳光亮〔記名提督，前台灣總鎮〕為幕賓，藉口收復台北，煽動新竹、苗栗兩縣人民。而邱的部下、位在後壟的誠字營〔長官為邱國霖〕也未解散，與之遙相呼應。其它如北埔〔新竹東南約三里〕土豪姜紹祖率領敢字左右兩營，也與之互通聲息。新竹城以東的不逞之徒，嘯聚各地，同樣應聲而起。

皇軍之一隊〔西川偵察隊〕開始西進後，在新竹的吳湯興於六月十三日得知皇軍即將抵達中櫪附近，便欲迎擊。十四日，率領其所有部下〔七百餘名（槍數一百五、六十）〕自新竹出發，其中一部分〔二百餘名〕在正午過後前進至番仔湖，主力進入枋寮庄，得知皇軍已抵達大湖口，遂不敢貿然前進，直到日暮時分，偵知皇軍勢單力薄，便向箕窩庄鼓噪前進，但很快便被擊退，回到原位；十五日再度攻擊不克，雙方互相對峙；十六日天亮時，偵知皇軍已往東方撤退。此次衝突後，姜紹祖率領敢字營返回北埔，吳湯興則命其所部前進，分屯於大崩坡〈桃園縣楊梅鎮崩坡〉及大湖口間各處，並親自與若干親兵往來於苗栗、頭份街之間，利用大湖口的戰果，招募兵勇，並徵集糧餉、武器。黎景嵩亦予以聲援，答應補助其軍費，其聲勢與日俱盛。此時，吳湯興接獲皇軍〔阪井支隊〕再度西進的消息，便與徐驤〔頭份街土豪〕率領新募來的二營兵勇往大湖口前進。二十一日自頭份街出發，當天在大湖口以東的

吳湯興所部兵員得知皇軍〔阪井支隊〕由中壢前進而來，便煽動附近庄民，盤據沿途各處高地為核心進行抵抗，但均被驅逐，便退往枋寮庄方向；另一部分盤據大湖口北方村落，頑強抵抗，直到入夜前始終固守其據點。吳湯興、徐驤等聽到此一戰聲，急忙前進，抵達枋寮庄北方高地後，皇軍已佔領大湖口，但仍有部分隊伍繼續前進，遂緊急試著加以抵抗，最後終不能支，退往枋寮庄。吳、徐等人飛簡傳送在新竹的棟字右營及台北防軍營，請求支援，然援軍未到前，枋寮庄從第二天，即二十二日早晨起遭到皇軍〔阪井支隊前衛〕逼迫，多數守兵無法抵擋，只好退往新埔街附近。但仍有部分兵勇佔據枋寮庄一家屋內〔稱為義民亭〕，在皇軍撤退前，始終頑固抵抗，入夜後方才退往新埔街方向〔據說義民亭有吳湯興親自據守，然今已無法詳知〕。

不久，吳湯興返回苗栗，一面等待黎景嵩於彰化編組中的「新楚軍」來援，圖謀再舉，一面著手整頓潰勇、編組新募營勇。此外，徐驤於二十三日率領二百餘名親兵前進，企圖阻斷皇軍在台北、新竹間的連絡線，而新埔街的兵勇也以新埔附近為根據地，二十四日以後至七月七日間再度在枋寮庄附近出沒，屢次與皇軍〔阪井支隊的一部分〕發生小衝突。另一方面，二十二日，新竹城內的棟字右營及台北防軍營聽說皇軍〔阪井支隊〕逼近新竹，便退往尖筆山。在北埔的姜紹祖則以其部隊守備水仙嶺。

之前，安平鎮庄的土豪胡嘉猷受唐景崧之命在該地招募兵勇，後因台北陷落，唐景崧逃走，便暫時觀望形勢。直到眼見一隊皇軍〔阪井支隊〕孤兵深入，乃嘯集黨羽〔四百餘名〕，從二十二日起在中壢、楊梅壢之間出沒，使皇軍背後的連絡線也屢受威脅。翌（二十三）日，徐驤也率領所部二百餘人來會，聲勢為之大振，龍潭坡的黃薇二、十一份的李蓋發等也各自嘯集了三、四百

名黨羽與之呼應。其後，由於台北、新竹間的皇軍逐漸增加，二十四、二十五兩日的戰鬥中〔在中壢、楊梅壢間與近衛步兵第一聯隊第一中隊及澀谷騎兵中佐所率領的近衛步兵第一聯隊第六中隊之戰鬥〕喪失不少精良部隊，徐驤、胡嘉猷便暫避其鋒，退據安平鎮庄，嚴密守備，李蓋發、黃薇二等人則退往龍潭坡。此時咸茱硼街另有夏阿賢、鍾統等人嘯聚了五、六百名黨羽。

其後，胡嘉猷等人於二十八日及七月一日二度受到皇軍〔三木支隊〕的激烈攻擊，攻防戰表現優異，暫時保住安平鎮庄。但自知敵勢難當，遂於一日晚間撤離該庄，胡退往龍潭坡，徐退向北埔。

此時，吳湯興在頭份街、姜紹祖在北埔嘯聚更多徒眾，至七月上旬已高達千餘名，分別增援尖筆山及水仙嶺，在新竹、樹杞林街道上的二重埔附近也配置了鍾石妹所率領的一、二營兵力，以便對付新竹方面皇軍。而黎景嵩所派遣的新楚軍五營〔前營、後營、副中營、副左營及砲隊營〕由分統楊再〈載〉雲〔記名提督〕指揮，前進至後壠、中港間；大料崁溪河階地等處的不法之徒也與吳湯興遙通聲氣，伺機而動。此間，傅德生、姜紹祖等人圖謀收復新竹，六月二十五日分由新竹西方及北方逼近，惟兩翼行動並不一致，故被各個擊破，各沿原路撤退。不久，徐驤從安平鎮庄來北埔相會，圖謀再度舉事，新楚軍亦來會合，決定三面攻打新竹。九日晚上，傅德生、徐驤等人率領七百餘人前進至十八尖山一帶高地，準備攻擊南門，姜紹祖則親自率領二百餘人，盤據火車站東方大厝，準備攻擊東門，其餘〔約二百人〕則佔領田密庄及其附近，另派一部分留守水仙嶺及金山面庄附近，做為預備隊，各自銜枚等待天明。新楚軍則沿海岸路前進，從牛埔山及牛埔庄方向前進，另一團〔數百名〕於當天清晨從尖筆山經北方山地前進〔即

遇到國司斥候的隊伍〕。

十日早晨，傅德生、徐驤等人從十八尖山往新竹及火車站前進，猛然開砲轟擊，雖使皇軍一時受到驚擾，卻沒有乘機攻擊，反而遭到皇軍逆襲而紛然四散，退往水仙嶺及其西方山地，在田蜜庄由姜紹祖指揮的部分兵勇見此情況，也與之一起退卻。幾乎同一時間，新楚軍也在客仔庄西方受到皇軍逆襲，部分退往牛埔山，才剛集合起來，又遭到皇軍追擊，遂四散奔逃，另一部分也緊接著由海岸路撤退。

此間，由尖筆山北進的一部分部隊，雖從南方逼近客仔山，但此時十八尖山方面的友軍卻已經退卻，遂變成腹背受敵，無法達成目的，只得撤退〔國司斥候所遇到的賊徒，大部分似未參與此日戰鬥〕。此日，姜紹祖從清晨便與據守火車站東南小山丘的一小部隊皇軍對峙，但也不敢放膽攻擊，只是據守房舍。下午以後，皇軍突然從各方面逼近，進退失據，企圖逃脫者幾乎全被殲滅，姜只好死守房舍，直到薄暮時分，終於與一百餘名餘眾向皇軍投降。

此次敗仗之後，吳湯興將前線由赤崁頭北方推進至經柑林溝南方延伸至香山坑南方一線的高地，在此從事防禦工事，並於頂寮庄附近扼守海岸路〔此前線所配置，似乎大多為新楚軍〕，與皇軍近距離對峙。吳則親自在頭份街增募兵勇，傅德生等也再度佔領水仙嶺及其附近，以便收復新竹，一直到二十二日。此間〔十七日左右〕，吳湯興聽說龍潭坡、大料崁等地全部失守，便抽調驤軍〔一營，徐驤的親兵〕及誠字、忠字〔新募者〕二營，由徐驤指揮，派往該地，圖謀收復。

吳湯興等人相約於二十三日攻擊新竹，其前線的一部分〔仁字營（長官為陳澄波）、忠勝營（長官為陳景明），為新增募者〕從二十二日半夜開始行動，悄悄前進至客仔山，部分偷襲位在客仔山北邊的

皇軍〔阪井支隊〕下士哨，燒燬其哨舍，並將之佔領，等待天明。誰知拂曉時遭到皇軍逆襲，雖經頑強抵抗，但不久後眼見皇軍兵力陸續增加，陳等乃向後撤離，由後方部隊收編，退往柑林溝南方陣地，赤坎頭北方高地的步、砲兵也掩護其撤退。不久，由於看到皇軍砲兵出現在客仔山，且步兵也陸續前進，前線諸營乃放棄陣地，退往尖筆山方向。此時，傅德生曾二度嚐試向十八尖山方面進行小型攻擊行動，但被此地的皇軍步、砲兵擊退，便退往水仙嶺。後於二十四日再次攻擊十八尖山方向，也被皇軍擊退。

二十三日敗戰後，吳湯興等人便整頓隊伍，從二十七日再度將前線推進至客仔山南方的舊陣地，以至八月五日。就在吳湯興等人銳意收復新竹時，大料崁溪河階地方面，大料崁有江國輝、呂建邦；三角湧有蘇力、蘇俊；樹林庄有王振輝、蔡國樑等人與邦埤庄〔龜崙嶺頂庄東北方〕的黃細霧等人互通聲氣，糾合黨羽，一面與吳湯興等人連絡，一面派代表視察南部狀況，觀望情勢，以定其向背。七月七日，由三角湧派往鹿港方面的代表歸還，力陳南部台民同仇敵愾，且劉永福、黎景嵩等率大軍準備北上。收到這樣的消息，乃斷然主戰，密修戰備，伺機而動。

以上所提示者，大多是這些地方的賊徒首腦，其兵力多在一千至二千人之間〔槍數不過十之三、四〕。其它勢力為多則二、三百，少則數十人，結黨成群，此類應聲附和的草賊，到處蔓延，不遑一一列舉。

然而至七月十日左右，蘇力、王振輝等人接獲在台北的密探傳來消息，說道皇軍將往大料崁方向前進，便欲攻其不意，乘機舉事。於是與江國輝等人密謀，將皇軍誘至三角湧及大料崁間的險要之地，然後從前後夾擊；王振輝、黃細霧等人則負責阻止海山口附近的皇軍來援。此外，還特別命沿途各庄民假裝恭順，待

機而動。果然，十二日，一隊皇軍自台北出發，沿大料崁溪兩岸前進，一部分抵達二甲九庄〔今田隊〕，大部分抵達三角湧〔坊城隊〕，於是江國輝、呂建邦等人立刻嘯集散在附近的黨徒，約好隔日拂曉起事，由黃尖頭、劉大用等人指揮部分兵勇〔約四百人〕，急襲二甲九庄的皇軍；主力〔約八百人〕則由簡玉和〔原臨勇營官〕指揮，佔領烏泥堀庄鞍部。

當晚，黃、劉等人加速前進至中庄，與占山附近的黨羽約二百人會合。得知皇軍在二甲九庄南方田地露營，守備不甚嚴密，遂於半夜潛入該村，分由三面奇襲露營地，從三角湧到二甲九庄對岸的部分兵勇也應聲而起，不久天亮後，眼見皇軍寡弱，便欲加以殲滅，但並未成功，反遭皇軍突襲，占山失守，然仍將皇軍團團包圍，直至入夜。隔天早晨，皇軍忽然全部失去蹤影，黃等收兵返回，與簡玉和等會合。簡玉和於十二日半夜在烏泥堀庄附近集合其屬下，以主力佔領該村東北鞍部，預先構築掩堡，另外分別派遣約二百人配置在其前方主要幹道兩側山背，等待皇軍〔坊城隊〕接近，再行三面夾擊。

皇軍〔坊城隊〕於十三日自三角湧出發後，蘇力、蘇俊等人突然鳴金擂鼓，集合附近偽裝成良民的黨羽，逐次部署妥當，由主要道路及其兩側山背追蹤，其中一部分掩襲前夜在三角湧附近宿泊的皇軍水路運送隊，幾乎將之殲滅。此日的戰況已於第三章詳述。後來，簡玉和被皇軍擊退，江國輝等將敗兵收編在預先準備的尾寮庄陣地，特別擔心右翼安全，故將主力置於該地，以對抗皇軍。蘇力等人則逐漸逼近皇軍背後。然而第二天，即十四日，與江國輝等人的預期相反，皇軍竟由左翼進攻，江軍受挫，敗退大料崁，幸賴蘇力等人來援才得以固守此線，終於如第三章所述，在十五日上午，將皇軍包圍在娘仔坑的山谷中。江國輝再度

命其主力推進至尾寮庄至北方大料崁溪右岸一線上，親自率領約二百人，在大料崁與皇軍持續對峙，直至十六日。此間，蘇力等人屢次從背後向娘仔坑攻擊，但都被皇軍擊退，無法達成目的。當日下午，突然，許多皇軍〔山根支隊主力〕攻殺到大料崁對岸，並立刻開砲轟擊，其步兵也逼近大料崁南方。於是，江國輝激勵手下固守位於市街邊端的預備陣地，頑強抵抗，但最後終於不支散亂，江與數十名手下被皇軍生擒。此間，在尾寮庄方面的兵勇見形勢丕變，退無可退，一陣混亂中敗竄四方，蘇力等人也退往三角湧方向〔江國輝被捕虜後，在審訊中一語不發，後被處刑〕。

此間，在龍潭坡的黃薻二也偵知皇軍從中櫪方向前來，便傳警四方，嘯集附近庄民五百餘人。由於龍潭坡市街外緣有叢生的竹林，從外面難以望見內部，黃便利用此地利之便，將主力置於龍潭坡市街的東端，另一部分兵勇則佔領西端，在房舍構設防禦工事，以便能掃射各通道，一切準備就緒後，便按兵等待皇軍靠近。正如第三章所述，十四日，在一陣頑強的攻防戰後，最後終於退往咸菜硼街方向。

此外，先前退往安平鎮庄的胡嘉猷，此時率領一百多人在銅羅圈庄嘯集黨羽。此日，受到一隊皇軍〔山根支隊的林中隊〕攻擊，倉皇退往橫崗下西南高地，得到咸菜硼街的夏阿賢、鍾統等〔率五百餘人〕來援，在此處極力構築防禦工事，拒阻皇軍〔山根支隊〕前進。十六日，受到皇軍攻擊後，終於退往咸菜硼街。

在此之前的十二日，皇軍自台北出發後，王振輝的黨徒於當晚即傳警四方，隔天拂曉，在海山口附近的西盛庄、西邊三角埔〔位埤角西方，參照第三章圖⑫〕、樹林庄及橫坑仔庄嘯集黨羽，其數在一千人以上。邦埤庄的黃細霧也率領四、五百名黨羽應和。十三日，其中一部分先在埤角附近奇襲皇軍糧食縱列，然後逼近海

山口西南面，如第三章所述，直至十五日，一時之間，海山口以西交通中斷。十五日，皇軍〔內藤隊及岩元隊〕進行掃蕩，僅有部分兵勇在老路坑及橫坑仔庄附近嘗試抵抗，其它皆悄然無蹤。

當時有一名叫王阿火者，煽動八塊厝地方的庄民，接獲桃仔園街守備空虛的情報後，於當晚率領四、五十名黨羽，與桃仔園街附近約五十名奸民，一起攻擊火車站〔皇軍兵站司令部所在〕及市街，但桃仔園街情況與情報相反，守兵為數不少，故而很快便被擊退，第二天早晨又糾合附近奸民，再度發動攻擊，然而還是失敗了。

十六日，大料崁附近敗戰後一直受江國輝節制的黨羽，全部瓦解，首魁呂建邦、簡玉和等退走銅羅圈庄；三角湧的賊魁蘇力等人於十七日在大料崁附近的皇軍退往桃仔園街之後，一度嘯集前已解散的黨羽；林陳樹、廖石溪等人所率領的三百餘人集屯在大平庄附近；王阿火、陳小埤、陳戀番等所率領的五百餘人集屯在占山、中庄附近，警戒台北及桃仔園街方向，勤修戰備，等待南部援軍北上，二十一日，獲知一隊皇軍〔山根支隊〕再度集合大料崁的警報，當夜即嘯集四百餘名黨羽〔由鱸魚及張能率領〕，扼守烏泥堀庄東北鞍部。

樹林庄賊魁王振輝仗恃有三角湧的後援，十六日以來與蔡國樑等一起集屯在樹林庄，並命簡生才集屯桄仔寮庄、詹清地集屯橫坑仔庄，各自坐擁二、三百名黨羽，在重要地點構築工事，以備不時之虞。

如第三章所述，從二十二日到二十三日間，各地賊徒皆與皇軍發生衝突〔即台北、新竹間第一期掃蕩〕，各處都遭到覆敗，精銳股肱損失慘重，最後終至全部解散，無法再起。而邦埤庄的黃細霧，此間依然坐擁殘黨七、八百名，盤據海山口、桃仔園街間鐵

路線北方地區，幸未遭受皇軍討伐，但皇軍開始第二期掃蕩後，突然遭到攻擊，乃全部解散。

此間，前述吳湯興爲了收復龍潭坡，派遣徐驤於十七日左右出至咸菜硼街，併合夏阿賢、鍾統等人所率領的黨羽，加上安平鎮庄、龍潭坡、大料崁等地的殘敗兵勇〔胡嘉猷、簡玉和等人〕，其兵力高達二千餘人。其後，眼見皇軍剿討大料崁溪沿岸地區，有乘勢南下之狀，便決定盤據龍潭坡西方高地，掩護與新竹皇軍對抗的友軍右側，同時將對付中櫪方向的誠字營〔長官爲邱國霖〕及忠字營〔長官爲邱光忠〕配置於涼傘頂，其餘則爲右翼，配置於什股庄〈桃園縣龍潭鄉十股寮〉附近，左翼則位在龍潭坡西方高地的最高點，與涼傘頂連絡，專門對付在大料崁集合的皇軍〔山根支隊〕。另外，還派一部分兵勇〔由簡玉和率領的二百餘人〕出到十一份附近，警戒由銅羅圈庄通往大料崁的道路，並大力構築防禦工事。

然而，正如第三章所述，至三十一日時，涼傘頂的部分兵勇及龍潭坡西方一帶陣地被皇軍〔山根支隊及松原隊〕所攻奪。因此，徐驤以主力據守銅羅圈庄西方高地。翌日拂曉，卻遭到皇軍〔山根支隊〕奇襲，遂潰亂退往咸菜硼街，大部分都已解散。徐本人則率領若干親兵，往新埔街退走，此日，與在涼傘頂西部被擊退〔松原隊所爲〕的忠字營會合，但在皇軍〔山根支隊〕的快速追擊下，到新埔附近時，餘衆大多失散，徐只好以二百餘名親兵及一百餘名新埔街民共同駐紮於此，最後仍難支持，在微弱的抵抗後，於八月二日退往九芎林附近〔此日有鳳山溪左岸內立庄附近的賊徒從水仙嶺方向前來支援，但一起退走〕。六日，又遭到皇軍追擊，退往水仙嶺，七日該嶺亦被佔領，此處兵勇四散奔逃。此間〔六日〕，在新竹、樹杞林街道上的鐘石妹等人也被由新竹前進的部分皇軍〔伊崎支隊〕在埔仔頂庄東方擊破，同樣四散亂竄。

在頭份街的吳湯興自七月二日以來，便頻頻接到新竹皇軍陸續增加、各方敗戰等消息。七日，水仙嶺也歸皇軍所有，彼我形勢為之一變。其前線於八日拂曉受到優勢皇軍攻擊，喪失陣地，由頂寮庄及其附近的兵勇暫時收容，卻遭到海面軍艦砲擊，陸上的攻擊也更形急迫，只好全部退往尖筆山。此後海上軍艦仍繼續砲擊，士氣益衰，幾全無抵抗之力，大部分於此日再度撤退，少部分繼續抵抗至隔天，即九日早晨才撤退。吳湯興等人退到苗栗，會合在苗栗附近的吳彭年所率領的福字軍〔由台南附近前進者〕一營及李惟義〔新楚軍統領〕所率領的若干新楚軍，商議防守事宜，並盤據位於苗栗西北高地之預備陣地〔部分佔領田蜜庄東方高地〕。但十六日，又遭到皇軍〔川村少將所率領的近衛師團前衛〕攻擊，再度被擊退，遠走彰化〔大甲及大安港附近的海岸路也有部分賊兵，但受到軍艦的砲擊後，全數潰走，其配置及兵力不詳〕。

尖筆山及苗栗附近的戰鬥，使得以新竹附近蜂起以民兵為主的兵勇幾乎四分五裂，吳彭年、李惟義、吳湯興、徐驤等收編福字軍、新楚軍及民兵的殘敗兵員，退往彰化，併合當時守備該地的屯兵一營〔先前與吳彭年一起由台南增派來的〕、彰化練勇一營及黎景嵩新招募的新楚軍若干，據守大肚溪左岸。此外，為防止皇軍南下，在彰化北方茄苳腳庄附近備有屯兵一營〔長官為營官徐學仁〕、砲二門〔克魯伯舊式山砲〕，在此構築防禦陣地，並警戒船頭庄渡河點；此外，又在八卦山上不完整的舊堡壘〔備有克魯伯砲數門〕附近配置福字軍一營〔長官為營官沈福山〕、新楚軍及民兵若干，在城內配置彰化練勇一營〔長官為吳德功〕及新楚軍若干，吳彭年則專事全盤指揮。然而皇軍漸次南進，吳於八月二十三日得到消息指出部分皇軍在大肚街附近出沒，二十四日又得到後續大縱隊開抵牛罵頭，還有一部隊抵葫蘆墩的情報。吳彭年遂於當日傍晚，

命新楚軍一營〔羅樹勳所率領的約三百人〕進抵葫蘆墩，阻止敵兵前進。該隊從二十五日至二十六日之間在溝倍庄附近對皇軍〔中岡大佐的左縱隊〕作頑強抵抗，但最後終於敗退，無功而返。二十六日，劉永福自台南增派前來的七星軍及鎮海中軍副營四營抵達彰化，士氣為之大振，吳彭年從當天傍晚增加大肚溪左岸及八卦山的兵力：在榮光寮配置福字軍一營（約二百人）〔長官為營官李士炳〕、在茄苳腳庄附近配置屯兵一營（約二百人）〔長官為營官徐學仁〕、砲二門〔克魯伯舊式山砲〕及福字軍一營（約三百人）〔長官為營官孔憲盈〕，在中寮配置七星軍一營（約三百人）〔長官為王得標〕，防止皇軍渡河，並命福字軍一營（約二百人）〔長官為營官沈福山〕、新楚軍一營（約二百人）〔長官為廖有才〕及吳湯興、徐驤所率領的民勇若干駐守八卦山舊堡壘〔備有數門砲〕附近；然後以李惟義所指揮的鎮海中軍副營（約三百人）〔長官為營官廖基彩〕、新楚軍二營（約四百）〔長官為陳尚志〕、彰化練勇一營〔長官許肇清〕為預備隊置於彰化城內。此外，城牆上還備有數門砲。然而一直到二十八日開戰之時，卻對營仔埔庄東南方的渡涉點毫無防備。

　　二十八日拂曉，皇軍砲兵突然從船頭庄端開砲後，在榮光寮及其附近諸營連還擊一發的餘暇都沒有，就倉皇潰走，只有在中寮的七星軍能保持原位不退，但不一會兒，受到來自東方的皇軍步兵攻擊，也倏然散亂，往西南方撤退。此間，在八卦山諸營聽到砲聲，同時看到皇軍步兵已經在頂山腳庄〈彰化市山子腳〉高地，面向八卦山堡壘展開，只能倉皇應付，榮光寮附近的友軍潰不成軍，從北方來的皇軍步兵陸續前進，一部分已直逼八卦山，已成包圍之勢，最後只好放棄堡壘，往南方及西方散亂撤退。城內諸營聽到警報後，很快也被皇軍所逼，部分據守城牆阻拒，但大部分都潰亂退卻〔據說吳湯興戰死八卦山〕。如此一來，各方面部

隊都被各個擊破，潰兵在城內亂成一團，又受到皇軍追擊，幾已四分五裂，經北斗、西螺街等地遠走嘉義；部分出到鹿港，再從鹿港逃往海上〔據說黎景嵩在戰鬥開始後，脫身逃走〕。在台南的劉永福得到彰化失守的消息後，命七星軍〔統領爲守備王得標〕守備嘉義，並命副將楊泗洪所率領的福字軍前進支援彰化方面的友軍。不久又得到皇軍先鋒部隊〔澀谷騎兵大隊及千田步兵大隊〕於九月三日孤軍深入大莆林的消息，當時正好抵達嘉義附近的楊泗洪，以爲機不可失，遂於三日由四面奇襲，他里霧街附近的匪賊也奮起響應，攻擊該地一小隊皇軍，佔領他里霧街。但大莆林在皇軍的奮力抵拒下，終於無法佔領，最後，楊泗洪且戰死，但賊兵欺侮我軍寡弱，不但不退走，反而包圍皇軍，兩相對峙。劉永福得此報後，另命蕭三發〔都司〕代替楊指揮福字軍，並命七星軍也向大莆林前進。七日，再度攻擊大莆林的皇軍，將之擊退，並尾隨追擊，其先頭前進至西螺溪一線，見皇軍悉數退至北斗溪右岸，不敢繼續前進，遂駐留於此，圖謀收復彰化〔九月十五日志賀隊在內灣庄東方所擊退的賊徒是陳紹年所率領的匪賊，約三百人〕。◪

第四節
台灣南部的對抗行動

【一】十月初台灣南部的賊情

皇軍攻陷彰化後，在大莆林附近的賊軍行動小有成果，再加上皇軍在彰化附近駐留，久久不動，使得賊軍氣勢恢復，嘉義、雲林一帶的壯丁游匪幾乎全部加入賊軍，台中地方的土豪也有不少受到賊軍勸誘，答應等福字軍前進時，做為內應。蕭三發〔福字軍統領〕、王得標〔七星軍統領〕利用此形勢，佔據西螺溪左岸，靜候皇軍前進，另外派遣一支隊由林圮埔、南投街〈南投市南投〉方面前進，與台中地方庄民會合，意圖乘虛收復彰化，兩邊夾擊，並向劉永福請求增加援兵及軍械糧餉。然而，近日西部海面波浪漸穩，我軍軍艦頻頻在南部海面遊弋，因此，劉永福為預留實力確保其根據地，僅由沿海各地防營中抽調若干兵員北上，軍械糧餉則已告罄，無由送補。王、蕭兩統領只好與地方官合作就地徵集糧餉軍械，一面遣人至阿罩霧庄〔彰化東方約四里處〕〈台中縣霧峰鄉霧峰〉及三角湧地方煽動庄民，企圖收復彰化及新竹。

九月下旬，賊徒在嘉義以北的配備大致如下：

- 七星軍（七營）：統領王得標〔守備〕，佔領林圮埔，經堯平庄至西螺街一線。
- 福字中軍（二營）、福字左軍（二營）、福字遊勝軍（二營）、台南防軍（前營）、鎮海前軍（左營）、翊安軍（中營）：統領蕭三發〔都司〕，駐守七星軍的後方至嘉義間。
- 嘉義防軍（四營）：劉步高，駐紮嘉義。
- 慶字營：蔡慶元，駐紮北港街〈雲林縣北港鎮北港〉，部分負責監視西部海岸。
- 除了上述諸營外，西螺街及土庫街分別有義勇團。

在台南方面，劉永福特別擔心安平、打狗兩處，將其麾下諸營的大部分都配置在曾文溪以南至淡水溪之間，主力在台南附近，另有部分兵員負責警備布袋口附近及枋寮附近沿岸，劉則親自在台南城監督防務工作，其配備大致如下：

- 福字先鋒軍（二營）：統領譚少宗〔記名總兵〕，東石港及布袋口。
- 翊安軍（三營）：統領陳羅〔記名提督〕，學甲寮〔曾文溪下流〕。
- 武毅右軍（右營）、鎮海中軍（後營）、安平砲台砲隊二隊：統領柯任貴〔督司〕，安平。
- 福字遊勝軍（三營）、福字中軍（三營）、福字左軍（二營）、台南防軍（先鋒營）、鎮標中營、道標中營、右翼練營、台灣五段團練營：直轄劉永福，台南及其附近〔分遣福字中軍一營至茅港尾〕。
- 鎮海中軍（三營）、永字防軍營、道標衛隊營：統領李英〔遊擊〕，喜樹庄〔台南西南方〕〈高雄市南區喜樹〉附近。
- 福字右軍（二營）、鳳大竹里右軍義勇營：統領〔不詳〕，彌陀港〔阿公店西方〕〈高雄縣彌陀鄉彌陀〉附近。
- 福字軍（二營）、福字右軍（二營）鳳大竹里左軍義勇營、砲勇（二隊）、水勇（一營）：統領劉成良〔知府（劉永福之子）〕，打狗附近。
- 台南防軍營（二營）、福字右軍後營：統領邱啓標〔都司〕，鳳鼻頭〔鳳山南方〕〈高雄市小港區鳳鼻頭〉附近。
- 忠字防軍營（三營）、恆興營：統領吳光忠〔副將〕，東港及枋寮。

除上述諸營外，爲了防備匪徒及蕃民騷擾地方安寧，恆春及台東地方也配置了若干戍兵。

在台灣南部的這些賊軍，原清國兵勇及新募土勇大約各半，大多攜帶火器，旗幟軍裝也稍有整頓，其總數約六十餘營，二萬六千餘人。此外，這些地方到處都有防範匪徒，用以自衛的聯庄民兵組織，其中較有力者，北有嘉義南部十八堡〔鐵線橋堡、鹽水港汛堡、太子宮堡、學甲堡、佳里興堡、西港仔堡、漚汪堡、蕭壠堡、蔴豆堡、茅港尾東堡、茅港尾西堡、赤山堡、果毅後堡、下茄苳北堡、下茄苳南堡、哆囉嘓東頂堡、哆囉嘓東下堡、哆囉嘓西堡（哆囉嘓的位置不詳）〕，南有鳳山南部六堆客庄。

嘉義南部十八堡的耆老紳民響應劉永福的勸誘，於十月一日在新營庄會面立誓約章，公推沈芳徽爲盟主，以林崑崗爲前敵總統領，著手準備武器糧餉，劉還特別派遣林得謙所率福字中軍左營三哨〔二百人〕跟隨他們，以便監督。這個民兵團雖然是沒有編組成隊伍的烏合之眾，但其數高達萬餘人，爲賊軍的一大勢力。此外，六堆〔大總理李榮向〕從皇軍薄台之初，即應劉永福的勸誘出面，駐屯在打狗附近，負責沿海守備，但因當時南部尚無危險，加上糧餉補給困難，暫時歸庄待命，然而在此非常時期，執行「全堆皆兵」的理念，其數也高達萬餘。

【二】對抗近衛師團南進的行動

統領蕭三發於十月初旬得知皇軍南進行動即將開始後，命其麾下大部分增援第一線，將主力置於嘉義、彰化街道，決定與據守西螺溪左岸的王得標共同防止皇軍南進。其部署大致如下：

第一線〔位置大要參照第四章圖⑰〕

● 福字左軍左營（半治庄〈雲林縣莉桐鄉半治〉）、福字中軍後營

（新厝庄）、福字遊勝軍前營、福字左軍後營（後埔庄）：統領
蕭三發率領

- 七星軍前營（由車口北方）、七星軍中營（堯平厝庄）、七星軍
  副營（樹仔腳庄）、七星軍衛隊（涌仔庄）：統領王得標率領
- 西螺義勇團約一營半（西螺街〔其中分派一哨至大茄苳庄〕）
- 七星軍左營（林圯埔）

第二線

- 福字中軍前營、七星軍右營、台南防軍前營（斗六街）
- 七星軍後營、翊安軍中營（他里霧街）
- 鎮海前軍左營（大菁林）
- 福字遊勝軍中營、土庫義勇團（土庫街）

十月五日皇軍〔前衛〕從北斗前進後，蕭三發、王得標雖欲將
皇軍拒阻於西螺溪左岸，但最後還是沒有成功，其主力退往斗六
街，與駐紮在此的諸營以及當天傍晚由林圯埔來會的七星軍左營
合力守備該地。另一方面，此日在大茄苳庄的西螺義勇團的一部
分也被皇軍擊退，而與西螺街的本隊會合，第二天（六日）又受到
皇軍攻擊，全部散亂。

統領蕭三發派遣台南防軍前營至油家庄，監視莿桐巷及頂麻
園庄方向；福字左軍後營及中軍二營〔前營、後營〕佔領施瓜寮庄
北端做為陣地；統領王得標與統領徐驤一起率領七星軍中營、福
字遊勝軍前營，據守牛尪灣庄北端，負責守備斗六街北面；福字
左軍左營、七星軍前營守備東面；七星軍副營守備南面；七星軍
左右二營守備西面。然而七日遭到皇軍〔左側支隊〕攻擊後，各營
幾乎四分五散，徐驤戰死牛尪灣庄，蕭三發、王得標逃往台南。

在嘉義的防軍後營〔長官為簡成功〕本於此日往斗六街赴援，

但抵達石龜溪庄〈雲林縣斗南市石龜溪〉附近時，得知斗六街已然陷落，便退往內林庄，嘯集附近奸民二百餘人，於八日抵抗皇軍〔左側支隊〕，但立即就被擊退。一部分與頂林頭的奸民再度於該地抵抗，旋又潰走。

此間，在他里霧街的翊安軍中營〔長官為黃金龍〕及七星軍後營〔長官為黃丑〕在村端設置堅固的防禦工事，派遣一哨至荣瓜寮庄警戒，但七日皇軍〔前後〕至此掃蕩一空，其敗兵集合至大莆林。

此日，在土庫街的福字遊勝軍中營及土庫義勇團留下部分兵員，其餘於清晨出發，準備救援他里霧街。其先頭遊勝軍中營於上午十一時左右抵達五間庄時，他里霧街已經陷落，但皇軍〔前衛〕仍在該地西端進行工兵作業，遊勝軍中營見此情況，便發動攻擊，但旋即退走，留在土庫街的兵員也被皇軍〔右側支隊〕擊散，各隊在撤退途中得知此事。最後義勇團完全潰散，遊勝軍中營則轉向雙溪口庄，退走台南。

隔天，即八日，在大莆林的鎮海前軍左營〔隊長姓修〕也持續受到皇軍〔前衛〕攻擊，乃糾集在他里霧街的敗兵及該地附近奸民三百餘人共同防禦，但還是被皇軍擊敗。

此日清晨，嘉義防軍左右兩營自嘉義出發，準備赴援大莆林，但也同樣來不及。右營〔長官為林武琛〕抵達觀音亭〔位大莆林南方（參照第四章圖⑲）〕時，收編敗退而來的友軍，抵抗皇軍，不敵而退；其左營（缺二哨）〔長官為黃有章〕抵達打貓街後，接獲此消息，便一起退回嘉義。前此，雙溪口庄庄民聽說皇軍前進，便嘯集附近庄民千餘人起而自衛〔也有若干他里霧街七星軍後營的潰勇混跡其中〕，此日受到皇軍〔右側支隊〕攻擊而潰散〔此處附近庄民大多擁有武器，以便自衛。在後壁店庄、田尾庄等處的反抗者即是此類〕。

如上所述，在各地戰鬥敗退的各營大多潰散，嘉義雖仍團結抵抗，但也只不過嘉義防軍左右二營而已〔在北港街慶字營的行動不詳，此時大概已解散〕。知縣孫育萬與統領劉步高〔參將〕共同嘯集散處城內外的潰勇、奸民二百餘人環守城廓，並從左右兩營中各分出二哨至埤仔頭及台斗坑庄，監視皇軍的前進行動。

　　九日，皇軍接近嘉義後，負責在城外監視的賊兵錯失時機，進退無路，便分別往西南方及東南方潰走。各營指揮官及劉步高也相繼遁逃，在城內者一聽到此消息也全部潰散。

　　至此，嘉義東、北、西三面都已被皇軍包圍，孫育萬仍督促殘兵〔四百餘人〕作垂死掙扎，終究無效。嘉義陷落後，殘兵潰散，潛匿民間，幾乎看不到任何兵勇。新營庄、鹽水港汛各地亦相繼被皇軍佔領。十八堡東北部聯庄也於十三日發動鐵線橋堡東邊、果毅後堡北邊各庄庄民約六百人攻擊新營庄，此役失敗後也銷聲匿跡。

【三】對抗混成第四旅團的行動

　　布袋口方面的守備乃由統領譚少宗所率領的福字先鋒軍二營擔任，正營〔譚少宗親自指揮〕駐屯鹽水港汛，副營〔長官為侯西庚〕駐屯於東石港。然因九月二日我軍軍艦〔「海門」〕再度出現在布袋口外海，便將正營移往布袋口。

　　九月二十八日傍晚，皇軍軍艦〔「海門」〕再度出現在布袋口外海北方，第二天拂曉靠岸，放下二隻小艇，於正午前進入東石港。正好嘉義防軍左營的一部分來此相會，侯西庚乃與之共同向小艇發砲射擊。我軍軍艦見狀便砲擊東石港，調回小艇，黃昏時起錨而去。譚少宗至此才發現此處的警戒太過疏忽，便與嘉義南部十八堡互通聲氣，煽動北掌溪以北庄民阻止皇軍上岸。游民欣然同意，但尚未準備就緒，皇軍早已登陸。

十月十日，皇軍軍艦及運輸船抵達布袋口外海下錨，砲擊布袋口之後，開始登陸。此時正好鹽水港汛的土豪翁煌南率領附近壯丁一千餘人來援〔在鹽水港汛為自衛而組成的〕，福字先鋒軍正營的一部分〔譚少宗在皇軍上陸前就率領其大部分兵員逃走〕便鼓起勇氣與其一起攻擊登陸士兵，進行逆襲，卻逐漸遭受對方壓迫，而於該夜退至鹽水港汛，眼見大勢已去，乃潰散而去。十一日，部分皇軍〔部分登陸掩護隊〕前進至鹽水港汛時，留在此處的僅剩部分庄民，不過五、六十名而已。

前此，沈芳徽、林崑崗及林得謙等所率領的十八堡在皇軍〔近衛師團〕掃清雲林、嘉義，繼續南進後，便意氣消沉，沈芳徽逃匿後山。因此皇軍在布袋口上岸時，十八堡的團結行動已然瓦解，東北部分銷聲匿跡，其餘大致分為二部分，東邊有曾克明〔茅港尾西堡團練分局長〕，協助林得謙，合茅港尾東、西二堡及蔴荳堡，與赤山堡之毛榮生〔團練分局長〕及鐵線橋堡之陳宗禮等互通聲氣；西有林崑崗，糾合學甲、漚汪、佳里興、蕭壠及西港仔五堡，互成犄角之勢〔這些賊徒沒有設隊編伍，大多散居在家，有事才嘯聚，槍數約佔人數的十分之二至十分之四之間〕。

西部聯庄的首腦林崑崗於十一日發現皇軍之一部〔大熊隊〕進駐杜仔頭庄，便欲加以掩襲，遂於該夜傳檄嘯集庄民。隔天，即十二日，漚汪堡庄民約一千二百人〔由林崑崗、高瑞雲、林晒等率領〕在新圍庄附近；學甲堡西部各庄民約一千二百人〔由陳聯發、吳盤等率領〕在筏仔頭庄；學甲堡東部各庄民約一千六百人〔由賴現率領〕在倒方寮，分別渡過急水溪，由西方、南方及東南方攻擊；學甲堡北部各庄民約九百人〔混有若干他堡庄民（由郭宋郊率領）〕則由東北方攻擊杜仔頭庄，然未能奏功。雖然如此，各隊也未遠離，前線各隊佔領倒方寮、紅蝦港寮及筏仔頭庄等地，扼守急水溪各渡

口，與皇軍對峙。林崑崗於此次戰鬥後，發現砲兵的重要性，便將指揮權交給林晒，當夜即出發兼程趕往台南，希望能請求增派砲兵，並補給武器彈藥〔參照第四章圖㉓〕。

隔天，即十三日，林晒派遣倒方寮附近的一部隊攻擊下灣庄及杜仔頭庄，但一看到皇軍增援隊抵達，目的還未達成便退回原位。此外，部分皇軍〔石原隊〕十二日佔領鐵線橋後，林得謙、曾克明等人率領三堡及赤山堡的庄民準備攻擊該隊，當晚在下營庄附近集合，從十三日拂曉向鐵線橋南面〔茅港尾東、西堡庄民約七百人，加上福字中軍左營一哨（由林得謙、曾克明指揮）〕及西面〔蔴荳堡及赤山堡庄民約一千人，及福字中軍左營一哨（由毛榮生、王雄等指揮）〕鼓噪前進，鐵線橋堡西部各庄庄民約三百人〔由陳宗禮指揮〕也隨聲應和，在胡爺庄附近聚集，向鐵線橋北面前進，包圍胡爺庄，但受到皇軍射擊，無法攻克而退散。此日鐵線橋堡東部、果毅後堡北部各庄民攻擊新營庄之事，已如前述。

林崑崗趕至台南後，劉永福由駐屯台南附近的武毅右軍、鎮海中軍及駐屯學甲寮〔曾文溪下游〕的翊安軍分別抽調出二門砲〔砲勇二哨〕往援。翊安軍砲勇二哨晝夜兼程趕路，於十四日拂曉先行抵達式港仔寮，倒方寮方面的部分賊徒〔學甲堡、漚汪堡庄民約六百人（由賴現、林晒等率領）〕士氣頓時為之一振，乃會合此砲兵於十四日攻擊下灣庄皇軍〔大熊隊的一部分〕，卻被擊退，撤離倒方寮，但不久又復歸原地。

此間，先前駐屯東石港的福字先鋒副營〔長官為侯西庚〕在皇軍登陸布袋口後即退走朴仔腳街，投靠土豪吳承恩所糾合的民兵團〔一千餘人〕。十二日晚上，接獲一隊皇軍〔裏松中隊〕兵力微薄，往東石港前進的消息，遂與民兵團一起於翌日拂曉出發，分派一部分〔約三百民兵（由黃國藩率領）〕由朴仔腳溪左岸前進，主力

則從北方攻擊東石港，呈全面包圍之狀，但第二天（十四日）眼見皇軍增援隊〔島田隊〕陸續抵達，侯西庚感到大勢已去，便解散部下，遠走台南。

西部聯庄首腦林崑崗從台南返回後，便採守勢，等待增援砲隊集合。其後，乃將武毅右軍砲隊〔十五日抵達〕配置在式港仔寮，與學甲堡東部各庄民〔由賴安邦率領〕合作，負責守備頭港庄東北山丘以東；而翊安軍砲隊則配置在北棟榔庄東南山丘；另外將為數約四百名的漚汪堡庄民配置在北棟榔庄及蚵寮，與學甲堡西部各庄民〔由陳聯發率領〕合作，負責守備頭港庄東北山丘以西〔其餘的學甲堡庄民暫時散居自家中〕。十六日，在杜仔頭庄的皇軍〔大熊隊〕抵達新圍庄及雙春庄，即將渡河之際，雙方曾互相射擊一陣，之後又再度退到原來位置。此日，鎮海中軍的砲隊也抵達，配置在頭港庄東北山丘。

如今增援砲隊已全數抵達，林崑崗本欲等槍枝彈藥補充後，再一舉攻下杜仔頭庄，但十七日早晨，看到部分皇軍〔步兵第五聯隊第二中隊及佐佐木大佐一行〕開始在東方行動，而且鑑於前一日在新圍庄附近的皇軍情形，判斷皇軍應是無法涉過急水溪，準備繞道東方，因此決定第二天攻擊杜仔頭庄。其部署如下：

一、在頭港庄東北山丘的鎮海中軍砲隊移往式港仔寮南端，另派學甲堡東部各庄民約一千三百餘人〔由賴安邦率領〕與之合作，警戒鹽水港汛及鐵線橋兩方面，掩護右側。

二、學甲堡西部各庄民約一千三百餘人〔由陳聯發率領〕面對杜仔頭方面，守備式港仔寮以西至北棟榔庄東南山丘一線，並命位於該山丘的翊安軍砲隊及式港仔寮北端之武毅右軍砲隊與之協力合作。

三、漚汪堡庄民約二千人〔由林崑崗率領〕在新圍庄附近渡過急水溪，攻擊杜仔頭庄。並調來西港仔、蕭壠及佳里興三堡庄民約二千五百人進至頭港庄，以備不時之需。

此日，東部聯庄首腦曾克明等人也圖謀收復鐵線橋，便在蔴荳庄、茅港尾及其它各處嘯集各庄庄民二千餘人，其中四百人〔由郭黃池、柯文祥等率領〕從火燒珠〈台南縣下營鄉火燒珠〉、一千二百人〔由林得謙、曾克明、王雄率領〕由十六甲庄〈台南縣下營鄉十六甲〉、約八百人〔由王良玉、陳鴻祥率領〕由胡爺庄方向三面逼近鐵線橋及五間厝，後因一隊皇軍〔瀧本大佐率領的部隊〕由北方增援五間厝，才將之擊退〔參照第四章圖㉕〕。

杜仔頭庄方面，十八日早晨，一隊皇軍〔佐佐木隊〕由東方而來，進入大埔口，突然被該地附近的庄民所包圍，幾乎要將之殲滅。後來庄民看到皇軍增援隊陸續抵達，才往西南方撤退。賴安邦命鎮海中軍砲隊及五百名左右的庄民在式港仔寮南方展開，迎擊皇軍，砲隊及二百名左右的庄民頑強抵抗直至最後，終於無法抵擋皇軍攻擊，棄砲敗走。

此間，林崑崗率領部下向杜仔頭庄前進。其先頭隊伍抵達該地後，與在下灣庄及其西南方的皇軍展開戰鬥；然因另一方面，鐵線橋方面的皇軍以破竹之勢朝西挺進，攻陷式港仔寮，即將逼近頭港庄東南山丘，林接獲此消息，乃中途撤退，再度渡過急水溪，趕赴頭港庄方向。

負責面向杜仔頭方面守備的陳聯發本位在北棟榔庄東南山丘的砲兵陣地，但聽到東方戰聲喧擾，逐漸加劇，便轉往頭港庄東北山丘。此時，皇軍正在式港仔寮西北集合中，賊兵右翼部隊已遠向南方敗走，位在筏仔頭庄以東、急水溪沿岸的守兵也大都逃

竄，往杜仔頭庄的攻擊隊也已退卻下來，陳之部隊看到此種情形，便往中洲庄逃走。

林崑崗於下午一時，返抵北棟榔庄東南山丘，率領已集合完畢的四百餘名庄民，往頭港庄東北山丘前進，但庄民於途中相繼逃亡，抵達山丘後，又受到皇軍突擊，林崑崗戰死，部下亦散亂奔亡。此間，從杜仔頭庄撤退的漚汪堡庄民，大部分都由北棟榔庄附近往南方逃走，也有一部分協助蚵寮庄民，與據守北棟榔庄東南山丘的翊安軍砲隊合作，嘗試做最後抵抗，但還是被皇軍所擊退。此日，蕭壠、西港仔及佳里興三堡庄民較晚抵達，便從中途往南方撤退〔參照第四章圖㉖〕。

如此，布袋口附近的聯庄組織全部解體，四處悄然無聲。

【四】對抗第二師團的行動

如前所述，負責東港、枋寮間守備的統領吳光忠〔副將〕派遣恆興營〔長官為劉維典（遊擊）〕至北勢寮〔一部分在枋寮〕、忠字防軍前營〔長官為梁士悅〕至埔頭，自己則指揮忠字防軍二營〔中營、後營〕駐守東港，其背後有六堆後援，林邊溪河口還有林邊街義勇團〔百餘名（指揮者為曾鴻飛）〕守備。

十月十一日拂曉，皇軍運輸船抵達枋寮外海，不久，各隊陸續登陸，在北勢寮及枋寮的恆興營望風而逃，往恆春方向潰走；在埔頭的忠字防軍前營受到艦隊砲擊，不久又受到一隊皇軍〔秋保中隊〕攻擊，而往北方潰走。

當時，茄苳腳〔埔頭西北〕屬於左堆，位於六堆最南端，庄民平素以武勇自居，耆老蕭光明〔前六堆大副總理〕頗得人心。蕭於早晨得知皇軍登陸，飛檄請求友庄來援，四門緊閉，嚴加防備。其全庄人口約有一千四百餘名，婦女、兒童也拿起武器，列身於行伍之間，但其火器只不過火銃十五挺、步槍一百二、三十挺。

當皇軍〔吉原中隊〕逼近該地東南，進行肉搏時，庄民頑強抵抗，極力拒阻。另有別隊〔遠藤及幸村中隊〕乘虛逼近南面及西面，庄民終於潰走。此日六堆中的先鋒堆〔指揮者為總理林芳蘭〕、上前堆〔指揮者為總理邱維繡〕、下中堆〔指揮者為總理李鎔經〕、後堆〔指揮者為邱毓珍〕等庄庄民一千餘人接獲蕭光明的警報，先後赴援茄苳腳，但已經太遲，只好中途撤退。在林邊溪河口的林邊街義勇團也受到皇軍逼迫，往北方潰走。

駐屯東港的忠字防軍〔中營、後營〕也於此日受到我軍艦隊砲擊，其後，接獲枋寮方面敗戰消息，新募土勇大多四散。統領吳光忠於當天傍晚率領二百名殘兵離開東港，準備投靠六堆。十二日，進入頭溝水庄，與埔頭的敗兵會合。然而，六堆粵族厭棄清國兵的怯懦及不守規律，未予厚遇，結果只好決定投降，降書送達皇軍〔第二師團長〕後，便熱切等待消息。十三日，一隊皇軍〔岡田隊〕抵頭溝水庄，他們至隊中表示降意，然雙方無法溝通，發生衝突，終於潰亂而去。頭溝水庄附近六堆各庄民聽到此衝突聲，便鳴鉦擂鼓嘯集壯丁九百餘名，先鋒堆〔由林芳蘭（總理）指揮〕由萬巒庄方向、下中堆〔由李鎔經（總理）指揮〕由新街庄、後堆〔由曾維彬（副總理）指揮〕由忠心崙庄〈屏東縣內埔鄉忠心崙〉，分別逼近頭溝水庄，三面包圍皇軍，但最後仍然不敵逃去。

此間皇軍〔第二師團主力〕進入東港後，駐屯鳳鼻頭附近各營望風解散。駐屯打狗附近諸營也因糧餉罄盡，極其饑困，毫無鬥志，十五日，我軍艦隊砲擊打狗砲台後，劉成良逃往台南，部下諸營亦相繼解散，一部分向台南潰走。打狗、鳳山城以南一帶遂全歸皇軍佔領。

【五】台南附近的狀況

十月上旬，劉永福接獲皇軍大舉南下的消息，決定據守事先

偵察過的曾文溪〔主要河道下游難以徒涉，上游又多淺灘，河床泥濘，不易徒涉〕左岸陣地，加以阻拒。十月十日至十七日，陸續由台南派遣七營兵力至該地，由統領劉光明〔知縣〕指揮，灣裡街土豪蘇建邦、蘇定邦等也嘯集附近庄民八百餘人協防。

劉光明指揮福字中軍〔三營〕、福字左軍中營、福字遊勝軍右營及台南防軍先鋒營，與蘇定邦之黨羽四百餘人，一起扼守通往嘉義的主要道路，構築防禦工事，另由統領徐榮生〔副將〕指揮福字左軍前營與蘇建邦之黨羽四百餘人至東拐寮附近，守備通往果毅後庄的道路。

此間，嘉義南部十八堡東部聯庄庄民已如前述，於鐵線橋附近數嚐敗績而解體，部分遠走東部山地避難，部分則扶老攜幼，退至蔴荳庄及附近聚落，修築牆垣，阻絕道路，以求自衛，其數約一千四百名左右。

十九日，皇軍〔混成第四旅團主力〕抵達，掃蕩蔴荳庄及附近。二十日逼近曾文溪左岸陣地，劉光明力不能支，率領其麾下六營逃往台南，蘇定邦所率領之庄民則四散逃逸。東拐寮方面，徐榮生接獲主要道路方面敗戰消息後，眼見皇軍近在眉睫，還沒遭到攻擊便拔營遁走灣裡街，不久，也逃往台南；蘇建邦所率領的庄民也全告解散〔二十日，在茄拔庄及灣裡街與近衛師團一部分發生衝突即是此批賊兵〕。

再者，如前所述，嘉義南部十八堡西部聯庄已於十八日在杜仔頭附近戰敗，因首腦林崑崗戰死而全部瓦解，其中一部分投往蕭瓏街。二十日，突然受到皇軍〔混成第四旅團的海岸支隊〕攻擊，庄民雖然在預先準備好的聚落內頑強奮戰，但終於被擊退而全部潰散。

台南以南方面，十九日，二層行庄附近庄民〔二百餘名〕見皇

軍騎兵〔第二師團〕進抵此地旋又撤退，因而士氣昂揚，正好福字右軍右營的一部分〔百餘名〕由台南來會〔彌陀港附近的福字右軍在打狗陷落後，即撤去該地守備，遁走台南〕，便會同等待皇軍前進。隔天，即二十日在遭受到皇軍優勢步、砲兵攻擊後，全部四散奔逃。先前負責喜樹庄附近沿海一帶守備的諸營也於打狗陷落後相繼逃竄，此日其殘部在白沙崙庄受到皇軍一部隊〔第二師團前衛的左側衛〕的驅逐而潰散。

在此之前，劉永福曾於六月中傲然拒絕樺山總督撤兵的規勸，其後倚仗海陸天險支撐一百多天，然而劉所夢想的列國干涉並沒有實現，所仰賴華南地方的軍需品供給也後繼無力；久駐濁水溪以北的皇軍〔近衛師團〕已經動身渡河南進，勢如破竹，即將逼近嘉義城，而且強大的增援部隊〔第二師團〕也將在澎湖島集合，種種不利消息接踵而至，終於覺悟大勢已去，決定撤退，返回大陸本土。十月八日，修備致台灣總督及常備艦隊司令長官之請和書〔附錄十〕，央請駐安平之英國領事轉交位在澎湖島的常備艦隊。不久，皇軍〔近衛師團〕佔領嘉義後，十一日，另修一書〔附錄十二〕託請居留外人交付近衛師團長，但都不爲所接受。

十二日，我軍軍艦〔「吉野」、「秋津洲」、「大和」、「浪速」四艦〕航抵安平外海後，劉立刻在安平及打狗砲台掛上日章旗及白旗，並派遣代表〔文案廖光思〕登上旗艦「吉野」會商，得到軍司令官的覆書〔附錄十一〕，其中說道：若真心乞降的話，應於明天，即十三日上午十時以前親自至旗艦會商，以表誠意。劉自知其要求不被接受，決心挺而走險，由海路遁逃。爲拖延時間，找尋有利機會，便於十三日又寫一封回信給軍司令官，交給碇泊在安平外海的「八重山」艦，表示其將退據後山，用以掩人耳目。其間則與安平守將等私下密商，準備逃走，十九日〔我南進軍北隊已越過急水

溪，南隊自鳳山城出發，開始向台南推進之日〕下午，劉藉口巡視砲台，離開台南城至安平，揚言將與日本軍一決死戰，撤下高掛在砲台上的白旗，入夜後，卻與宿將舊部一千餘人，脫掉軍裝，部分搭乘屬其所有的二艘中國船，擺脫我軍艦隊的監視逃走；大部分都搭乘當天由廈門入港的德國商船福利士號，劉亦混匿其中，逃脫我軍艦隊的臨檢，於第二天（二十日）才解纜航向廈門。

　　劉逃走的消息此時始傳遍四方，台南城內大亂，為免重蹈台北覆轍，陷入危機，皇軍〔山口少將所率領的部隊〕火速進城，很快地恢復秩序。當時在各地受皇軍攻擊壓迫而聚集在台南附近的賊徒至少有一萬餘人，其中本島籍者大多解散，各自黯然返鄉，清國兵勇大多在安平投降，其它則搭乘中國船遁逃。　◪

附錄

〈附錄一〉比志島混成支隊編組概況

部名	隊稱	混成支隊				合計
		混成支隊司令部	臨時後備步兵一聯隊	臨時山砲兵中隊	臨時彈藥縱列	
人員	將校或相當官	5	37	5	1	48
	下士卒	379	2,216	490	1,125	4,210
	傭役夫					
馬匹、車輛	乘馬	10	9	8	1	28
	駄馬 車輛					
武器						
編組擔任官			留守第一及第四師團長			
編組發令年月日		28年2月1日	同2月1日	同2月1日	同2月1日	
編組完成年月日						
所屬		聯合艦隊	同左	同左	同左	

攻陷威海衛後，爲佔領澎湖列島，而將此支隊配屬於聯合艦隊。
此支隊由後備步兵第一聯隊、第十二聯隊第二大隊及一個山砲中
隊、一個彈藥縱列所編成。其中，步兵部隊先行完成動員，擔任
內地守備任務的第一聯隊依臨時編制；負責下關守備的第十二聯
隊第二大隊則按舊編制做若干變更後形成此一特別編制，本表包
含步兵大隊人馬數。其它砲兵中隊、彈藥縱列及支隊司令部等皆
爲臨時編制。其中，司令部由留守第一師團長；其它部隊由留守
第四師團長奉命編組而成。

〈附錄二〉南方派遣艦隊戰鬥序列

南方派遣艦隊戰鬥序列
司令長官海軍中將伊東祐亨
司令官海軍少將東鄉平八郎
參謀長海軍大佐出羽重遠

本　隊

松　島　艦長威仁親王大佐
嚴　島　艦長有馬新一大佐
橋　立　艦長日高壯之丞大佐
千代田　艦長內田正敏大佐

游　擊　隊

吉　野　艦長河原要一大佐
浪　速　艦長片岡七郎大佐
高千穗　艦長野村貞大佐
秋津洲　艦長上村彥之丞大佐

第　四　水　雷　艦　艇

司令鏑木誠少佐

第二十五號水雷艇　第十六號水雷艇
第二十四號水雷艇　第十七號水雷艇
第十五號水雷艇　第二十號水雷艇

補給船　西京丸（兼情報艦）、相模丸
水雷艇隊母艦　近江丸
工作船　元山丸
醫療船　神戶丸

混　成　支　隊

司令官步兵大佐比志島義輝
參謀步兵大尉松石安治

後備步兵第一聯隊　**後備步兵第十二聯隊**
比志島義輝大佐

第一大隊	第二大隊	第二大隊	臨時山砲兵中隊	臨時彈藥縱列
岩崎之紀少佐	岩元貞英少佐	高橋種生少佐	荒井信雄大尉	

臨時水雷艇隊佈設部
司令海軍少佐
遠藤增藏

備考

第十五號、第二十號水雷艇於三月十五日編入第四水雷艇隊。除本表外，艦隊配屬有運輸船若干艘。

〈附錄三〉台灣及澎湖列島授受條約

　　大日本國皇帝陛下及大清國皇帝陛下依下關條約第五條第二項交接台灣一省，大日本國皇帝陛下簡派台灣總督海軍大將從二位勳一等子爵樺山資紀、大清國皇帝陛下簡派二品頂戴前出使大臣李經方各為全權委員。因兩全權委員會同於基隆，所辦事項如下：

　　日清兩帝國全權委員交接，明治二十八年四月十七日，即光緒二十一年三月二十三日，依下關所締結媾和條約第二條，清國永遠割讓於日本之台灣全島及所有附屬各島嶼，並澎湖列島。即在英國格林尼次東經一百一十九度起，至一百二十度止，及北緯二十三度起，至二十四度之間諸島嶼之管理主權，並別冊所示，各該地方所有堡壘、軍器、工廠及一切屬公物件、均皆清楚。

　　為此，兩帝國全權委員願立文據，即行署名蓋印，以昭確實。明治二十八年六月二日，即光緒二十一年五月初十日訂於基隆，繕寫兩份。

●附件

台灣全島及所有附屬各島嶼，並澎湖列島所有堡壘、軍器、工廠及一切屬公物件清單：

一、台灣全島及澎湖列島之各海口及各府縣所有堡壘、軍器、工廠及屬
　　公物件。

二、台灣至福建海底電線，應如何辦理之處，俟兩國政府隨後商定。

〈附錄四〉 參與台灣討伐人馬概數

區分 部隊號		將校或 相當官	下士 卒	傭役 軍伕	乘馬	駄馬 輓	摘　　要
臺　灣　總　督　府		56	157		65		
總督府直屬部隊	臼　砲　中　隊	5	138	790	2		
	臼　砲　廠　部	2	49	1,698	1		
	臨時臺灣鐵道隊	10	845	2,227	5		
	近　衛　軍　樂　隊	1	43	3			
	後備步兵第四聯隊	63	2,659	332	17		
	臨時澎湖島堡壘團 守備要塞砲兵隊	13	348		2		
	臨時基隆堡壘團 守備要塞砲兵隊	10	282		2		
	臨時臺灣憲兵隊	65	1,962	575	1,777		29年1月5日改編 爲將校77、下士 卒2,554、軍伕 756、馬2,339
	臨時測圖部第五班	3	11	11	1		
近　衛　師　團		360	14,209	700	1,076	駄　757 輓 1,619	含獨立野戰電 信隊，配屬軍 伕700名
第　二　師　團 （缺混成第四旅團）		270	9,592		1,373	駄　594 輓 1,304	含獨立野戰電 信隊

接下頁

混成第四旅團		192	6,509	5,888	281	駄 160	
混成第七旅團		112	2,599	1,145	49	駄 80	
混成支隊		64	2,833	2,474	29		詳細編制 參照附錄一
臺灣兵站部	兵站監部	22	245	67	19		
	兵站司令部 三十六個	36	288		36		
	臺灣守備兵站 後備步兵 第五大隊	30	1,327	164	7		六中隊編制
	同 　第十三大隊	30	1,327	164	7		六中隊編制
	同 　第十五大隊	30	1,327	164	7		六中隊編制
	臨時第二師團 獨立工兵中隊	4	188	109	5		
	兵站輜重	81	1,102	10,203	159		人力車：近衛師團兵站糧食縱列260、第二師團416、其他輜重約2,876。
	兵站醫院六個	56	297	73			
	衛生集積倉庫	4	10				
合　　　計		1,519	48,316	26,214	4,920	駄1,591 輓2,923	

備考	一、其中包含技師或技術士相當官者。 二、混成支隊長由後備步兵第一聯隊長兼任。 三、本表外，臨時台北武器修理所於明治二十八年十月十三日編成。

<附錄五>台灣清軍兵力推算

台灣清軍兵力推算					
營　號	統　領	駐　在　地	人員	人員小計	備　考
銘 字 六 營	張月樓	基 隆 附 近	600		
砲　隊　營			400		
滬防軍三營	廖廷芳 余淸波	滬尾街附近	1,200		
衛隊營三營	李文忠		1,200		
隘 勇 二 營	黃宗波		800		
定海營三營	王佐臣	北部	1,200	12,900	
籌防營三營		臺北府附近	1,200		
隘 勇 一 營	唐景崧		400		
營號不明 十 營			4,000		
團　防　兵	林維源		1,500		
新 竹 防 營	李玉山	新　　竹	400		
翼 字 四 營	楊汝翼	中部	2,000	12,000	平時解散，遇有警報時才集合。
義勇試字十營	唐景崧	臺 中 附 近	10,000		
義勇信字十營					
福 字 六 營	劉永福	恆春、鳳山間	2,400		
忠 字 防 營		東　　港	400		
營號不明 九 營	萬國本	南部 恆　　春	3,600	8,300	
營號不明 三 營	邱啓標	旗後、安平間	1,200		
嘉 義 防 營		嘉　　義	400		
合　　計			33,000餘		

明治二十八年五月中旬
大總督府陸軍參謀部

〈附錄六〉樺山總督致劉永福書

大日本台灣總督海軍大將子爵樺山資紀呈書劉君永福足下：

自從客歲，大日本國與大清國構難也。清國海陸之全軍每戰不利，其出外之師，敗於牙山，潰於平壤，覆於黃海，旅順之要隘，威海之重地，相尋而陷。北洋水師之兵輪，覆沒全盡，燕京之命運岌岌乎在旦夕之間。於是乎大清國皇帝欽派全權使臣李鴻章及李經方兩員請講和，大日本皇帝容其請，著全權大臣會見於下之關議和，和成而定和約數款，台灣全島及澎湖列島咸爲大清國皇帝所割讓。

曩者，欽差全權大使李經方與本總督相會於基隆，完淸本島及澎湖列島授受之約，本總督乃開府台北，綏撫民庶，整理政務，凡百之事，將就其緒。乃聞足下尙據台南，漫弄干戈，會此全局奠定之運，獨以孤立無援之軍把守邊陬城池，大勢之不可爲，不待智者而可知矣。足下才雄名高，精通萬國公法，然背戾大清國國皇帝之聖旨，徒學頑愚之爲，本總督竊爲足下惜焉。

足下若能體大清國國皇帝聖旨之所在，速戢兵戈，使民庶安堵，則本總督特奏請大日本國皇帝陛下，待以將禮，送還清國，各部下將卒亦當宥恕其罪，遣還原籍。既在基隆、台北、宜蘭及滬尾之地，現收容附降敗殘之淸兵，或依官船，或付船資送遣原籍者垂八千人。本總督稔聞足下之聲名也尙矣，故豫佈腹心，告以順逆之理，取舍惟足下之所撰，足下請審計之，不宣。

〈附錄七〉劉永福答樺山總督書

大清國欽命幫辦全台防務記名提督軍門代理福建台灣總鎮府劉永福覆書於大日本國總督樺山閣下：

頃閱來書，甚承獎飾，然其中詰問之語，多非鄙懷所及，今試為足下言之。竊惟我大清國皇帝聖聖相傳，數百年來仁政覃敷，感披中外，當今之皇上尤以柔遠為懷，故嘗遣使各國，結聯鄰好。至於貴國，同隸亞洲之土，更為唇齒之邦，講信修睦，久載盟府，宜乎守望相助，永遠勿渝，庶不為他國所竊笑也。不意棄好崇仇，無端開釁。我中國夙將，雄才久昭，忠勇當時，飲血誓師，人人倚戈待戰，乃庸臣貽誤兵機，遂致有牙山、平壤、威海、旅順之失，非戰之罪也，實有以誤之耳。不然，貴國即率傾國之軍，也未必能入中國之境地也。

迨今年四月〔陽曆五月〕，大清國皇帝不忍生靈塗炭，乃復優容大度，重修舊好，本幫辦奉命駐防台灣，義當與台灣共存亡，來書謂本幫辦背戾大清國皇帝聖旨，甚矣，亦何見理之不明也。如所云台灣列島係大清國皇帝所割讓，欽差李經方曾與足下完清列島等語，本幫辦實所不解，夫讓地之說，需有明據，使果有此議，何以本幫辦未奉我大清國皇帝諭旨？李欽差到基隆，何以不到台南？且本幫辦從未見其明文，試問古今以來奉旨防守元地，未見天子之命，可以擅棄讓與人乎？足下總督全師，為一國之大將，長才卓識，超邁尋常，豈反見不及此乎？

昨者道路傳聞，貴國軍律不嚴，姦淫焚戮，無所不至，台南百姓食毛踐土有年，內則不忍背君，外則恐遭塗炭，所以遮道攀轅，涕泣請命，小民尚且如斯，況本幫辦身為守土之臣耶？今日之事，若未奉大清國皇帝諭旨，則本幫辦當守效死勿去之義，以守茲土，以保此民，區區之心，如斯而已。足下深明事理，洞達人情，請為本幫辦思之，則幸甚矣！即此佈復，不宣。

〈附錄八〉南進軍編組

南進軍編組

軍司令官中將子爵高島鞆之助
參謀長少將男爵大島久直
砲兵部長少將村井長寬

近衛師團

師團長中將能久親王
參謀長工兵大佐鮫島重雄

近衛步兵第一旅團 川村景明少將	近衛步兵第二旅團 山根信成少將

近衛步兵第一聯隊	近衛步兵第二聯隊	近衛步兵第三聯隊	近衛步兵第四聯隊
代理三木一少佐	阪井重季大佐	伊崎良熙中佐	內藤正明大佐
代理藤井養三大尉	前田喜唯少佐	志賀範之少佐	摺澤靜夫少佐
千田貞幹少佐	松原曉三郎少佐	藤村忠誠少佐	岩尾惇正少佐

機關砲八隊

近衛騎兵大隊
澁谷在明中佐

近衛野戰砲兵聯隊
限元政次大佐

第一大隊　　　　　　　第二大隊
小久保善之助少佐　　　藏田虎助少佐

近衛工兵大隊
小川亮中佐

本表之外，南進軍尚配屬有臼砲中隊、臼砲廠部、獨立野戰電信隊中隊、憲兵隊若干、台灣兵站等部隊。

南進軍編組

軍司令官中將子爵高島鞆之助
參謀長少將男爵大島久直
砲兵部長少將村井長寬

第二師團

師團長中將男爵乃木希典
參謀長步兵大佐大久保利貞

步兵第三旅團 少將男爵山口素臣		步兵第四旅團 少將貞愛親王	
步兵第四聯隊 仲木之植大佐	**步兵第十六聯隊** 福島庸智大佐	**步兵第五聯隊** 佐佐木直大佐	**步兵第十七聯隊** 瀧本美輝大佐
Ⅰ 山田忠三郎少佐	Ⅰ 江田國容少佐	Ⅰ 石原應恆少佐	Ⅰ 石原保謙少佐
Ⅱ 桑波田景堯少佐	Ⅱ 岡田昭義少佐	Ⅱ 渡邊祺十郎少佐	Ⅱ 島田　繁少佐
Ⅲ 石　原廬少佐	Ⅲ 川越重國少佐	Ⅲ 大熊淳一少佐	Ⅲ 島田一義少佐

騎兵第二大隊
山岡光行中佐

工兵第二大隊
木村才藏中佐

Ⅰ

Ⅱ

野戰砲兵第二聯隊
西村精一中佐

第一大隊
萩春太郎少佐

Ⅰ　　Ⅱ

第二大隊
熊谷正躬少佐

Ⅲ　　Ⅳ

第二大隊
稻村元資少佐

Ⅴ　　Ⅵ

〈附錄九〉嘉義、鳳山間敵軍兵力

嘉義、鳳山間敵軍兵力			
			(間諜之報告)
地名	營數	營　名	將　校　名　稱
嘉義	十二營	官　兵 敢　死　軍	劉步高　　簡大慶 楊泗雲　　（簡大肚）（土賊巨魁） 吳　　　　鄭清（土賊巨魁） 鐘滿　　　林小鳩（土賊巨魁） 宗　　　　簡宜（土賊巨魁）
臺南 安平	二十 二營	團　練　營 維守（左右）營 鎮海中軍右營（海邊） 鎮海前軍右營（海邊） 鎮海前軍左營（海邊） 中軍（副前）營（海邊） 先鋒營地雷營（城內） 左　翼　練　營 中字營中軍先鋒營 中軍（後左）營（海邊） 屯　兵　營 衛隊先鋒營、七星隊營 翊字（左右）營（在臺南以 　　　　　北二十里 　　　　　的金甲庄） 永　字　營 武　義　營	劉永福　　　李治安（管帶） 許南斌　　　吳世添 （管帶，臺南紳士）（管帶）（戰死） 陳　某　　　忠　滿（統領） 李　英（中協）統領 徐學堅（統領） 朱乃昌（管帶）　楊泗雲（管帶） 徐國志（管帶）　陳　羅（統領） 李維義 （統領，劉的叔父） ●彰化之役負傷，在臺南者如下： 葉永輝（管帶）　楊泗洪 柯壬貴（管帶）　石國珍 劉仲山　　　　孔憲仁（戰死） 吳光亮　　　　王　德 林福善　　　　譚發言 楊錫周　　　　栢正才 徐　芳　　　　譚少宗 張　采
鳳山	五營	中字營（旗後、東港）	吳光忠（管帶，在東港）
旗後	九營， 有砲兵 兩百名	福軍（左右）中（前後） 五營 福字（副前）一營 砲兵（二百名） 福字（左右）二營	劉成（五品總統，劉的第三子） 陳尚志
備考			●鳳山、枋寮間有客家兵一萬六千，又雲林有土勇及黑旗兵一千、大樹林 　有敵兵兩千。此外他里霧也有若干，首將劉永福常駐臺南。 ●旗後（打狗）附近佈有地雷：桃仔園六、赤穴頂十、大線橋五、中芸庄 　三、鳳鼻頭九、安平邊一帶十一、砲臺附近二十五 大樹林、赤穴頂、 　　　　　　　　　　　　　　　　　　　　　　　大線橋之位置不明

〈附錄十〉劉永福致樺山總督請和書

大清國幫辦台灣防務記名提督軍門署福建台灣總鎮府劉永福再覆書於大日本國總督樺山足下：

七月初四日〔陽曆八月二十三日〕來書接閱，當於七月初六日裁復一函，由廈門轉寄淡水，計時想必收到，緣大淸國與貴國開仗，業於本年四月〔陽曆五月〕間商妥畫押，大衆歡喜。惟條約內有割台灣之意，且台民自入形圖年久，均各不欲割歸貴國，當時敝國各官內渡，全台紳民衆志已堅，公舉本幫辦爲統領，辦理台灣防務；惟本幫辦未奉大淸國皇帝聖旨撤兵，不得已允從紳民所請，實乃把持台灣一島，但爲保民起見，並非戀戀於此圖利者比。

緣自台灣開仗以來，數月之久，百姓受苦更堪憐憫，慘不可言。現在本幫辦意欲免使百姓死亡受累，因此本幫辦亦愛將台灣讓與貴國，先立條約二端：

其一，要貴國厚待百姓，不可踐辱其台民，不拘何項人等，均不得加罪殘害，須當寬刑省法。

其二，本幫辦所部兵勇以及隨員人等亦須厚待，不可侮辱，將來須請照會閩浙總督、兩廣總督及南洋大臣，迅速用船載回內地。

此二約乃因保民免致生靈塗炭之苦，並免後再開仗起見，如能見允，目下即能成議，並即日詳細示覆，手此謹佈，惟照不宣。

〈附錄十一〉高島南進軍司令官代總督答劉永福書

南進軍司令官陸軍中將子爵高島鞆之助代台灣總督伯爵樺山資紀覆劉永福君足下：

　　本職於今十一日接悉貴台轉託英國軍艦彼克號送呈之手書。據該函貴台似擬具條件乞和。惟依下關條約，台灣歸入我大日本帝國版圖之際，總督樺山海軍大將夙曾懇諭利害順逆之理，並善意規勸迅速撤回援兵。惟當時貴台竟故託左右之辭，將此德意置之不顧，竊據南部台灣之地迄今，復以唆使所在之匪類，悍然抵抗我王師，擾亂本島良久，貴台實罪魁禍首也。

　　如今大軍迫於咫尺，命在旦夕之際，始靦然乞和，且猶如等國將領之款式擬具條件議和，殊令本職不解，若貴台切實痛悔前非，誠意求降，惟有自縛前來求哀於軍門之一途耳。爾後，若再發出類似使書，本職自不再予一顧也。併此奉知。

〈附錄十二〉劉永福致近衛師團長請和書

敬啓者：

　　據七月四日〔陽曆八月二十三日〕樺山君來函中指稱，本幫辦如自願退兵返渡中國內地，大日本國皇帝將以將官禮遇送還內地云云。今本幫辦已希望和議，經於七月六日，經由廈門致樺山君轉達欲歸復和好之意。因未知該函是否已邀閱，於八月二十日，復修一函，託大英國領事府之胡力穡，親赴澎湖及淡水，各分寄一封。其意不外在息爭解救民之苦，於是於七月間致書樺山君之後，即將徵自內地之兵士挽留於台南，決未曾自此地發動攻擊之行為。

　　反之，在彰雲〔彰化雲林〕之戰，實係台灣土人，因蒙吾大清國皇帝深仁厚澤閱數百餘年之久，致不忍將此土地虛讓貴國而執戈者，至於本幫辦已自彰化撤至雲林，又自雲林撤至嘉義。貴執事幸勿不解此心意，以逼戰而失其信義。

　　本幫辦待人以信，故於七月間接樺山君來函後，即立予撤回兵士。詎料今竟圍攻嘉義城地。若循於萬國公法，豈是講信修睦之道？尚祈兩國立即戢兵停火，伸修和議。和議既成，本幫辦當立即招集將士，並率其全體，將台灣悉讓貴國，決不食言。專此呈鑒，並候回示。

大清國欽差幫辦台灣防務記名提督軍門署福建台灣總鎮府

劉永福上書

〈附錄十三〉劉永福再答高島司令官書

幫辦台灣防務記名提督軍門署福建台灣總鎮府劉永福復向高島君足下上書：

上午七時，廖委員所攜回貴函誦悉。惟函中所謂：本幫辦之呈書中飾詞殊多，執事乃不肯言和云云乙節，與前樺山來函所言，若肯言和，大日本國皇帝將待之以將禮，送還內地，殊為不合。

本幫辦於七月間（即陽曆八月中）接來書之後，即已允商和好，詎料於今忽以附言投降云云，何以明信於天下，欲令本幫辦赴船議和後始允諾云云，試想貴軍門為大日本國之一將官，本幫辦亦為一將官也。貴軍門設不能登陸議和，則可派遣委員與本幫辦商議，或由本幫辦派遣委員與貴軍門商議，孰為合宜，悉聽尊便。此豈非上策？為決定此事何必往返費事？本幫辦殊非另有主意，惟求人民能免鋒鏑之驚，得以安居耳。若一旦開戰，自難保雙方無死傷，何不息事寧民，歸求和好？承派委員前來商議或由本幫辦派出委員，孰宜，均候高教。若誠實憐惜兩國兵民，切盼以一言決斷此事。專復不宣。

再啟者：來函中不欲和議之表達，乃是不愛台民之舉也。如不願進行和議，本幫辦自不必安撫各民，各民既不服，自必相率訴以決戰。不得民心，空取其土地，竟有何用？且雙方一旦攻戰，勝敗之數，豈能預期？唯有殘害生靈耳。

本幫辦係本愛恤人民之意，始出於此和議。即使本幫辦無以取勝於此戰，亦可率舊部退入內山〔蕃地〕，或尚可支持數年，且不時出戰，此地豈能安居乎？何況世態尚難逆料也。如指本幫辦函中多飾詞乙節，試問，何來大清國皇帝之上諭，以及欽差之來至台南？略加查察核即明，如今已八月十三日〔陽曆十月一日〕，始據一委員送來台灣交割之文書。於是擬行和議，急於內渡。惟貴執事既不允諾，則惟有雙方攻戰耳。請慎思並請回示，以便有應戰之備。

〈附錄十四〉日軍攻台大事紀要

日軍攻台大事紀要		
年月日	戰鬥記事	參與兵力
明治二十八年 三月十五日	●混成支隊（隊長比志島大佐）由佐世保出港航向澎湖島	
三月十九日	●〈清國〉全權總理大臣李鴻章抵達下關	
三月二十三日	●比志島混成支隊於裡正角附近登陸 ●我〈日本〉艦隊砲擊澎湖島砲台 ●澎湖島大武山之戰鬥	步兵二大隊
三月二十四日	●拱北砲台附近之戰鬥 ●攻擊馬公城 ●我艦隊砲擊圓頂半島	步兵三大隊、山砲兵一中隊、海軍速射砲隊 步兵三大隊、山砲兵一中隊、海軍速射砲隊
三月二十五日	●圓頂半島敵兵投降	
三月二十六日	●佔領澎湖全島	
三月三十一日	●締結休戰條約	
四月十七日	●簽訂媾和條約	
五月二十二、 二十三日	●近衛師團進行第一批運送（往台灣）	
五月二十五日	●東鄉艦隊偵察淡水港及三貂角附近登陸地點	
五月二十九日	●近衛師團開始於三貂角	

接下頁

	附近登陸	
五月三十日	● 佔領三貂大嶺	步兵二中隊
六月一日	● 大粗坑附近之小戰鬥	步兵三中隊
六月二日	● 瑞芳附近之戰鬥	步兵一大隊又二中隊
六月三日	● 攻擊基隆	步兵五大隊又一中隊二小隊、工兵一中隊
	● 常備艦隊砲擊基隆附近	
六月六日	● 台灣總督府登陸基隆	
六月七日	● 佔領台北	
六月十四日	● 台灣總督府進入台北	
六月二十一日	● 楊梅壢附近之戰鬥	步兵二小隊、騎兵一小隊、砲兵一小隊
六月二十二日	● 佔領新竹	
六月二十五日	● 廣背庄附近之小戰鬥	步兵一中隊
	● 新竹防禦戰	步兵一大隊又一中隊、騎兵一小隊、砲兵一中隊、機關砲一隊
六月二十八日	● 攻擊安平鎮庄	步兵一中隊又二小隊
七月一日	● 攻擊安平鎮庄	步兵二中隊、砲兵一小隊、工兵二小隊
七月二日	● 近衛師團第二批運送部隊開始於基隆登陸	
七月十日	● 新竹防禦戰	步兵三中隊、騎兵一小隊、砲兵一中隊、機關砲一隊
七月十三日	● 二甲九庄及占山附近之戰鬥	步兵一中隊
	● 大料崁附近之戰鬥	步兵一大隊、工兵一小隊
七月十四日	● 龍潭坡附近之戰鬥	步兵一大隊、騎兵一小隊、砲兵一中隊（山砲四門）、工兵二小隊
	● 桂子坑及埤角附近之戰	步兵三中隊、砲兵一小隊、

接下頁

	鬥	機關砲一隊
七月十六日	● 大料崁附近增援隊之戰鬥	步兵三中隊、砲兵一中隊、工兵二小隊
七月二十一、二十二日	● 橫坑仔庄附近之戰鬥	步兵三中隊、砲一門、工兵一小隊
七月二十三日	● 福德坑庄附近之戰鬥	步兵一大隊、砲兵一小隊
	● 太平庄附近之戰鬥	步兵二中隊、砲兵一小隊
七月三十一日	● 龍潭坡附近之戰鬥	步兵一大隊又三中隊、騎兵一小隊、砲兵一中隊、工兵一中隊
	● 涼傘頂附近之戰鬥	步兵二中隊、騎兵一分隊、砲兵一中隊
八月一日	● 銅羅圈庄附近之戰鬥	步兵二中隊、砲兵一中隊
八月二日至四日	● 混成第四旅團由大連向基隆出發	
八月二日	● 新埔街附近之戰鬥	步兵二大隊又一中隊、騎兵一小隊又一分隊、砲兵二中隊、工兵一中隊又一分隊
八月六日	● 金山面庄附近之戰鬥	步兵一大隊、騎兵一小隊、砲兵一小隊
八月六日至九日	● 混成第四旅團登陸基隆	
八月七日	● 水仙嶺附近之戰鬥	步兵二中隊、砲兵一小隊、工兵一中隊
八月七日至十五日	● 混成第四旅團與基隆、新竹間之近衛守備隊交接	
八月八日	● 水尾溝附近之戰鬥	步兵二中隊、砲兵一中隊
	● 客仔山及柑林溝附近之戰鬥	步兵一大隊又二中隊、騎兵一小隊、砲兵一中隊（山砲六門）、機關砲一隊、工兵一小隊

接下頁

	● 我艦隊自頂寮庄西方海面與尖筆山外海支援陸上作戰	
八月九日	● 佔領尖筆山	
八月初旬	● 在奉天半島的第二師團（缺混成第四旅團）與在內地的第二、第四師團後備隊（二十八個步兵中隊）、臼砲隊、工兵隊、要塞砲兵隊、憲兵隊增援征台軍	
	● 台灣總督府陸軍部與軍司令部合併擴編	
八月十三日	● 後壠附近之戰鬥	步兵一大隊又一中隊、騎兵一小隊、砲兵二中隊、工兵一小隊
八月十四日	● 佔領苗栗	
八月二十四、二十五日	● 近衛師團於大甲及大安港附近集結	
八月二十五、二十六日	● 溝倍庄附近之戰鬥	步兵二中隊又二小隊、騎兵一小隊、工兵一中隊
八月二十六日	● 三十張犁庄附近之戰鬥	步兵二中隊、砲兵一中隊
八月二十八日	● 佔領鹿港	
	● 彰化之戰鬥	步兵五大隊又二中隊、騎兵二中隊、砲兵四中隊、機關砲二隊、工兵二中隊
九月三日	● 大莆林附近之戰鬥	步兵二中隊又二小隊、騎兵一中隊又二小隊
九月七日	● 賊徒襲擊大莆林	同上
十月一日至三日	● 第二師團剩餘部隊由大連向澎湖島出發	

接下頁

十月五日	● 近衛師團向嘉義推進	
十月六日	● 西螺街附近之戰鬥	步兵一大隊、騎兵一小隊、砲兵一小隊、工兵半小隊
十月七日	● 土庫街附近之戰鬥	同上
	● 施瓜寮庄附近之戰鬥	步兵三中隊
	● 牛尪灣庄附近之戰鬥	步兵一中隊、砲兵一中隊
十月八日	● 雙溪口庄附近之戰鬥	步兵一大隊、騎兵一小隊、砲兵一小隊、工兵半小隊
	● 第二師團戰鬥部隊於澎湖島集合	
	● 內林庄附近之戰鬥	步兵一大隊、砲兵一小隊、工兵一小隊
十月九日	● 攻陷嘉義	步兵七大隊、騎兵二中隊、砲兵四中隊、機關砲三隊、工兵一中隊
十月十日至十三日	● 混成第四旅團於布袋口附近登陸	
十月十一日至十五日	● 第二師團於枋寮登陸	
十月十一日	● 茄苳腳附近之戰鬥	步兵三中隊
十月十二日	● 頭竹為庄附近之小戰鬥	步兵二中隊又一小隊
	● 杜仔頭庄附近之戰鬥	步兵一中隊又一小隊、工兵一小隊
十月十三日	● 賊徒襲擊杜仔頭庄附近	步兵二中隊、工兵一小隊
	● 東石港附近之小戰鬥	步兵一中隊
	● 頭溝水庄附近之戰鬥	步兵二中隊
十月十五日	● 我艦隊砲擊打狗砲台	
十月十六日	● 佔領鳳山城	
十月十七日	● 賊徒襲擊鐵線橋	步兵三中隊、砲兵二小隊、工兵一小隊
	● 五間厝附近之戰鬥	步兵三中隊又一小隊、騎兵

接下頁

		一小隊又一分隊、工兵二小隊
十月十七日至二十一日	●我艦隊於打狗、安平外海進行警戒	
十月十八日	●大埔口附近之戰鬥	步兵三中隊
	●竹橋寮與下灣庄附近之戰鬥	步兵二大隊又二中隊、騎兵一分隊、砲兵一中隊、工兵一小隊
十月十九日	●賊首劉永福逃走	
十月二十日	●灣裡附近之小戰鬥	步兵二中隊
	●曾文溪附近之戰鬥	步兵二大隊又一小隊、騎兵一小隊又三分隊、砲兵一中隊、工兵二小隊
	●蕭壠街附近之戰鬥	步兵三中隊又二小隊、砲兵二小隊、工兵一小隊
	●二層行溪附近之戰鬥	步兵二大隊、騎兵一中隊又二小隊、砲兵一中隊、工兵一中隊
十月二十一日	●第二師團一部分進入台南	
十月二十二日	●南進軍司令部進入台南	
十月二十八日	●近衛師團長能久親王薨逝	
十一月一日	●佔領恆春城	步兵一大隊
十一月十二日至二十二日	●近衛師團與第二師團交接守備地，分批凱旋返國	
十一月十七日	●掃蕩蕉坑庄附近賊徒	步兵二中隊又二小隊
十一月中旬至十二月一日	●近衛師團凱旋歸抵東京	
十一月二十五日	●討伐火燒庄附近殘餘賊	步兵二大隊、騎兵一小隊、

至十二月九日	徒	砲兵二中隊、工兵二小隊
十二月三十一日	●討伐瑞芳附近賊徒	步兵二中隊（缺半小隊）
明治二十九年		
一月一日	●賊徒襲擊台北城	步兵二中隊、擄獲山砲三門
	●討伐宜蘭附近賊徒	步兵二中隊
一月十一日	●混成第七旅團抵達基隆	
至十三日		
四月上旬起	●第二師團與新抵達的三個台灣守備混成旅團交接	
四月上旬至五月	●第二師團於安平、打狗、基隆搭船分批返回內地	

〈附錄十五〉古今地名對照索引

接下頁

下湳庄	〈雲林縣西螺鎮下湳〉	大基隆	〈基隆市仁愛區一帶〉
上溪洲庄	〈嘉義縣義竹鄉	大崎	〈台南縣永康市大崎〉
	下溪洲一帶〉	大崎庄	〈新竹縣寶山鄉大崎頭〉
土公坪	〈台北縣瑞芳鎮台陽合金	大崩坡	〈桃園縣楊梅鎮崩坡〉
	公司一帶〉	大崗山	〈高雄縣大崗山〉
土庫街	〈雲林縣土庫鎮土庫〉	大康庄	〈台南縣柳營鄉太康〉
土嶺	〈台北縣貢寮鄉	大深澳	〈台北縣瑞芳鎮深澳〉
	土地公嶺〉	大粗坑	〈台北縣瑞芳鎮大粗坑〉
大人廟	〈台南縣歸仁鄉大人廟〉	大莆林	〈嘉義縣大林鎮大林〉
大必吱尾庄	〈屏東縣枋寮鄉東海	大湖口	〈新竹縣湖口鄉湖口〉
	（北旗尾）〉	大湖庄	〈嘉義縣大林鎮大湖〉
大甲	〈台中縣大甲鎮大甲〉	大湖庄	〈屏東市大湖〉
大安港	〈台中縣大安鄉大安港〉	大菁坑庄	〈台北縣龜山鄉大青坑〉
大安寮	〈台北縣土城市大安寮〉	大爺庄	〈高雄縣湖內鄉太爺〉
大竹圍庄	〈彰化市大竹圍〉	大寮	〈高雄縣岡山市大寮〉
大肚街	〈台中縣大肚鄉大肚〉	大寮庄	〈嘉義縣布袋鎮
大肚溪	〈彰化、台中縣大肚溪		埔子厝（大厝）〉
	（烏溪）〉	大穆降庄	〈台南縣新化鎮
大里簡	〈宜蘭縣頭城鎮大里〉	（大目降）	大目橋一帶〉
大坪砲台	〈位於高雄市鼓山區	大龍洞	〈台北市大龍峒〉
	打狗山〉	大庄	〈苗栗縣後龍鎮大莊〉
大武力	〈屏東縣枋寮鄉	大庄	〈屏東縣枋寮鄉大莊〉
	新龍村（大武力）〉	大料崁	〈桃園縣大溪鎮大溪〉
大社庄	〈台南縣新市鄉大社〉	大料崁溪	〈大漢溪〉
大城北社	〈澎湖縣湖西鄉	小大湳庄	〈桃園縣八德鄉小大湳〉
	武城（大城北）〉	小砲台	〈位於基隆市中正公園內〉
大竿林	〈基隆市安樂區大竿林〉	小基隆	〈基隆市中正區一帶〉
大茅埔庄	〈新竹縣新埔鎮大茅埔〉	小崗山	〈高雄縣小崗山〉
大茄苳庄	〈雲林縣西螺鎮	小深澳	〈台北縣瑞芳鎮瑞濱一帶〉
	大新（大茄苳）〉	小粗坑	〈台北縣瑞芳鎮小粗坑〉
大埔	〈嘉義縣鹽水鎮大埔〉	小智灣	〈澎湖縣西嶼鄉內垵灣〉
大埔口	〈台南縣學甲鎮大埔口〉	山仔腳	〈嘉義縣民雄市山子腳〉
大埔尾溪	〈雲林縣虎尾溪支流〉	山仔腳庄	〈台北縣樹林鎮山子腳〉
大高坑庄	〈台北縣樹林鎮大高坑〉	山仔腳庄	〈台中市南屯區山子腳〉

接下頁

山崙仔庄	〈雲林縣斗南鎮崙子〉	六堆	〈高雄縣六堆〉
山寮	〈台南縣學甲鎮山寮〉	公埔庄	〈宜蘭縣冬山鄉公埔〉
		公館庄	〈苗栗縣公館鄉公館〉
〔四劃〕		天保厝	〈嘉義縣鹽水鎮天保厝〉
中社庄	〈台南縣六甲鄉中社〉	天南砲台	〈位於澎湖縣馬公市
中芸庄	〈高雄縣林園鄉中芸村〉		新復里〉
中洲庄	〈台南縣學甲鎮中洲〉	太子宮	〈台南縣新營市太子宮〉
中港	〈苗栗縣竹南鎮中港〉	太子廟	〈台南縣仁德鄉太子廟〉
中港河	〈苗栗、新竹縣境內	太武山	〈位於澎湖縣湖西鄉
	中港溪〉		西溪村〉
中路庄	〈高雄縣阿蓮鄉中路〉	太武社	〈澎湖縣湖西鄉太武〉
中寮庄	〈彰化縣和美鎮中寮〉	心西埔	〈桃園縣大溪鎮順時埔〉
中庄	〈桃園縣大溪鎮中莊〉	文澳社	〈澎湖縣馬公市東文澳及
中庄	〈台南縣下營鄉紅毛厝北〉		西文澳一帶〉
中壢	〈即中壢，桃園縣中壢市〉	斗六門	〈彰化縣北斗鎮北斗〉
丹裡庄	〈台北縣貢寮鄉	(北斗)	
	石碇溪溪口一帶〉	斗六街	〈雲林縣斗六市斗六〉
五十份	〈台北縣三峽鎮	斗炮庄	〈彰化市寶部一帶〉
	五十分山一帶〉	水仙嶺	〈新竹市、寶山鄉交界
五湖庄	〈苗栗縣西湖鄉五湖〉		水仙崙〉
五間厝	〈台南縣新營市五間厝〉	水尾溝	〈新竹縣寶山鄉水尾溝〉
五間庄	〈雲林縣斗南鎮五間厝〉	水尾庄	〈彰化縣溪州鄉水尾〉
五槐厝庄	〈高雄縣仁武鄉下五塊	水底寮庄	〈屏東縣枋寮鄉水底寮〉
	(五塊厝)〉	水南洞	〈台北縣瑞芳鎮水湳洞〉
仁武庄	〈高雄縣仁武鄉仁武〉	水涵口	〈彰化市水淹口〉
什股庄	〈桃園縣龍潭鄉十股寮〉	水邊腳	〈即水返腳，台北縣
內田庄	〈嘉義縣布袋鎮內田〉		汐止鎮汐止〉
內立庄	〈新竹縣新埔鎮內立〉	水堀頭	〈嘉義縣水上鄉水上〉
內坪林	〈台北縣雙溪鄉內平林〉	火燒坪	〈澎湖縣馬公市火燒坪〉
內林庄	〈嘉義縣大林鎮內林〉	火燒珠	〈台南縣下營鄉火燒珠〉
內湖庄	〈新竹市內湖〉	火燒庄	〈屏東市長興（火燒庄）〉
內灣庄	〈彰化縣田中鎮內灣〉	牛埔山	〈新竹市牛埔山〉
六甲庄	〈台南縣六甲鄉六甲〉	牛埔庄	〈新竹市牛埔〉
六肚	〈基隆市七堵區六堵〉	牛埔庄	〈屏東市牛埔〉

接下頁

牛罵頭	〈台中縣清水鎮清水〉	四張犁庄	〈台中市北屯區四張犁〉
牛調仔庄	〈彰化市牛稠仔〉	四塊庄	〈台中縣后里鄉四塊厝〉
牛尪灣庄	〈雲林縣斗六市朱丹灣〉	四腳亭	〈台北縣瑞芳鎮四腳亭〉
王田庄	〈嘉義市內〉	四鯤鯓庄	〈台南市南區四鯤鯓〉
		外朝洋庄	〈彰化縣溪州鄉外朝洋庄〉
〔五劃〕		外菁埔庄	〈嘉義縣民雄市菁埔一帶〉
他里霧街	〈雲林縣斗南鎮斗南〉	布袋口	〈嘉義縣布袋鎮布袋〉
仙洞	〈基隆市中山區仙洞〉	平林尾街	〈台北縣坪林鄉坪林〉
仙洞砲台	〈位於基隆市中山區仙洞〉	打狗	〈高雄〉
北槺榔庄	〈台南縣北門鄉北槺榔〉	打狗砲台	〈位於高雄市內〉
北斗溪	〈彰化縣北斗溪〉	打貓街	〈嘉義縣民雄市民雄〉
北仔店庄	〈台南縣善化鎮北仔店〉	永靖街	〈彰化縣永靖鄉永靖〉
北坑庄	〈桃園縣龍潭鄉大北坑、	（寶斗仔）	
	小北坑〉	瓦磘庄	〈雲林縣元長鄉瓦磘〉
北埔	〈新竹縣北埔鄉北埔〉	甘厝庄	〈雲林縣莿桐鄉甘厝〉
北馬庄	〈台南縣北門鄉北馬〉	甘蔗庄	〈嘉義縣大林鎮甘蔗崙〉
北兜庄	〈桃園縣平鎮市	田尾庄	〈雲林縣大埤鄉田尾〉
	南勢橋一帶〉	田密庄	〈新竹市交通大學一帶〉
北掌溪	〈嘉義縣八掌溪〉	白米甕	〈基隆市中山區白米甕〉
北港街	〈雲林縣北港鎮北港〉	白沙坑庄	〈彰化縣花壇鄉白沙坑〉
北港溪	〈雲林、嘉義縣境內	白沙崙庄	〈高雄縣湖內鄉白沙崙〉
	北港溪〉	白沙墩	〈苗栗縣通霄鎮白沙屯〉
北勢仔庄	〈雲林縣斗南鎮北勢子〉	白沙墩庄	〈台南縣後壁鄉白沙屯〉
北勢仔庄	〈屏東縣崁頂鄉北勢〉	皮寮	〈彰化市大東紙廠
北勢寮	〈屏東縣枋寮鄉北勢寮〉		北邊一帶〉
北樹仔腳庄	〈雲林縣莿桐鄉	石笋	〈台北縣雙溪鄉
	潮洋一帶〉		燦光寮一帶〉
半治庄	〈雲林縣莿桐鄉半治〉	石牛溪	〈雲林縣石牛溪〉
半路竹	〈高雄縣路竹鄉路竹〉	石灰坑庄	〈台北縣樹林鎮石灰坑〉
古亭庄	〈台北市晉江街至羅斯福	石龜溪庄	〈雲林縣斗南鎮石龜溪〉
	路二段一帶〉	石碇街	〈台北縣石碇鄉石碇〉
台斗坑庄	〈嘉義市台斗坑〉	石磜仔	〈桃園縣龍潭鄉石崎子〉
四汴頭	〈台北縣板橋市四汴頭〉		
四角竹圍	〈台中縣后里鄉墩東村〉	〔六劃〕	

接下頁

宅仔腳	〈台南縣學甲鎮宅仔港〉	弓鞋庄	〈南投縣名間鄉弓鞋〉
安平鎮庄	〈桃園縣平鎮市平鎮〉	吳來昌高地	〈桃園縣平鎮市台灣試驗
安溪寮庄	〈台南縣後壁鄉安溪寮〉		所西南高地〉
安溪庄	〈新竹縣竹北市安溪寮〉	坑底庄	〈台北縣龜山鄉龍壽一帶〉
尖山外庄	〈桃園縣龜山鄉光啓高中	尾重橋	〈台北縣三峽鎮
	一帶〉		竹圍內一帶〉
尖山社	〈澎湖縣湖西鄉尖山〉	尾厝庄	〈雲林縣大林鎮尾厝〉
尖筆山	〈苗栗縣竹南鎮尖筆山〉	尾寮庄	〈桃園縣大溪鎮尾寮〉
尖閣島	〈基隆市中正區花瓶嶼〉	杜仔頭庄	〈台南縣義竹鄉渡子頭〉
式港仔寮	〈台南縣學甲鎮二港仔〉	沙元庄	〈基隆市中正區
朴仔腳街	〈嘉義縣朴子鎮朴子〉		安瀾橋一帶〉
朴仔腳溪	〈嘉義縣朴子溪〉	沙凹庄	〈台南縣西港鄉砂凹子〉
江頭	〈台北市北投區關渡〉	沙崙庄	〈彰化縣田中鎮沙崙里〉
灰磘港	〈台南縣北門鄉灰磘港〉	沙帽山	〈澎湖縣馬公市紗帽山〉
竹仔門庄	〈高雄縣美濃鎮竹仔門〉	沙轆	〈台中縣沙鹿鎮沙鹿〉
竹圍後庄	〈台南縣後壁鄉竹圍後〉	汾水坑	〈新竹縣新埔鎮汶水坑〉
竹圍庄	〈嘉義市竹圍子〉	牡丹坑	〈台北縣雙溪鄉定福一帶〉
竹橋寮	〈台南縣學甲鎮竹圍仔〉	秀才庄	〈台南縣新營市秀才〉
羊朝厝	〈嘉義縣鹽水鎮羊稠厝〉	良文港	〈澎湖縣湖西鄉龍門漁港〉
老路坑	〈桃園縣龜山鄉舊路坑〉	赤崁頭	〈新竹市中坑一帶〉
西山庄	〈苗栗縣苗栗市西山〉	車城	〈屏東縣車城鄉車城〉
西盛庄	〈台北縣新莊市西盛〉	車路墘	〈台南縣仁德鄉車路墘〉
西勢庄	〈屏東縣竹田鄉西勢〉		
西溪社	〈澎湖縣湖西鄉西溪〉	〔八劃〕	
西嶼西砲台	〈位於澎湖縣西嶼鄉	佳里興庄	〈台南縣佳里鎮佳里興〉
	西嶼西台〉	刺桐腳	〈台南縣新營市莿桐腳〉
西嶼東砲台	〈位於澎湖縣西嶼鄉	姓廖	〈桃園縣大溪鎮姓廖〉
	西嶼東台〉	官佃溪	〈台南縣官田溪〉
西螺街	〈雲林縣西螺鎮西螺〉	官佃庄	〈台南縣官田鄉官田〉
西螺溪	〈濁水溪〉	宜蘭城	〈宜蘭縣宜蘭市〉
		店仔尾街	〈嘉義市店仔尾〉
〔七劃〕		忠心崙庄	〈屏東縣內埔鄉忠心崙〉
芊仔寮	〈嘉義縣義竹鄉芊子寮〉	房裡街	〈苗栗縣苑裡鎮房裡〉
宂仔寮	〈台北縣瑞芳鎮海濱〉	房裡溪	〈苗栗縣苑裡鎮房裡溪〉

接下頁

拔仔林庄	〈台南縣官田鄉拔子林〉	虎尾溪	〈雲林縣虎尾溪〉
拔死猴	〈台北縣瑞芳鎮	虎尾溪庄	〈雲林縣斗六市虎尾溪〉
	磅磅子一帶〉	虎尾寮潭	〈台北縣坪林鄉虎寮潭〉
枋寮庄	〈新竹縣新埔鎮枋寮〉	金山面庄	〈新竹市金山面〉
枋寮街	〈台北縣中和市〉	金包里	〈台北縣金山鄉金山〉
枋橋街	〈台北縣板橋市〉	金瓜石	〈台北縣瑞芳鎮金瓜石〉
枋橋庄	〈彰化縣社頭鄉枋橋頭〉	金字庵	〈澎湖縣馬公市井垵〉
東石港	〈嘉義縣東石鄉東石〉	（井仔按）	
東角砲台	〈位於澎湖縣馬公市重慶	金龜頭	〈澎湖縣馬公市金龜頭〉
	或啓明里境內〉	金鷄胡	〈桃園縣平鎮市金鷄湖〉
東後寮庄	〈嘉義縣義竹鄉東後寮〉	長潭庄	〈台北縣貢寮鄉長潭〉
東港	〈屏東縣東港鎮東港〉	阿公店	〈高雄縣岡山市岡山〉
東勢宅庄	〈台南縣善化鎮東勢宅〉	阿夷庄	〈彰化市阿夷莊〉
東溪	〈屏東縣東港溪〉	阿猴街	〈屏東市街〉
東衛社	〈澎湖縣馬公市東衛〉	阿罩霧庄	〈台中縣霧峰鄉霧峰〉
果毅後庄	〈台南縣柳營鄉果毅後〉	青草湖庄	〈新竹市青草湖〉
（古旗後）			
林仔頭庄	〈雲林縣斗六市林子頭〉	〔九劃〕	
林圯埔	〈南投縣竹山鎮竹山〉	俑頂庄	〈苗栗縣後龍鎮埔仔頂〉
林邊街	〈屏東縣林邊鄉林邊〉	前西勢庄	〈屏東縣竹田鄉
林邊溪	〈屏東縣林邊溪〉		西勢莊一帶〉
松仔林	〈台南縣仁德鄉太子廟附近〉	南仔吝庄	〈台北縣瑞芳鎮南雅〉
油家庄	〈雲林縣莿桐鄉油車口〉	（阿仔吝庄）	
（油車口）		南坑門	〈桃園縣龍潭鄉南坑〉
社口庄	〈雲林縣斗六市社口〉	南投街	〈南投市南投〉
社後坑庄	〈台北縣板橋市社後〉	南情厝	〈台北縣鶯歌鎮南靖厝〉
社腳庄	〈台中縣大肚鄉社腳〉	南雅庄	〈新竹市湳雅〉
社寮砲台	〈位於基隆市中正區	南勢角	〈台南縣麻豆鎮
	和平島上〉		勢角仔一帶〉
社寮嶼	〈基隆市中正區和平島〉	南隘庄	〈新竹市南隘〉
社寮庄	〈基隆市中正區和平島、	南寮庄	〈台中縣龍井鄉南寮〉
	八尺門一帶〉	南樹仔腳庄	〈雲林縣莿桐鄉饒平
社頭庄	〈雲林縣斗南鎮舊社一帶〉		（樹子腳）〉
羌園庄	〈屏東縣佳冬鄉羌園〉	咸菜硼街	〈新竹縣關西鎮關西〉

接下頁

姜仔寮	〈台北縣樹林鎮台北軍人公墓東邊一帶〉	茄苳腳	〈屏東縣佳冬鄉佳冬〉
客仔山	〈新竹市枕頭山〉	茄苳腳庄	〈彰化市茄苳腳〉
客仔溪	〈新竹市客雅溪〉	苑裡街	〈苗栗縣苑裡鎮苑裡〉
客仔庄	〈新竹市客雅〉	苓仔寮	〈台南縣將軍鄉苓子寮〉
後壠	〈苗栗縣後龍鎮後龍〉	香山坑	〈新竹市香山坑〉
後壠底庄	〈苗栗縣後龍鎮後龍底〉	香山庄	〈新竹市香山〉
後埔庄	〈雲林縣莿桐鄉后埔〉		
後埔庄	〈嘉義縣布袋鎮後埔〉	〔十劃〕	
後壁店庄	〈雲林縣大埤鄉怡然（後壁店）〉	倒方寮	〈台南縣學甲鎮新芳一帶〉
急水溪	〈台南縣急水溪〉	候角	〈位於澎湖縣馬公市山水里東南一角〉
恆春城	〈屏東縣恆春鎮恆春〉	候角灣	〈澎湖縣馬公市、湖西鄉南側海灣〉
拱北砲台	〈位於澎湖縣湖西鄉、馬公市交界拱北山〉	倉島	〈澎湖縣望安鄉將軍村將軍澳嶼〉
施瓜寮庄	〈雲林縣斗六市西瓜寮〉	哨船頭	〈位於高雄市鼓山區哨船頭〉
柯子寮	〈台北縣貢寮鄉貢寮大橋附近〉	大砲台	
柑林溝	〈新竹市柑林溝〉	員林街	〈彰化縣員林鎮員林〉
查畝營	〈台南縣柳營鄉查畝營〉	員墩庄	〈苗栗縣苗栗市圓墩〉
柏節坑	〈桃園縣大溪鎮旭橋一帶〉	員樹林庄	〈桃園縣大溪鎮員樹林〉
相仔林庄	〈台北縣新莊市柏仔林〉	埔心庄	〈雲林縣西螺鎮埔心〉
眉濃庄	〈高雄縣美濃鎮美濃〉	埔仔頂庄	〈新竹市埔頂〉
看西庄	〈台南縣新市鄉看西〉	埔頭	〈屏東縣佳冬鄉賴家（下埔頭）〉
竿蓁坑庄	〈台北縣雙溪鄉竿蓁坑〉	娘仔坑	〈桃園縣大溪鎮娘子坑〉
紅毛庄	〈台南縣下營鄉紅毛厝〉	射麻里	〈屏東縣滿州鄉射麻裡〉
紅加苳	〈台南縣學甲鎮紅茄苳〉	坎仔腳庄	〈新竹市竹北市崁子腳〉
紅蝦港寮	〈台南縣學甲鎮紅蝦港〉	崁仔腳庄	〈台中縣大肚鄉崁仔腳〉
胡爺庄	〈台南縣新營市姑爺〉	崁頭庄	〈台南縣善化鎮崁頭〉
茅埔庄	〈台北縣三峽鎮茅埔〉	桂仔坑	〈台北縣泰山鄉貴子坑〉
茅港尾	〈台南縣下營鄉茅港尾〉	柴坑庄	〈彰化市柴坑子〉
苦苓腳庄	〈彰化市苦苓腳〉	柴梳山庄	〈新竹市柴梳山〉
茄拔庄	〈台南縣善化鎮茄拔〉	桃仔園街	〈桃園縣桃園市〉
茄苳湖	〈新竹市茄苳湖〉	海山口	〈台北縣新莊市〉

接下頁

海供崙庄	〈雲林縣斗六市海豐崙〉	深澳坑	〈基隆市信義區深澳坑〉
海豐庄	〈屏東市海豐〉	淮仔埔	〈桃園縣龍潭鄉淮子埔〉
烏山頭庄	〈台南縣官田鄉烏山頭〉	猛狎	〈即艋舺，台北市萬華〉
烏日庄	〈台中縣烏日鄉烏日〉	船頭庄	〈台中縣大肚鄉渡船頭〉
烏泥堀庄	〈桃園縣大溪鎮永福	蛇仔行坑	〈台北縣瑞芳鎮蛇子行〉
	（烏塗窟）〉	蚵寮	〈台南縣北門鄉蚵寮〉
烏崁社	〈澎湖縣馬公市烏崁〉	通霄	〈苗栗縣通霄鎮通宵〉
烏崩崁庄	〈新竹市客雅西南〉	（吞霄街）	
烏樹林	〈桃園縣龍潭鄉烏樹林〉	頂十三份庄	〈雲林縣斗六市上十三分〉
烏龍庄	〈屏東縣新園鄉烏龍〉	頂大埔尾庄	〈雲林縣斗六市西瓜寮
缺仔庄	〈桃園縣大溪鎮缺子〉		東北一帶〉
蚊仔坑	〈台北縣貢寮鄉和美	頂大湳庄	〈桃園縣八德鄉大湳村〉
	（蚊子坑）〉	頂山腳庄	〈彰化市山子腳〉
馬祖庄	〈台北縣土城市媽祖田〉	頂仔林庄	〈屏東縣萬丹鄉頂子林〉
		頂石閣砲台	〈位於基隆市中正區
〔十一劃〕			旭丘山上〉
菓葉鄉	〈澎湖縣湖西鄉菓葉〉	頂石墩庄	〈桃園縣大溪鎮
湿潭社	〈澎湖縣馬公市後窟潭〉		下石屯一帶〉
荳埔溪	〈頭前溪支流豆子埔溪〉	頂林頭	〈雲林縣大林鎮上林頭〉
埤仔頭	〈台北縣瑞芳鎮梳榔腳	頂埔庄	〈台北縣土城鄉頂埔〉
	北邊一帶〉	頂麻園庄	〈雲林縣莿桐鄉榮貫
埤仔頭庄	〈嘉義市埤子頭〉		（麻園）〉
埤角	〈台北縣新莊市迴龍一帶〉	頂寮	〈屏東縣佳冬鄉頂寮〉
基隆街	〈基隆市仁愛區一帶〉	頂寮庄	〈新竹市頂寮〉
崎林庄	〈新竹縣寶山鄉崎林〉	頂雙溪	〈台北縣雙溪鄉
崩山庄	〈嘉義縣布袋鎮崩山〉		（頂）雙溪〉
崩坡	〈桃園縣楊梅鎮崩坡〉	魚寮庄	〈台南縣後壁鄉魚寮〉
控仔庄	〈彰化縣社頭鄉社頭〉	鳥松庄	〈高雄縣鳥松鄉鳥松〉
（社斗街）			
涼傘頂	〈新竹縣新埔鎮涼傘頂〉	〔十二劃〕	
淡水溪	〈即下淡水溪，高雄、	裡正角	〈位於澎湖縣湖西鄉
	屏東縣境內高屏溪〉		龍門村〉
深坑街	〈台北縣深坑鄉市街〉	湳仔庄	〈雲林縣西螺鎮新宅一帶〉
深澳	〈台北縣瑞芳鎮深澳〉	莿桐巷	〈雲林縣莿桐鄉莿桐〉

接下頁

喜樹庄	〈台南市南區喜樹〉	新店庄	〈台中縣后里鄉新店〉
圍仔內庄	〈高雄縣湖內鄉圍子內〉	新社	〈台北縣貢寮鄉新社〉
堯平厝庄	〈雲林縣莿桐鄉興本	新社庄	〈雲林縣西螺鎮新社〉
	（紅竹口）〉	新虎尾溪	〈雲林縣新虎尾溪〉
曾文溪	〈台南縣曾文溪〉	新厝庄	〈雲林縣莿桐鄉新虎尾溪
曾文溪庄	〈台南縣善化鎮		堤及湖子內堤相接處
	曾文橋一帶〉		一帶〉
棺眞林	〈新竹市觀井林〉	新埔街	〈新竹縣新埔鎮新埔〉
港底社	〈澎湖縣湖西鄉港底〉	新圍庄	〈台南縣北門鄉新圍〉
湖仔內庄	〈彰化縣和美鎮湖子內〉	新港	〈苗栗縣後龍鎮新港〉
湖仔庄	〈嘉義縣大林鎮湖子〉	新街	〈屏東縣車城鄉新街〉
湖底庄	〈嘉義縣大林鎮下碑頭一帶〉	新街庄	〈屏東縣東港鎮新街〉
牌仔頭庄	〈嘉義縣義竹鄉埤子頭〉	新塭庄	〈嘉義縣布袋鄉新塭〉
番仔湖	〈新竹縣湖口鄉番子湖〉	新營庄	〈台南縣新營市〉
番仔論庄	〈屏東縣枋寮鄉番子崙	新庄	〈屏東縣佳冬鄉佳冬西南〉
	（番子寮）〉	新庄仔庄	〈新竹市新莊〉
番仔庄	〈雲林縣莿桐鄉三和	新庄仔庄	〈高雄縣左營區新莊子〉
	（蕃仔庄）〉	暖暖街	〈基隆市暖暖區暖暖〉
番社厝	〈嘉義市內〉	楊梅壢	〈桃園縣楊梅鎮楊梅〉
筏仔頭庄	〈台南縣學甲鎮筏子頭〉	楓樹坑	〈桃園縣龜山鄉楓樹坑〉
茉瓜寮庄	〈雲林縣斗南鎮茉瓜寮〉	溝倍庄	〈台中市北屯區舊社一帶〉
茉光寮	〈彰化縣茉光寮〉	溫仔庄	〈嘉義縣布袋鎮塭仔〉
茉園頂	〈台南縣佳里鎮內〉	溪尾庄	〈台南縣善化鎮溪尾〉
茉園庄	〈嘉義縣大林鎮茉園〉	溪底寮	〈台南縣善化鎮溪底寮〉
開元寺	〈台南市北區開元寺〉	溪洲仔寮	〈台南縣學甲鎮頂洲一帶〉
雲霄庄	〈嘉義市內〉	溪埔寮庄	〈雲林縣土庫鎮溪埔寮〉
		獅球嶺	〈基隆市仁愛區獅球嶺〉
〔十三劃〕		矮坪庄	〈桃園縣楊梅鎮矮坪子〉
圓頂半島	〈澎湖縣馬公市風櫃至	萬丹街	〈屏東縣萬丹鄉萬丹〉
	井垵的半島〉	萬巒庄	〈屏東縣萬巒鄉萬巒〉
塭仔新打港	〈屏東縣佳冬鄉塭子〉	葫蘆墩	〈台中縣豐原市〉
媽祖宮庄	〈彰化市媽祖宮	蜞蜞坑庄	〈嘉義縣鹽水鎮蜞蜞坑〉
	（南瑤宮一帶）〉	過溝庄	〈嘉義市內〉
新店街	〈台北縣新店市新店〉	過溪庄	〈嘉義縣大林鎮過溪〉

接下頁

隘丁庄	〈宜蘭縣蘇澳鎮隘丁〉	寮仔方	〈台南縣麻豆鎮寮子部〉
隘門社	〈澎湖縣湖西鄉隘門〉	廣背庄	〈桃園縣平鎮市廣興〉
隘寮坡	〈新竹市六號橋一帶〉	潮洲寮庄	〈屏東縣潮州鎮潮州〉
		豬母水	〈澎湖縣馬公市
〔十四劃〕			豬母水（山水）〉
桃仔寮庄	〈台北縣樹林鎮桃仔寮〉		
廊前寮	〈雲林縣大埤鄉豐興	〔十六劃〕	
	（廍前寮）〉	學甲寮	〈台南縣學甲鎮學甲寮〉
漚汪庄	〈台南縣將軍鄉漚汪〉	學甲庄	〈台南縣學甲鎮學甲〉
旗後大砲台	〈位於高雄市旗津區旗津〉	橫坑仔庄	〈台北縣樹林鎮橫坑〉
旗後半島	〈高雄市旗津半島〉	橫崗下	〈桃園縣龍潭鄉橫崗下〉
滬尾砲台	〈位於台北縣淡水鎮	橫溪口	〈台北縣三峽鎮橫溪溪口〉
	油車里〉	樹杞林	〈新竹縣竹東鎮樹杞林〉
滬尾街	〈台北縣淡水鎮市街〉	樹仔腳庄	〈雲林縣莿桐鄉
漁翁島	〈澎湖縣西嶼鄉〉		饒平（樹子腳）〉
福德坑庄	〈台北縣三峽鎮福德坑〉	樹林庄	〈台北縣樹林鎮樹林〉
福興街	〈苗栗縣通宵鎮福興〉	橋仔長庄	〈嘉義縣大林鎮橋子頭〉
管事厝庄	〈嘉義縣太保鄉管事厝〉	橋仔頭	〈台北縣鶯歌鎮橋頭〉
網寮庄	〈嘉義縣東石鄉網寮〉	橋仔頭	〈高雄縣橋頭鄉橋頭〉
遠望坑	〈台北縣貢寮鄉遠望坑〉	磚仔磘庄	〈屏東縣萬丹鄉磚子磘〉
銅羅圈庄	〈桃園縣龍潭鄉銅羅圈〉	蕃社庄	〈屏東縣萬丹鄉
銅羅灣	〈苗栗縣銅鑼鄉銅鑼〉		香社（番社）〉
（福興街）		蕃薯寮庄	〈高雄縣旗山鎮旗山〉
鳳山（山名）	〈高雄市小港區鳳山〉	蕭壠街	〈台南縣佳里鎮內〉
鳳山城	〈高雄縣鳳山市〉	錫口街	〈台北市松山〉
鳳山溪	〈竹北市鳳山溪〉	頭份街	〈苗栗縣頭份鎮頭份〉
鳳鼻頭	〈高雄市小港區鳳鼻頭〉	頭竹為庄	〈嘉義縣義竹鄉頭竹圍〉
鼻仔頭庄	〈彰化縣二水鄉水門	頭亭溪	〈桃園縣楊梅鎮社子溪
	（鼻子頭）〉		上游頭重溪〉
鼻頭	〈台北縣瑞芳鎮鼻頭〉	頭家厝庄	〈台中縣潭子鄉頭家厝〉
		頭圍街	〈宜蘭縣頭城鎮頭圍〉
〔十五劃〕		頭港庄	〈台南縣學甲鎮舊頭港〉
劉厝庄	〈屏東市劉厝莊〉	頭溝水庄	〈屏東縣萬巒鄉頭溝水〉
蔴荳庄	〈台南縣麻豆鎮麻豆〉	龍目井	〈台中縣龍井鄉龍井〉

接下頁

龍目井　〈台中縣龍井鄉龍井〉
龍蛟潭庄　〈嘉義縣義竹鄉龍蛟潭〉
龍潭坡　〈即龍潭陂，桃園縣
　　　　　龍潭鄉龍潭〉
龍潭堵　〈台北縣瑞芳鎮龍潭堵〉
龜崙口街　〈桃園縣龜山鄉龜山〉
龜崙嶺頂庄　〈桃園縣龜山鄉內〉

〔十七劃〕
彌陀港　〈高雄縣彌陀鄉彌陀〉
營仔埔庄　〈台中縣大肚鄉營埔〉
礁溪庄　〈宜蘭縣礁溪鄉礁溪〉
總爺庄　〈台南縣麻豆鎮總爺〉

〔十八劃〕
舊廊庄　〈台南縣新營市舊廊〉
舊社　〈台北縣貢寮鄉
　　　　舊社（龍門街）〉
舊營庄　〈嘉義縣鹽水鎮舊營〉
鎮管港　〈澎湖縣馬公市鎮港〉
雙坑庄　〈新竹縣寶山鄉雙溪〉
雙春庄　〈台南縣北門鄉雙春〉
雙頭掛社　〈澎湖縣馬公市
　　　　　雙頭掛（興仁）〉

〔十九劃〕
醮寮埔庄　〈桃園縣大溪鎮醮寮埔〉
關帝廟　〈台南縣關廟鄉關廟〉
鯤鯓廟　〈台南縣北門鄉南鯤鯓〉

〔二十劃〕
蘆竹溝溪　〈台南縣將軍溪〉

〔二十一劃〕

鐵線橋　〈台南縣新營市鐵線橋〉
鷄母嶺　〈台北縣貢寮鄉鷄母嶺〉
鷄卵面　〈新竹科學工業園區以西
　　　　　一帶〉

〔二十四劃〕
鹽水港汛　〈台南縣鹽水鎮鹽水〉
鹽埔仔庄　〈屏東縣新園鄉鹽埔〉
鹽寮仔山　〈台北縣貢寮鄉
　　　　　水返港一帶〉

〔二十五劃〕
灣里港　〈台南市南區灣裡〉
灣裡街　〈台南縣善化鎮善化〉
（番仔甲）
觀音亭　〈嘉義縣大林鎮
　　　　　朝慶寺一帶〉

遠流台灣館

台灣再發現行動

遠流台灣館，以民間的力量結合各界研究台灣文化的人士，用嚴謹的態度和專業的編輯技術，把愛鄉土的精神化成具體行動，出版一系列本土叢書，深度、精采的記錄台灣的過去與現在。

〈行動一〉

【台灣深度旅遊手冊】

90年代革命性的旅遊導覽手冊！深植本土關懷，創造旅遊新視野！

以全新的角度，全新的手法編輯而成，有精采的圖像解析、特殊的開本設計和獨樹一幟的現場實地對照解說，等於是為你聘請了各行專家一同上路，沿途導覽解說。從此，改變你的旅遊方式，讓你輕鬆自在的「握遊」台灣！

《台灣深度旅遊手冊》先後榮獲民國82年、民國83年金鼎獎優良出版品獎項。

三峽 ● 淡水 ● 台北歷史散步
台北地質之旅 ● 台北古城之旅
北部海濱之旅 ● 鹿港 ● 宜蘭
台南歷史散步（上）（下）

〈行動二〉

【歷史照相館】系列

以珍貴的老照片來顯影、解讀台灣的歷史。針對台灣各地、各主題的歷史圖像進行搶救、蒐集、整理的工作，並且對每一張照片加以翔實生動的解說，重建全民的記憶。是鮮活的庶民生活史，更是難得一見的圖像台灣史。

打開新港人的相簿

〈行動三〉

【新家園行動】系列

是夢想的大匯集，也是實踐的具體呈現。這個系列展示人們如何以極大的勇氣和想像力，來重新看顧、疼惜自己生長的、居住的鄉鎮社區，如何以草根般堅韌的力量，使衰落的老故鄉，一一再生，成為子子孫孫安身立命的新家園。

老鎮新生
新潮的故事

台灣譯叢《攻台見聞》

〈行動四〉

【台灣譯叢】

重新審視、整理從過去到現在日、荷、西、法……各國學者對台灣史研究之原典，精譯出版，是了解台灣史必不可缺的重要著作。

〈行動五〉

【台灣圖典】

重現台灣史上劃時代的圖像鉅著，並以新的視野來加以詮釋。首先推出的《台灣堡圖》，便是在90年前所精心測製的經典地圖集，至今仍是研究台灣人文與自然重要的工具與史料。

《台灣堡圖》

打開新港人的相簿

老鎮新生
新港的故事

「新港」新故鄉是「台灣新希望」！

新　港的大人小孩翻尋出千餘張從清末，日據，到六十年代的老照片；顏新珠用兩年的時間精選細編，採訪耆老，寫出翔實而又家常的解說。家族，故鄉，社群，歷史這些名詞忽然有了血肉，有了呼吸。它不只是講新港人，它就是台灣人的縮影。

　這冊由庶民角度切入的《打開新港人的相簿》是我所讀過最誠懇，最有力的台灣史。它不只述說台灣人的歷史，它呈現了生活的苦樂，與生命的尊嚴。我按住內心翻騰的感動，肅然閱讀，不許自己掉一滴淚。

（雲門舞集創辦人）林懷民

E　va Rubinstein 說，拍一張照片就像是在世界上某處，找回一部份自己。打開新港人的相簿，或許我們就在每一張歷史肖像中，在家族、友朋的成長與生活紀念照中，瞥見每一付意氣風發或英志未酬的身軀與生命。每一個眼神、每一幅姿態、每一處場景，均提供我們打開閱讀與思索的另一扇門窗。

　這些百年以來的新港影像，從拍攝、尋覓、整理、到出版，所呈現的不只是歷史的共同記憶，更是延續不絕的，在地人執著、落實的質地與心意啊。

（攝影工作者）張照堂

新　港新故鄉運動最出色的地方，不只吸引了在地或旅外新港人的參與和投入，它正像一盞聚光燈一般，對散處全台灣各地的許多年青的文化工作者散發出難以抗拒的魅力。我們期待未來的新港，也扮演一座示範的燈塔，帶動台灣其他鄉鎮社區的重建運動。

　《老鎮新生》，這本書不只是為新港人而寫的，它實際上是為生長在這塊土地上的所有人寫的。

（文建會副主委）陳郁秀

廖　嘉展用平易的文筆引導我們親近新港，幫忙我們了解新港文教基金會這種「異數」形成的過程，協助我們體會許多草根鄉里人物動員起來，彼此團結共事的共同經驗。他使我們終於逐漸懂得地方文化認同做為動員主軸的歷程。

　老鎮新生其實不是鄉愁複製，也不只是容顏換新，它是對新社會的催生。為了讓新港經驗不只是新港獨享，我推薦此書，希望能夠與今天在騷動中的台灣各地方草根社區的朋友分享——遍地開花。

（台大城鄉所教授）夏鑄九

國立中央圖書館出版品預行編目資料

攻臺戰紀：日清戰史.臺灣篇／許佩賢譯. -- 初版. --
臺北市：遠流，民84
　　面；　　　公分. --（臺灣譯叢；1）
含索引
ISBN 957-32-2702-9（平裝）

1.臺灣－歷史－日據時期（1895-1945）

673.228　　　　　　　　　　　　　　　　84011870

 台灣譯叢 1

攻台戰紀——《日清戰史・台灣篇》

總策劃 ——莊展鵬	資深編輯 ——林皎宏	美術主編 ——唐亞陽
副總編輯 ——黃盛璘	文字編輯 ——陳雅玲	資深美編 ——陳春惠
	張詩薇	

譯者 ———許佩賢
發行人 ——王榮文
出版發行 ——遠流出版事業股份有限公司　台北市汀洲路3段184號7樓之5
　　　　　　郵撥：0189456-1　電話：(02) 365-7979　傳真：(02) 365-7979
著作權顧問 —蕭雄淋律師
法律顧問 ——王秀哲律師・董安丹律師
輸出印刷 ——沈氏藝術印刷股份有限公司
圖文整合 ——沈氏藝術印刷股份有限公司
裝訂 ————隶成裝訂股份有限公司
□1995年12月15日　初版一刷

行政院新聞局局版臺業字第1295號
售價700元（含附冊〈戰鬥地圖集〉）（缺頁或破損的書，請寄回更換）
©1995遠流出版公司　著作權所有，翻印必究　Printed in Taiwan
ISBN 957-32-2702-9
（本書戰鬥地圖原件由國立台灣大學圖書館特藏組提供）